ANALYSE I

THÉORIE DES ENSEMBLES ET TOPOLOGIE

Collections Enseignement des Sciences

Laurent Schwartz

ANALYSE I

THÉORIE DES ENSEMBLES ET TOPOLOGIE

avec la collaboration de K. Zizi

HERMANN ÉDITEURS

Nouveau tirage mai 2008

ISBN 978 27056 6161 8

TABLE

Chapitre I. THÉORIE DES ENSEMBLES

§1. Quelques éléments de logique classique.

§2. Théorie des ensembles : Les cinq premiers axiomes.

§3. Applications - Famille - Produit d'une famille d'ensembles - L'axiome du Choix.

§4. Les entiers naturels : L'axiome de l'infini.

§5. Ensembles quotients.

§2. Espaces Topologiques.

§3. Fonctions continues et semi-continues - Homéomorphismes.

§8. Espaces localement compacts.

§9. Espaces connexes - Espaces connexes par arcs - Espaces localement connexes.

§10. Espaces métriques complets.

§*11. Théorie élémentaire des espaces vectoriels normés et des espaces de Banach.*

§*12. Séries dans les espaces vectoriels normés.*

§*13. Espaces fonctionnels ; Convergence simple et uniforme.*

CHAPITRE I

Théorie des ensembles

§1 QUELQUES ÉLÉMENTS DE LOGIQUE CLASSIQUE

La logique mathématique (comprenant la théorie des ensembles) est à elle seule une branche des mathématiques modernes. Il n'est donc pas question de trouver ici un exposé très approfondi. Nous nous contentons esssentiellement de rappeler les définitions et les règles d'utilisation des principaux connecteurs logiques, des quantificateurs ainsi que quelques principes de démonstration des théorèmes mathématiques. Ceci correspond à un point de vue où les propriétés des objets mathématiques sont supposées exprimées par des assemblages de signes (connecteurs, symboles de relation, égalité, quantificateurs ...). Ces assemblages sont des propositions auxquelles on peut attribuer des valeurs de vérité (vrai ou faux). La démarche du mathématicien consiste, par application de règles logiques à déduire, à partir d'axiomes précisés, certaines propositions qui se trouvent ainsi *démontrées*; au contraire de ce qui se passe dans d'autres sciences, leur validité n'est attachée à aucune forme d'expérience.
Le lecteur ne devra pas s'attarder sur les quatre premiers § car ils ne sont pas absolument indispensables pour la compréhension de la suite.

La négation

DÉFINITION 1.1.1. *La* **négation** *d'une* **proposition** *(ou* **énoncé** *ou* **formule**, *...) P, se note $\neg P$ ou non P . La proposition $\neg P$ est vraie si et seulement si la proposition P est fausse.*

Lorsque la propriété P s'exprime par un signe spécifique, la propriété $\neg P$ se note par ce même signe barré par le signe /.

Exemple 1 - Soit P la formule $(x \in A)$ qui se lit x appartient à A. La négation de P peut se notèr aussi bien par $(x \notin A)$ qui se lit x n'appartient pas à A, ou $\neg(x \in A)$ ou non $(x \in A)$. De la même façon, la négation de la formule $(A \subset B)$ qui se lit A est inclus dans B, peut s'écrire $(A \not\subset B)$ (qui se lit A n'est pas contenu dans B) ou $\neg(A \subset B)$ ou non $(A \subset B)$; alors que la négation de la formule $(A = B)$ qui se lit A est égal à B est notée $(A \neq B)$ (se lit A est différent de B) ou $\neg(A = B)$ ou non $(A = B)$.

Il résulte de la signification (ou encore de la valeur de vérité) attribuée au connecteur $\neg$ que $\neg(\neg P)$ a même sens (ou même valeur de vérité) que P(*).

La disjonction

DÉFINITION 1.1.2. - *Soient P et Q deux propositions , on appelle* **disjonction** *de ces deux énoncés, la proposition, notée $P \vee Q$ ou encore P ou Q qui est vraie si et seulement si* **l'une au moins** *des propositions P et Q est vraie.*

Remarque 1 - Il faut rappeler qu'en logique mathématique, l'énoncé P ou Q n'exprime pas que les assertions P et Q s'excluent mutuellemnent, autrement dit,

(*)Voir formule (1.1.4 (ii))

P ou Q ne dit nullement que l'on n'ait pas à la fois P et Q. Ce qui n'est pas le cas dans le langage courant où d'ailleurs la conjonction **ou** a plusieurs sens. Ainsi dans les expressions " il faut qu'une porte soit ouverte ou fermée ", " vaincre oum ourir ", " la bourse ou la vie ", " tôt ou tard ", la conjonction ou s'entend bien dans un sens exclusif; par contre, dans l'expression " Robespierre ou l'Incorruptible " ce n'est certainement pas le sens exclusif qu'il faut attribuer à la conjonction ou. Dans la géométrie élémentaire, nous disons bien qu'un triangle isocèle est un triangle qui a deux côtés égaux **ou** deux angles égaux et il est impossible ici de donner un sens exclusif à ou. De même qu'une fonction est dite monotone si elle est croissante **ou** décroissante et nous savons bien qu'une fonction constante est monotone, elle est à la fois croissante et décroissante alors que la fonction d'une variable réelle $x \longrightarrow a\,x$ est monotone ; pour $a > 0$ (resp. $a < 0$) elle est croissante (resp. décroissante) et non décroissante (resp. non croissante); pour $a = 0$, elle est constante donc à la fois croissante et décroissante.

La conjonction

DÉFINITION 1.1.3. - *Soient P et Q deux propositions, on appelle* **conjonction** *de ces deux énoncés la proposition, notée $P \wedge Q$ ou encore " P et Q ", qui est vraie si et seulement si les deux propositions sont* **simultanément** *vraies.*

Il est immédiat de constater que les deux énoncés $\neg(P \vee Q)$ et $\neg P \wedge \neg Q$ ont la même signification, de même l'énoncé $\neg(P \wedge Q)$ a le même sens que l'énoncé $\neg P \vee \neg Q$(*) .

L'implication et l'équivalence matérielles

DÉFINITION 1.1.4. *Etant donnés deux énoncés P et Q, l'implication matérielle $P \longrightarrow Q$ (se lit P implique Q) est l'abréviation de l'énoncé $(\neg P) \vee Q$. Cette assertion est fausse dans le seul cas où P est vraie et Q est fausse.*

L'équivalence matérielle $P \leftrightarrow Q$ (se lit P équivalent Q) est l'abréviation de la formule $(P \longrightarrow Q) \wedge (Q \longrightarrow P)$. Cette assertion est vraie dans les deux seuls cas où P et Q sont simultanément vraies ou simultanément fausses.

Remarque 2 - Par définition de l'implication $\longrightarrow$, la négation de l'énoncé $P \longrightarrow Q$ est $\neg(\neg P \vee Q)$. Compte tenu de ce que nous avons dit plus haut, cet énoncé a la même signification que l'énoncé $(\neg(\neg P)) \wedge (\neg Q)$ ou encore que $P \wedge (\neg Q)$. Ainsi si P (resp. Q) est l'énoncé $(|x - a| \leq \eta)$ (resp. $(|f(x) - f(a)| \leq' \epsilon)$), la négation de l'énoncé $P \longrightarrow Q$ est

$$(|x - a| \leq \eta) \quad \text{et} \quad (|f(x) - f(a)| > \epsilon) .$$

Voici un tableau qui résume les valeurs de vérité des divers connecteurs que nous avons introduits. Vrai (resp. Faux) est symbolisé avec la lettre V (resp. F).

(*)Voir formules (1.1.4 (vii) et (viii))

Table de vérité des principaux connecteurs						
P	Q	$\neg P$	$P \vee Q$	$P \wedge Q$	$P \rightarrow Q$	$P \leftrightarrow Q$
V	V	F	V	V	V	V
V	F	F	V	F	F	F
F	V	V	V	F	V	F
F	F	V	F	F	V	V

L'implication et l'équivalence formelle -Tautologies

Un **théorème** consiste généralement à énoncer qu'une certaine proposition P, appelée **hypothèse**, entraîne une certaine proposition Q, appelée **conclusion**. L'expression " P entraîne Q " ou " P implique Q " ou " si P, alors Q " ou encore " P est une condition suffisante pour que Q" est notée par l'expression (abréviation) " $P \Longrightarrow Q$ ". Elle signifie que

$$P \longrightarrow Q \text{ est vraie}$$

On voit en examinant la table de vérité du connecteur $\longrightarrow$ que Q peut être vraie sans que P le soit nécessairement, ou encore que Q ne peut être fausse alors que P est vraie. Autrement dit il peut ne pas exister de rapport de cause à effet entre l'hypothèse et la conclusion. Par exemple, en géométrie élémentaire, considérons les deux assertions suivantes :

P : La somme des angles d'un triangle est égale à 400 degrés.

Q : Tous les triangles sont isocèles.

Ces deux assertions sont fausses, néanmoins $P \Longrightarrow Q$ (autant que $Q \Longrightarrow P$) !

Si $P \Longrightarrow Q$ est un théorème, on appelle **théorème réciproque** l'énoncé $Q \Longrightarrow P$ qui n'est pas toujours vrai.

Si le théorème et sa réciproque sont tous les deux vrais, les propriétés P et Q sont **logiquement équivalentes**, et l'on peut énoncer le théorème sous la forme $P \Longleftrightarrow Q$, qui veut dire aussi : Pour que P ... il faut il suffit que Q .... Ainsi dans l'exemple ci dessus concernant les triangles, $P \Longleftrightarrow Q$ ou encore $P \leftrightarrow Q$ est une assertion vraie.

THÉORÈME 1.1.5. *La proposition $P \longrightarrow Q$ est vraie si et seulement la proposition $\neg Q \longrightarrow \neg P$ est vraie.*

$$(P \longrightarrow Q) \Longleftrightarrow (\neg Q \longrightarrow \neg P) \tag{1.1.2}$$

DÉMONSTRATION: 1°/ Supposons que $P \longrightarrow Q$ soit vraie et supposons que l'on ait $\neg Q$; alors on ne peut pas avoir P, sans quoi l'on aurait Q ce qui est contraire à l'hypothèse non Q ; donc on a $\neg P$, et il est bien montré que $\neg Q \Longrightarrow \neg P$.

2°/ Si $\neg Q \longrightarrow \neg P$ est vraie, alors d'après le 1°/ non(non P) $\Longrightarrow$ non(non Q) est vraie, mais non(non P) est vraie si et seulement si P est vraie et non (non Q) est vraie si et seulement si Q est vraie donc $P \Longrightarrow Q$. ∎

Exemple 2 - Il est équivalent de dire que toute fonction réelle, partout continue, sur un intervalle réel $[a, b]$ borné, est bornée, ou de dire que toute fonction réelle définie sur $[a, b]$, et non bornée est discontinue en au moins un point.

- La proposition $\neg B \longrightarrow \neg A$ est appelée la proposition **contraposée** de la proposition $A \longrightarrow B$.

Il faut souligner que la proposition contraposée $\neg B \longrightarrow \neg A$ est vraie si et seulement si la proposition $A \longrightarrow B$ est vraie, alors qu'il n'en est absolument pas de même pour un théorème et le théorème réciproque.

Nous venons de démontrer que la proposition :

$$(P \longrightarrow Q) \leftrightarrow (\neg Q \longrightarrow \neg P) \tag{1.1.3}$$

est vraie indépendemment des valeurs de vérité prises par P et Q. On dit que c'est une **tautologie** ou **loi logique**. Voici quelques autres tautologies :

$$(1.1.4) \quad \begin{cases} (i) \quad (P) \vee (\neg P) \\ (ii) \quad (P) \leftrightarrow (\neg(\neg P)) \\ (iii) \quad (P \vee Q) \leftrightarrow (Q \vee P) \\ (iv) \quad (P \wedge Q) \leftrightarrow (Q \wedge P) \\ (v) \quad ((P \vee Q) \vee R) \leftrightarrow (P \vee (Q \vee R)) \\ (vi) \quad ((P \wedge Q) \wedge R) \leftrightarrow (P \wedge (Q \wedge R)) \\ (vii) (\neg(P \vee Q)) \leftrightarrow (\neg P \wedge \neg Q) \\ (viii) \quad (\neg(P \wedge Q)) \leftrightarrow (\neg P \vee \neg Q) \end{cases}$$

Intuitivement ces formules sont bien des tautologies. On voit bien, par exemple, que le sens que nous attribuons aux deux membres de droite et de gauche par rapport au signe $\leftrightarrow$ dans les formuules (ii) à (viii) est exactement le même. La première formule est la loi du **tiers exclu**.

Inversement une formule qui est toujours fausse quelles que soient le valeurs de vérité des variables qui la constituent est appelée **une antinomie**. Par exemple l'antinomie $P \wedge (\neg P)$ est appelée la loi de **contradiction**.

Remarque 3 - Dans un système complètement formel (du moins au stade du calcul des propositions où ne sont considérées que les combinaisons de variables logiques par des connecteurs), la démonstration du théorème 1.1.5 peut se faire par l'une ou l'autre des méthodes suivantes:

- Il s'agit de montrer que la formule (1.1.3) est une tautologie. Le tableau (1.1.1) permet de dresser la table de vérité de (1.1.3) :

Table de vérité de la tautologie $(P \to Q) \leftrightarrow (\neg Q \to \neg P)$				
P	Q	$P \to Q$	$\neg Q \to \neg P$	$(P \to Q) \leftrightarrow (\neg Q \to \neg P)$
V	V	V	V	V
V	F	F	F	V
F	V	V	V	V
F	F	V	V	V

et on voit bien qu'il s'agit d'une tautologie.

Un exemple de démonstration formelle

- La deuxième méthode, plus proche de notre raisonnement mais nettement plus fastidieuse consiste à partir d'une liste (la plus petite possible) d'axiomes choisis judicieusement parmi les tautologies et de règles de **déduction**, à établir la formule voulue. Prenons par exemple la liste d'axiomes de Hilbert-Ackermann(*):

$$(1.1.6) \qquad \begin{cases} (HA)_1 & x \vee x \longrightarrow x \\ (HA)_2 & x \longrightarrow x \vee y \\ (HA)_3 & x \vee y \longrightarrow y \vee x \\ (HA)_4 & (x \longrightarrow y) \longrightarrow [(z \vee x) \longrightarrow (z \vee y)] \end{cases}$$

et les deux règles suivantes:

(1.1.7) : **la règle de détachement (ou modus ponens)** : Si A est un théorème et $A \longrightarrow B$ est un théorème, alors on en déduit que B est un théorème,

(1.1.8) : **la règle de substitution** : Si A est un théorème dans lequel figure la lettre x, et si B est une formule, la substitution de B à x dans toutes les places occupées par x, donne un nouveau théorème. Nous dirons plus brièvement qu'on a fait la substitution $B|x$ dans A.
La démonstration de l'implication (par exemple)

$$(1.1.9) \qquad (P \longrightarrow Q) \longrightarrow ((\neg Q) \longrightarrow (\neg P))$$

est constituée par les lignes suivantes :

La substitution $x|y$ dans $(HA)_2$ donne :

$$(1) \qquad x \longrightarrow x \vee x$$

(*)Pour une étude plus poussée, nous renvoyons à D.Andler [1] ou Fuchs - Reeb [12].

La substitution $\neg z | z$ dans $(HA)_4$ donne :

(2) $$(x \longrightarrow y) \longrightarrow [(z \longrightarrow x) \longrightarrow (z \longrightarrow y)]$$

La substitution $x \vee x | x$; $x | y$; $x | z$ dans (2) donne :

(3) $$((x \vee x) \longrightarrow x) \longrightarrow [((x \longrightarrow (x \vee x)) \longrightarrow (x \longrightarrow x)]$$

Le modus ponens appliqué à $(HA)_1$ et (3) donne :

(4) $$(x \longrightarrow (x \vee x)) \longrightarrow (x \longrightarrow x)$$

Le modus ponens appliqué à (1) et (4) donne :

$$(5) \qquad x \longrightarrow x \qquad (6) \qquad (\neg x) \vee x$$

Nous pouvons facilement obtenir un théorème intermédiaire qui est le tiers exclu à l'aide de (6) et (HA3). Continuons notre démonstration. La substitution $\neg B | x$ dans (6) donne :

(7) $$(\neg(\neg B)) \vee (\neg B)$$

L'axiome $(HA)_3$ donne :

(8) $$[(\neg(\neg B)) \vee (\neg B)] \longrightarrow [(\neg B) \vee (\neg(\neg B))]$$

Le modus ponens appliquée à (7) et (8) donne :

$$(9) \qquad (\neg B) \vee (\neg(\neg B)) \qquad (10) \qquad B \longrightarrow (\neg(\neg B))$$

La substitution $B | x$; $\neg(\neg B) | y$; $\neg A | z$ dans $(HA)_4$ donne :

(11) $$(B \longrightarrow (\neg(\neg B))) \longrightarrow [((\neg A) \vee B) \longrightarrow ((\neg A) \vee (\neg(\neg B)))]$$

Le modus ponens appliqué à (10) et (11) donne :

(12) $$((\neg A) \vee B) \longrightarrow ((\neg A) \vee (\neg(\neg B))$$

L'axiome $(HA)_3$ donne :

(13) $$((\neg A) \vee (\neg(\neg B))) \longrightarrow ((\neg(\neg B)) \vee (\neg A))$$

La substitution $(\neg A) \vee (\neg(\neg B)) | x$; $(\neg(\neg B)) \vee (\neg A) | y$; $(\neg A) \vee B | z$ dans (2) donne:

(14) $$[((\neg A) \vee (\neg(\neg B))) \longrightarrow ((\neg(\neg B)) \vee (\neg A))] \longrightarrow$$
$$[(((\neg A) \vee B) \longrightarrow ((\neg A) \vee (\neg(\neg B)))) \longrightarrow (((\neg A) \vee B) \longrightarrow ((\neg(\neg B)) \vee (\neg A)))]$$

Le modus ponens appliqué à (13) et (14) donne :

(15) $$(((\neg A) \vee B) \longrightarrow ((\neg A) \vee (\neg(\neg B)))) \longrightarrow (((\neg A) \vee B) \longrightarrow ((\neg(\neg B)) \vee (\neg A)))$$

Et pour finir le modus ponens appliqué à (12) et (15) donne : la formule cherchée

(1.1.9) $$((\neg A) \vee B) \longrightarrow ((\neg(\neg B)) \vee (\neg A)) \quad ; \quad (A \longrightarrow B) \longrightarrow (\neg B \longrightarrow \neg A)$$

C'est évidemment très fastidieux en comparaison de notre démonstration, mais pour une machine, on ne s'attarde pas à ce genre de considération !.

Les méthodes formelles qu'on vient de présenter ici s'étendent à un cadre plus général où sont manipulés - entre autres - les quantificateurs dont il sera question plus loin. Naturellement, il est nécessaire aussi d'enrichir la liste des axiomes. On obtient ainsi une *théorie logique* ou *théorie axiomatioque*. Une telle théorie logique est dite *contradictoire* ou *non consistante* s'il existe une proposition P telle que l'on puisse à la fois démontrer P et $\neg P$. Alors toute proposition Q (et aussi $\neg Q$) est démontrable.(*) Voici tout d'abord une démonstration formelle de ce résultat.

(1) P (hypothèse) (2) $\neg P$ (hypothèse)
(3) $\neg P \longrightarrow (\neg P) \vee Q$ $(H.A)_2$
(4) $(\neg P) \vee Q$ (Modus ponens appliqué à (2) et (3)) (5) $P \longrightarrow Q$ (abréviation de (4))
(6) Q (Modus ponens appliqué à (1) et (5))

Ce n'est pas aussi long qu'on aurait pu le croire. Une démonstration libre serait la suivante :

$$P \Longrightarrow (P \vee Q) \quad , \quad (P \vee Q) \wedge \neg P \Longrightarrow Q$$

Donc (P et $\neg P$) $\Longrightarrow Q$.

En 1931 K.Gödel(**) démontra deux théorèmes. Le premier affirme que **l'arithmétique formelle est incomplète** c'est-à-dire qu'on y trouve des formules valides indémontrables ou encore qu'il n'existe pas de procédure générale pour décider si une formule est démontrable. Le second théorème prouve que la formule qui exprime dans l'arithmétique formelle, **la consistance** de celle-ci y est **indémontrable**.

Si l'actuelle théorie des ensembles s'avère contradictoire, cela ne signifie pas que nous soyons perdus sans remède, mais qu'il faut diminuer le nombres des axiomes de la théorie; ce qui, sans doute, ne changerait pas sensiblement l'ensemble des mathématiques.

Les quantificateurs

Dans un texte mathématique interviennent généralement plusieurs fois les expressions (Quel que soit ...), (il existe ... tel que ...). Dans une théorie axiomatique et même dans une présentation semi-axiomatique, on utilise alors les symboles logiques $\forall$, $\exists$ qui sont appelés les **quantificateurs**. Le symbole $\forall$ est appelé le quantificateur **universel** et le symbole $\exists$ est le quantificateur **existentiel**.

(*)On raconte, qu'intrigué par cette implication, un philosophe interpella ainsi B.Russell : " Voulez-vous dire que si $2 = 1$, alors vous êtes le pape ? ", " bien sûr répondit B. Russell. En effet le pape et moi sont deux personnes distinctes et deux = un, donc le pape et moi sont la même personne ". Voir R.M. Smullyan [33]

(**)Voir K. Gödel [14].

Soit P un énoncé dépendant de x (on dit aussi un **prédicat** à une place). Nous le noterons $P(x)$ pour montrer cette dépendance. Dans ces conditions l'énoncé $(\exists x)P(x)$ qui se lit : il existe x tel que $P(x)$, signifie qu'il y au moins **une** valeur de x, par exemple a, telle que $P(a)$ est une proposition vraie.

De manière analogue l'énoncé $(\forall x)P(x)$, qui se lit : Quel que soit x, $P(x)$ signifie que pour **toute** valeur a que peut prendre x, $P(a)$ est une proposition vraie.

Supposons que nous voulions exprimer, pour une fonction réelle f d'une variable réelle, la propriété d'être continue en tout point. Dire qu'elle est continue en un point a, c'est dire que, quel que soit $\epsilon > 0$, il existe $\eta > 0$ tel que $|x-a| \leq \eta$ entraîne $|f(x) - f(a)| \leq \epsilon$, autrement dit : quel que soit $\epsilon > 0$, il existe $\eta > 0$ tel que, quel que soit $x \in \mathbf{R}$ tel que $|x-a| \leq \eta$, on ait la propriété ($|f(x)-f(a)| \leq \epsilon$) . Pour exprimer maintenant que la fonction est continue en tout point, nous devons écrire :

(Quel que soit $a \in \mathbf{R}$) (quel que soit $\epsilon > 0$) (il existe $\eta > 0$ tel que) (quel que soit $x \in \mathbf{R}$ tel que $|x-a| \leq \eta$), on ait P: $|f(x) - f(a)| \leq \epsilon$. Cette phrase peut s'écrire formellement. Nous nous contenterons d'une description semi-formelle du type ($\forall x$ vérifiant S) P et qui conduit à :

$$(1.1.10) \quad (\forall a \in \mathbf{R})(\forall \epsilon > 0)(\exists \eta > 0)(\forall x \in \mathbf{R})\, [(|x-a| \leq \eta) \Longrightarrow |f(x) - f(a)| \leq \epsilon]$$

Enonçons quelques règles simples d'emploi sur les quantificateurs. On voit immédiatement que l'énoncé $\neg\,[(\exists x)P(x)]$ a le même sens que l'énoncé $(\forall x)(\neg P)(x)$ et l'énoncé $\neg\,[(\forall x)P(x)]$ a la même signification que l'énoncé $(\exists x)\ (\neg P)(x)$. On a donc les équivalences logiques :

$$(1.1.11) \qquad \begin{cases} \neg\,[(\exists x)P(x)] \iff (\forall x)(\neg P)(x) \\ \neg\,[(\forall x)P(x)] \iff (\exists x)\ (\neg P)(x) \end{cases}$$

On a aussi les équivalences suivantes :

$$(1.1.12) \qquad \begin{cases} (\exists x)(\exists y)\ P(x,y) \iff (\exists y)(\exists x)\ P(x,y) \\ (\forall x)(\forall y)\ P(x,y) \iff (\forall y)(\forall x)\ P(x,y) \\ (\exists x)(P(x) \vee Q) \iff [(\exists x)P(x)] \vee Q \\ (\forall x)(P(x) \wedge Q) \iff [(\forall x)P(x)] \wedge Q \end{cases}$$

Dans le cas général d'un énoncé qui renferme un certain nombre de quantitificateurs, on a le théorème suivant :

THÉORÈME 1.1.2. *La négation d'une propriété contenant un certain nombre de fois les quantificateurs* $\forall$, $\exists$, *et ensuite l'énoncé d'une propriété* P, *s'obtient en remplaçant chaque quantificateur* $\forall$ *par le quantificateur* $\exists$ *et vice versa, et la propriété* P *par sa négation* $\neg P$.

DÉMONSTRATION: Supposons qu'il n' y ait qu'un seul quantificateur, par exemple $\forall$. Notre propriété a donc la forme :

$$(\forall x \text{ vérifiant S }) \text{ P}$$

Sa négation est évidemment : il existe un x vérifiant S, qui cependant ne vérifie pas P, ou

$$(\exists x \text{ vérifiant S }) \neg P$$

Le théorème est démontré dans ce cas, et aussi de manière analogue, s'il n'y avait qu'un quantificateur $\exists$. Il suffit alors de faire une récurrence sur le nombre de quantificateurs. Supposons le théorème démontré lorsqu'il y a $n-1$ quantificateurs, montrons-le lorsqu'il y en a n. Alors la propriété s'écrit par exemple :

$$(\forall x \text{ vérifiant S }) \text{ Q}$$

où Q est une propriété à $n-1$ quantificateurs. Sa négation est donc

$$(\exists x \text{ vérifiant S }) \neg Q$$

en vertu de ce qui a été vu pour un seul quantificateur; mais $\neg Q$ s'obtient en appliquant le théorème, puisque Q ne contient que $n-1$ quantificateurs et alors le théorème est démontré dans ce cas; il en est de même si le premier quantificateur est $\exists$, et le théorème est vrai dans le cas général.■

Par exemple, la propriété pour une fonction f d'une variable réelle de ne pas être partout continue, c'est-à-dire d'être discontinue en au moins un point, s'exprime par la ligne unique :

$$(1.1.13) \quad (\exists a \in \mathbf{R})(\exists \epsilon > 0)(\forall \eta > 0)(\exists x \in \mathbf{R}) \, [(|x-a| \leq \eta) \wedge (|f(x)-f(a)| > \epsilon)]$$

Ce procédé pour nier une propriété doit devenir aussi automatique que la règle des signes dans la multiplication ou dans la suppression des parenthèses.

Remarque 4 - Toutes les fois qu'un quantificateur $\exists$ est précédé d'un certain nombre d'autres quantificateurs, la lettre qui le suit est éventuellement fonction de toutes les lettres figurant dans les quantifications antérieures. Par exemple, dans la propriété pour une fonction d'être partout continue, η dépend de a et de ϵ. Il arrive qu'on puisse choisir η dépendant de ϵ mais non de a; on dit alors que la fonction est uniformément continue. La propriété pour une fonction d'être uniformément continue est plus forte que la propriété d'être continue, elle peut s'écrire de la manière suivante :

(1.1.14)

$$(\forall \epsilon > 0)(\exists \eta > 0)(\forall a \in \mathbf{R})(\forall x \in \mathbf{R}), [(|x-a| \leq \eta) \Longrightarrow |f(x)-f(a)| \leq \epsilon]$$

Comme on le voit, une interversion de quantificateurs modifie considérablement la propriété énoncée; on voit immédiatement que la propriété la plus forte est celle où le symbole $\exists$ est placé le plus tôt. Avec une autre interversion, on aura :

(1.1.15) $(\exists\eta > 0)(\forall\epsilon > 0)(\forall a \in \mathbf{R})(\forall x \in \mathbf{R}), [|x-a| \leq \eta) \Longrightarrow |f(x) - f(a)| \leq \epsilon]$

Choisissons ce η dont il est dit plus haut qu'il existe. Pour tout x de l'intervalle $[a-\eta, a+\eta]$, on aura $|f(x)-f(a)| \leq \epsilon$, $\forall\epsilon > 0$, donc $|f(x)-f(a)| = 0$. Donc on aura $f(x) = f(a)$. En prenant pour a tous les nombres $\frac{p}{10^b}$, p entier allant de $-\infty$ à $+\infty$, b fixe tel que $\frac{p}{10^b} \leq \eta$, ... on voit que (1.1.15) signifie que f est constante, ce qui est une propriété de continuité encore plus forte.

Voici un exemple plus simple:

(1.1.16) $$(\forall m \in \mathbf{R})\ (\exists n \in \mathbf{N}), (n \geq m)$$

est une assertion vraie alors que :

(1.1.17) $$(\exists n \in \mathbf{N})\ (\forall m \in \mathbf{N}), (n \geq m)$$

est une assertion fausse. On peut rendre plus imagé le dernier exemple si au lieu de l'ensemble des entiers, on prend l'ensemble des êtres humains et à la place de la relation $n \geq m$, on prend la relation n est père de m. La première formule exprime alors que tout être humain a un père, alors que la seconde exprime qu'il existe un être humain qui est le père de tous !

§2 LES CINQ PREMIERS AXIOMES DE LA THEORIE DES ENSEMBLES

Introduction

Les concepts d'**ensemble** et de **classe**(*) servent de fondement à toutes les mathé--matiques. Pour rompre la monotonie on dit aussi collection au lieu d'ensemble, on utilise aussi des mots comme objets, éléments, parties, familles dans des situations particulières. Nous ne définissons pas le mot ensemble: on dit que c'est une notion **primitive** (ou une notion première). De la même façon que dans l'approche axiomatique de la géométrie élémentaire, où on ne définit pas ce qu'est un point, une droite(**), mais ce qu'on peut faire avec ces objets en fixant les règlesde leur usage c'est à dire les relations entre ces objets. Chacun d'entre nous a une notion intuitive de ce que peut être un ensemble. Nous pouvons nous fier à cette idée intuitive dans la plupart des cas. C'est ainsi que nous parlons des ensembles suivants(***)

L'ensemble des éléves d'une classe,
l'ensemble des points du plan,
l'ensemble des quadriques non dégénérées d'un espace de dimension 3,
l'ensemble $\mathbf{N}$ des entiers naturels,
l'ensemble $\mathbf{Z}$ des entiers relatifs,
l'ensemble $\mathbf{Q}$ des nombres rationnels,
l'ensemble $\mathbf{R}$ des nombres réels,
l'ensemble $\mathbf{C}$ des nombres complexes.

Dans notre approche intuitive, apparaît nécessairement la notion d'être membre d'une collection. Cette idée est concrétisée dans la théorie des ensembles par l'introduction de l'**appartenance**. C'est aussi une notion **primitive**.
L'appartenance est représentée par le signe spécifique $\in$, l'ensemble X appartient à l'ensemble Y se note :

(1.2.1) $$X \in Y$$

Dans le langage courant deux ensembles identiques sont constitués des mêmes **objets**, on dit aussi qu'ils ont les mêmes **éléments**. Cette idée se traduit dans la théorie des ensembles par la relation fondamentale d'égalité qui se note

(1.2.2) $$A = B$$

La relation (1.2.2) se lit l'ensemble A est égal à l'ensemble B.

(*)Le mot classe peut être employé soit comme un terme primitif de la théorie soit comme un substitutif au mot ensemble, collection du langage courant.

(**)Voir D.Hilbert [19].

(***)L'ensemble $\mathbf{N}$ des entiers naturels sera défini et ses propriétés principales seront étudiées dans le détail; nous nous contentons de rappeler comment les ensembles $\mathbf{Z}$, $\mathbf{Q}$ sont définis mais nous ne dirons rien sur la construction des nombres réels et des nombres complexes.

Si les 2 notions d'ensemble et d'appartenance, ne sont pas définies, nous avons dit que nous nous imposons des règles : ce qu'on peut faire et ce qu'on ne peut pas faire avec ces 2 notions. Ce sont les sept axiomes de **Zermelo-Fraenkel** auxquels nous ajoutons un huitième, l'axiome du choix.

Traditionnellement, ils sont donnés sous le nom et dans l'ordre suivant : axiome d'**extensionnalité**, axiome de **sélection**(*), axiome de la **paire**, axiome de la **réunion**, axiome de l'**ensemble des parties**, axiome de l'**infini**(**), axiome du **choix** et enfin axiome de **substitution**. Le dernier axiome, appelé aussi axiome de **remplacement** n'intervient dans le théorie des ensembles qu'à l'occasion de l'introduction de la notion d'induction transfinie et de l'arithmétique ordinale. Il est dû à Fraenkel (1922). Pour ces raisons le système axiomatique (sans l'axiome du choix) que nous développons s'appelle la théorie des ensembles de Zermelo-Fraenkel. Certains de ces axiomes expriment des propriétés plus ou moins évidentes lorsqu'on les énonce dans le langage courant.

Nous allons donner chacun de ces axiomes formellement, le commenter et en tirer les conséquences. Mais d'abord précisons ce qu'est un texte mathématique. A l'aide de lettres (majuscules, minuscules, latines, grecques, etc.) des signes de la logique classique, de ces deux signes $\in$ et $=$, et éventuellement des parenthèses (***) nous sommes capables d'écrire n'importe quel texte mathématique (ce que nous appellons aussi **formule**, **énoncé**, **proposition**, **assertion**, etc.) de la théorie des ensembles.

Nous appellerons **énoncé mathématique formel** ce qu'on obtient en appliquant les règles suivantes:

1°/ $x \in y$, $A = B$, où x, y, A, B, sont des lettres quelconques, sont des énoncés. Ces énoncés sont appelés des formules élémentaires ou atomiques.

2°/ - Si P et Q sont des énoncés déjà obtenus, alors on construit les énoncés : $(\neg P)$, $(P \wedge Q)$, $(P \vee Q)$, $(P \longrightarrow Q)$, $(P \leftrightarrow Q)$.

3°/ - Si P est un énoncé, on en déduit les énoncés suivants $(\exists x)P(x)$, $(\forall x)P(x)$.

Nous supposons dés à présent qu'il existe au moins un ensemble (cette condition sera renforcée plus loin lorsqu'on introduira l'axiome de l'infini).

L'axiome d'extensionnalité

$$(1.2.3) \qquad (\forall a)(\forall b)\,[(a = b) \leftrightarrow (\forall x)(x \in a \leftrightarrow x \in b)]$$

(*)On dit aussi axiome de compréhension ou spécification ou de séparation

(**)Cet axiome est aussi appelé l'axiome des entiers naturels

(***)On peut éviter l'usage des parenthèses en adoptant les notations polonaises.

Intuitivement, cela veut dire qu'un ensemble est parfaitement déterminé par ses éléments. On adopte alors la notation familière pour décrire un ensemble : on écrit les noms de ses membres, séparés par des virgules, et le total est enfermé entre deux accolades. Ainsi l'ensemble E des lettres de l'alphabet français:

$$E = \{a, b, c, \ldots, x, y, z\} \tag{1.2.4}$$

On dit aussi que E est donné en **extension** par opposition à la description de E en **compréhension** que nous verrons après l'introduction de l'axiome suivant.

Nous retenons de cet axiome que deux ensembles a et b sont égaux si et seulement si tout élément de a est élement de b et vice versa.

Soient X, A, B des ensembles. Nous avons déja dit que la relation $X \in A$ se lit X appartient à A, ou X est un **élément** de l'ensemble A. Il est d'usage d'écrire cette relation sous la forme $x \in A$ mais ce n'est qu'un abus d'écriture alors que x est un ensemble au même titre que A

DÉFINITION 1.2.1.
On dit que l'ensemble B est une **partie** *ou un* **sous-ensemble** *de l'ensemble A ou que l'ensemble B est* **inclus** *ou* **contenu** *dans A, ou que l'ensemble A contient B si et seulement si tout élément de B est aussi un élément de A. On note alors dans ces conditions(*) :*

$$B \subset A \iff (\forall x)(x \in B \longrightarrow x \in A) \tag{1.2.6}$$

On adopte aussi la notation :

$$A \supset B \tag{1.2.7}$$

La négation de cette relation se note $B \not\subset A$ ou $\neg(B \subset A)$.

Nous pouvons utiliser la relation dérivée de l'inclusion pour énoncer l'axiome d'extensionnalité:

$$(\forall a)(\forall b)\,[(a = b) \leftrightarrow (a \subset b) \ \wedge \ (b \subset a)] \tag{1.2.8}$$

Reprenons l'exemple de l'ensemble Q des quadriques non dégénérées. Soit $\mathcal{E}$ l'ensemble des ellipsoïdes alors $\mathcal{E}$ est un **sous-ensemble** de Q ou encore que $\mathcal{E}$ est **contenu** dans Q: $\mathcal{E} \subset Q$.

(*)Il faut observer dès maintenant que les signes $\in$, $\subset$ sont radicalement différents. Ainsi on a toujours $A \subset A$ mais nous nous interdirons d'écrire $A \in A$. De même nous pouvons avoir $A \subset B$ et $B \subset A$, mais nous nous interdirons les relations $A \in B$ et $B \in A$. Ceci est formalisé par l'introduction de l'**axiome de fondement** sur lequel nous ferons seulement une remarque à la fin de ce § car nous nous ne servirons pas de cet axiome.

THÉORÈME 1.2.3. - *La relation d'inclusion possède les propriétés suivantes*

1° / Pour tout ensemble A, A est inclus dans A :

(1.2.9) $$(\forall A)(A \subset A)\,.$$

2°/ Si A est un ensemble inclus dans B et B est inclus dans A, on a l'égalité de ces deux ensembles :

(1.2.10) $$(\forall A)\,(\forall B)\,\,[((B \subset A) \wedge (A \subset B)) \leftrightarrow (A = B)]\,\,.$$

3°/ Si A est un ensemble inclus dans un ensemble B, et si l'ensemble B est inclus dans un ensemble C, alors A est aussi inclus dans C :

(1.2.11) $$(\forall A)\,(\forall B)\,(\forall C)\,\,[((A \subset B) \wedge (B \subset C)) \longrightarrow (A \subset C)]$$

DÉMONSTRATION: Soit P la formule $(\forall A)(A \subset A)$ et supposons que P ne soit pas vraie, donc $\neg P$ est vrai. Or :

$$A \subset A \iff (\forall x \in A)(x \in A)$$

donc :

$$A \not\subset A \iff (\exists x \in A)(x \notin A)$$

ce qui est contradictoire, donc $\neg P$ n'est pas vraie, ce qui signifie que P est vraie. On peut aussi arriver à la même conclusion en raisonnant directement. En effet nous avons la tautologie :

$$(\forall x)(x \in A \longrightarrow x \in A)$$

ce qui signifie exactement que $A \subset A$.

Supposons la formule (1.2.11) fausse. Cela signifie que l'assertion Q du second membre est fausse alors que l'assertion P du premier membre est vraie. Ce qui s'écrit :

$$(\exists A)(\exists B)(\exists C)[(A \subset B) \wedge (B \subset C)] \quad \text{et} \quad A \not\subset C$$

On peut énoncer $\neg Q$ sous la forme $(\exists a \in A)(a \notin C)$. Or $A \subset B$ et $a \in A$ implique d'après la définition de $\subset$ que $a \in B$, et de la même façon $B \subset C$ implique $a \in C$. On a une contradiction, ce qui montre que notre assertion est vraie. ∎

L'axiome de sélection ou de compréhension

(1.2.12) $$(\forall a)(\exists b)(\forall x)\,[(x \in a \wedge P(x)) \leftrightarrow (x \in b)]$$

Intuitivement cela signifie qu'étant donné une formule $P(x)$ portant sur un ensemble variable x (ou un prédicat à une place), il existe un ensemble b, dont les éléments sont ceux, parmi les éléments de a, qui possèdent la propriété $P(x)$ (c'est à dire qui rendent vraies la formule $P(x)$). Cet ensemble est alors déterminé de façon unique par l'axiome d'extensionnalité. Avant d'énoncer l'axiome de sélection sous la forme donnée, beaucoup de mathématiciens pensaient qu'il était suffisant d'avoir une formule pour définir l'ensemble :

(1.2.13) $$\{\, x : P(x) \,\}$$

comme étant la collection des objets qui rendent vraie cette formule.

En 1901 Bertrand Russell découvrit qu'on pouvait déduire une contradiction à partir de (1.2.13) en considérant les objets qui ont la propriété de ne pas appartenir à eux-mêmes. Prenons en effet la formule $x \notin x$. Nous voulons donc définir la collection des ensembles qui n'appartiennent pas à eux-mêmes. Supposons que cet ensemble existe. On pourrait donc écrire :

$$(\exists B)(\forall x)(x \in B \leftrightarrow x \notin x)\,.$$

Alors en prenant $x = B$, on aboutit à la formule :

$$B \in B \leftrightarrow B \notin B\,.$$

Historiquement c'est ce paradoxe qui a conduit à la forme actuelle de l'axiome de sélection. On peut encore illustrer le paradoxe de B.Russell sous la forme du théorème suivant:

THÉORÈME 1.2.4. - *Il n'existe pas un ensemble ayant pour objets tous les ensembles.*

DÉMONSTRATION: En effet, supposons qu'un tel ensemble A existe . D'après l'axiome de sélection, nous pouvons définir l'ensemble B par :

$$B = \{\quad x \in A : \quad x \notin x \quad\}$$

Par définition de A, l'ensemble B est un élément de A. Alors on a $B \in B$ si et seulement si $B \notin B$, ce qui est contradictoire puisque P et $\neg P$ ne peuvent pas être simultanément vrais (principe de non contradiction).

Autre démonstration : Considérons la formule suivante :

(1.2.14) $$(\exists y)\,[(\forall x)\,(x \in y \leftrightarrow x \notin x)]$$

Prenons la comme axiome. Alors nous montrons que notre théorie est contradictoire c'est à dire qu'elle contient deux énoncés Q et $\neg Q$ qui sont vrais tous les deux à la fois. Alors il en résulterait comme nous l'avons dit et prouvés, que tout énoncé est à la fois vrai et faux. Considérons l'énoncé obtenu en remplaçant dans l'énoncé (1.2.14) , x par y. Donc :

$$(\exists y)\,(y \in y \leftrightarrow y \notin y)$$

Comme $(y \in y \ \vee\ y \notin y)$ est un énoncé toujours vrai, on en déduit alors que la formule $y \in y$ et sa négation $y \notin y$ sont toutes les deux vraies, et nous obtenons ainsi la contradiction annoncée.■

Remarque 1 - On peut donc dire que la formule suivante est toujours vraie :

$$(\forall x)(\exists y)(y \notin x)$$

Si on prend la négation de cette formule, négation qui est donc toujours fausse, on trouve :

$$\neg\,[(\forall x)(\exists y)(y \notin x)] \quad \text{qui équivaut à} \quad (\exists x)(\forall y) : y \in x$$

et en prenant $y = x$, on obtient l'assertion toujours fausse :

$$(\exists x)(x \in x \leftrightarrow x \notin x)$$

Remarque 2 - Il faut noter que l'axiome de sélection est en réalité un faisceau d'axiomes plutôt qu'un seul axiome. Quand nous remplaçons $P(x)$ dans (1.1.12) par n'importe quelle formule dans laquelle n'apparaît pas b(*), nous obtenons un nouvel axiome. Un axiome qui permet cette espèce de substitution de formules est habituellement appelé un **schéma d'axiomes**. Le schéma d'axiomes (1.1.12) est dû à Ernst Zermelo (1908).

Remarque 3 - Nous avons vu comment on décrit un ensemble en extension en mettant entre accolades les noms de ses éléments. Lorsque cet ensemble est décrit par une propriété $P(x)$, on dit qu'il est donné **en compréhension**. On adopte la notation familière :

(1.2.15) $$E = \{x \in A : P(x)\}$$

(*)Pour parler de façon naïve, car nous n'avons pas voulu introduire les notions de variable libre et de variable liée.

Nous venons de voir qu'une notation de la forme :

(1.2.16) $$\{x : P(x)\}$$

ne désigne pas nécessairement un ensemble. Or cette notation est très commode. Pour remédier à cet inconvénient, nous introduisons un nouveau terme primitif qui est le mot **classe**. Nous dirons que (1.2.16) désigne la classe de tous les ensembles x satisfaisant à la propriété $P(x)$. Par exemple :

(1.2.17) $$\{x : x = x\}$$

est la classe de tous les ensembles. Nous pourrons alors parler de la **classe des groupes**, de la **classe des espaces topologiques**.

Nous avons essentiellement porté notre attention jusqu'à présent sur les aspects négatifs qui ont été à l'origine de l'axiome de sélection. Nous allons tourner maintenant notre regard sur ce qu'il y a de constructif dans cet axiome.

THÉORÈME 1.2.5. - *Il existe un ensemble unique noté $\emptyset$ n'ayant aucun élément, appelé* **ensemble vide**. *Il est contenu dans n'importe quel ensemble:*

(1.2.18) $$(\forall x)(\emptyset \subset x)$$

autrement dit $\emptyset$ est une partie (la partie vide) de n'importe quel ensemble.

DÉMONSTRATION: - En effet, soit X un ensemble. Appliquons l'axiome de sélec- -tion avec la formule $y \neq y$. Posons alors :

$$\emptyset = \{ \quad y \in X : \quad y \neq y \quad \}$$

Cet ensemble est unique, pour X donné, d'après l'axiome d'extensionnalité. Or pour tout x, on a $x = x$ d'après la définition de l'égalité (axiome d'extensionnalité), on ne peut avoir la relation $x \in \emptyset$, pour un ensemble x. Ce qui prouve donc l'existence. Si a est un ensemble quelconque ayant la propriété de ne posséder aucun élément, il est certainement égal à $\emptyset$. En effet s'il était distinct de $\emptyset$, il aurait donc un élément n'appartenant pas à $\emptyset$, ce qui est impossible. En particulier cela montre que la définition de $\emptyset$ est indépendante de X. Cet ensemble est bien unique. Démontrons la formule (1.2.18). Soit Z un ensemble quelconque. Nous voulons prouver l'inclusion $\emptyset \subset Z$. Nous raisonnons par l'absurde(*). Supposons donc qu'il existe un ensemble X tel que $\emptyset \not\subset X$. Cela signifie qu'il existe un ensemble $y \in \emptyset$ tel que $y \notin X$. Or la formule $y \in \emptyset$ est toujours fausse, ce qui nous conduit à une contradiction. Donc notre assertion est vraie. ■

(*)Ce raisonnement est particulièrement fécond lorsqu'il s'agit d'une formule concernant l'ensemble vide.

Nous sommes en mesure de définir dès à présent l'intersection de deux ensembles quelconques ainsi que le complémentaire d'une partie d'un ensemble. Mais nous préférons le faire plus tard lorsqu'on fera intervenir la réunion de deux ensembles (qui, elle, nécessite l'introduction d'un autre axiome).

L'axiome de la paire

$$(\forall a)(\forall b)(\exists c)(\forall x)\,[x \in c \leftrightarrow (x = a \,\vee\, x = b)] \tag{1.2.19}$$

Intuitivement, il signifie qu'étant donnés deux ensembles a et b, il existe un ensemble c qui a pour éléments a et b et seulement eux. Cet ensemble est unique d'après l'axiome d'extensionnalité.

DÉFINITION 1.2.6. - *Soient a et b deux ensembles. On appelle* **paire** *(non ordonnée) formée par a et b, l'ensemble noté $\{a, b\}$ défini grâce à l'axiome de la paire. On appelle* **singleton** *formé par l'ensemble a, l'ensemble $\{a, a\} = \{a\}$ ayant pour unique élément l'ensemble a.*

Remarque 4 - Il faut soigneusement distinguer l'ensemble a du singleton $\{a\}$. On a la relation $a \in \{a\}$. Par exemple si $a = \emptyset$, cet ensemble n'a aucun élément par définition alors que $\{\emptyset\}$ possède un élément à savoir $\emptyset$!

Remarque 5 - Soit X un ensemble. Alors l'ensemble a est un élément de X si et seulement le singleton $\{a\}$ est inclus dans X :

$$a \in X \iff \{a\} \subset X \tag{1.2.20}$$

L'axiome de la réunion

$$(\forall a)(\exists b)(\forall x)\,[(x \in b) \leftrightarrow (\exists c)\,((c \in a) \,\wedge\, (x \in c))] \tag{1.2.21}$$

Intuitivement, il signifie qu'étant donnée une collection a , il existe un ensemble b dont les éléments sont les ensembles qui appartiennent à l'un des ensembles de la collection.

Cet ensemble est unique d'après l'axiome d'extensionnalité.

DÉFINITION 1.2.7. - *Soit a un ensemble. On appelle* **réunion** *des éléments de a, l'ensemble noté :*

$$\bigcup_{x \in a} x \quad \text{ou} \quad \bigcup a \quad \text{ou} \quad \bigcup \{x : x \in a\} \tag{1.2.22}$$

formé des éléments qui appartiennent à l'un des ensembles de a.

Exemple 1 - Soient α, β, γ, δ, η des lettres de l'alphabet grec, et

$$a = \{\{\alpha,\beta\},\{\beta,\gamma,\delta\},\eta\}\ .$$

Alors :

$$\cup a = \{\alpha,\beta,\gamma,\delta\}$$

Etant donnés deux ensembles A et B, on appelle **réunion** des ensembles A et B la réunion des éléments de la paire $\{A,B\}$; elle est notée $A\cup B$.

(1.2.23)
$$A \cup B = \cup\{A,B\}$$

De façon plus naïve, on peut écrire :

$$A\cup B = \{x : x\in A \text{ ou } x \in B\ \}$$

Exemple 2 - (i) $\cup\{x : x\in\emptyset\} = \emptyset$

- (ii) $\cup\{x : x\in\{a\}\} = a$
On note par $\{a,b,c\}$ l'ensemble $\{a\}\cup\{b\}\cup\{c\}$, par $\{a,b,c,d\}$ l'ensemble $\{a\}\cup\{b\}\cup\{c\}\cup\{d\}$, ... etc .

THÉORÈME 1.2.8. - *Les propriétés de la réunion sont les suivantes :*

(1.2.24)
$$\begin{cases} (i) \quad (x\in A\cup B)\leftrightarrow(x\in A)\ \vee\ (x\in B) \\ (ii) \quad A\cup\emptyset = A \quad , \quad (iii) \quad A\cup A = A \\ (iv) \quad A\cup B = B\cup A \quad \textbf{(commutativité)} \\ (v) \quad (A\cup B)\cup C = A\cup(B\cup C) \quad \textbf{(associativité)} \end{cases}$$

DÉMONSTRATION: - La paire $\{A,B\}$ est caractérisée par le fait que A et B sont ses seuls éléments; il en résulte que

$$x\in A\cup B \iff (x\in A)\ \vee\ (x\in B)\,,$$

ce qui prouve (i). Comme $\emptyset$ n'a aucun élément, on déduit immédiatement (ii). D'ailleurs on en déduit aussi (iii) (iv). Comme on a

$$[(x\in A)\ \vee(x\in B)]\ \vee(x\in C) \iff (x\in A)\ \vee\ [(x\in B)\ \vee(x\in C)]$$

on obtient (v). ∎

THÉORÈME 1.2.9. - *Soit a un ensemble non vide. Il existe un ensemble unique b dont les éléments sont les ensembles qui appartiennent à tous les éléments de l'ensemble a.*

$$(\forall a \neq \emptyset)(\exists b)(\forall x)\,[(x \in b) \leftrightarrow ((\forall c)(c \in a) \longrightarrow (x \in c))] \tag{1.2.25}$$

DÉMONSTRATION: - Puisque a est non vide, soit $c \in a$. Posons :

$$b = \{\, x \in c : (\forall z \in a)(x \in z) \,\}\ ,$$

alors l'axiome de sélection nous permet de dire que b est un ensemble et cet ensemble est unique d'après l'axiome d'extensionnalité. ∎

DÉFINITION 1.2.10. - *Soit a un ensemble non vide. On appelle* **intersection** *des éléments de a, l'ensemble noté*

$$\bigcap_{x \in a} x \quad ou \quad \cap a \quad ou \quad \cap\{x : x \in a\} \tag{1.2.26}$$

formé par les éléments qui appartiennent à tous les ensembles qui appartiennent à a.

Etant donnés deux ensembles A et B, on appelle **intersection** *des ensembles A et B l'intersection des éléments de la paire $\{A, B\}$; elle est notée $A \cap B$.*

$$A \cap B = \cap\{A, B\} \tag{1.2.27}$$

Exemple 3

Reprenons l'exemple 1 de l'ensemble a construit à l'aide de lettres de l'alphabet grec: $a = \{\{\alpha,\beta\},\{\beta,\gamma,\delta\},\eta\}$. Alors $\cap a = \emptyset$ alors que si $b = \{\{\alpha,\beta\},\{\beta,\gamma,\delta\}\}$, on a $\cap b = \{\beta\}$.
Il faut bien remarquer que cette intersection n'est définie que si a est un ensemble non vide.
Observons que si $a = \emptyset$ la condition $(\forall z \in a)(x \in z)$ est toujours remplie, et par conséquent cette intersection devrait comprendre tous les ensembles mais alors ce ne serait pas un ensemble. Nous reviendrons plus loin sur ce sujet à propos de l'intersection d'une famille d'ensembles.

THÉORÈME 1.2.11. - *Les propriétés de l'intersection sont les suivantes:*

$$\begin{cases} (i) \quad (x \in A \cap B) \leftrightarrow (x \in A) \ \wedge \ (x \in B) \\ (ii) \quad A \cap \emptyset = \emptyset \quad , \quad (iii) \quad A \cap A = A \\ (iv) \quad A \cap B = B \cap A \quad (\textbf{ commutativité}) \\ (v) \quad (A \cap B) \cap C = A \cap (B \cap C) \quad (\textbf{associativité}) \end{cases} \tag{1.2.28}$$

DÉMONSTRATION: - Il suffit de remplacer le signe " ∨" par le signe ∧ dans la démonstration du théorème 1.2.8 pour prouver toutes les assertions 1.2.28. ∎

THÉORÈME 1.2.12. - *Soient a un ensemble et b une partie de a. Il existe un ensemble unique noté $\mathcal{C}_a b$ ou b^c(*) ou b' dont les éléments sont ceux de l'ensemble a qui n'appartiennent pas à b.*

$$(\forall a)\ (\forall b \subset a)\ (\exists \mathcal{C}_a b)\ (\forall x)\ [(x \in \mathcal{C}_a b) \leftrightarrow\ (x \in a)\ \wedge (x \notin b)] \tag{1.2.29}$$

Plus généralement, si a et b sont deux ensembles quelconques, il existe un ensemble unique noté $a \setminus b$ (resp. $a \Delta b$) dont les éléments sont ceux de a qui n'appartiennent pas à b (resp. égal à la réunion des ensembles $a \setminus b$ et $b \setminus a$).

$$(\forall a)(\forall b)(\forall x)\ (x \in a \setminus b \leftrightarrow (x \in a) \wedge (x \notin b)) \tag{1.2.30}$$

$$a \Delta b = (a \setminus b)\ \cup\ (b \setminus a) \tag{1.2.31}$$

DÉMONSTRATION: - Posons

$$\mathcal{C}_a b = \{x \in a : x \notin b\}\ ,$$

alors l'axiome de sélection nous permet de dire que $\mathcal{C}_a b$ est un ensemble et cet ensemble est unique d'après l'axiome d'extensionnalité. On fait le même raisonnement pour l'ensemble $a \setminus b$. ∎

DÉFINITION 1.2.13. - *Soient a un ensemble et b une partie de a. On appelle* **complémentaire** *de b par rapport à l'ensemble a, l'ensemble $\mathcal{C}_a b$ formé des éléments de a qui n'appartiennent pas à b.*

Si a et b sont deux ensembles, $a \setminus b$ (resp. $a \Delta b$) est appelé la **différence** *(resp. la* **différence symétrique***) de a et b.*

THÉORÈME 1.2.14. - *Soient a, b des ensembles contenus dans un ensemble c. On a les relations appelées* **lois de Morgan**, *entre les opérations de réunion, d'intersection et de passage au complémentaire (par rapport à c).*

$$\begin{cases} \mathcal{C}_c \emptyset = c \quad , \quad \mathcal{C}_c c = \emptyset \\ \mathcal{C}_c(a \cup b) = \mathcal{C}_c a \cap \mathcal{C}_c b \\ \mathcal{C}_c(a \cap b) = \mathcal{C}_c a \cup \mathcal{C}_c b \end{cases} \tag{1.2.32}$$

DÉMONSTRATION: Ce sont essentiellement les équivalences (1.1.4)(i) (vi) et (vii) qui conduisent aux relations (1.2.32) car, par exemple, $x \notin (a \cup b)$ est équivalent à dire que l'on a $\neg(x \in a\ \vee\ x \in b)$ donc que l'on a $x \notin a\ \wedge x \notin b$ c'est à dire que $x \in \mathcal{C}_c a \cap \mathcal{C}_c b$. ∎

(*)La notation b^c est brève et pratique mais elle est aussi utilisée pour désigner l'ensemble des applications de c dans b lorsque c est un autre ensemble.

L'axiome de l'ensemble des parties

(1.2.33) $$(\forall a)(\exists b)(\forall x)\,(x \in b \leftrightarrow x \subset a)$$

Intuitivement il signifie que pour un ensemble a, il existe un ensemble b dont les éléments sont les sous-ensembles de a. Cet ensemble est alors unique d'après l'axiome d'extensionnalité.

DÉFINITION 1.2.15. - *Soit a un ensemble, on appelle* **ensemble des parties** *de a l'ensemble noté $\mathcal{P}(a)$ donné par l'axiome (1.2.33).*

Exemples 4 :

- $\mathcal{P}(\emptyset) = \{\emptyset\}$
- $\mathcal{P}(\{a\}) = \{\emptyset, \{a\}\}$
- $\mathcal{P}(\{a,b\}) = \{\emptyset, \{a\}, \{b\}, \{a,b\}\}$

Nous voyons ainsi que l'ensemble des parties de $\emptyset$ a un seul élément, que celui de $\{a\}$ a deux éléments, ... etc. On appelle $\binom{n}{p}$ le nombre de parties à p éléments d'un ensemble E à n éléments. Alors en comptant toutes les parties de E, on voit que leur nombre est

(1.2.34) $$\binom{n}{0} + \binom{n}{1} + \binom{n}{2} + \ldots + \binom{n}{n-1} + \binom{n}{n} = 2^n$$

On peut dire aussi , si $E_n = \{1, 2, \ldots, n\}$, que $\mathcal{P}(E_n)$ comprend pour $n \geq 1$, deux ensembles disjoints, l'ensemble des parties qui contiennent n, et l'ensemble de celles qui ne contiennent pas n; chacun d'eux a un nombre d'éléments qui est celui de $\mathcal{P}(E_{n-1})$. Si donc $\mathcal{P}(E_n)$ a α_n éléments, on a $\alpha_n = 2\ \alpha_{n-1}$, comme $\alpha_0 = 1$, $\alpha_n = 2^n$.

Ensemble produit de deux ensembles

DÉFINITION 1.2.16. - *Soient a, b deux ensembles, on appelle* **couple ordonné** *de a (en premier lieu) et de b (en second), la paire formé par le singleton $\{\ a\ \}$ et la paire $\{a,b\}$. Ce couple est noté (a,b);*

(1.2.35) $$(a,b) = \{\{a\}, \{a,b\}\}$$

THÉORÈME 1.2.17.

(1.2.36) $$(x,y) = (a,b) \iff x = a \quad , \quad y = b$$

DÉMONSTRATION: Les égalités $x = a$ et $y = b$ impliquent que $(a,b) = (x,y)$. Réciproquement supposons que $\{\{a\},\{a,b\}\} = \{\{x\},\{x,y\}\}$. Si $a = b$, alors le premier membre est réduit au singleton $\{\{a\}\}$. On en déduit que $\{x\} = \{x,y\}$ donc $x = y$. Alors l'égalité $\{\{a\}\} = \{\{x\}\}$ implique $x = a$. On a donc $a = b = x = y$. Supposons $a \neq b$ et $\{x\} = \{a\}$, alors $x = a$. Si $\{x,y\} = \{a\}$, on a nécessairement $x = y = a$ donc $\{a\} = \{a,b\}$ et par suite $a = b$, ce que nous avons exclu. Donc nécessairement $\{x,y\} = \{a,b\}$ et comme $a = x$ et $b \neq a$, on a bien $b = y$. Dans l'autre cas, on aurait $\{x\} = \{a,b\}$ ce qui impliquerait que $a = b$, cas que nous avons écarté. ■

THÉORÈME 1.2.18. - *Soient A et B deux ensembles. Il existe un ensemble unique - noté $A \times B$ - formé de tous les couples ordonnés (a,b) avec $a \in A$ et $b \in B$.*

DÉMONSTRATION: - Nous venons de définir le couple ordonné (a,b) comme étant la paire $\{\{a\},\{a,b\}\}$. Comme $\{a\} \subset A \subset A \cup B$ et que $\{a,b\} \subset A \cup B$, $\{a\}$ et $\{a,b\}$ sont des éléments de l'ensemble des parties de $A \cup B$, et par suite $\{\{a\},\{a,b\}\}$ est une partie de l'ensemble $\mathcal{P}(A \cup B)$. Posons alors

$$(1.2.37) \quad A \times B = \{\, x \in \mathcal{P}(\mathcal{P}(A \cup B)) : (\exists a \in A)(\exists b \in B)(x = \{\{a\},\{a,b\}\})\}$$

Alors l'axiome de sélection nous permet d'affirmer l'existence de cet ensemble et l'axiome de l'extensionnalité son unicité. ■

DÉFINITION 1.2.19. - *Soient A, B deux ensembles, on appelle* **produit** *de A et B l'ensemble noté $A \times B$ des couples ordonnés $(a,b), a \in A, b \in B$.*

Etant donné un ensemble produit $E \times E$ d'un ensemble par lui-même, on appelle **diagonale de** $E \times E$ *qu'on désigne par Δ, la partie de ce produit formé par les couples d'éléments identiques:*

$$(1.2.38) \qquad \Delta = \{(x,x) \in E \times E : \quad x \in E \quad \}$$

Remarque 6 - On vérifie facilement qu'en posant $(a,b,c) = ((a,b),c)$, alors si $x \in E, a \in E$, $y \in F, b \in F$, $z \in G, c \in G$, l'égalité $(a,b,c) = (x,y,z)$ est équivalente aux 3 égalités $x = a, y = b, z = c$.

Remarque 7 - Le produit $E \times F \times G$ est égal à $(E \times F) \times G$. C'est donc aussi l'ensemble des **triplets ordonnés** (x,y,z) : $x \in E, y \in F, z \in G$. On peut de même définir le produit de plusieurs ensembles. On aurait pu définir ce produit comme le produit $E \times (F \times G)$ et on identifie les deux ensembles. C'est l'**associativité** du produit.

Remarque 8 - Les produits $E \times E$, $E \times E \times E$, etc, se notent aussi E^2, E^3, etc. C'est ainsi que l'on note $\mathbf{R}^n$ le produit de n ensembles identiques à l'ensemble $\mathbf{R}$ des nombres réels; un point de $\mathbf{R}^n$ est donc un système ordonné $(x_1, x_2, \ldots, x_n)$ de n nombres réels arbitraires.

DÉFINITION 1.2.20. - *Soient E et F deux ensembles, A une partie de l'ensemble produit $E \times F$. On appelle* **section d'abscisse** x_0 *ou section verticale de A en x_0 l'ensemble noté A_{x_0}, défini par:*

(1.2.39) $$A_{x_0} = \{ y \in F : (x_0, y) \in A \}$$

On a une définition analogue d'une **section d'ordonnée** y_0 *ou section horizontale de A en y_0, notée A^{y_0}:*

(1.2.40) $$A^{y_0} = \{ x \in E : (x, y_0) \in A \}$$

Relations binaires

DÉFINITION 1.2.21. - *Soient E et F deux ensembles. On dit que R est une* **relation binaire** *sur $E \times F$ si R est une partie de $E \times F$. Il est d'usage d'adopter la notation:*

(1.2.41) $$(x, y) \in R \iff xRy$$

Lorsque $E = F$, on dit simplement une relation sur E. On appelle **domaine** *et* **image** *d'une relation, les sous-ensembles de E et F notés Dom (R) et Im (R) respectivement, donnés par:*

(1.2.42) $$\begin{cases} \text{Dom}\,(R) = \{x \in E : (\exists y \in F)\ ((x, y) \in R)\ \} \\ \text{Im}(R) = \{y \in F : (\exists x \in E)\ ((x, y) \in R)\ \} \end{cases}$$

On dit aussi que R est le **graphe** *de la relation.*

Exemple 5

(i) Si R est une relation et $S \subset R$ alors S est une relation
(ii) Si $E = F$, alors la diagonale Δ est une relation. C'est **la relation d'égalité**.
(iii) Si R et S sont des relations, alors $R \cup S$ et $R \cap S$ sont des relations.

Nous pourrions développer beaucoup de généralités sur les relations mais nous le ferons pas. Nous étudierons seulement en détail trois relations particulières, les relations fonctionnelles qui sont développées au §3, les relations d'équivalence au §5, et les relations d'ordre au §6. Contentons-nous ici de donner les définitions.

DÉFINITION 1.2.22. - *On appelle relation* **fonctionnelle** *dans $E \times F$ une partie $f \subset E \times F$ telle que:*

(1.2.43) $$((x, y) \in f) \wedge ((x, z) \in f) \Longrightarrow y = z$$

DÉFINITION 1.2.23. - *Soit R une relation sur un ensemble E. On dit qu'elle est* **réflexive** *dans E si et seulement si:*

(1.2.44) $$(\forall x \in E)\ ((x, x) \in R)$$

qu'elle est **symétrique** *dans E si et seulement si:*

(1.2.45) $(\forall x \in E)\,(\forall y \in E)\,[(x,y) \in R \Longrightarrow (y,x) \in R]$

qu'elle est **antisymétrique** *dans E si et seulement si:*

(1.2.46) $(\forall x \in E)(\forall y \in E)\,[((x,y) \in R) \wedge ((y,x) \in R) \Longrightarrow (x = y)]$

qu'elle est **transitive** *dans E si et seulement si :*

(1.2.47) $(\forall x \in E)(\forall y \in E)(\forall z \in E)\,[((x,y) \in R) \wedge ((y,z) \in R) \Longrightarrow (x,z) \in R]$

qu'elle est **totale** *dans E si et seulement si :*

(1.2.48) $(\forall x \in E)(\forall y \in E)\,[((x,y) \in R) \vee ((y,x) \in R)]$

On dit que R est une **relation d'équivalence** *si c'est une relation réflexive, symétrique et transitive ; que R est une* **relation d'ordre** *si c'est une relation réflexive, antisymétrique, et transitive.*

Compléments - Nous avons déjà remarqué qu'il est difficile de concevoir qu'un objet puisse appartenir à lui même. Ainsi l'ensemble des roses d'un jardin ne pourrait être une rose et l'ensemble des êtres humains n'est pas un être humain. Nous avons même vu qu'il était impossible de parler d'un ensemble dont les objets seraient tous les ensembles. On est donc tenté d'énoncer comme axiome :

$$(\forall x)\,(x \notin x)$$

Mais en fait, il y a d'autres formules inacceptables comme par exemple $x \in y$ et $y \in x$ qui ne sont pas remises en cause avec cet axiome. Zermelo a énoncé un axiome qui répond à ces préoccupations et qui permet d'éliminer toutes sortes de formules de même acabit. Cet axiome est appelé axiome de **fondement ou de régularité.**

L'axiome de fondement

(1.2.49) $a \neq \emptyset \longrightarrow (\exists x)\,[(x \in a) \wedge (x \cap a = \emptyset)]$

Intuitivement il signifie qu'étant donné un ensemble non vide a il existe un objet appartenant à a tel que l'intersection de x et a est vide. Montrons, par exemple, comment à l'aide de cet axiome, $x \notin x$ est vrai. Raisonnons par l'absurde en supposant l'existence d'un ensemble a tel que $a \in a$. Comme $a \in \{a\}$, on a donc $a \in \{a\} \cap a$. Par l'axiome de fondement, il existe $x \in \{a\}$ tel que $x \cap \{a\} = \emptyset$. Mais $x \in \{a\}$ implique $x = a$. On a donc

$$a \in \{a\} \cap a \quad \text{et} \quad \{a\} \cap a = \emptyset$$

ce qui est contradictoire.

Nous n'insistons pas sur cet axiome dont nous ne tirons aucune conclusion dans notre exposé. Signalons d'autre part qu'on peut construire une théorie des ensembles qui nie cet axiome.(*)

(*)Voir P.Suppes [34] page 55.

§3 : APPLICATIONS - FAMILLES - PRODUIT D'UNE FAMILLE D'ENSEMBLES - AXIOME DU CHOIX

Applications

DÉFINITION 1.3.1. - *Soient E et F deux ensembles, f relation fonctionnelle sur $E \times F$ de domaine E On dit alors qu'on a défini une application $f : x \mapsto y = f(x)$ de E dans F ou une fonction d'espace* **initial** *ou espace de départ (ou encore de* **domaine de définition***) E et d'espace* **final** *ou espace d'arrivée ou encore espace des valeurs F. $f(x)$ est appelé* **l'image de** *x par f et x est un* **antécédent** *de y.*

- En pratique c'est la correspondance $x \mapsto f(x)$ qui définit l'application. La relation fonctionnelle qu'on peut toujours écrire sous la forme $\{(x, f(x)) \in E \times F : x \in E\}$ est appelé le **graphe de l'application** f.

- Il y a lieu de distinguer soigneusement f, qui désigne l'application caractérisée d'une part par son domaine de définition, son espace d'arrivée et son graphe, et $f(x)$, qui est l'élément de F correspondant à x par cette application. Cependant cette distinction, pour des raisons pratiques, n'est pas toujours facile à faire dans l'usage courant! Ainsi il est incorrect (mais commode) de dire la fonction " $sin\ x$ ", on devrait dire la fonction " sin ", alors que $sin\ x$ est la valeur de cette fonction au point x. On remédie à cet inconvénient en parlant de la fonction " $x \mapsto sin\ x$ ", ou de la fonction f définie par $f(x) = sin\ x$.

Exemple 1 - La fonction f, définie par $f(x) = \dfrac{1}{x}$, est une application de l'ensemble des éléments $\neq 0$ de la droite $\mathbf{R}$, dans $\mathbf{R}$. Il est donc inexact de dire que c'est là une fonction réelle d'une variable réelle, puisque la variable ne peut prendre toutes les valeurs réelles. Mais on peut très bien considérer la fonction g de $\mathbf{R}$ dans $\mathbf{R}$, définie par

$$\begin{cases} g(x) = \dfrac{1}{x} & \text{pour} \quad x \neq 0 \\ g(0) = 2 \end{cases}$$

Cette fonction g est différente de la fonction f. En effet leurs domaines de définition sont distincts et a fortiori leurs relations fonctionnelles sont différentes. On peut aussi considérer l'application h, définie par

$$\begin{cases} h(x) = \dfrac{1}{x} & \text{pour} \quad x \neq 0 \\ h(0) = +\infty \end{cases}$$

de l'ensemble $\mathbf{R}$, dans l'ensemble F formé de $\mathbf{R}$ et d'un élément supplémentaire noté $+\infty$.

Exemple 2 - Si E est l'ensemble des fonctions réelles définies sur un intervalle réel $[a, b]$, et intégrables, l'intégrale :

$$\varphi \mapsto \int_a^b \varphi(x)\, dx ,$$

est une application de E dans la droite réelle $\mathbf{R}$.

Exemple 3 - Si $\mathcal{C}$ est l'ensemble des courbes de longueur finie du plan euclidien, on peut définir une application de $\mathcal{C}$ dans la demi-droite $\mathbf{R}_+$ (ensemble des éléments ≥ 0 de $\mathbf{R}$), qui, à chaque courbe associe sa longueur.

Exemple 4 - Certaines applications, jouent un rôle particulièrement important dans la construction des structures mathématiques: ce sont les lois de composition interne.

Lois de composition interne

DÉFINITION 1.3.2. - *Soit E un ensemble. On dit qu'on a défini sur E une* **loi de composition interne** *ou une* **opération,** *notée $\perp$, si on se donne une application de $E \times E$ dans E*

$$(x, y) \mapsto x \perp y$$

On dit que cette loi est **associative** *si*

(1.3.1) $\forall (x, y, z) \in E \times E \times E \quad , \quad$ *on a* $\quad (x \perp y) \perp z = x \perp (y \perp z)$;

qu'elle est **commutative** *s*

(1.3.2) $\forall (x, y) \in E \times E \quad , \quad$ *on a* $\quad x \perp y = y \perp x$;

qu'elle possède un **élément neutre** *à gauche (resp. à droite) si*

(1.3.3) $(\exists e \in E)(\forall x \in E)(e \perp x = x)($ *resp.*$x \perp e = x)$

Si e est un élément neutre à gauche et à droite, on dit que c'est un élément neutre pour $\perp$.

Soient $\perp$ et $\diamondsuit$ deux lois de composition internes sur un ensemble E. On dit que $\perp$ est **distributive** *par rapport à $\diamondsuit$ si :*

(1.3.4) $\forall (x, y, z) \in E \times E \times E \quad , \quad$ *on a* $\quad x \perp (y \diamondsuit z) = (x \perp y) \diamondsuit (x \perp z)$

Exemples 5 - Soient X un ensemble et $E = \mathcal{P}(X)$ l'ensemble des parties de X. Alors les opérations de réunion et d'intersection sont des lois de composition interne sur E. Elles sont toutes les deux associatives, commutatives et distributives l'une par rapport à l'autre. En outre $\cup$ a pour élément neutre l'ensemble vide et l'opération intersection a pour élément neutre l'ensemble X. C'est ainsi qu'on peut résumer les théorèmes 1.2.8 et 1.2.11.

DÉFINITION 1.3.3. - *On appelle* **application identique** *d'un ensemble E, l'application de E dans E dont la relation fonctionnelle est la diagonale Δ de $E \times E$. C'est donc l'application de E dans E, notée I_E, définie par $I_E(x) = x$.*

- Soit E une partie d'un ensemble F, on appelle **injection canonique** *de E dans F, l'application i de E dans F, définie par $i(x) = x$. On appelle* **fonction indicatrice** *de E, la fonction définie dans E à valeurs dans l'ensemble à deux éléments $\{0, 1\}$, notée par 1_E, donnée par*

$$1_E(x) = \begin{cases} 1 & si \quad x \in E \\ 0 & si \quad x \notin E \end{cases} \tag{1.3.5}$$

- Soit $E \times F$ le produit de deux ensembles E et F, on appelle **projection** *sur E l'application de $E \times F$ dans E qui, à chaque couple $(x, y) \in E \times F$, fait correspondre l'élément x.*

- On définit de même la **projection** sur F.

Soient E, F, G trois ensembles. Une application de $E \times F$ dans G fait correspondre à tout couple $(x, y) = z \in E \times F$ un élément de G, qui est $f(z) = f((x, y))$. On remplace généralement la double parenthèse par une simple parenthèse : $f(x, y)$, et on dit que f est une fonction de 2 variables. Par exemple si E est l'ensemble des fonctions réelles d'une variable réelle, intégrables sur tout intervalle fini, l'intégrale $\int_a^b \varphi(x)\, dx$ définit une application de $E \times \mathbf{R} \times \mathbf{R}$ dans $\mathbf{R}$, car elle est fonction de 3 variables, $\varphi \in E$, $a \in \mathbf{R}$, $b \in \mathbf{R}$.

Si maintenant on considère une application de E dans $F \times G$, elle est de la forme $x \mapsto (f(x), g(x))$, oùf (resp. g) est une application de E dans F (resp. G): la donnée de cette fonction est équivalente à celle d'un système de 2 fonctions, appelées **fonctions coordonnées**.

Plus généralement, la donnée d'une application du produit $E_1 \times E_2 \ldots \times E_n$ dans le produit $F_1 \times F_2 \ldots \times F_m$ est équivalente à celle d'un système de m fonctions de n variables.

Une application f de E dans F est dite **constante** si, pour tous les x de E, $f(x)$ est le même élément de F.

Injections, surjections, bijections

DÉFINITION 1.3.4. - *On dit qu'une application f de E dans F est* **injective** *ou encore que c'est une* **injection** *si 2 éléments distincts de E ont pour images par f deux éléments distincts de F.*

- On dit que f est **surjective** *ou que c'est une* **surjection**, *si tout élément de F est l'image par f d'au moins un élément de E.*

- *On dit que f est* **bijective** *ou que c'est une* **bijection,** *si tout élément de F est l'image par f d'un élément et d'un seul de E. Une bijection d'un ensemble sur lui-même s'appelle aussi une* **permutation** *ou une* **transformation**

- *Si f est une bijection, on appelle* **bijection réciproque** *l'application de F dans E, notée f^{-1}, qui associe à tout $y \in F$ l'unique élément $x \in E$ tel que $y = f(x)$.*

- L'injection canonique d'une partie d'un ensemble dans cet ensemble est bien une injection.

- On dit aussi qu'une application bijective est une application **biunivoque.** Une application est bijective si et seulement si elle est à la fois injective et surjective.

- La bijection réciproque f^{-1} d'une bijection f est souvent improprement appelée fonction inverse.

Image directe et image réciproque d'une partie

DÉFINITION 1.3.5. - *Soit f une application d'un ensemble E dans un ensemble F, et soit A une partie de E. On appelle* **image directe** *$f(A)$ de A par f, la partie de F formée de toutes les images $f(x), x \in A$.*

(1.3.5) $$f(A) = \{y \in F : \exists x \in A\ ,\ y = f(x)\} = \{f(x) : x \in A\}$$

- *Soit B une partie de F, on appelle* **image réciproque** *$f^{-1}(B)$ de B par f la partie de E formée de tous les x tels que $f(x) \in B$.*

(1.3.6) $$f^{-1}(B) = \{x \in E : f(x) \in B\}$$

- Bien entendu $f(\emptyset) = \emptyset$ et $f^{-1}(\emptyset) = \emptyset$(*)

THÉORÈME 1.3.6. - *Soit f une application de E dans F.*

- 1°) *$A \mapsto f(A)$ définit une application de l'ensemble $\mathcal{P}(E)$ dans $\mathcal{P}(F)$. Cette application conserve les relations $\subset, \supset, \cup$, en ce sens que*

(1.3.7) $$\begin{cases} A \subset B \implies f(A) \subset f(B) \\ f(A \cup B) = f(A) \cup f(B) \end{cases}$$

(*)On peut aussi avoir $f^{-1}(B) = \emptyset$ pour $B \neq \emptyset$. Par exemple si f est l'application $x \mapsto x^2$ de $\mathbf{R}$ dans $\mathbf{R}$, $f^{-1}(\{-1\}) = \emptyset$.

Par contre elle ne conserve pas (en général) la relation $\cap$, et on a seulement:(*),

(1.3.8) $$f(A\cap B)\subset f(A)\cap f(B)$$

L'inclusion (1.3.8) est une égalité pour toutes les parties $A\subset E$, $B\subset E$ si et seulement si f est injective.

En général nous n'avons aucune relation qui lie $f(\mathcal{C}_E A)$ et $\mathcal{C}_F f(A)$. Par contre, on a :

(1.3.9) $$\begin{cases} (i) \quad f \text{ injective} \iff (\forall A\subset E) \quad (f(\mathcal{C}_E A)\subset \mathcal{C}_F f(A)) \\ (ii) \quad f \text{ surjective} \iff (\forall A\subset E) \quad \mathcal{C}_F f(A)\subset f(\mathcal{C}_E A) \end{cases}$$

- 2°) $B\mapsto f^{-1}(B)$ définit une application de l'ensemble $\mathcal{P}(F)$ dans $\mathcal{P}(E)$. Cette application conserve toutes les relations $\subset$, $\supset$, $\cup$, $\cap$, $\mathcal{C}$.

(1.3.10) $$\begin{cases} A\subset B \implies f^{-1}(A)\subset f^{-1}(B) \\ f^{-1}(A\cup B)=f^{-1}(A)\cup f^{-1}(B) \\ f^{-1}(A\cap B)=f^{-1}(A)\cap f^{-1}(B) \\ f^{-1}(\mathcal{C}_F A)=\mathcal{C}_E f^{-1}(A) \end{cases}$$

- 3°) On a

(1.3.11) $$\begin{cases} (i) \quad f^{-1}(f(A))\supset A \quad \text{pour tout} \quad A\in\mathcal{P}(E) \\ (ii) \quad f(f^{-1}(B))\subset B \quad \text{pour tout} \quad B\in\mathcal{P}(F). \end{cases}$$

La relation (1.3.11) (i) est une égalité si seulement si f est injective tandis que (1.3.11) (ii) est une égalité si et seulement si f est surjective.

DÉMONSTRATION: - Presque tout est évident. Nous allons nous contenter de démontrer quelques relations. Prouvons par exemple la relation

(1.3.12) $$f \text{ injective} \iff (\forall A\subset E)(\forall B\subset E) \quad f(A\cap B)=f(A)\cap f(B)$$

Supposons f injective et soit $z\in f(A)\cap f(B)$. Donc il existe $x\in A$ et $y\in B$ tels que $z=f(x)=f(y)$; mais comme f est injective, $x=y$ et par conséquent $x\in A\cap B$ et $f(x)=z$. On a donc $f(A)\cap f(B)\subset f(A\cap B)$ ce qui joint à l'inclusion (1.3.8) donne l'égalité. Montrons la réciproque. Soient x et y des éléments de E tels que $f(x)=f(y)=z$. Alors en prenant $A=\{x\}$, $B=\{y\}$, on a donc $f(A)\cap f(B)=\{z\}$ et par conséquent, l'égalité (1.3.12) permet de dire qu'il existe $t\in A\cap B$ tel que $f(t)=z$. Or $t\in\{x\}\cap\{y\}$ implique nécessairement $t=x=y$, donc f est bien injective.

(*)Soit f une application constante, $f(x)=b$ quel que soit $x\in E$. Soient A et B deux parties disjointes de E. $A\cap B=\emptyset$, donc $f(A\cap B)=\emptyset$ qui est distinct de $f(A)\cap f(B)=\{b\}$. D'autre part si A est une partie propre de E, l'image du complémentaire de A par f est encore $\{b\}$ qui est distinct du complémentaire de $f(A)=\{b\}$.

Prouvons (1.3.9). Supposons f injective, et soit $x \notin A$ tel que $f(x) \in f(A)$. Alors il existe $t \in A$ tel que $f(t) = f(x)$. Puisque f est injective , $t = x$, donc $x \in A$ contrairement à l'hypothèse donc $f(x)$ ne peut appartenir à $f(A)$ et elle appartient nécessairement à son complémentaire. Réciproquement si on a cette inclusion pour toute partie A de E, montrons que f est injective. Soit x et y deux éléments de E x et y distincts. Alors si $A = \{x\}$, le complémentaire de A contient y, donc l'image de y est contenue dans le complémentaire de l'image de $A = \{x\}$ qui est elle-même égale à $\{f(x)\}$ donc $f(x) \neq f(y)$. Supposons f surjective et soit $y \notin f(A)$; il existe $x \in E$ tel que $f(x) = y$, x ne peut appartenir à A sans ça $f(x) \in f(A)$; donc $x \in \mathcal{C}_E A$ et $f(x) = y \in \mathcal{C}_F f(A)$. Réciproquement supposons la relation (1.3.9) (ii) vraie pour toute partie $A \subset E$ et montrons que f est surjective. En prenant $A = E$, l'inclusion (1.3.9) implique que le complémentaire de $f(E)$ dans F est vide, ce qui s'exprime aussi par $f(E) = F$ donc f est surjective. ∎

Remarque 1 - On remarque que l'application f^{-1} définie au 2°) est plus simple que l'application f définie au 1°). Il y a lieu de remarquer que la définition 2°) ne suppose nullement que f soit bijective. De toutes façons, si $y \in F$, on a le droit de parler de $f^{-1}(\{y\})$, mais c'est une partie de E mais non un élément de E; elle peut comprendre plus d'un élément si f n'est pas injective, et elle peut être la partie vide, si f n'est pas surjective(*).

Remarque 2 - Si f est bijective, on a exactement $f^{-1}(\{y\}) = \{f^{-1}(y)\}$. En outre les deux significations possibles du symbole $f^{-1}(B)$ sont les mêmes : c'est l'image réciproque de B par f, ou l'image directe de B par la bijection réciproque f^{-1}. Naturellement, si f est bijective, alors l'image directe conserve aussi toutes les relations $\subset$, $\supset$, $\cup$, $\cap$, $\mathcal{C}$.

Ensemble d'applications - Composition des applications

THÉORÈME 1.3.7. - *Soient E et F deux ensembles. Il existe un ensemble - noté F^E - dont les éléments sont les applications de E dans F.*

DÉMONSTRATION: - En effet une relation fonctionnelle est une partie de $E \times F$ satisfaisant à une certaine propriété. Par suite

(1.3.13) $\{G \in \mathcal{P}(E \times F) : G$ est une relation fonctionnelle de domaine $E\ \}$

est bien un ensemble d'après l'axiome de sélection. C'est bien l'ensemble des applications de E dans F d'après la définition 1.3.1., ce qui démontre notre assertion.

Exemples 6 :

- Si $E = \emptyset$, $F^E = \{\emptyset\}$ ($\emptyset$ est une application définie sur l'ensemble vide et c'est la seule).

(*)Voir le renvoi (*) de la page précédente .

- Si $F = \emptyset$ et $E \neq \emptyset$, $F^E = \emptyset$ (il n'y a aucune application définie sur un ensemble non vide à valeurs dans l'ensemble vide).

- Si E possède 2 éléments, il y a une bijection de F^E sur F^2 car une application de E dans F est entièrement déterminée par un couple $(x, y) \in F^2$, le couple des images des deux éléments de E. Si E possède n éléments, $a_1, a_2, \ldots, a_n$, F^E admet une bijection sur F^n, car il est équivalent de se donner une application de E dans F ou de se donner le système $(x_1, x_2, \ldots, x_n)$, où $x_1, x_2, \ldots, x_n$, sont les images par cette application de $a_1, a_2, \ldots, a_n$. C'est pourquoi on a adopté la notation F^E pour l'ensemble des applications de E dans F. - Naturellement, on aura à considérer des sous-ensembles de F^E : l'ensemble des applications continues $\mathcal{C}(E;F)$ de E dans F lorsque E et F sont des espaces topologiques, l'ensemble des applications linéaires $\mathcal{L}(E;F)$ de E dans F lorsque E et F sont des espaces vectoriels sur un même corps, etc.

DÉFINITION 1.3.8. - *Soient E, F, G trois ensembles, et soit f une application de E dans F et g une application de F dans G. On appelle* **application composée** *$g \circ f$ l'application de E dans G donnée par*

$$g \circ f(x) = g(f(x)) \ . \tag{1.3.14}$$

On remarquera qu'on écrit $g \circ f$ dans l'ordre inverse de celui dans lequel les opérations sont effectuées :

$$E \overset{f}{\longmapsto} F \overset{g}{\longmapsto} G$$

C'est une règle absolue en mathématiques, que, dans une composition d'opérations, on doit commencer par celle, g, qui est indiquée à droite.

THÉORÈME 1.3.9. - *Si A est une partie de E, on a :*

$$g \circ f(A) = g(f(A)) \ . \tag{1.3.15}$$

- Si B est une partie de G, on a :

$$(g \circ f)^{-1}(B) = f^{-1}(g^{-1}(B)) \ . \tag{1.3.16}$$

- La composition des applications est associative : si f, g, h sont des applications de E dans F, F dans G et G dans H respectivement, on a :

$$h \circ (g \circ f) = (h \circ g) \circ f \ , \tag{1.3.17}$$

qui s'écrit simplement $h \circ g \circ f$.

- *Si f^{-1} est la bijection réciproque d'une bijection f de E dans F, on a :*

$$(1.3.18)\qquad \begin{cases} f^{-1} \circ f &= I_E (\text{application identique de } E\,) \\ f \circ f^{-1} &= I_F (\text{application identique de } F\,) \end{cases}$$

- *Si f est une bijection de E sur F, g une bijection de F sur G, $g \circ f$ est une bijection de E sur G, et sa bijection réciproque est $f^{-1} \circ g^{-1}$.*

- *Si $g \circ f$ est injective, alors f est injective; Si $g \circ f$ est surjective, alors g est surjective*

- *En particulier, si f est une application de E dans F, et g est une application de F dans E, telle que*

$$g \circ f = I_E \quad \text{et} \quad f \circ g = I_F\ ,$$

alors f est une bijection et g est sa bijection réciproque.

DÉMONSTRATION: - Tout est presque évident ! Prouvons les deux derniers points. Supposons $g \circ f$ injective, et soit x et y deux éléments de E tels que $f(x) = f(y)$; alors $g(f(x)) = g(f(y))$ et par conséquent, puisque $g \circ f$ est injective, $x = y$, ce qui prouve que f est injective.

Supposons $g \circ f$ surjective, et soit $y \in G$. Alors il existe $x \in E$ tel que $g(f(x)) = y$; mais alors si $z = g(x)$, on a $z \in F$ et $g(z) = y$, donc g est surjective. Si $g \circ f = I_E$ alors f (resp. g) est injective (est surjective) puisque I_E est injective (resp. surjective) d'après le résultat précédent. Si d'autre part $f \circ g = I_F$ alors f (resp. g) est surjective (resp. injective) pour des raisons identiques. il en résulte que f (et aussi g) est une bijection. Alors grâce à l'associativité de la composition des fonctions, on déduit que

$$f^{-1} \circ (f \circ g) = f^{-1} \circ I_F = f^{-1} = (f^{-1} \circ f) \circ g = I_E \circ g = g\ .$$

Ainsi s'achève la démonstration. ■

DÉFINITION 1.3.10. - *Soit f une application de E dans F et soit A une partie de E; on appelle* **restriction** *de f à A l'application f_A, souvent notée $f_{|}A$, de A dans F, donnée par $f_A(x) = f(x)$ pour $x \in A$. On dit aussi que f est un* **prolongement** *à E de l'application f_A de A dans F. Naturellement, le plus souvent, on continuera à écrire f au lieu de f_A.*

De même si f est une application de E dans F, et si $f(E) \subset B$, f définit une application f_B de E dans B donnée par $f_B(x) = f(x)$. Pratiquement, on continuera toujours à l'écrire f au lieu de f_B.

Changements de variables et changements de fonctions

DÉFINITION 1.3.11. - *Soit f une fonction définie sur E, à valeurs dans F. Si u est une application d'un ensemble E_1 dans E, on peut définir une nouvelle fonction $f_1 = f \circ u$ définie sur E_1 à valeurs dans F. On dit qu'on a effectué le* **changement de variable** *u, ou* **changement d'ensemble initial** *$E_1 \mapsto E$, et que f_1 est* **l'image réciproque** *de f par ce changement de variable.*

On obtient l'expression de $f_1(x_1)$, $x_1 \in E_1$, en faisant, dans l'expression de $f(x)$ la substitution $x = u(x_1)$.

On écrit aussi $f_1 = u^*f$ ou même f^* s'il n'y a pas lieu d'indiquer le changement de variables u; ainsi:

(1.3.19) $$u^*f(x_1) = f(u(x_1)) \quad , \quad \text{ou} \quad f^*(x_1) = f(u(x_1))\,.$$

Couramment aussi, par un abus de langage parfois utile mais parfois imprudent et pouvant amener à de graves contradictions, on identifie f_1 et f et on dit que c'est la même fonction (sic !), représentée à l'aide de la variable x_1 au lieu de la variable x.

DÉFINITION 1.3.12. - *Soit f une fonction définie sur E, à valeurs dans F. Si v est une application de F dans un ensemble F_2, on peut définir une nouvelle fonction $f_2 = v \circ f$ définie sur E à valeurs dans F_2. On dit qu'on a effectué le* **changement de fonction** *v, ou* **changement d'ensemble final** *$F \mapsto F_2$, et que f_2 est* **l'image directe** *de f par ce changement de fonction.*

On peut effectuer à la fois un changement de variable et un changement de fonction et considérer $f_3 = v \circ f \circ u$, f_3 est l'image de f par le changement de variable u et le changement de fonction v, mais ce n'est plus ni une image réciproque ni une image directe .

Familles - Produit d'une famille d'ensembles- Axiome du choix

DÉFINITION 1.3.13. - *Soit I un ensemble. Une application définie dans I à valeurs dans un ensemble quelconque E est appelée une* **famille d'éléments de** *E indexée par l'ensemble* **d'indices** *I. On la note alors*

$$(x_i)_{i\in I}\,.$$

L'ensemble des familles d'éléments de E, indexée par I, n'est autre que l'ensemble E^I des applications de I dans E.

En particulier, ce qu'on appelle **une suite** d'éléments de E n'est pas autre chose qu'une famille d'éléments de E indexée par l'ensemble des entiers ≥ 0, ou encore une application de $\mathbf{N}$ dans E.

L'ensemble des suites d'éléments de E n'est donc autre que $E^{\mathbf{N}}$. En réalité une suite n'est pas toujours indexée par $\mathbf{N}$, et on peut parler d'une suite indexée par l'ensemble $\mathbf{N}_1$ des entiers ≥ 1 ou d'une **suite finie** indexée par l'ensemble fini des entiers $1, 2, \ldots, n$. Il y aura toujours intérêt à préciser le sens du mot " suite "si l'ensemble d'indices n'est pas $\mathbf{N}$.

Les définitions 1.2.7 et 1.2.10 relatives à la réunion et à l'intersection s'appliquent naturellement aux familles. On note par

$$\bigcup_{i \in I} X_i$$

la réunion de la famille d'ensemble $(X_i)_{i \in I}$. C'est l'ensemble des éléments qui appartiennent à au moins l'un des ensembles X_i.

Si I est non vide(*), on note par

$$\bigcap_{i \in I} X_i$$

l'intersection des ensembles de la famille $(X_i)_{i \in I}$. C'est l'ensemble des éléments qui appartiennent à tous les ensembles X_i pour tout $i \in I$.

Soient I, L, J trois ensembles , $(I_l)_{l \in L}$, $(X_i)_{i \in I}$, $(Y_j)_{j \in J}$, trois familles d'ensembles. On suppose que $I = \bigcup_{l \in L} I_l$. Le lecteur peut démontrer très facilement les formules suivantes :

(1.3.21) $$\bigcup_{i \in I} X_i = \bigcup_{l \in L} \Big(\bigcup_{i \in I_l} X_i \Big)$$

(1.3.22) $$\bigcap_{i \in I} X_i = \bigcap_{l \in L} \Big(\bigcap_{i \in I_l} X_i \Big)$$

(1.3.23) $$\Big(\bigcup_{i \in I} X_i \Big) \cap \Big(\bigcup_{j \in J} Y_j \Big) = \bigcup_{(i,j) \in I \times J} X_i \cap Y_j$$

(1.3.24) $$\Big(\bigcap_{i \in I} X_i \Big) \cup \Big(\bigcap_{j \in J} Y_j \Big) = \bigcap_{(i,j) \in I \times J} X_i \cup Y_j$$

La formule (1.3.21) (resp. (1.3.22)) exprime l'associativité de la réunion (resp. l'intersection) tandis que la formule (1.3.23) (resp. (1.3.24)) exprime la distributivité de l'intersection par rapport à la réunion (resp. de la réunion par rapport à l'intersection) sur les familles.

(*)Nous avons dit que nous ne pouvons pas donner un sens à cette intersection dans le cas général lorsque I est vide. Néanmoins, lorsque tous les ensembles X_i sont des sous-ensembles d'un même ensemble, on peut définir cette intersection. De façon précise, si E est un ensemble donné et $(X_i)_{i \in I}$ est une famille de parties de E, alors si $I = \emptyset$, nous pouvons poser :

(1.3.20) $$\bigcap_{i \in I} X_i = \{ x \in E : \ (\forall i, x \in E_i) \} = E$$

En effet, d'une part cette intersection est bien contenue dans E et d'autre si un élément $z \in E$ n'appartient pas à cette intersection, cela signifierait qu'il existe $i \in I$ tel que $x \notin X_i$. Or $I = \emptyset$ donc on ne peut trouver $i \in I$.

Soient f une application d'un ensemble X dans un ensemble Y, et $(Y_i)_{i\in I}$ une famille de parties de Y. On a :

$$f^{-1}(\bigcup_{i\in I} Y_i) = \bigcup_{i\in I} f^{-1}(Y_i) \tag{1.3.25}$$

$$f^{-1}(\bigcap_{i\in I} Y_i) = \bigcap_{i\in I} f^{-1}(Y_i) \tag{1.3.26}$$

En outre, si $(X_i)_{i\in I}$ est une famille de parties de X indexée par le même ensemble d'indices, on a :

$$(\bigcap_{i\in I} X_i) \times (\bigcap_{i\in I} Y_i) = \bigcap_{i\in I} X_i \times Y_i\,. \tag{1.3.27}$$

THÉORÈME 1.3.14. - *Soit (X_i) une famille d'ensemble indexée par I. Il existe un ensemble noté*

$$\prod_{i\in I} X_i$$

dont les éléments sont les fonctions φ définies sur I telles que $\varphi(i) \in X_i$ pour tout $i \in I$.

DÉMONSTRATION: - Soit E la réunion de la famille $(X_i)_{i\in I}$. L'ensemble cherché se présente sous la forme:

$$\{\ \varphi \in E^I\ :\ \varphi(i) \in X_i\ \}\,. \tag{1.3.28}$$

Alors notre assertion résulte de l'axiome de sélection. ■

DÉFINITION 1.3.15. - *Soit $(X_i)_{i\in I}$ une famille d'ensembles indexée par l'ensem- -ble I. On appelle* **produit** *de cette famille l'ensemble $\prod_{i\in I} X_i$ défini par (1.3.28).*

Tout élément φ de cet ensemble s'appelle une **fonction de choix** *de cette famille.*

Dans la pratique, on note par $(\varphi(i))_{i\in I}$ et plus souvent par $(x_i)_{i\in I}$ les éléments de ce produit.

Axiome du choix

$$(\forall I)\left[(I \neq \emptyset), [(\forall i \in I, X_i \neq \emptyset) \longrightarrow \prod_{i\in I} X_i \neq \emptyset]\right] \tag{1.3.29}$$

Intuitivement il signifie que si $(X_i)_{i\in I}$ une famille **non vide** ($I \neq \emptyset$) d'ensembles **non vides**, alors le produit cartésien de cette famille est un ensemble **non vide**.

Il revient au même de dire toute famille **non vide** $(X_i)_{i\in I}$ d'ensembles **non vides** possède une fonction de choix c'est-à-dire une application φ définie dans I tel que pour tout $i \in I$, $\varphi(i) \in X_i$.

DÉFINITION 1.3.16. *Soit X un ensemble quelconque. On dit que X possède une* **fonction de choix** *s'il existe une fonction f définie sur l'ensemble des* **parties non vides** *de X telle que pour toute partie $A \subset X, A \neq \emptyset$, on ait $f(A) \in A$.*

Remarque 3 - Il est facile de voir qu'il est équivalent d'énoncer l'axiome du choix ou d'affirmer que tout ensemble possède une fonction de choix.

Remarque 4 - Paul J. Cohen(*) a montré que l'axiome du choix est indépendant des axiomes de la théorie de Zermelo-Fraenkel. Auparavant Gödel a démontré(**) que si la théorie des ensembles de Zermelo-Fraenkel est non contradictoire, elle reste non contradictoire si on lui ajoute l'axiome du choix.

Nous verrons plus loin que l'axiome du choix est équivalent à bien d'autres énoncés. Nous nous contenterons d'établir cette équivalence avec le lemme de Zorn et le théorème du bon ordre (Zermelo).

Ensemble somme d'une famille d'ensembles

DÉFINITION 1.3.17. *Soit $(X_i)_{i \in I}$ une famille d'ensembles, indéxée par un ensemble I. Soit E la réunion de cette famille, et pour tout $i \in I$, on note par $\widetilde{X}_i$ la partie de $E \times I$ égale à $X_i \times \{i\}$.*

On appelle **somme** *de la famille $(X_i)_{i \in I}$, la réunion S des $(\widetilde{X}_i)_{i \in I}$*

- Les ensembles $\widetilde{X}_i$ sont deux à deux disjoints alors que les ensembles X_i peuvent être, éventuellement, confondus.

- Pour tout $i \in I$ fixé, l'application $x \mapsto (x, i)$ est une bijection de X_i sur $\widetilde{X}_i$ et l'application $(x, i) \mapsto x$ de $\widetilde{X}_i$ sur X_i est appelée la *projection* de $\widetilde{X}_i$ sur X_i.

- Soient X et Y deux ensembles quelconques (pouvant être égaux) . Pour définir l'ensemble somme de ces deux ensembles, on peut, par exemple, associer à X l'ensemble $X_+ = X \times \{+\}$ et à Y l'ensemble $Y_- = Y \times \{-\}$, alors la somme de X et Y est la réunion $X_+ \cup Y_-$. En fait on voit que si tout élément $x \in X$ est noté x_+ et tout élément $y \in Y$ est noté y_-, la somme est l'ensemble des x_+ et des y_- sans référence aux ensembles produits X_+ et X_-.

(*)Voir P.J.Cohen [7] [8]
(**)Voir K.Gödel [15]

§4 LES ENTIERS NATURELS : L'AXIOME DE L'INFINI

L'axiome de l'infini et le théorème de récurrence.

Nous disposons, grâce à l'axiome de sélection, de l'ensemble vide $\emptyset$, et, grâce à l'axiome de la paire, du singleton $\{\emptyset\}$, et de l'ensemble $\{\emptyset, \{\emptyset\}\}$, puis, grâce à l'axiome de la réunion de l'ensemble $\{ \emptyset, \{\emptyset\}, \{\emptyset, \{\emptyset\}\} \}$, etc ....

Les quatres ensembles que nous venons de citer répondent bien à l'intuition que nous avons des quatre premiers nombres entiers naturels. Le premier, l'ensemble vide, n'a aucun élément, le second en a un tandis que le troisième et le quatrième en ont deux et trois respectivement. On est donc tenté de poser :

$$0 = \emptyset \quad , \quad 1 = \{\emptyset\} \quad , \quad 2 = \{\emptyset, \{\emptyset\}\} \quad , \quad 3 = \{\emptyset, \{\emptyset\}, \{\emptyset, \{\emptyset\}\}\} \tag{1.4.1}$$

On voit aussi que dans cette approche, chaque *entier* possède la propriété d'être ***égal à l'ensemble de ses prédécesseurs stricts.*** En effet 0 n'a pas de prédécesseur strict, donc égal à $\emptyset$, tandis que

$$1 = \{0\} \quad , \quad 2 = \{0, 1\} \quad , \quad 3 = \{0, 1, 2\}. \tag{1.4.2}$$

C'est cette idée qu'on va formaliser pour définir les nombres entiers naturels ce qui permet de définir le cardinal d'un ensemble fini et plus loin les nombres ordinaux ce qui rend possible la définition du cardinal d'un ensemble quelconque.

DÉFINITION 1.4.1. *Pour tout ensemble x, on appelle* **successeur** *de x, l'ensem--ble ayant pour éléments tous les éléments de x* et *l'ensemble x. C'est donc la réunion de l'ensemble x et du singleton $\{x\}$. Il est noté x^+ :*

$$x^+ = x \cup \{x\} \,. \tag{1.4.3}$$

Avec cette notation, on a :

$$1 = 0^+ \quad , \quad 2 = 1^+ \quad , \quad 3 = 2^+. \tag{1.4.4}$$

Il est immédiat qu'avec cette construction tout nombre entier que nous nommons explicitement peut s'écrire suivant (1.4.4). Le problème qui se pose est alors: existe-t-il un ensemble qui contient tous ces entiers ? C'est ce à quoi répond l'axiome de l'infini.

L'axiome de l'infini

$$(\exists a)\,[\emptyset \in a \ \wedge \ (\forall x)(x \in a \Longrightarrow (x \cup \{x\} \in a)] \tag{1.4.5}$$

Intuitivement, cela signifie qu'il existe un ensemble contenant $\emptyset$ et contenant le successeur de chacun de ses éléments.

On en déduit alors:

THÉORÈME 1.4.2. *Il existe un* **plus petit** *ensemble, noté* **N**, *possédant les propriétés suivantes*

(1.4.6) (i) $\emptyset \in \mathbf{N}$, (ii) *Pour tout* $x \in \mathbf{N}$, $x^+ \in \mathbf{N}$.

DÉMONSTRATION: Soit W un ensemble satisfaisant (1.4.6) , il en existe d'après l'axiome de l'infini. Soit **N** l'intersection de tous les sous-ensembles de W ayant encore les propriétés (1.4.6). Alors il est clair que **N** est le plus petit sous-ensemble de W satisfaisant (1.4.6). Soit X un ensemble quelconque vérifiant (1.4.6), alors il en sera de même de l'intersection $W \cap X$ qui est une partie de W et par suite $\mathbf{N} \subset W \cap X \subset X$, ce qui prouve bien que **N** est bien le plus petit ensemble satisfaisant (1.4.6) et la démonstration du théorème est ainsi achevée. ∎

DÉFINITION 1.4.3. *On appelle ensemble des nombres entiers naturels, l'ensemble* **N** *dont l'existence a été prouvée dans le théorème 1.4.2. Tout élément de* **N** *est appelé un* **entier naturel**.

Il ressort de cette définition que les ensembles construits en (1.4.1) ou (1.4.2) sont bien des entiers naturels.

COROLLAIRE 1.4.4. *Soient* **N** *l'ensemble des entiers naturels, et* S *une partie de* **N** *telle que :*

(1.4.7) (i) $0 \in S$, (ii) $x \in S$ *entraîne* $x^+ \in S$

Alors $S = \mathbf{N}$

DÉMONSTRATION: En effet, par définition **N** est le plus petit ensemble satisfaisant (1.4.7). ∎

THÉORÈME 1.4.5. *(de récurrence) Soit* $P(x)$ *un énoncé dépendant de la variable* x. *On suppose que :*

(1.4.8) (i) $P(0)$ *est vrai* , (ii) $P(x)$ *est vrai entraîne* $P(x^+)$ *vrai* ,

Dans ces conditions $P(x)$ *est vrai pour tout entier* x.

DÉMONSTRATION: Posons :

(1.4.8) $$S = \{x \in \mathbf{N} : \quad P(x) \text{ est vrai } \}$$

Alors il est immédiat que $0 \in S$ et que si $x \in S$, alors $x^+ \in S$, autrement dit, S satisfait les relations (1.4.7) (i) et (ii) et par suite $S = \mathbf{N}$ d'après le corollaire 1.4.4.∎

Lorsqu'on utilise le théorème 1.4.5, l'assertion " $P(x)$ est vrai "est appelée **l'hypothèse de récurrence**.

Relation d'ordre dans l'ensemble des entiers naturels.

Nous avons introduit en (1.4.1) les quatre premiers nombres naturels 0, 1, 2, 3. On voit immédiatement que l'ordre naturel (intuitif) se traduit par les relations d'appartenance, par exemple :

(1.4.9) $$0 < 3 \iff 0 \in 3 \quad , \quad 1 < 3 \iff 1 \in 3 \quad , \quad 2 < 3 \iff 2 \in 3$$

Mais en outre, si on décrit l'ensemble des parties de 3, cet ensemble est égal à

$$\{\, \emptyset, \{\emptyset\}, \{\{\emptyset\}\}, \{\{\emptyset, \{\emptyset\}\}\}, \{\emptyset, \{\emptyset\}\}, \{\emptyset, \{\emptyset, \{\emptyset\}\}\}, \{\{\emptyset\}, \{\emptyset\{\emptyset\}\}\}, \{\emptyset, \{\emptyset\}, \{\emptyset, \{\emptyset\}\}\}.$$

Ce qui permet de constater des relations plus surprenantes par exemple :

(1.4.10) $$0 \in \mathcal{P}(3) \text{ donc } 0 \subset 3 \quad , \quad 1 \in \mathcal{P}(3) \text{ donc } 1 \subset 3 \quad , \quad \ldots$$

Ce sont des propriétés spéciales des nombres entiers et plus généralement des nombres ordinaux que nous verrons plus loin. Nous allons examiner ces relations dans le cas général.

THÉORÈME 1.4.6. *On a les relations suivantes:*

(1.4.11) $$(\forall n \in \mathbf{N}) \quad (\forall x \in n) \quad \textit{on a } n \not\subset x$$

En particulier, pour tout $n \in \mathbf{N}$, *on a* $n \notin n$

(1.4.12) $$(\forall n \in \mathbf{N}) \quad (\forall x \in n) \quad \textit{on a} \quad x \subset n$$

(1.4.13) $$(\forall n \in \mathbf{N}) \quad (\forall m \in \mathbf{N}) \quad \textit{on a } [m \subset n \Longrightarrow m = n \textit{ ou } m \in n].$$

DÉMONSTRATION: Toutes ses relations vont être démontrées par récurrence. Tout d'abord pour tout nombre entier naturel n , posons

$$P(n) = (\forall x \in n) \quad \text{on a } n \not\subset x$$

Alors P(0) est vrai. En effet, comme 0 n'a pas d'élément, il n'y a rien à prouver donc $P(0)$ est vrai. On peut aussi dire que non $P(0)$ n'est pas vrai car le contraire signifierait qu'il existe $x \in \emptyset$ tel que $\emptyset \subset x$, or il est impossible de trouver un élément dans l'ensemble vide. Supposons maintenant que $P(n)$ soit vrai et prenons un élément x de $n^+ = n \cup \{n\}$. Alors si $x \in n$, il résulte de l'hypothèse de récurrence que $n \not\subset x$ a fortiori $n^+ \not\subset x$. D'autre part si $x = n$ et que $n \cup \{n\} \subset n$, alors $\{n\} \subset n$ donc $n \in n$, et l'hypothèse de récurrence entraîne $n \not\subset n$ ce qui est contradictoire avec l'inclusion de tout ensemble dans lui même : $n \subset n$. Donc, dans ce cas aussi, $n^+ \not\subset x$ et $P(n^+)$ est vrai. Alors le théorème de récurrence nous assure que $P(n)$ est vrai pour tout n, ce qui prouve (1.4.11).

Posons

$$P(n) = (\forall x \in n) \quad \text{on a } (x \subset n)$$

Là aussi $P(0)$ est vrai puisqu'il n'y a rien à prouver. Supposons $P(n)$ vrai et soit $x \in n^+$. Alors si $x \in n$, l'hypothèse de récurrence implique que $x \subset n$ et a fortiori $x \subset n^+$ puisque $n \subset n^+$. Par ailleurs, si $x = n$ alors $x \subset n$ a fortiori $x \subset n^+ = n \cup \{n\}$. Donc $P(n^+)$ est vrai. Alors le théorème de récurrence nous assure que $P(n)$ est vrai pour tout n, ce qui prouve (1.4.12).

Posons

$$P(n) = (\forall m \in \mathbf{N})[m \subset n \Longrightarrow m = n \text{ ou } m \in n].$$

$P(0)$ est vrai car $m \subset \emptyset$ entraîne naturellement $m = \emptyset$. Supposons $P(n)$ vrai. Soit $m \subset n^+$. Alors si $m \subset n$, l'hypothèse de récurrence implique $m = n$ donc $m \in n^+ = n \cup \{n\}$ ou $m \in n$ mais alors $m \in n^+$ puisque n est une partie de n^+. Dans l'autre cas, on a donc $n \in m$, par suite d'après (1.4.12) , $n \subset m$, et on a aussi $\{n\} \subset m$ donc $n^+ \subset m$ et comme on a supposé que $m \subset n^+ = n \cup \{n\}$, on a donc l'égalité $m = n^+$. Ainsi $P(n^+)$ est vrai. Alors le théorème de récurrence nous assure que $P(n)$ est vrai pour tout n, ce qui prouve (1.4.13) et achève la preuve du théorème.■

COROLLAIRE 1.4.7. *Soient m et n deux nombres entiers naturels tels que $n^+ = m^+$, alors $n = m$*

DÉMONSTRATION: De l'égalité $m \cup \{m\} = n \cup \{n\}$ on tire que $m \in n$ ou $m = n$ et $n \in m$ ou $m = n$. Autrement dit, si $m \neq n$, on a nécessairement $m \in n$ et $n \in m$ mais alors en utilisant (1.4.12) , on aurait $n \in n$, ce qui est impossible d'après une conséquence de (1.4.11). Ce qui prouve l'égalité $m = n$.■

THÉORÈME 1.4.8. *Soient m et n deux entiers naturels. Alors une et une seule des relations suivantes est vraie :*

(1.4.14) $\qquad (i) \quad m = n \quad , \quad (ii) \quad m \in n \quad , \quad (iii) \quad n \in m$

DÉMONSTRATION: Prouvons qu'au plus une de ces relations est vraie. Si on a à la fois (i) et (ii) ou (i) et (iii), on aurait alors $n \in n$ ce qui est impossible d'après (1.4.11). Si on a à la fois (ii) et (iii), alors en utilisant (1.4.12) on aboutirait aussi à la conclusion $n \in n$. Montons qu'effectivement, il y a au moins une des relations qui est vérifiée. Pour un entier n quelconque, posons:

$$P(n) = (\forall m \in \mathbf{N}) \quad , \quad (m = n) \text{ ou } (m \in n) \text{ ou } (n \in m)$$

$P(0)$ est vrai si et seulement si pour tout entier naturel m on a $m = 0$ ou $0 \in m$. Posons alors , pour tout entier m :

$$Q(m) = \quad (m = 0) \text{ ou } (0 \in m)$$

Alors $Q(0)$ est trivialement vrai. Supposons $m = 0$ ou $0 \in m$. Alors dans le premier cas, $0 \in m^+ = 1 = \{0\}$ et dans le second cas a fortiori $0 \in m^+$ puisque m est une partie de m^+. Ainsi $Q(m^+)$ est vrai et alors, d'après le théorème de récurrence, $Q(m)$ est vrai pour tout m et ainsi $P(0)$ est vrai. Supposons $P(n)$ vrai et soit m un entier quelconque. Si $m = n$, alors $m \in n^+$ et si $m \in n$, a fortiori $m \in n^+$. Enfin si $n \in m$ alors on a à la fois $n \subset m$ d'après (1.4.12) et $\{n\} \subset m$ donc $n^+ \subset m$ mais alors (1.4.13) entraîne que $n^+ = m$ ou $n^+ \in m$. Donc $P(n^+)$ est vrai Alors le théorème de récurrence nous assure que $P(n)$ est vrai pour tout n, ce qui prouve le théorème.∎

THÉORÈME 1.4.9. *Soit n un entier naturel. La relation entre éléments p et q de n :*

(1.4.15) $$p \leq q \iff p \in q \text{ ou } p = q \iff p \subset q$$

est une relation d'ordre sur n, ayant les deux propriétés suivantes :

(1.4.16) $(\forall p \in n) \quad p = \{q \in n : q < p\}$

(1.4.17) *Toute partie non vide de n possède un plus petit élément.*

DÉMONSTRATION: On déduit immédiatement des relations (1.4.12) et (1.4.13) l'équivalence $p = q$ ou $p \in q \iff p \subset q$. Par suite cette relation est une relation d'ordre d'après le théorème 1.2.3. Soit p un entier naturel appartenant à n. Alors si $q \in p$ on a nécessairement $q \in n$ puisque $p \subset n$ (relation (1.4.12)). Ce qui prouve (1.4.16). Posons pour tout entier n

$$P(n) = \text{ Toute partie non vide de } n \text{ possède un plus petit élément.}$$

$P(0)$ est vrai puisqu'il n'y a pas de partie non vide de 0, donc il n'y a rien à prouver. Supposons $P(n)$ vrai et soit A une partie non vide de $n^+ = n \cup \{n\}$. Si A est contenue dans n, l'hypothèse de récurrence entraîne qu'elle possède un plus petit élément. Dans le cas contraire, ou A est réduite au seul élément n et le résultat souhaité est trivialement vrai, ou A $\setminus\{n\}$ est une partie non vide de n, donc possède un plus petit élément $m \in n$. Comme a fortiori $m \in n^+$, m est bien le plus petit élément de A. Ainsi $P(n^+)$ est vrai. Alors le théorème de récurrence nous assure que $P(n)$ est vrai pour tout n, ce qui prouve (1.4.17) et achève la preuve du théorème.∎

THÉORÈME 1.4.10. *Soit* **N** *l'ensemble des entiers naturels.* **N** *possède les propriétés suivantes*

(i) **N** *est un ensemble totalement ordonné, ayant 0 pour plus petit élément;*

(ii) Tout élément $n \in$ **N** *a un successeur strict* **immédiat** *n^+, c'est-à-dire que pour tout $m \in$* **N** *vérifiant $n < m$, on a : $n < n^+ \leq m$;*

(iii) Tout élément $n \in \mathbf{N}^* = \mathbf{N} \setminus \{ 0 \}$, a un prédécesseur strict immédiat unique c'est-à-dire qu'il existe un entier m unique tel que $n = m^+$.

DÉMONSTRATION: Reprenons la relation (1.4.15)

$$(1.4.15) \qquad p \leq q \iff p \in q \text{ ou } p = q \iff p \subset q$$

Nous avons montré que c'est une relation d'ordre et c'est même une relation d'ordre total grâce aux relations (1.4.14). Donc $\mathbf{N}$ est totalement ordonnné par la relation (1.4.15). Nous avons vu au cours de la démonstration du théorème 1.4.8 que pour tout entier naturel m , on a $m = 0$ ou $0 \in m$, ce qui prouve bien que 0 est le plus petit élément. Ainsi (i) est prouvé. Soit m un majorant strict de n, i.e $m > n$, donc d'après (1.4.15), on a $n \in m$ et par conséquent au vu de (1.4.12), on a $n \subset m$ et finalement $n^+ = n \cup \{n\} \subset m$ ou encore $n^+ \leq m$ d'après (1.4.15). Ce qui démontre (ii). Le point (iii) est trivial. En effet si on désigne par S^* l'ensemble des entiers n qui s'écrivent sous la forme $n = m^+$ pour un certain m et S l'ensemble S^* auquel on adjoint l'élément 0, il est immédiat que S vérifie les relations (1.4.6) et par suite $S = \mathbf{N}$, ce qui achève la démonstration du théorème. ∎

THÉORÈME 1.4.11. *Toute partie non vide de* $\mathbf{N}$ *possède un plus petit élément.*

DÉMONSTRATION: Soient A une partie non vide de $\mathbf{N}$ et m un élément de A. Si pour tout $n \in A$, on a $m \leq n$, alors m est le plus petit élément de A. Dans le cas contraire, il existe $n \in A$ vérifiant $n < m$. Ce qui implique d'après la relation d'ordre $n \in m$ et par suite $n \in A \cap m$. Alors $A \cap m$ est une partie non vide de m qui admet un plus petit élément r d'après la relation (1.4.17). Soit p un élément quelconque de A. Si $m \leq p$ alors $r < m \leq p$ et si $p < m$ alors par définition de r, on a $r \leq p$, donc r est bien le plus petit élément de A, ce qui achève la preuve du théorème.∎

Les axiomes de Peano

Traditionnnellement l'ensemble des entiers naturels est introduit grâce aux **axiomes de Peano**. On les énonce de la façon suivante:

AXIOMES DE PEANO. - *Il existe un ensemble, noté $\mathcal{N}$, tel qu'à tout $x \in \mathcal{N}$, on peut faire correspondre un élément $x_+ \in \mathcal{N}$, appelé le suivant de x, possédant les propriétés suivantes :*

$$(1.4.16) \qquad \begin{cases} (i) \quad x_+ = y_+ \Longrightarrow x = y \\ (ii) \quad \textit{Il existe un élément, noté 0, dans } \mathcal{N}, \\ \qquad \textit{qui n'est le suivant d'aucun élément} \\ (iii) \quad \textit{Si } P \subset \mathcal{N} \textit{ est telle que } (0 \in \mathcal{N} \textit{ et } (x \in P) \rightarrow (x_+ \in P)\ , \\ \textit{alors } P = \mathcal{N} \end{cases}$$

Nous voyons maintenant que l'ensemble **N** que nous avons construit satisfait bien aux axiomes de Peano. En effet l'application $n \mapsto n^+$ convient pour associer à tout entier un suivant (théorème 1.4.10 (ii)). D'autre part cette application possède la propriété (i) grâce au corollaire 1.4.7, la propriété (ii) grâce au théorème 1.4.10 (i), enfin la propriété (iii) grâce au corollaire 1.4.4.

Construction d'applications définies dans N par récurrence.

DÉFINITION 1.4.12. *Soit E un ensemble. On appelle* **suite**(*) *d'éléments de E une famille d'éléments de E indexée par l'ensemble des entiers naturels* **N**.

Remarque 1 - Comme pour les familles, à la place de la notation classique :

$$u : \mathbf{N} \mapsto E,$$

une suite est simplement notée $(u_n)_{n \geq 0}$.

Remarque 2 - Il arrive fréquemment, qu'étant donnée une application f d'un ensemble E non vide dans lui-même, on considère la suite $(u_n)_{n \geq 0}$ donnée par

$$\begin{cases} u_0 = a \in E \\ u_{n+} = f(u_n) \quad n \geq 0 \end{cases} \tag{1.4.18}$$

Cela suppose que les relations (1.4.18) déterminent une application et une seule de **N**. Ce résultat n'est nullement évident et découle du théorème suivant:

THÉORÈME 1.4.13. *Soient E un ensemble non vide, f une application de E dans E et $a \in E$. Il existe une application et une seule de* **N** *dans E, c'est-à-dire une suite $(u_n)_{n \geq 0}$ d'éléments de E vérifiant (1.4.18).*

DÉMONSTRATION: L'unicité résulte immédiatement du théorème de récurrence. Prouvons l'existence. Soit $\mathcal{C}$ l'ensemble des parties A de $\mathbf{N} \times E$ possédant les propriétés suivantes:

$$(i) \quad (0, a) \in A \quad , \quad (ii) \quad (n, x) \in A \Longrightarrow (n^+, f(x)) \in A \tag{1.4.19}$$

$\mathcal{C}$ est non vide puisque $\mathbf{N} \times E$ en est un élément. Soit

$$G = \bigcap \mathcal{C}$$

G est bien entendu un élément de $\mathcal{C}$ et c'est **le plus petit** pour la relation d'inclusion parmi les éléments de $\mathcal{C}$. G définit une relation dans $\mathbf{N} \times E$. Montrons d'abord que le domaine de cette relation est l'ensemble des entiers naturels,

(*)Nous avons déjà introduit cette notion après la définition 1.3.12.

autrement dit que pour tout entier n, il existe $x \in E$ tel que $(n, x) \in G$. Posons pour tout $n \in \mathbf{N}$:

$$(1.4.20) \qquad P(n) = \quad (\exists x \in E) \quad (n, x) \in G$$

$P(0)$ est vrai puisque $(0, a) \in G$. Supposons $P(n)$ vrai donc $(n, x) \in G$ pour un certain x, mais alors d'après (1.4.19)(ii) , $(n^+, f(x)) \in G$, ce qui prouve que $P(n^+)$ est vrai. Alors $P(n)$ est vrai pour tout n d'après le théorème de récurrence. Montrons maintenant que cette relation est fonctionnelle, autrement dit que pour tout n, si $(n, x) \in G$ et $(n, y) \in G$ alors $x = y$. Posons

$$(1.4.21) \qquad P(n) = \quad (\,(n, x) \in G\,) \text{ et } (\,(n, y) \in G\,) \Longrightarrow (x = y)$$

$P(0)$ est vrai si pour tout $b \in E$, la relation $(0, b) \in G$ implique que $b = a$. Supposons qu'il n'en soit pas ainsi et qu'il existe donc $b \neq a$ tel que $(0, b) \in G$. Soit $G' = G \setminus \{(0, b)\}$. Avec notre hypothèse G' est strictement plus petit que G. Or G' est un élément de $\mathcal{C}$. En effet $(0, a) \in G'$. Soit $(n, x) \in G'$ donc c'est aussi un élément de G et par conséquent $(n^+, f(x))$ est dans G, mais comme $n^+ \neq 0$ c'est aussi un élément de G'. On obtient ainsi une contradiction ce qui prouve que $P(0)$ est bien vrai. Supposons $P(n)$ vrai. Nous avons vu qu'il existe au moins un $x \in E$ tel que $(n, x) \in G$ et par suite $(n^+, f(x)) \in G$. Il suffit donc de prouver que si $(n^+, y) \in G$ alors $y = f(x)$. Supposons qu'il n'en soit pas ainsi et qu'il existe donc $y \neq f(x)$ tel que $(n^+, y) \in G$. Soit $G' = G \setminus \{(n^+, y)\}$. Avec notre hypothèse G' est strictement plus petit que G. Or G' est un élément de $\mathcal{C}$. En effet $(0, a) \in G'$ puisque $n^+ \neq 0$. Soit (m, z) un élément de G' donc c'est aussi un élément de G. Si $m = n$, alors d'après l'hypothèse de récurrence sachant que $(n, x) \in G$, on a $x = z$ et par conséquent $(n^+, f(x))$ est dans G, mais comme $y \neq f(x)$ c'est aussi un élément de G'. Si $m \neq n$ alors $n^+ \neq m^+$ (corollaire 1.4.7) et comme $(m^+, f(z)) \neq (n^+, y)$, alors $(m^+, f(z)) \in G'$. On obtient ainsi une contradiction ce qui prouve que $P(n^+)$ est bien vrai. Alors $P(n)$ est vrai d'après le théorème de récurrence ce qui montre bien que G est une relation fonctionnelle. Ce qui prouve l'existence d'une suite $(u_n)_{n \geq 0}$ satisfaisant (1.4.18) et la démonstration du théorème est ainsi achevée. ■

Définition des différentes opérations sur les entiers naturels.

A l'aide du théorème 1.4.13, il est maintenant trés facile de définir l'addition, la multiplication et l'exponentiation des entiers naturels.

THÉORÈME 1.4.14. *Il existe une application de* **N** × **N** *dans* **N** *:*

(1.4.22) $$(k, n) \mapsto k + n$$

qui définit dans **N** *une loi interne -* **l'addition** *- associative et commutative, admettant 0 comme élément, neutre telle que:*

(1.4.23) $$(\forall\, n \in \mathbf{N}\,) \quad n + 1 = 1 + n = n^+$$

(1.4.24) $$(\forall\, n \in \mathbf{N})(\forall\, m \in \mathbf{N})(\forall\, k \in \mathbf{N})[m < n \rightarrow m + k < n + k]$$

DÉMONSTRATION: Soit k un entier naturel quelconque. En prenant $E = \mathbf{N}$, et l'application f définie dans **N** à valeurs dans **N**

(1.4.25) $$(\forall n \in \mathbf{N}) \quad , \quad f(n) = n^+$$

il résulte du théorème 1.4.13 qu'il existe une application unique s_k de **N** dans **N** vérifiant

(1.4.26) $$\begin{cases} (i) & s_k(0) = k \\ (ii) & s_k(n^+) = f(s_k(n)) = [s_k(n)]^+ \end{cases}$$

On pose alors

(1.4.27) $$s_k(n) = k + n$$

ce qui permet de définir ainsi l'application (1.4.22). Par (1.4.26) (i) on voit que $s_k(0) = k = k + 0$ pour tout entier naturel k donc 0 est élément neutre à droite pour l'addition. Pour montrer que c'est aussi un élément neutre à gauche, c'est-à-dire que pour tout entier n , $s_0(n) = 0 + n = n$, nous procédons par récurrence. Posons:

$$P(n) = \quad s_0(n) = n.$$

Alors $P(0)$ est vrai puisque par définition $s_0(0) = 0$. Supposons $P(n)$ vrai donc $s_0(n) = n$, alors $s_0(n^+) = [s_0(n)]^+ = n^+$, ce qui montre que $P(n^+)$ est encore vrai et ainsi $0 + n = n$ pour tout entier naturel grâce au théorème de récurrence. On a bien établi que 0 est un élément neutre pour l'addition.

Cette addition est associative:

$$(\forall k \in N) \quad (\forall m \in N) \quad (\forall n \in N) \quad (k + m) + n = k + (m + n)$$

On procède encore par récurrence en posant :

$$P(n) = (\forall k \in N) \quad (\forall m \in N) \qquad ((k+m)+n = k+(m+n))$$

$P(0)$ est vrai puisque les deux membres sont égaux à $k+m$, 0 étant élément neutre. Supposons $P(n)$ vrai. Alors, si k et m sont des entiers quelconques, on a :

$$(k+m)+n^+ = ((k+m)+n)^+ = (k+(m+n))^+ = k+(m+n)^+ = k+(m+n^+)$$

en vertu de l'hypothèse de récurrence et de la définition de l'addition. Par suite $P(n^+)$ est vrai, et le théorème de récurrence nous assure alors que $P(n)$ est vrai pour tout n, ce qui démontre l'associativité. Avant de démontrer la commutativité, prouvons la relation :

$$(1.4.28) \qquad (\forall m \in N) \quad (\forall n \in N) \quad ((m+n)^+ = m^+ + n)$$

Pour cela, soit $P(n)$ la relation

$$P(n) = (\forall m \in N) \qquad ((m+n)^+ = m^+ + n)$$

$P(0)$ est vrai puisque les deux membres sont égaux à m^+. Supposons $P(n)$ vrai. On a donc $(m+n)^+ = m+n^+ = m^+ + n$. Mais alors $(m+n^+)^+ = (m^+ + n)^+ = m^+ + n^+$, c'est-à-dire que $P(n^+)$ est vrai. Donc (1.4.28) est vrai d'après le théorème de récurrence. Il en résulte immédiatement que l'addition est commutative. En effet, posons

$$P(n) = (\forall k \in \mathbf{N}) \quad (k+n = n+k)$$

$P(0)$ est vrai puisque 0 est élement neutre. Supposons $P(n)$ vrai. Alors $k+n = n+k$ implique en prenant les successeurs $(k+n)^+ = (n+k)^+$ et par (1.4.28) , $k+n^+ = n^+ + k$, ce qui prouve que $P(n^+)$ est vrai et ainsi grâce au théorème de récurrence $P(n)$ est vrai pour tout n, autrement dit l'addition est bien commutative. Donc en particulier $n+1 = 1+n$, et par définition $n+1 = s_n(1) = s_n(0^+) = [s_n(0)]^+ = n^+$, ce qui établit (1.4.23). Pour prouver (1.4.24), posons

$$P(n) = \quad (\forall k \in N) \quad (\forall m \in N) \quad [\ k < m \Longrightarrow k+n < m+n\ ]$$

$P(0)$ est trivialement vrai , 0 étant élément neutre. Supposons $P(n)$ vrai, donc $p = k+n < m+n = q \iff p \in q$. Alors comme $q \subset q^+$ on a aussi $p \in q^+, p \subset q^+$, et $p^+ \subset q^+$. Or (1.4.13) implique alors $p^+ = q^+$ ou $p^+ \in q^+$. La première éventualité est impossible car le corollaire 1.4.7 entraîne alors $p = q$ ce qui est contraire à l'hypothèse de récurrence, donc $p^+ < q^+$, c'est à dire $k+n^+ < m+n^+$, autrement dit $P(n^+)$ est vrai. Alors (1.4.24) est vraie en vertu du théorème de récurrence. ∎

THÉORÈME 1.4.15. *Il existe une application de* $\mathbf{N} \times \mathbf{N}$ *dans* $\mathbf{N}$ *:*

$$(k, n) \mapsto k.n \tag{1.4.29}$$

qui définit dans $\mathbf{N}$ *une loi interne -* **la multiplication** *- associative et commutative, admettant 1 comme élément neutre. Cette loi est distributive par rapport à l'addition; on a en outre:*

$$(\forall\, n \in \mathbf{N}) : n.0 = 0.n = 0 \tag{1.4.30}$$

$$(\forall\, n \in \mathbf{N})(\forall\, m \in \mathbf{N})(\forall\, k \in \mathbf{N}^*)[m < n \rightarrow m.k < n.k] \tag{1.4.31}$$

En particulier, on a : $m > 0$, $n > 0 \Longrightarrow m.n > 0$

DÉMONSTRATION: Soit k un entier naturel quelconque. En prenant $E = \mathbf{N}$, et l'application f définie dans $\mathbf{N}$ à valeurs dans $\mathbf{N}$

$$(\forall n \in \mathbf{N}) \quad , \quad f(n) = n + k \tag{1.4.32}$$

il résulte du théorème 1.4.13 qu'il existe une application unique p_k de $\mathbf{N}$ dans $\mathbf{N}$ vérifiant

$$\begin{cases} (i) & p_k(0) = 0 \\ (ii) & p_k(n^+) = f(p_k(n)) = p_k(n) + k \end{cases} \tag{1.4.33}$$

On pose alors

$$p_k(n) = k.n \tag{1.4.34}$$

ce qui permet de définir ainsi l'application (1.4.29). Pour tout entier naturel n, on a $n.1 = p_n(1) = p_n(0^+) = p_n(0) + n = 0 + n = n$ donc 1 est élément neutre à droite pour la multiplication. Pour montrer que c'est aussi un élément neutre à gauche, c'est-à-dire que pour tout entier n , $1.n = p_1(n) = n$ posons:

$$P(n) = \quad p_1(n) = n$$

Alors $P(0)$ est vrai puisque par définition $p_1(0) = 0$. Supposons $P(n)$ vrai donc $p_1(n) = n$, alors $p_1(n^+) = p_1(n) + 1 = n + 1 = n^+$, ce qui montre que $P(n^+)$ est encore vrai et ainsi $1.n = n$ pour tout entier naturel grâce au théorème de récurrence. On a bien établi que 1 est élément neutre pour la multiplication. Prouvons la distributivité à gauche de la multiplication par rapport à l'addition. Pour cela, pour tout entier naturel n, posons

$$P(n) = \quad (\forall k \in \mathbf{N}) \quad (\forall m \in \mathbf{N}) \quad : k.(m + n) = k.m + k.n$$

$P(0)$ est vrai car $m + 0 = m$, $k.0 = p_k(0) = 0$ et $k.m + 0 = k.m$. Supposons $P(n)$ vrai. Alors $k.(m + n^+) = k.[(m + n)^+] = k.(m^+ + n)$ d'après (1.4.28), par suite $k.(m + n^+) = k.m^+ + k.n$ d'après l'hypothèse de récurrence, et enfin $k.(m+n^+) = k.m^+ + k.n = k.m+k+k.n = k.m+k.n+k = k.m+k.n^+$. Ceci prouve que $P(n^+)$ est encore vrai et la distributivité à gauche est ainsi prouvée grâce au théorème de récurrence. Pour prouver que cette multiplication est associative, posons pour tout entier naturel n,

$$P(n) = \quad (\forall k \in N) \quad (\forall m \in N) \qquad (k.m).n = k.(m.n)$$

$P(0)$ est vrai puisque les deux membres sont égaux à $l.0 = p_l(0) = 0$ par définition. Supposons $P(n)$ vrai. Alors, si k et m sont des entiers quelconques, on a:

$$k.(m.n^+) = k.(m.n + m) = k.(m.n) + k.m = (k.m).n + k.m = (k.m).n^+$$

en vertu de l'hypothèse de récurrence et de la définition de la multiplication, et par suite $P(n^+)$ est vrai, et le théorème de récurrence nous assure alors que $P(n)$ est vrai pour tout n, ce qui démontre l'associativité. Avant de démontrer la commutativité, prouvons la relation intermédiaire:

(1.4.35) $$P(n) = \quad (\forall k \in N) \quad (k + 1).n = k.n + n$$

$P(0)$ est vrai puisque les deux membres sont égaux à 0. Supposons $P(n)$ vrai. On a donc $(k+1).n^+ = (k+1).n+k+1 = kn+n+k+1 = kn+k+n+1 = k.n^+ + n^+$, c'est-à-dire que $P(n^+)$ est vrai. Par suite (1.4.35) est vrai pour tout n d'après le théorème de récurence. On en déduit immédiatement la commutativité de la multiplication, en prouvant que pour tout entier n

$$P(n) = \quad (\forall k \in \mathbf{N}) \quad (k.n = n.k)$$

est vrai. $P(0)$ est vrai si

$$Q(m) = \quad (\forall m \in \mathbf{N}) \quad (0.m = 0)$$

est vrai pour tout m. Or $Q(0)$ est vrai par définition. Supposons $0.m = 0$, alors $0.m^+ = 0.m + 0 = 0 + 0 = 0$, et le théorème de récurrence permet d'affirmer que $Q(m)$ est vrai pour tout m, ce qui prouve que $P(0)$ est vrai. Supposons donc $P(n)$ vrai, alors

$$k.n^+ = k.n + k = n.k + k = (n + 1).k = n^+.k$$

donc $P(n^+)$ est vrai et la multiplication est commutative grâce au théorème de récurrence. Nous avons prouvé au cours de la démonstration les relations (1.4.30). Pour prouver (1.4.31) posons

$$P(n) = \quad (\forall\, m \in \mathbf{N}\,) \quad (\forall\, k \in \mathbf{N}\,,\, k \neq 0) \quad [k < m \Longrightarrow k.n^+ < m.n^+]$$

$P(0)$ est vrai car 1 est élément neutre de la multiplication. Supposons $P(n)$ vrai. Alors $k(n^+ + 1) = k.n^+ + k$ et $m.(n^+ + 1) = m.n^+ + m$. L'hypothèse de récurrence donne $k.n^+ < m.n^+$, et alors (1.4.24) donne $k.n^+ + k < m.n^+ + k$ mais en appliquant encore (1.4.24), on $m.n^+ + k < m.n^+ + m$ et finalement par transitivité $k.n^+ + k < m.n^+ + m$ puis $k.(n^+ + 1) < m(m^+ + 1)$. Ce qui prouve que $P(n^+)$ est vrai et la relation (1.4.31) est donc vraie grâce au théorème de récurrence. ∎

THÉORÈME 1.4.16. *Il existe une application de* **N** × **N** *dans* **N**, *appelée* **l'exponentiation,**

$$(k, n) \mapsto k^n \qquad (1.4.36)$$

possédant les propriétés suivantes(*) :

(i)	$(\forall k \in \mathbf{N})$	: $k^0 = 1$	$(\forall \in \mathbf{N}^*)$	$0^n = 0$
(ii)	$(\forall k \in \mathbf{N}^*)$	$(\forall n \in \mathbf{N})$: $k^n > 0$		
(iii)	$(\forall k \in \mathbf{N})$	$(\forall m \in \mathbf{N})$	$(\forall n \in \mathbf{N})$	: $k^{(m+n)} = k^m.k^n$
(iv)	$(\forall k \in \mathbf{N})$	$(\forall m \in \mathbf{N})$	$(\forall n \in \mathbf{N})$	: $(k^m)^n = k^{m.n}$

DÉMONSTRATION: Pour tout entier naturel $k \neq 0$, soit f l'application de **N** dans lui-même définie par

$$f(n) = k.n = n.k$$

On peut lui associer grâce au théorème 1.4.13 une application unique e_k de **N** dans lui-même satisfaisant :

$$\begin{cases} (a) & e_k(0) = 1 \\ (b) & e_k(n^+) = f(e_k(n)) = e_k(n).k \end{cases} \qquad (1.4.37)$$

Alors l'application (1.4.36) est donnée par $e_k(n) = k^n$. Alors grâce à (1.4.37)(a) on a $k^0 = 1$ pour tout entier k , d'autre part si $n \neq 0$, $n = m^+$ donc $0^n = e_0(m^+) = e_0(m).0 = 0$ d'après (1.4.30), donc les formules (i) sont prouvées. Posons

$$P(n) = \quad (\forall k \in \mathbf{N}^*) \quad (\ k^n > 0)$$

$P(0)$ est vrai puisque $k^0 = 1 = 0^+ \neq 0$. Supposons $P(n)$ vrai. Alors $k^n > 0$. Or $k^{n+} = k^n.k > 0$ en vertu de (1.4.31) puisque $k > 0$. Ce qui montre que $P(n^+)$ est encore vrai et la conclusion (ii) découle du théorème de récurrence. Posons maintenant

$$P(n) = \quad (\forall k \in \mathbf{N}^*) \quad (\forall m \in \mathbf{N}) \qquad (k^{(m+n)} = k^m \ . \ k^n)$$

$P(0)$ est vrai puisque $m + 0 = m, k^0 = 1$ et 1 est élément neutre pour la multiplication. Supposons $P(n)$ vrai. Alors

$$k^{m+n+1} = k^{(m+n)+1} = k^{m+n}.k = (k^m.k^n).k = k^m.(k^n.k) = k^m.k^{n+1}$$

(*)k^n ne désigne pas ici l'ensemble des applications de n dans k, la propriété (1.4.41) que nous verrons plus loin explique que les mêmes notations aient été choisies.

ce qui prouve que $P(n+1)$ est vrai et par suite $P(n)$ est vrai pour tout n d'après le théorème de récurrence, ce qui prouve (iii). Posons

$$P(n) = \quad (\forall k \in \mathbf{N}^*) \quad (\forall m \in \mathbf{N}) \qquad ((k^m)^n = k^{m.n})$$

Observons que le premier membre a un sens grâce à (ii) puisque $k^m \neq 0$. D'une part $P(0)$ est vrai puisque les deux membres sont égaux à 1 pour $n = 0$. Supposons $P(n)$ vrai. Alors

$$(k^m)^{n+1} = (k^m)^n.k^m = k^{mn}.k^m = k^{mn+m} = k^{m(n+1)}$$

ce qui établit que $P(n+1)$ est vrai et que (iv) est vrai en vertu du théorème de récurrence. Ainsi s'achève la démonstration du théorème. ■

Ensembles finis.

DÉFINITION 1.4.17. *Soient X et Y deux ensembles. On dit qu'ils sont* **équipotents** *(ou qu'ils ont même* **puissance***) s'il existe une bijection de X sur Y. On dit que X est un ensemble* **fini** *s'il est équipotent à un entier naturel. On dit que X est infini dans le cas contraire.*

THÉORÈME 1.4.18. *Soit n un entier naturel. Alors toute partie propre de n est équipotente à un entier strictement plus petit que n.*

DÉMONSTRATION: Posons :

$$P(n) = \quad \text{toute partie propre de } n \text{ est équipotente à un entier } m \in n$$

$P(0)$ est vrai puisque 0 n'a pas de partie propre. Supposons $P(n)$ vrai et soit A une partie propre de $n^+ = n \cup \{n\}$. Si $A \subset n$, l'hypothèse de récurrence implique que A est équipotente à un entier $m \in n \subset n^+$, donc $m \in n^+$. Si $A = \{n\}$, alors A est équipotent à l'entier $1 = \{\emptyset\} \neq n^+$ puisque A est une partie propre. Si $A \setminus \{n\} \neq \emptyset$, alors c'est une partie propre de n (sinon $A = n^+$), il existe un élément $m \in n$ et $m \notin A$. Soit f l'application de A dans n définie par $f(x) = x$ si $x \neq n$ et $f(n) = m$. Il est clair que c'est une application injective. Elle réalise donc une bijection de A sur une partie de n. Si $f(A) = n$ alors A est équipotent à un entier $n \in n^+$. Si $f(A)$ est une partie propre de n, $f(A)$ est équipotente à un entier $m \in n \subset n^+$ grâce à l'hypothèse de récurrence. Alors il en sera de même pour A et $P(n^+)$ est vrai et notre assertion est prouvée grâce au théorème de récurrence. ■

THÉORÈME 1.4.19. *Soit n un entier naturel. Alors n n'est jamais équipotent à une partie propre*

DÉMONSTRATION: Soit

$$P(n) = \quad n \text{ n'est pas équipotent à une partie propre de } n$$

$P(0)$ est vrai puisque 0 n'a pas de partie propre. Supposons $P(n)$ vrai et soit A une partie propre de n^+ telle qu'il existe une bijection f de n^+ sur A. Si $n \notin A$, la restriction de f à n est alors une bijection de n sur une partie propre de A(égale à $f(n^+) \setminus \{f(n)\}$) ce qui est impossible d'après l'hypothèse de récurrence. Si $n \in A$, et f est alors une bijection de $n^+ \setminus f^{-1}(\{n\})$ sur $A \setminus \{n\}$. Ce dernier ensemble est une partie propre de n, car sinon $A = n^+$, ce qui est impossible d'après l'hypothèse de récurrence. Or il existe une bijection g de $n^+ \setminus f^{-1}(\{n\})$ sur n, à savoir l'application identque si $f(n) = n$, et l'application

$$g(k) = \begin{cases} k & \text{si} \quad k \neq n \\ f^{-1}(n) & \text{si} \quad k = n \end{cases}$$

Par suite $f \circ g^{-1}$ est une bijection de n sur une partie propre de n ce qui est impossible d'après l'hypothèse de récurrence. Donc $P(n^+)$ est vrai et notre assertion est vraie grâce au théorème de récurrence. ■

COROLLAIRE 1.4.20. *Deux entiers naturels sont équipotents si et seulement si ils sont égaux.*

DÉMONSTRATION: En effet si m et n deux entiers naturels, on peut toujours supposer, par exemple que $m \subset n$. Alors si $m \neq n$, et m et n équipotents impliquerait que m est équipotent à une partie propre, ce qui est impossible. Donc nécessairement, cette équipotence entraîne l'égalité $m = n$. La réciproque est triviale. ■

COROLLAIRE 1.4.21. *Soit X un ensemble fini. Alors X est équipotent à un entier naturel et à un seul.*

DÉMONSTRATION: Cela résulte immédiatement du corollaire précédent. ■

COROLLAIRE 1.4.23. *L'ensemble des entiers naturels* **N** *est un ensemble infini(*)*

DÉMONSTRATION: Supposons que **N** soit équipotent à un entier naturel n. Alors $\mathbf{N}^*$ est équipotent à une partie propre de n. Or l'application $n \mapsto n+1$ est une bijection de $\mathbf{N}$ sur $\mathbf{N}^*$. On obtient alors une bijection de n sur une partie propre de n, ce qui est évidement impossible. Donc l'hypothèse est fausse et **N** est bien un ensemble infini. ■

DÉFINITION 1.4.24. *Soit X un ensemble fini. On appelle* **cardinal** *de X ou nombre d'éléments de X, l'unique entier naturel n équipotent à X. On note ce cardinal card X ou $|X|$ ou $\nu(X)$*

On dit que l'ensemble X est de **puissance dénombrable** *s'il est équipotent à l'ensemble des entiers naturels* **N**. *On dit que l'ensemble X est* **dénombrable** *s'il est fini ou de puissance dénombrable.*

(*)Cela justifie la dénomination de l'axiome 1.4.5.

THÉORÈME 1.4.25. - *Soit X un ensemble fini. Alors toute partie Y de X est un ensemble fini et si $Y \neq X$, on a :*

$$\text{card}\, Y < \text{card}\, X \tag{1.4.38}$$

Si X et Y sont deux ensembles disjoints finis, alors $X \cup Y$ est un ensemble fini et on a :

$$\text{card}\,(X \cup Y) = \text{card}\, X + \text{card}\, Y \tag{1.4.39}$$

Si X et Y sont deux ensembles finis, alors l'ensemble produit $X \times Y$ est un ensemble fini et on a :

$$\text{card}\, X \times Y = \text{card}\, X.\ \text{card}\, Y \tag{1.4.40}$$

Si X et Y sont deux ensembles finis, $Y \neq \emptyset$, alors l'ensemble des applications de X dans Y est fini et on a :

$$\text{card}\, Y^X = (\ \text{card}\, Y)^{\text{card}\, X} \tag{1.4.41}$$

Si X est un ensemble, alors l'ensemble des parties de X est fini et on a(*):

$$\text{card}\, \mathcal{P}(X) = 2^{\text{card}\, X} \tag{1.4.42}$$

DÉMONSTRATION: Soit f une bijection de X sur un entier $n=$ card X. Alors la restriction de f à Y est une application injective de Y sur une partie de n, équipotente à n ou à un entier $m \in n$. Donc Y est fini. Si $X \neq Y$, c'est cette dernière situation qui est vraie, autrement dit card $Y = m < n =$ card X.

Soit X un ensemble fini, de cardinal n. Soit

$$P(n) = \quad \begin{array}{l}(\text{Quel que soit l'ensemble } Y \text{ de cardinal } m \text{ tel que } X \cap Y = \emptyset\ ) \\ (X \cup Y \text{ est fini et card}(X \cup Y) = n + m)\end{array}$$

$P(0)$ est vrai, car alors $X = \emptyset$, $X \cup Y = Y$ et $m + 0 = m$. Supposons $P(n)$ vrai et card $X = n + 1$. Soit $a \in X$ et $X' = X \setminus \{a\}$. D'après l'hypothèse de récurrence, il existe une bijection f de $X' \cup Y$ sur l'entier $n + m$, alors il est immédiat qu'en posant $\tilde{f}(x) = f(x)$ pour $x \neq a$ et $\tilde{f}(a) = n + m$, on réalise une bijection de $X \cup Y$ sur $(n + m)^+ = n + m + 1$, ce qui démontre que $P(n^+)$ est vrai, donc (1.4.39) l'est aussi grâce au théorème de récurrence. Soit $P(n)$ l'assertion :

(Quel que soit l'ensemble Y de cardinal m) ($X \times Y$est fini etcard$(X \times Y) = n.m$)

(*)Nous avons déjà prouvé ce résultat dans la formule (1.2.30).

$P(0)$ est vrai car $X = \emptyset$ donc $X \times Y = \emptyset$ et $0.m = 0$. Supposons $P(n)$ vrai et soit X un ensemble ayant $n+1$ éléments. Soient $a \in X$ et $X' = X \setminus \{a\}$. Alors $X \times Y = A \cup B$ où $A = X' \times Y$ et $B = \{a\} \times Y$, et ces deux ensembles sont disjoints. Donc le cardinal de $X \times Y$ est égal d'après (1.4.39) à la somme du cardinal de A et du cardinal de B. Or d'après l'hypothèse de récurrence card $A = n.m$ et trivialement card $B =$ m. Comme $n.m + m = (n+1)m$, il en résulte que $P(n^+)$ est vrai et $P(n)$ est vrai pour tout n d'après le théorème de récurrence. Soit $P(n)$ l'assertion :

$$(\text{Quel que soit l'ensemble } Y \text{ de cardinal } m \neq 0)(Y^X \text{ est fini et card } (Y^X) = m^n)$$

$P(0)$ est vrai, car $X = \emptyset$, Y^X ne contient que l'application vide(*) donc il a un seul élément or $m^0 = 1$. Supposons $P(n)$ vrai. Soient X un ensemble ayant $n+1$ éléments , a un élément de X et $X' = X \setminus \{a\}$. Montrons qu'il y a une bijection φ entre les deux ensembles Y^X et $Y^{X'} \times Y$. Pour toute application f de X dans Y désignons par $\tilde{f}$ la restriction de f à X'. Alors, on peut définir

$$\varphi(f) = (\tilde{f}, f(a))$$

Il est facile de montrer que c'est une bijection. Par suite, il résulte de (1.4.40) que la cardinal que Y^X est égal au produit du cardinal de $Y^{X'}$ par celui de Y. Donc ce cardinal est égal à $m^n.m = m^{n+1}$, ce qui prouve que $P(n+1)$ est vrai et donc $P(n)$ est vrai pour tout entier n, ce qui prouve (1.4.41). On en déduit immédiatement (1.4.42) car l'ensemble $\mathcal{P}(X)$ est équipotent à l'ensemble des applications de X dans $2 = \{ 0,1 \}$. La bijection qui réalise cette équipotence est l'application qui associe à toute partie $A \subset X$ sa fonction indicatrice 1_A (définition 1.3.3)

$$\begin{cases} 1_A(x) = 1 & x \in A \\ 1_A(x) = 0 & x \notin A \end{cases} \tag{1.4.43}$$

Ce qui achève la preuve du théorème.∎

(*)On entend par là l'application $(\emptyset, Y, \emptyset)$.

§5 ENSEMBLES QUOTIENTS

Classes d'équivalence - Partition.

Nous avons introduit la notion de relation d'équivalence au § 2, nous rappelons la définition.

DÉFINITION 1.5.1. - *Une relation binaire R est appelée* **relation d'équivalence** *si elle vérifie les trois propriétés suivantes :*

(1.5.1)
$$\begin{cases} (a)\ \textbf{réflexivité} : & (x,x) \in R\ , \text{ quel que soit } x \text{ élément de } E; \\ (b)\ \textbf{symétrie} : & (x,y) \in R \text{ implique } (y,x) \in R; \\ (c)\ \textbf{transitivité} : & \text{si } (x,y) \in R \text{ et } (y,z) \in R, \text{ alors } (x,z) \in R. \end{cases}$$

Au lieu d'écrire $x\ R\ y$ on écrira souvent $x \sim_R y$ ou $x \equiv y$ (mod R), que l'on énonce : x est congru à y, modulo R ; ou plus simplement $x \sim y$ ou $x \equiv y$, si après une définition de R, on n'éprouve pas le besoin d'indiquer qu'il s'agit toujours de la même relation. On démontrera aisément que toutes les relations binaires suivantes sont des relations d'équivalence:

Exemple 1 - $\mathbf{N}$ étant l'ensemble des entiers naturels, nous définisons sur $\mathbf{N} \times \mathbf{N}$ la relation

(1.5.2)
$$(p,q)\ R\ (m,n) \iff p+n = q+m$$

Exemple 2 - $\mathbf{Z}$ étant l'ensemble des entiers de signe quelconque, appelons E le sous-ensemble de $\mathbf{Z} \times \mathbf{Z}$ formé des couples (p,q) pour lesquels $q \neq 0$, nous prendrons comme relation d'équivalence:

(1.5.3)
$$(p,q) \equiv (p',q') \quad \text{si} \quad pq' - p'q = 0$$

Exemple 3 - Prenons pour E l'ensemble des fonctions réelles ≥ 0 d'une variable réelle, c'est-à-dire l'ensemble des applications de $\mathbf{R}$ dans $R_+ = \{x \mid x \in \mathbf{R}\ , x \geq 0\}$. Nous prendrons comme relation d'équivalence celle dans laquelle $f \equiv g$ si et seulement si f et g sont " équivalentes " pour $x \to +\infty$, c'est-à-dire si, quel que soit $\epsilon > 0$, il existe x_0 tel que :

(1.5.4)
$$x \geq x_0 \quad \text{entraîne que} \quad f(x)(1-\epsilon) \leq g(x) \leq f(x)(1+\epsilon)$$

Exemple 4 - Dans l'ensemble $\mathbf{Z}$ des entiers, prenons la relation d'équivalence dans laquelle $p \equiv q$ si et seulement si
si $p - q$ est divisible par un entier donné une fois pour toutes : m.

(1.5.5)
$$p \equiv q \iff (\exists k \in Z) : p - q = k\,m$$

On écrit cela couramment, en arithmétique, $p \equiv q\ (mod\ m)$.

Exemple 5 - Soit $\mathcal{D}$ l'ensemble des droites d'un plan. Définissons une relation d'équivalence sur $\mathcal{D}$ par

$$D \equiv D', \quad \text{si D et } D' \text{ sont parallèles ou confondues} \tag{1.5.6}$$

DÉFINITION 1.5.2. - *Soit E un ensemble muni d'une relation d'équivalence R. On appelle* **classe d'équivalence** *d'un élément $x \in E$ la partie de E, notée $\dot{x}$ donnée par*

$$\dot{x} = \{ y \in E : xRy \} \tag{1.5.7}$$

La classe de x est donc l'ensemble des éléments équivalents à x. C'est aussi la section d'abscisse (ou d'ordonnée) x de l'ensemble R dans le produit $E \times E$.

DÉFINITION 1.5.3. - *Soient E un ensemble, $(X_i)_{i \in I}$ une famille de parties de E. On dit que cette famille est une* **partition** *de E si:*

(i) Tout élément de la famille est non vide: $(\forall i \in I)(X_i \neq \emptyset)$

(ii) La réunion des X_i est égale à E (on dit aussi que cette famille est un **recouvrement** *de E):* $E = \bigcup_{i \in I} X_i$

(iii) Les ensembles $(X_i)_{i \in I}$ sont deux à deux disjoints : $(\forall (i,j) \in I \times I)$ $(i \neq j \Longrightarrow X_i \cap X_j = \emptyset)$

THÉORÈME 1.5.4.

1 - Soient E un ensemble et R une relation d'équivalence sur E. L'ensemble des classes d'équivalence forme une partition de E.

2- Réciproquement, si $(X_i)_{i \in I}$ est une partition de E, la relation R définie par

$$xRy \quad \text{s'il existe} \quad i \in I \quad \text{tel que} \quad x \in X_i \text{ et } y \in X_i \tag{1.5.8}$$

est une relation d'équivalence dont les classes d'équivalence sont exactement les ensembles $(X_i)_{i \in I}$.

DÉMONSTRATION: Une classe d'équivalence est l'ensemble des éléments de E équivalents à un élément x de E. La relation étant réflexive, cette classe contient toujours x, et par suite elle est non vide. Comme tout x de E appartient à sa classe, il en résulte aussi que les classes recouvrent E. Soient A et B deux classes d'équivalence. Si elles ne sont pas disjointes, soit x un point d'intersection. A est exactement formé de tous les éléments équivalents à un de ses éléments a, mais comme x et a sont équivalents, la propriété de transitivité c) montre que A est aussi formé de tous les éléments équivalents à x ; mais alors, pour la même raison, B a la même propriété, et A et B sont confondues. Le point 1 du théorème est démontré. Le point 2 est trivial. ∎

Exemple 6 - Soient E et F deux ensembles, non vides, f une application de E dans F. Pour tout $y \in f(E)$, soit $E_y = f^{-1}(\{y\})$ l'image réciproque de $\{y\}$. Alors comme l'ensemble des $\{y\}$ forment une partition de $f(E)$, les (E_y) corespondants forment une partition de E grâce aux relations (1.3.25) et (1.3.26). Il correspond donc à cette partition, une relation d'équivalence donnée par xRx' si et seulement si

$$(1.5.9) \quad (\exists y)\,(y \in f(E)\ \left[(x \in f^{-1}(\{y\}) \text{ et } x' \in f^{-1}(\{y\})) \iff (f(x) = f(x'))\right]$$

Ensemble quotient.

DÉFINITION 1.5.5. - *Soient E un ensemble et R une relation d'équivalence sur E. On appelle* **ensemble quotient** *de E par la relation d'équivalence R, et on note E/R, le sous-ensemble de $\mathcal{P}(E)$, l'ensemble des parties de E, dont chaque élément est une classe d'équivalence.*

L'application, qui, à chaque élément x de E fait correspondre sa classe d'équivalence $\dot{x}$, est appelée **surjection canonique** *de E sur E/R.*

Reprenons l'exemple 6 où f est une application d'un ensemble E dans un ensemble F, R la relation déquivalence sur E définie par (1.5.9). On a donc un nouvel ensemble, l'ensemble quotient E/R et une application **surjective** φ de E sur E/R qui associe à tout élément $x \in E$ sa classe $\dot{x}$.

La définition même de la relation (1.5.9) montre qu'il existe une application naturelle de E/R dans F qui associe à la classe $f^{-1}(\{y\})$ l'élément y ou encore à la classe de x, l'élément $f(x)$. Notons $\bar{f}$ cette application. Il est clair que cette application est une **bijection** de E/R sur $f(E)$.

$f(E)$ est une partie de F, nous avons appelé injection canonique la restriction de l'application identique de F à $f(E)$, $i : f(E) \mapsto F$, $i(y) = y$. Si nous composons ces diverses applications:
$i \; o \; \bar{f} o \; \varphi$, nous voyons que si x pour image l'élément $y = f(x) \in F$, sa classe est $\varphi(x) = f^{-1}(\{y\})$, donc $\bar{f}(\varphi(x)) = y$ et $i(\bar{f}(\varphi(x))) = y = f(x)$. On a donc

$$(1.5.10) \qquad (\forall x \in E)\,(i(\bar{f}(\varphi(x))) = f(x)) \iff f = i \; o \; \bar{f} \; o \; \varphi$$

C'est ce qu'on appelle la **décomposition canonique** de l'aplication f.

On peut donner une interprétation simple des ensembles quotients pour les exemples 1 à 5 de relations d'équivalence données antérieurement :

- Dans le premier, l'ensemble quotient n'est autre que l'ensemble des entiers relatifs $\mathbf{Z}$. On identifie l'entier naturel n à la classe dont $(n, 0)$ est le représentant, c'est-à-dire à la classe $\{(n + m, m) : m \in \mathbf{N}\}$, et la classe $\{(m, n + m) : m \in \mathbf{N}\}$ est alors symbolisée par $-n$.

- Dans le deuxième, l'ensemble quotient n'est autre que l'ensemble $\mathbf{Q}$ des nombres rationnels, puisque justement on définit habituellement un nombre rationnel par une famille de couples (p,q) , $q \neq 0$, 2 couples (p,q) et (p',q') définissant le même nombre rationnel si $pq' - p'q = 0$.

- Dans le quatrième , l'ensemble quotient est appelé l'ensemble des entiers modulo m, et un élément de cet ensemble est appelé un entier modulo m.

- Dans le cinquième, l'ensemble quotient est l'ensemble des directions de droites du plan.

Quotient d'un groupe par un sous-groupe.

DÉFINITION 1.5.6. *Soit G un ensemble. On dit que G est un* **groupe** *si on s'est donné une loi de composition interne :*

$$(x,y) \mapsto xy \tag{1.5.11}$$

qui est associative, qui possède un élément neutre noté e et telle qu'à tout élément $x \in G$ est associé un élément unique noté x^{-1} appelé inverse de x qui vérifiela relation

$$x^{-1}x = xx^{-1} = e \tag{1.5.12}$$

On dit que G est un groupe commutatif si la loi de composition interne est comutative.

Si H est une partie non vide de G, on dit que H est un **sous-groupe** *de H si pour tout x et y éléments de H, xy appartient à H, et si la restriction de la loi de G à H est une loi de groupe.*

Une application f d'un groupe G dans un groupe G' est appelée un **morphisme** *de groupe si :*

$$\forall (x,y) \in G \times G \quad , \quad f(xy) = f(x)f(y) \tag{1.5.13}$$

Si on outre, f est une bijection, on dit que c'est un isomorphisme et si $G = G'$, on dit que f est un **automorphisme**.

Soit G est un groupe; les applications

$$x \mapsto ax \quad , \quad x \mapsto xa \quad , \quad x \mapsto axa^{-1} \tag{1.5.14}$$

sont des automorphismes de G ; $x \mapsto axa^{-1}$ est appelé un **automorphisme intérieur** de G.

Exemple 7 - Considérons l'ensemble à deux éléments { -1, +1 } avec comme loi de composition la multiplication ordinaire. On vérifie facilement que c'est bien une loi de groupe commutatif.

Exemple 8- Soit X un ensemble et Σ l'ensemble des bijections (nous dirons aussi permutation au lieu de bijection lorsque X est un ensemble fini) de X sur lui-même. Munissons Σ de la loi de composition des applications. Elle est bien associative. Elle possède un élément neutre qui est l'application identique. En outre, si f est une bijection, f^{-1} est bien une bijection qui est bien l'inverse de f pour la loi de groupe. Ce groupe est appelé le **groupe symétrique** de X. On dit qu'une permuation est une **transposition** si c'est une permutation laissant tous les éléments invariants, sauf deux qu'elle échange l'un avec l'autre.

Signature d'une permutation

Le théorème suivant donne un exemple d'un morphisme du groupe Σ dans le groupe multiplicatif { -1 , +1 } lorsque X est fini. Mais auparavant, nous démontrons le lemme suivant.

LEMME 1.5.7. *Toute permutation - distincte de l'identité- d'un ensemble fini X est le produit d'un nombre fini de transpositions(*)*

DÉMONSTRATION: - Nous allons le démontrer par récurrence sur le nombre d'éléments de X. Le résultat est trivial si X a un seul élément puisqu'il n'y a rien à démontrer. Supposons que le résultat soit établi pour tout ensemble ayant N éléments et démontrons le pour un ensemble à $N+1$ éléments, que nous pouvons supposer être $\{1, 2, \dots, N, N+1\}$. Soit σ une permutation de cet ensemble. Supposons d'abord que σ laisse invariant $N+1$; alors la restriction de cette permutation à $\{1, 2, \dots, N\}$ est un élément du groupe symétrique de cet ensemble, donc, d'après l'hypothèse de récurrence, elle est un produit de transpositions $\tau_1 \, o \, \tau_2 \, o \, \dots o \, \tau_m$. Pour $i = 1, 2, \dots, m$ posons:

$$\tau_i'(p) = \begin{cases} \tau_i(p) & \text{si} \quad p \in \{1, 2, \dots, N\} \\ N+1 & \text{si} \quad p = N+1 \end{cases}$$

Il est clair que les τ_i' sont des transpositions de $\{1, 2, \dots, N, N+1\}$ et que σ est bien le produit de ces transpositions. Dans le cas général, $\sigma(N+1) = m \neq N+1$. Soit alors τ la transposition qui laisse tous les éléments invariants et qui échange $N+1$ et m et soit $\sigma' = \tau\sigma$. Alors $\sigma'(N+1) = \tau(\sigma(N+1) = \tau(m) = N+1$. On peut donc appliquer le résultat précédent à σ' qui est donc un produit de transpositions, mais comme τ^{-1} est aussi une transposition et que $\sigma = \tau^{-1}\sigma'$ le résultat reste vrai pour σ et le lemme est démontré. ∎

(*)On peut lever cette restriction en convenant qu'un produit d'un ensemble vide de transpositions est l'identité

THÉORÈME 1.5.8. - *Il existe une application et une seule, $\sigma \mapsto \epsilon_\sigma$, du groupe symétrique Σ d'un ensemble fini X dans le groupe multplicatif à 2 éléments $\{ -1 , +1\}$ qui soit un morphisme de groupe tel que:*

$$\epsilon_\sigma = -1 \quad \textit{si } \sigma \textit{ est une transposition}$$

DÉMONSTRATION: - Tout d'abord l'unicité de la fonction ϵ est évidente; elle est en effet connue sur tous les éléments de Σ qui sont des transpositions de X; comme toute permutation est produit d'un nombre fini de transpositions (lemme 1.5.7), alors puisque ϵ est un morphisme de groupe, elle est donc connue sur tous les éléments de Σ, et par conséquent elle est unique. Il nous reste à démontrer l'existence de la fonction ϵ.

Pour cela, nous pouvons supposer que l'ensemble X est l'ensemble $\{ 1, 2, \ldots, N \}$. Considérons alors le produit

$$P = \prod_{i,j\in X, i<j} (j-i) \tag{1.5.15}$$

Si $\sigma : i \mapsto \sigma_i = \sigma(i)$, est une permutation de X, nous poserons :

$$\sigma(P) = \prod_{i,j\in X, i<j} (\sigma_i - \sigma_j) = \prod_{i,j\in X, i<j} (\sigma(j) - \sigma(i)) \tag{1.5.16}$$

On a évidemment la relation

$$\sigma(P) = \epsilon_\sigma \, P \quad \text{avec} \quad \epsilon_\sigma = (-1)^{\nu(\sigma)} \, , \tag{1.5.17}$$

où $\nu(\sigma)$ est le nombre de couples (i, j) tels que $1 \leq i < j \leq N$ et $\sigma(i) > \sigma(j)$. On en déduit alors que, si f est une application quelconque de l'ensemble des N premiers entiers ≥ 1 dans lui-même, on a aussi(*):

$$\prod_{i,j\in X, i<j} (f(\sigma(j)) - f(\sigma(i))) = \epsilon_\sigma \prod_{i,j\in X, i<j} (f(j) - f(i)) \tag{1.5.18}$$

Si alors σ, τ sont deux permutations, on a les relations :

$$\epsilon_{\sigma\tau} \, P = (\sigma\tau)(P) = \prod_{i,j\in X, i<j} (\sigma\tau(j) - \sigma\tau(i)) = \prod_{i,j\in X, i<j} (\sigma(\tau_j) - \sigma(\tau_i))$$
$$= \epsilon_\tau \prod_{i,j\in X, i<j} (\sigma(j) - \sigma(i)) = \epsilon_\tau \, \sigma(P) = \epsilon_\tau \, \epsilon_\sigma \, P \, ,$$

d'où l'on déduit la relation qui prouve que $\sigma \mapsto \epsilon_\sigma$ est bien un morphisme du groupe Σ dans le groupe $\{-1 ,+1 \}$.

(*)En prenant tous les termes du produit du 1er membre, on obtient en effet une fois et une seule tous ceux du produit du 2ème membre, au signe près; le nombre des changements de signe est précisément $\nu(\sigma)$.

Il reste à montrer que $\epsilon_\tau = -1$ si τ est une transposition. Soient α et β les deux entiers échangés par τ sachant que les autres sont invariants. Supposons par exemple $\alpha < \beta$. On voit que τ n'introduit pas d'inversion pour le couple (i, j) si i et j sont tous les deux $\leq \alpha$ ou tous les deux $\geq \beta$; il introduit une inversion pour le couple (α, k) et pour le couple (k, β) si $\alpha < k < \beta$. Tout ceci, jusqu'ici, introduit un nombre pair d'inversions; si, enfin, nous considérons le couple (α, β), il subit exactement une inversion puisqu'il devient le couple (β, α). Il existe donc au total un nombre impair d'inversions, et ϵ_τ vaut bien -1 si τ est une transposition et la démonstration du théorème est achevée. ■

DÉFINITION 1.5.9. *Soient X un ensemble fini, Σ l'ensemble des permutation de X, σ un élément de Σ.*

On appelle nombre d'inversions de la permutation σ, l'entier $\nu(\sigma)$ et signature de la permutation σ l'élément de { -1 , +1 } égal à ϵ_σ

Indice d'un sous-groupe, sous-groupe normal

Soient G un groupe et Γ un sous-groupe de G. On peut définir deux relations d'équivalence liées de façon naturelle à la structure de groupe :

$$(1.5.19) \qquad (i) \quad x \sim_d y \iff xy^{-1} \in \Gamma \qquad (ii) \quad x \sim_g y \iff x^{-1}y \in \Gamma$$

Montrons que $\sim_d$ est une relation d'équivalence. La réflexivité résulte du fait que l'élément neutre de G appartient au sous-groupe Γ. Si on suppose que $xy^{-1} \in \Gamma$ alors $(xy^{-1})^{-1} = yx^{-1} \in \Gamma$ puisque c'est un sous-groupe, stable pour l'inverse. Ce qui montre que cette relation est symétrique. Les relations $xy^{-1} \in \Gamma$ et $yz^{-1} \in \Gamma$ impliquent que le produit de ces deux éléments, égal à xz^{-1}, appartient à Γ puisque Γ est stable pour la multiplication. Ainsi cette relation est transitive.

Les classes d'équivalence suivant $\sim_d$ (resp. $\sim_g$) sont appelées les classes à droite (resp. gauche). La classe de l'élément x suivant $\sim_d$ est le sous-ensemble $\{gx \mid g \in \Gamma\}$ noté plus brièvement Γx. On a des notations analogues pour une classe à gauche. Il est clair que si G est un groupe abélien, ces distinctions n'existent pas.

On observe que la multiplication à droite (resp. gauche) est compatible avec la relation $\sim_d$ (resp. $\sim_g$)
c'est-à-dire que :

$$(1.5.20) \qquad x \sim_d y \Longrightarrow xa \sim_d ya \qquad x \sim_g y \Longrightarrow ax \sim_g ay$$

En effet on a pour tout $a \in G$:

$$xa(ya)^{-1} = xy^{-1} \quad \text{et} \quad (ax)^{-1}(ay) = x^{-1}y$$

D'autre part l'application

$$x \mapsto x^{-1}$$

induit une bijection de l'ensemble des classes à droite sur l'ensemble des classes à gauche.
Ce qui implique, si G est un groupe fini, que le nombre des classes à droite est égal au nombre des classes à gauche. Ce nombre est appelé **l'indice** du sous-groupe Γ, il est noté $i(\Gamma)$. Si $|G|$ désigne alors l'ordre du groupe et $|\Gamma|$ l'ordre du sous-groupe, on a

$$|G| = i(\Gamma)\,|\Gamma| \tag{1.5.21}$$

En particulier on voit que l'ordre du groupe est un multiple de l'ordre du sous-groupe, et de l'indice aussi.

Le cas particulier le plus intéressant est celui où chaque classe à droite est aussi une classe à gauche ou de façon plus précise si, pour tout élément $x \in G$, les deux conditions (équivalentes):

$$(i) \quad x\,\Gamma = \Gamma\,x \iff (ii) \quad x\,\Gamma\,x^{-1} = \Gamma \tag{1.5.22}$$

sont satisfaites. On dit alors que Γ est un **sous-groupe normal** (ou invariant pour les automorphismes intérieurs de G - ce qui traduit exactement 1.5.22(ii) -).
Les relations (1.5.22) sont de caractère global. (i) signifie que pour tout $x \in G$ et pour $g \in \Gamma$, il existe $h \in \Gamma$ tel que $xg = hx$ et (ii) signifie que pour tout $g \in \Gamma$ et pour tout $x \in G$, $xgx^{-1} \in \Gamma$.
On peut donc parler de l'ensemble quotient que nous notons G/Γ : Il est égal à l'ensemble des classes à droite ou à gauche.

On peut définir une structure de groupe sur l'ensemble quotient en posant :

$$(x\,\Gamma)\,(y\,\Gamma) = (xy)\,\Gamma \tag{1.5.23}$$

Pour que cette définition soit cohérente , il faut montrer que si $x\Gamma = u\Gamma$ et $y\Gamma = v\Gamma$ alors $uv\Gamma = xy\Gamma$.
Soient g et h deux éléments de Γ tel que :

$$x^{-1}u = g \qquad y^{-1}v = h$$

On déduit de (1.5.22 (i)) qu'il existe $k \in \Gamma$ tel que $gv = vk$. Donc

$$(xy)^{-1}uv = y^{-1}x^{-1}uv = y^{-1}gv = y^{-1}vk = hk \in \Gamma$$

puisque Γ est stable , k et h étant deux éléments de Γ.
Il est facile de montrer que la multiplication (1.5.23) définit une structure de groupe. En particulier l'élément neutre de cette loi est la classe (indifférement à droite ou à gauche) de l'élément neutre de G, c'est-à-dire Γ.
Le groupe G/Γ est appelé **groupe quotient** de G par le sous-groupe normal Γ.

Exemple 9- Soit f un homomorphisme d'un groupe G dans un groupe G'. Soit e' l'élément neutre de G'. Le noyau de f c'est-à-dire $f^{-1}(\{e'\})$ - noté ker f - est un sous- groupe normal de G. En effet, pour tout $u \in ker\, f$ et tout $x \in G$ on a :

$$f(xux^{-1}) = f(x)f(u)f(x)^{-1} = f(x)e'f(x)^{-1} = e'$$

Ce qui démontre notre assertion grâce à (1.5.22 (ii)).

Réciproquement tout sous groupe Γ normal est le noyau d'un homomorphisme, à savoir l'homomorphisme canonique de G sur G/Γ

Appliquons ce résultat au groupe Σ_n des permutations d'un ensemble E de n éléments.
Soit f l'homomorphisme de Σ_n dans le groupe multiplicatif à deux éléments $G' = \{-1, +1\}$; qui associe à toute permutation $\sigma \in \Sigma_n$ sa signature

(1.5.24) $$f(\sigma) = (-1)^{\nu(\sigma)}$$

$\nu(\sigma)$ est égal au nombre d'inversions de la permutation σ.

Le noyau de f, égal à l'ensemble des permutations paires i.e de signature égale à $+1$, est donc un sous-groupe normal. Ce sous-groupe - noté $\mathbf{U}_n$ - est appelé le **groupe alterné** de degré n.

Quotient d'un espace vectoriel par un sous-espace vectoriel.

DÉFINITION 1.5.10. *Soit E un ensemble et K un corps commutatif (dans ce cours K sera toujours* **C**, *ou* **R** *ou très rarement* **Q**). *On dit que E est un espace vectoriel sur K si*

1- E est muni d'une loi interne notée $+$ qui en fait un groupe abélien

2- Il existe une application de $K \times E$ dans E

$$(\lambda, x) \mapsto \lambda\, x$$

possédant les propriétés suivantes :

(1.5.25) $$\begin{cases} \forall(\lambda,\mu) \in K^2, \forall x \in E \quad \mu(\lambda x) = (\mu\lambda)x & \forall x \in E\ 1x = x \\ \forall(\lambda,\mu) \in K^2\ ,\ \forall x \in E \quad (\mu+\lambda)x = \mu x + \lambda x \\ \forall(x,y) \in E^2\ ,\ \forall\lambda \in K \quad \lambda(x+y) = \lambda x + \lambda y \end{cases}$$

Une partie non vide F de E est appelée un sous-espace vectoriel si pour tout $x \in F$, $y \in F$, $\lambda \in K$,
on a $x + y \in F$ et $\lambda x \in F$. Alors on vérifie que ces opérations font de F un espace vectoriel sur K.

Si E et F sont deux espaces vectoriels sur le même corps K, et f est une application de E dans F, on dit que f est une application linéaire si

$$(1.5.26) \quad \forall\lambda \in K, \forall(x,y) \in E^2 , \quad f(x+y) = f(x) + f(y) \quad , \quad f(\lambda x) = \lambda f(x)$$

Soit E un espace vectoriel sur un corps commutatif K, et soit F un sous-espace vectoriel. Considérons la relation binaire sur E :

(1.5.27) $\quad x \sim y$ si et seulement si la différence $x - y$ est dans E

Ce n'est rien d'autre que la relation (1.5.19(i)) appliquée à ce cas particulier. C'est donc une relation d'équivalence. Comme E est un groupe abélien , F est un sous-groupe normal. Soit E/F le groupe quotient.
Il est encore abélien et nous y noterons encore additivement la loi de composition.

Soit $\lambda \in K$ un scalaire, et $\alpha = \dot{x}$ une classe d'équivalence; si x est un élément quelconque de $\dot{x}$, λx appartient toujours à une même classe d'équivalence car F étant un sous-espace vectoriel :

$$x - y \in F \Longrightarrow \lambda x - \lambda y = \lambda(x - y) \in F$$

Cette classe est notée $\lambda\,\alpha$.
La loi d'addition sur E/F, et la loi de multiplication par les scalaires :

$$(\lambda, \alpha) \mapsto \lambda\,\alpha$$

font de E/F un espace vectoriel , qu'on appelle espace vectoriel quotient par le sous-espace vectoriel F.
D'après la définition des opérations vectorielles de E/F, on a , pour tout $x \in E$, $y \in E$, $\lambda \in K$

$$(1.5.29) \qquad (i) \quad \dot{\overline{(x+y)}} = \dot{x} + \dot{y} \qquad (ii) \quad \dot{\overline{(\lambda\,x)}} = \lambda\,\dot{x}$$

Autrement dit la surjection canonique

$$x \mapsto \dot{x}$$

de E sur E/F est une application linéaire.

Bien entendu, la surjection canonique n'est pas bijective (sauf si $F = \{\ 0\ \}$). Mais soit G un sous-espace vectoriel de E supplémentaire de F. Donc tout élément de E s'écrit de manière unique comme la somme
d'un élément de F et d'un élément de G.
La restriction à G de la surjection canonique est une bijection de G sur E/F. En effet:

a/ elle est injective, car, si x et y sont deux éléments de G tels que $\dot{x} = \dot{y}$, on a $x - y \in$ F; mais on a aussi $x - y \in G$ puisque G est un sous-espace vectoriel; comme F et G sont supplémentaires , leur intersection est réduite au vecteur 0 donc $x - y= 0$, donc $x = y$.

b/ elle est surjective, car si α est une classe d'équivalence, et si x est un élément de cette classe, $x = x' + x''$, $x' \in F$ et $x'' \in G$; alors $x - x'' \in F$ donc la classe de x'' est égale à α, donc l'application est bien surjective.

Ainsi l'application $x \mapsto \dot{x}$ de G sur E/F est une bijection linéaire, c'est-à-dire une bijection conservant la structure vectorielle; elle permet de donner G comme un modèle de l'espace vectoriel quotient E/F. En particulier G a même dimension que E/F.

Remarque 1 - L'espace vectoriel quotient E/F existe toujours, puisque nous l'avons défini explicitement; mais existe-t-il toujours des supplémentaires G de F dans E? C'est évident si E est de dimension finie, mais en dimension infinie c'est encore vrai en faisant appel au lemme de Zorn (qui est équivalent à l'axiome du choix) comme nous le verrons plus loin.

Décomposition canonique d'une application linéaire.

Que peut-on dire de plus sur la décomposition canonique d'une application f de E dans F lorsque E, F sont des espaces vectoriels, et que f est une application linéaire ?

Tout d'abord la relation sur E définie par xRx' si $f(x) = f(x')$ s'écrit aussi:

(1.5.30) $$xRx' \iff f(x - x') = 0$$

Or il est facile de voir que l'ensemble des $x \in E$ tels que $f(x) = 0$ est un sous-espace vectoriel de E, appelé le **noyau** de f et noté ker f. Donc la relation s'écrit aussi:

(1.5.31) $$xRx' \iff x - x' \in \ker f$$

Alors l'ensemble quotient est un espace vectoriel. Mais d'autre part, il est facile de voir que l'image de f est aussi un sous-espace vectoriel de F. Comme l'injection canonique d'un sous-espace vectoriel G de F est une application linéaire, l'injection canonique de $f(E)$ dans F est donc linéaire. En outre on vérifie facilement que $\bar{f}$ est une bijection linéaire de E / ker f sur $f(E)$. En résumé, si f est une application linéaire de E dans F alors

(1.5.32) $$f = i \circ \bar{f} \circ \varphi$$

où φ est une application **linéaire surjective** de E sur l'espace vectoriel quotient E / ker f, $\bar{f}$ est une **bijection linéaire** de $E/$ ker f sur $f(E)$, et i **l'injection linéaire** de $f(E)$ dans F.

§6. ENSEMBLES ORDONNÉS - LEMME DE ZORN

Ensembles ordonnés - Exemples.

DÉFINITION 1.6.1. - *Une relation binaire R sur un ensemble E est appelée relation* **d'ordre** *si elle vérifie les trois propriétés suivantes :*

$$(1.6.1)\quad \begin{cases} (a)\ \textbf{réflexivité} : & (x,x) \in R\,,\ \text{quel que soit } x \in E\,; \\ (b)\ \textbf{antisymétrie} : & \text{si } (x,y) \in R \text{ et } (y,x) \in R \text{ alors } x = y\,; \\ (c)\ \textbf{transitivité} : & \text{si } (x,y) \in R \text{ et } (y,z) \in R, \text{ alors } (x,z) \in R\,. \end{cases}$$

On appelle **ensemble ordonné** *un ensemble E muni d'une relation d'ordre R.*

Au lieu d'écrire $x\ R\ y$, on écrit $x \preceq_R y$, ou $x \preceq y$ si, la relation d'ordre étant indiquée au début, il n'apparait pas nécessaire de la répéter. On note $(E, \preceq)$ l'ensemble ordonné E muni de la relation d'ordre $\preceq$.

- Dans ce cas, $y \succeq x$ signifie $x \preceq y$.

Les relations (1.6.1) peuvent donc aussi s'écrire :

$$(1.6.2)\qquad \begin{array}{ll} (a) & x \preceq x \quad \text{quelque soit } x \in E\,; \\ (b) & x \preceq y \quad \text{et} \quad y \preceq x \quad \text{alors} \quad x = y; \\ (c) & x \preceq y \quad \text{et} \quad y \preceq z \quad \text{alors} \quad x \preceq z. \end{array}$$

Exemple 1 - Dans l'ensemble $\mathbf{N}$ des entiers ≥ 0 , dans l'ensemble $\mathbf{Z}$ de tous les entiers, dans l'ensemble $\mathbf{Q}$ des nombres rationnels, dans l'ensemble $\mathbf{R}$ des nombres réels, la relation :

$$(x,y) \in R \quad \text{si et seulement si} \quad x \leq y$$

est une relation d'ordre.

Remarque 1 - Il y a lieu de remarquer que la relation : $x\ R\ y$ si et seulement si $x \geq y$, est aussi une relation d'ordre, dite opposée à la précédente.

Remarque 2 - Le symbole $\preceq$ a été utilisé par analogie avec le symbole $\leq$; en fonction de cette analogie, $x \prec y$ signifie " $x \preceq y$ et $x \neq y$ " , les relations $x \preceq y$, $x \prec y$, $x \succeq y$, $x \succ y$, s'énoncent respectivement ; x inférieur à y , x strictement inférieur à y , x supérieur à y , x strictement supérieur à y. On devra toujours utiliser $\preceq$ plutôt que $\prec$, toutes les fois que cela sera possible; quand on écrira une inégalité stricte avec $\prec$, ce sera pour avertir le lecteur qu'il y a un point délicat, et que l'inégalité large $\preceq$ ne conviendrait pas. Par exemple, la continuité d'une fonction réelle f d'une variable réelle en un point a s'écrira ainsi:

pour tout $\epsilon > 0$, il existe $\eta > 0$ tel que $|x - a| \leq \eta$ entraine $|f(x) - f(a)| \leq \epsilon$

Nous avons mis le symbole d'inégalité large toutes les fois que c'était possible, et n'avons employé l'inégalité stricte > 0 que là où c'était absolument nécessaire à l'énoncé. Ceci noté, l'analogie que nous avons utilisée pour une relation d'ordre quelconque $\preceq$ et la relation particulière $\leq$ dans l'ensemble des nombres réels, peut conduire à certaines difficultés puisqu'on peut être amené à noter $x \preceq y$ et à dire " x est inférieur à y " , même si l'on a choisi la relation d'ordre $x \geq y$.

Exemple 2 - Dans l'ensemble des mots de la langue française, il existe une relation d'ordre, dite ordre alphabétique (si l'on convient d'identifier des homographes). Plus généralement si E et F sont des ensembles ordonnés, l'ensemble produit $E \times F$ peut être ordonné par l'ordre **lexicographique** que l'on définit de la façon suivante:

(1.6.3) $$(x, y) \preceq (x', y') \iff x \prec x' \text{ ou } x = x' \text{ et } y \preceq y' .$$

Naturellement ceci peut s'étendre au produit d'un nombre quelconque d'ensembles ordonnés.

Exemple 3 - Dans l'ensemble $E = \mathbf{P}(F)$ des parties d'un ensemble F, il existe une relation d'ordre naturelle

(1.6.4) $$X \preceq Y \iff X \subset Y .$$

Exemple 4 - Dans l'ensemble $E = \mathbf{R}^F$ des fonctions définies dans un ensemble quelconque F et à valeurs réelles, il existe aussi une relation d'ordre naturelle:

(1.6.5) $$f \preceq g \quad \text{si} \quad \text{pour tout} \quad x \in E, \quad f(x) \leq g(x) .$$

On remarquera que dans cette relation, $f \prec g$ signifie que, quelque soit x, $f(x) \leq g(x)$, et que, pour au moins un x, $f(x) < g(x)$; elle ne signifie pas que l'on a , quel que soit x, $f(x) < g(x)$.

Exemple 5 - Dans l'ensemble $\mathbf{N}$ des entiers ≥ 1, il existe une relation d'ordre essentielle en arithmétique :

(1.6.6) $$a \preceq b \quad \text{si} \quad a \text{ divise } b .$$

Exemple 6 - Dans un ensemble E quelconque, la relation : $x \preceq y$ si $x = y$, est une relation d'ordre. On dit que c'est l'ordre chaotique sur E.

DÉFINITION 1.6.2. - *On dit qu'une relation d'ordre est* **totale** *ou que l'ensemble* E *muni de cette relation est un ensemble* **totalement ordonné** *si, étant donné deux éléments quelconques* x, y *de* E, *on a nécessairement :*

(1.6.7) $$x \prec y \quad ou \quad x = y \quad ou \quad x \succ y .$$

- Il en est ainsi des relations d'ordre naturel dans $\mathbf{N}$, $\mathbf{Z}$, $\mathbf{Q}$, $\mathbf{R}$, dans l'ordre lexicographique sur un produit d'ensembles totalement ordonnés ; mais il n'en est pas ainsi pour les relations d'ordre considérées dans les exemples 3, 4, 5 .

Dans chacun de ces cas, si deux éléments x et y ne vérifient aucune des 3 relations indiquées, on dit qu'ils sont non comparables. Dans l'exemple 3, deux parties non vides disjointes sont non comparables; dans l'exemple 4, les fonctions 0 et $x \mapsto x$ sont non comparables; dans l'exemple 5, les entiers 2 et 3 sont non comparables.
Dans la relation d'ordre chaotique, exemple 6, 2 éléments distincts quelconques sont non comparables.

Parties majorées , majorants , maximum , borne supérieure.

DÉFINITION 1.6.3. - *On dit qu'une partie d'un ensemble E ordonné est* **majorée***(resp.* **minorée***), s'il existe au moins un élément de E supérieur (resp. inférieur) à tous les éléments de cette partie; un tel élément s'appelle un* **majorant** *(resp.* **minorant***) de cette partie.*

- *Une partie à la fois minorée et majorée est dite* **bornée**.

- *On dit qu'une partie de E admet un* **maximum** *(resp. un* **minimum** *s'il existe un majorant (resp. minorant) de cette partie* **appartenant** *à cette partie.*

Une partie n'a pas nécessairement un maximum, mais si elle en a un, il est nécessairement unique : car si, a et b sont deux maxima d'une partie, on a à la fois $a \preceq b$ et $b \preceq a$, donc a=b. Le maximum d'une partie A, s'il existe, sera noté

(1.6.7) $$\max_{x \in A} x \quad \text{ou} \quad \max A\,.$$

On adopte les notations

(1.6.8) $$\min_{x \in A} x \quad \text{ou} \quad \min A\,.$$

pour un minimum.

DÉFINITION 1.6.4. - *On dit qu'une partie A de E admet une* **borne supérieure** *si l'ensemble de ses majorants admet un minimum, et ce minimum est appelé* **borne supérieure** *de la partie considérée.*

La borne supérieure est donc le plus petit majorant; tout élément qui majore A majore aussi sa borne supérieure.

- Une partie n'admet pas nécessairement de borne supérieure, mais si elle en a une, elle est unique.
La borne supérieure d'une partie A, si elle existe, se note

(1.6.9) $$\sup_{x \in A} x \qquad \text{ou} \qquad sup\ A$$

Si la borne supérieure appartient à A, alors c'est un maximum, et réciproquement.

- Définition analogue pour la **borne inférieure** avec les notations

$$\inf_{x \in A} x \quad \text{ou} \quad \mathit{inf}\, A\,. \tag{1.6.10}$$

La construction des nombres réels qui a été faite antérieurement a pour conséquence fondamentale le théorème suivant.

THÉORÈME 1.6.5. *Sur la droite réelle* $\mathbf{R}$ *munie de sa relation d'ordre naturelle, toute partie majorée non vide(*); a une borne supérieure et tout partie minorée non vide a une borne inférieure.*
En outre la borne supérieure b *d'une partie majorée* A *est caractérisée par les relations :*

a/ *Pour tout* $x \in A\,,\quad x \leq b$
b/ *Quel que soit* $b_1 < b\,,$ *il existe au moins un* $x \in A$ *tel que* $b_1 \leq x \leq b.$

Naturellement, une partie non majorée n'a pas de borne supérieure. La droite $\mathbf{R}$ elle-même n'est ni majorée, ni minorée.

Dans l'ensemble E des parties d'un ensemble F, pour la relation d'ordre $X \subset Y$ (exemple 3), toute partie admet une borne supérieure et une borne inférieure. Une partie de E est en effet un ensemble de parties de F, la borne supérieure est leur réunion et la borne inférieure leur intersection.

- Dans l'ensemble E des fonctions définies sur un ensemble F, à valeurs réelles (exemple 4), toute partie majorée a une borne supérieure et toute partie minorée a une borne inférieure. Si en effet A est cette partie, la borne supérieure de A est la fonction f_0 donnée par

$$f_0(x) = \sup_{x \in A} f(x) \qquad \text{pour tout } x \in F \tag{1.6.11}$$

On notera qu'il y a deux notions entièrement différentes, toutes deux trés utiles, et qu'il faudra bien se garder de confondre : d'une part la borne supérieure de A dans l'ensemble ordonné $\mathbf{R}^F$, c'est une fonction réelle qu'on appelle **enveloppe supérieure** des fonctions $f \in A$; d'autre part la borne supérieure dans $\mathbf{R}$ de l'ensemble des valeurs de ces fonctions,

$$\sup_{x \in F, f \in A} f(x) \tag{1.6.12}$$

(*)Le mot - non vide - est essentiel. La partie $\emptyset$ est majorée, tout point de $\mathbf{R}$ en est un majorant, donc l'ensemble des majorants est la droite $\mathbf{R}$ elle-même, qui n'a pas de minimum! $\emptyset$, quoique bornée, n'a ni borne supérieure, ni borne inférieure !

qui est, si elle existe, un nombre réel, et qu'on appelle la borne supérieure des fonctions $f \in A$. Si A est réduit à un seul élément f, on parlera de la borne supérieure de f,

$$\sup_{x \in F} f(x) \tag{1.6.13}$$

qui est un nombre réel, la borne supérieure de l'ensemble de ses valeurs, et on dira que c'est un maximum si elle est atteinte pour une valeur de x.

Remarque analogue pour **enveloppe inférieure et borne inférieure**.

Ces notations, couramment adoptées, sont un peu dangereuses, parce que pas trés cohérentes.

- Dans l'ensemble $\mathbf{N}$ des entiers ≥ 1, pour la relation de divisibilité (exemple 5), toute partie finie a une borne supérieure qui est le plus petit commun multiple des éléments de cette partie et une borne inférieure qui est le plus grand commun diviseur des éléments de cette partie.

Fonctions croissantes.

DÉFINITION 1.6.6. - *Soient E, F deux ensembles ordonnés. Une application f de E dans F est dite* **croissante**, *si(*)*

$$x \preceq y \quad \text{entraîne} \quad f(x) \preceq f(y). \tag{1.6.14}$$

Si en outre

$$x \prec y \quad \text{entraîne} \quad f(x) \prec f(y), \tag{1.6.15}$$

elle est dite **strictement croissante**.

Définition modifiée convenablement pour décroissante et strictement décroissante.

PROPOSITION 1.6.7. - *Si E est totalement ordonné, une fonction à la fois croissante et décroissante est constante(**).*

DÉMONSTRATION: - En effet, soient x et y deux éléments quelconques de E. On a ou bien $x \preceq y$ ou bien $x \succeq y$. Dans chacun de ces deux cas, comme f est à la fois croissante et décroissante, on a à la fois:

$$f(x) \preceq f(y) \quad \text{et} \quad f(x) \succeq f(y), \quad \text{donc} \quad f(x) = f(y),$$

et f est bien constante.∎

(*)Dans la littérature anglo-saxone, on utilise le terme de non décroissante.

(**)Sur un ensemble E, nous avons signalé que la relation $x = y$ est une relation d'ordre; deux éléments quelconques sont non comparables. Si F est un ensemble ordonné quelconque, toute application de E dans F est à la fois croissante et décroissante; elle n'est pas nécessairement constante. Ainsi l'hypothèse que E est totalement ordonné n'est pas superflue.

Illustrons cette notion par la proposition suivante qui nous sera utile par la suite.

PROPOSITION 1.6.8. - *Soient E un ensemble quelconque et φ une application croissante de $\mathbf{P}$ (E) dans $\mathbf{P}(E)$ c'est-à-dire si A et B sont des parties de E, on a*

(1.6.16) $$A \subset B, \implies \varphi(A) \subset \varphi(B)$$

Alors φ a au moins un point fixe c'est-à-dire qu'il existe $A \subset E$ tel que $\varphi(A) = A$

DÉMONSTRATION: Soit

$$\mathcal{F} = \{M \in \mathbf{P}(E) : M \subset \varphi(M)\}$$

Comme $\emptyset \in \mathcal{F}$, $\mathcal{F}$ est non vide. Soit

$$A = \bigcup_{M \in \mathcal{F}} M$$

Montrons que $\varphi(A) = A$. Pour tout $M \in \mathcal{F}$, $M \subset A$ et φ est croissante , donc

$$\varphi(M) \subset \varphi(A)$$

Or, par définition de $\mathcal{F}$, pour tout $M \in \mathcal{F}$, $M \subset \varphi(M)$, on a donc, pour tout $M \in \mathcal{F}$, $M \subset \varphi(M) \subset \varphi(A)$ donc

$$A = \bigcup_{M \in \mathcal{F}} M \subset \varphi(A) \implies \varphi(A) \subset \varphi(\varphi(A)) \implies \varphi(A) \in \mathcal{F}$$

Mais alors, par définition de A , $\varphi(A) \subset A$. Comme on vient d'obtenir l'inclusion inverse , on a bien l'égalité annoncée. ∎

Intervalles, sections.

- Si E est ordonné, on appelle **intervalle fermé** $[a, b]$, $a \preceq b$, l'ensemble des éléments x de E qui vérifient $a \preceq x \preceq b$

(1.6.17) $$[a, b] = \{ x \in E : \ a \preceq x \preceq b \} .$$

- On appelle **intervalle ouvert** $]a, b[$ l'ensemble de ceux qui vérifient $a \prec x \prec b$

(1.6.18) $$]a, b[= \{ x \in E : \ a \prec x \prec b \} .$$

- On note par $[a, b[$ l'ensemble de ceux qui vérifient $a \preceq x \prec b$ et par $]a, b]$ l'ensemble de ceux qui vérifient $a \prec x \preceq b$

(1.6.19) $$[a, b[= \{ x \in E : a \preceq x \prec b \} \quad]a, b] = \{ x \in E : a \prec x \preceq b \} .$$

- On les appelle **intervalles semi-ouverts**.

Dans tous les cas, a est l'origine et b l'extrêmité de l'intervalle; on dit aussi que a et b sont les extrêmités de l'intervalle. Parfois nous désirerons considérer un intervalle d'origine a et d'extrêmité b, sans désirer spécifier s'il est ouvert, semi-ouvert ou fermé; nous l'appellerons $|a, b|$.

- On appelle **section droite fermée** $[a, \rightarrow)$ l'ensemble des x tels que $a \preceq x$, et **section droite ouverte** $]a, \rightarrow)$ l'ensemble des x tels que $a \prec x$.

- Définition analogue pour les sections gauches $(\leftarrow, a]$ et $(\leftarrow, a[$. La section gauche ouverte $(\leftarrow, a[$ est aussi appelé **segment initial** déterminé par a et on adoptera ausi la notation $s(a)$ pour un tel segment

$$s(a) = (\leftarrow, a[= \{ x \in E : x \prec a \} . \tag{1.6.20}$$

- Dans le cas de la droite réelle $\mathbf{R}$ munie de sa structure d'ordre naturel de telles sections sont appelées demi-droites. En particulier on note par $\mathbf{R}_+$ la demi-droite formée par les nombres réels ≥ 0.

- On convient de considérer que les sections sont aussi des intervalles, ainsi que l'ensemble E tout entier.

Droite achevée $\overline{\mathbf{R}}$.

On appelle droite achevée $\overline{\mathbf{R}}$ l'ensemble, formé d'une part de la droite réelle $\mathbf{R}$, et d'autre part de deux éléments, notés $-\infty$ et $+\infty$. On met sur $\overline{\mathbf{R}}$, la relation d'ordre notée $\leq$, définie comme suit:

$a \leq b$ si a et b sont finis et s'ils vérifient $a \leq b$ dans $\mathbf{R}$, ou si a $= -\infty$, ou si $b = +\infty$.

$\overline{\mathbf{R}}$ est encore totalement ordonnée mais possède en outre un minimum $-\infty$ et un maximum $+\infty$. Toute partie de $\overline{\mathbf{R}}$ est bornée et le théorème 1.6.5 est encore valable dans $\overline{\mathbf{R}}$, sans avoir même besoin de supposer A majorée puisque c'est toujours vrai.(*)
Un intervalle de $\overline{\mathbf{R}}$ tel que $[a, +\infty[$ est contenu dans $\mathbf{R}$ si $a \in \mathbf{R}$. C'est ce qui permet d'appeler souvent $[a, +\infty[$ la demi-droite $[a, \longrightarrow)$. De même, si A est une partie non majorée de $\mathbf{R}$, on écrit souvent

$$sup\, A = +\infty$$

ce qui revient à considérer A comme une partie de $\overline{\mathbf{R}}$. Nous noterons par $\overline{\mathbf{R}_+}$ la demi-droite formée par les nombres réels ≥ 0 augmentée de l'élément $+\infty$.

Ensemble réticulé - Espace vectoriel ordonné.

DÉFINITION 1.6.9. *On dit qu'un ensemble ordonné E est un ensemble* **réticulé** *ou encore un* **treillis** *si toute partie formée de deux éléments admet une borne supérieure et une borne inférieure.*

(*)La borne supérieure de la partie $\emptyset$ est le minimum de $\overline{\mathbf{R}}$ (voir renvoi * du théorème 1.6.5) donc $-\infty$; la borne inférieure est $+\infty$. Pour une partie A non vide on a toujours $\sup A \geq \inf A$; c'est faux pour la partie $\emptyset$.

Si E est un ensemble réticulé, toute partie finie non vide admet une borne supérieure et une borne inférieure.

La droite réelle **R** est réticulée; l'ensemble ordonné $\mathbf{R}^X$ des fonctions d'un ensemble X dans **R**, de même que l'ensemble $\mathcal{C}(X;\mathbf{R})$ des fonctions réelles continues sur un espace topologique X est un ensemble réticulé pour la relation d'ordre usuelle sur les fonctions à valeurs réelles.

Nous avons déjà signalé que l'ensemble des entiers naturels non nuls pour la relation de divisibilité toute paire d'éléments $\{a, b\}$ admet une borne supérieure (resp. inférieure) qui est le p.p.c.m (resp. p.g.c.d) de ces deux entiers.

Il est facile de voir que l'ensemble des sous-espaces vectoriels d'un espace vectoriel E pour la relation d'inclusion, toute paire de sous-espaces $\{A, B\}$ admet une borne supérieure (resp. inférieure) qui est le sous-espace engendré par A et B (resp. l'intersection de ces deux sous-espaces).

Par contre, par exemple, l'ensemble des fonctions polynômes à coefficients réels sur **R**, pour la relation d'ordre habituelle, n'est pas un ensemble réticulé.

DÉFINITION 1.6.10. *Soit E un espace vectoriel sur* **R**. *Soit $\leq$ une relation d'ordre sur E. On dit que $(E\ ,\leq)$ ou tout simplement E est un espace* **vectoriel ordonné** *ou que la relation d'ordre $\leq$ de E est compatible avec la structure d'espace vectoriel de E si*

$$(1.6.21)\qquad \begin{cases} (i)\quad x_1 \leq y_1 \quad , \quad x_2 \leq y_2 \quad \Longrightarrow x_1 + y_1 \leq x_2 + y_2 \\ \\ (ii)\quad x \leq y \quad , \quad \lambda \in \mathbf{R} \quad , \quad \lambda \geq 0 \Longrightarrow \lambda x \leq \lambda y \end{cases}$$

La première relation exprime aussi que $x \geq y$ est équivalent à $x - y \geq 0$, et que $x \geq 0$, $y \geq 0$, implique $x + y \geq 0$; la deuxième que $x \geq 0$ implique $\lambda x \geq 0$ pour tout scalaire $\lambda \geq 0$.

Remarquons que dans ce cas, $x \leq y$ implique $-y \leq -x$, donc $\lambda x \geq \lambda y$ pour tout scalaire $\lambda \leq 0$.

THÉORÈME 1.6.11. *Soit E un espace vectoriel ordonné. Pour que E soit un ensemble réticulé, il suffit que pout tout $x \in E$,*

$$(1.6.22)\qquad x^+ = sup\,(x, 0)$$

existe. Dans un ensemble réticulé , on a toujours

$$(1.6.23)\qquad \sup\,(x, y)\ +\ z = \sup\,(x + z, y + z)$$

$$(1.6.24)\qquad \lambda\ \sup\,(x, y) = \sup(\lambda\, x, \lambda\, y)\quad , \quad \lambda \geq 0$$

$$(1.6.25)\qquad \sup\,(x, y) + inf\,(x, y) = x + y$$

En particulier, si on pose

$$x^- = \sup(-x, 0) = (-x)^+ \tag{1.6.26}$$

On a alors

$$x = x^+ - x^- \tag{1.6.27}$$

DÉMONSTRATION: En effet, si x et y sont deux éléments de E, l'élément $x + (y - x)^+$ majore $x + 0 = x$ et $x + (y - x) = y$; et si z majore x et y , $z - x$ majore $x - x = 0$ et $y - x$ donc majore$(y - x)^+$, donc z majore $x + (y - x)^+$, qui est ainsi la borne supérieure de x et y. On a donc prouvé que sup (x, y) existe et que l'on a la relation

$$\sup(x, y) = x + (y - x)^+ \tag{1.6.28}$$

D'autre part x et y ont une borne inférieure, à savoir

$$\inf(x, y) = -\sup(-x, -y) . \tag{1.6.29}$$

On déduit immédiatement de (1.6.28) que

$$\sup(x + z, y + z) = x + z + (y - x)^+ = x + z + \sup(x, y) - x = \sup(x, y) + z ,$$

ce qui prouve (1.6.23). La formule (1.6.24) s'obtient très facilement grâce à (1.6.21) (ii).

Pour prouver la formule (1.6.25) observons qu'en remplaçant z par $-z$ dans (1.6.23), on a

$$\sup(x - z, y - z) = \sup(x, y) - z .$$

En prenant $z = x + y$, on prouve la formule (1.6.25) compte tenu de (1.6.29). Enfin (1.6.27) résulte de (1.6.25) puisque

$$x = x + 0 = \sup(x, 0) + \inf(x, 0) = x^+ - \sup(-x, 0) = x^+ - x^- .$$

Le théorème est ainsi démontré. ■

DÉFINITION 1.6.12. *Soit E un espace vectoriel ordonné réticulé. Pour tout $x \in E$, on appelle* **partie positive et négative** *de x(*), les éléments x^+ et x^- respectivement définis par (1.6.22) et (1.6.26).*

(*)Malgré son nom, e^- est ≥ 0 et non ≤ 0, et c'est plutôt $-x^-$ qui mériterait le nom de partie négative. De même, a et b sont la partie réelle et la partie imaginaire du nombre complexe $a + ib$; c'est plutôt ib qui mériterait le nom de partie imaginaire.

On appelle **valeur absolue** *de x, l'élément noté $|x|$, égal à la borne supérieure de x et de $-x$*

$$|x| = sup\,(x, -x) \tag{1.6.30}$$

THÉORÈME 1.6.13. *Soit E un espace vectoriel ordonné réticulé. Tout élément $x \in E$ est différence de deux éléments positifs ≥ 0, x^+ et x^-. Cette écriture n'est pas unique. Les éléments x^+ et x^- sont ≥ 0 " **étrangers** " , en ce sens que le seul élément ≥ 0 qui les minore tous les deux est 0.*
On a les relations

$$\inf (x^+, x^-) = 0 \quad , \quad |x| = x^+ + x^- = \sup (x^+, x^-) \tag{1.6.31}$$

DÉMONSTRATION: Nous avons déjà montré l'égalité $x = x^+ - x^-$. Mais, pour tout $a \geq 0$, on a aussi
$x = x_1 - x_2$ avec $x_1 = x^+ + a$ et $x_2 = x^- + a$. Comme $x_1 \geq 0$ et $x_2 \geq 0$, l'écriture de x comme différence de deux éléments positifs n'est pas unique. On a:

$$\begin{aligned}\inf (x^+, x^-) &= x^+ + \inf (x^+ - x^+, x^- - x^+) = x^+ + \inf (0, -x)\\ &= x^+ - \sup (0, x) = x^+ - x^+ = 0\,.\end{aligned}$$

Ceci démontre la première des relations (1.6.31). Pour obtenir la seconde, observons que

$$|x| + x = \sup (2x, 0) = 2x^+ \Longrightarrow |x| = 2x^+ - x = 2x^+ - (x^+ - x^-) = x^+ + x^-$$

Enfin, comme $\inf (x^+, x^-) = 0$, on a

$$|x| = x^+ + x^- = \sup (x^+, x^-)$$

d'après la relation (1.6.25). ∎

DÉFINITION 1.6.14. *Soit E un ensemble ordonné. On dit que E est complète-qment réticulé si toute partie non vide majorée a une borne supérieure et toute partie non vide minorée une borne inférieure (la première condition entraîne d'ailleurs la seconde, car si une partie non vide est minorée, l'ensemble de ses minorants est, majoré non vide donc a une borne supérieure, qui est la borne inférieure cherchée).*

La droite réelle $\mathbf{R}$ est complètement réticulée, ainsi que l'ensemble $\mathbf{R}^X$ des fonctions sur X à valeurs réelles. Mais, si X est topologique, l'ensemble $\mathcal{C}(X; \mathbf{R})$ des fonctions réelles continues sur X, qui est réticulé, n'est pas complètement réticulé. Par exemple si X est la droite réelle $\mathbf{R}$, et si A est le sous-ensemble de $\mathcal{C}(\mathbf{R}, \mathbf{R})$ formé des fonctions continues majorées par la fonction indicatrice de [-1 , + 1], la borne supérieure de A dans l'ensemble ordonné $\mathbf{R}^{\mathbf{R}}$ de toutes les fonctions réelles sur $\mathbf{R}$ est cette fonction indicatrice qui est discontinue, et on voit sans peine que A n'a pas de borne supérieure dans l'ensemble $\mathcal{C}$ $(\mathbf{R}, \mathbf{R})$ des fonctions continues

Elément maximal - minimal - Lemme de Zorn.

DÉFINITION 1.6.15. - *Soit E un ensemble ordonné. On dit qu'un élément a de E est un élément* **maximal** *si :*

(1.6.32) *pour tout* $y \in E$, *la relation* $y \succeq a$ *entraîne* $y = a$;

nous dirons que b est un élément **minimal** *si :*

(1.6.33) *pour tout* $y \in E$, *la relation* $y \preceq b$ *entraîne* $y = b$

Une partie L contenue dans E est appelée une **chaîne** *si la restriction de la relation d'ordre de E à L, fait de L un ensemble totalement ordonné, ce qui revient à dire que pour tout couple d'éléments $x \in L$ et $y \in L$ on a :*

(1.6.34) $x \prec y$ *ou* $x = y$ *ou* $x \succ y$

Enfin, un ensemble ordonné E est dit **faiblement** *(resp.* **fortement***)* **inductif** *si toute chaîne de E possède un majorant (resp. une borne supérieure)*

Concernant l'existence d'un élément maximal dans un ensemble ordonné inductif, nous faisons appel à un énoncé qui est équivalent à l'axiome duc hoix: c'est le lemme de Zorn(*)

LEMME DE ZORN.

Tout ensemble ordonné E non vide et faiblement inductif possède au moins un élément maximal

Avant d'établir l'équivalence du lemme de Zorn avec l'axiome du choix, énonflushpar - çons quelques applications .

Applications du lemme de Zorn - Le théorème de Hahn-Banach.

LEMME 1.6.16.

Soit E un espace vectoriel sur un corps commutatif K. Soit B_0 une famille libre quelconque de E, Il existe une base B de E contenant B_0 .

Supposons le lemme démontré. Nous en tirons deux conséquences.

(*)Il arrive que le lemme de Zorn soit appelé l'axiome de Zorn. Il y a deux objections à cela. La première est qu'un axiome doit pouvoir s'énoncer trés simplement avec les termes primitifs de la théorie des ensembles (ce qui n'est certainement pas le cas pour l'énoncé du lemme de Zorn) et la deuxième est que nous nous sommes placés dans la théorie des ensembles de Zermelo-Fraenkel augmentée seulement de l'axiome du choix.

THÉORÈME 1.6.17.

- *Tout espace vectoriel sur un corps commutatif K possède une base*

DÉMONSTRATION:
On applique le lemme en prenant pour B_0 une famille libre quelconque, par exemple $B_0 = \emptyset$.

THÉORÈME 1.6.18. *Tout sous-espace vectoriel F d'un espace vectoriel E sur un corps commutatif K possède un sous-espace supplémentaire G*

DÉMONSTRATION: - Soit B_0 une base de F, dont l'existence vient d'être prouvée . Soit $B = (e_i)_{i\in I}$ une base de E contenant B_0 et $J \subset I$ tel que $B_0 = (e_i)_{i\in J}$. Alors soit H le complémentaire de J dans I. Le sous-espace G est le sous-espace engendré par la famille $(e_i)_{i\in H}$.

Il reste à prouver le lemme.

DÉMONSTRATION DU LEMME:

- Soient E un espace vectoriel sur un corps commutatif K, F un sous-espace vectoriel. Soit $\mathcal{L}$ l'ensemble des familles libres de E, qui contiennent B_0 : c'est un sous-ensemble de l'ensemble des parties de E , $\mathbf{P}(E)$. Comme celui-ci est ordonné (exemple 3°) , il induit un ordre sur $\mathcal{L}$. Soit (B_i) une chaîne de $\mathcal{L}$
Posons

$$M = \bigcup_{i\in I} B_i$$

Alors M contient B_0 et c'est un majorant (même une borne supérieure comme nous l'avons déjà signalé) de la chaîne.
Montrons que M est bien une famille libre. Soit $x_1, x_2, \ldots, x_p$ une famille finie d'éléments de M, tel que $x_k \in B_{i_k}$, et, $\lambda_1, \lambda_2, \ldots, \lambda_p$ une famille de scalaires tel que

$$\lambda_1 x_1 + \lambda_2 x_2 + \ldots + \lambda_p x_p = 0 \tag{1.6.35}$$

Comme $(B_i)_{i\in I}$ est une chaîne, il existe un indice $j \in I$ tel que $x_k \in B_j$ pour tout k $1 \leq k \leq p$. Mais alors la relation (1.6.35) a lieu entre éléments de la partie libre B_j ; tous les scalaires λ_i sont nuls. Ceci montre que M est une famille libre. On peut donc appliquer le lemme de Zorn. $\mathcal{L}$ possède un élément maximal B. B est une famille libre, contenant B_0. Montrons que c'est une base de E. Soit $x \in E$: $B \cup \{x\}$ n'est pas libre donc il existe $x_1, x_2, \ldots, x_p, \lambda_1, \lambda_2, \ldots, \lambda_p, \lambda_{p+1}$ tels que

$$\lambda_1 x_1 + \lambda_2 x_2 + \ldots + \lambda_p x_p + \lambda_{p+1} x = 0$$

avec les λ_i non tous nuls. Alors $\lambda_{p+1} \neq 0$ sinon la relation ci-dessus impliquerait qu'il existerait une combinaison linéaire non triviale d'éléments de B qui est une famille libre. On peut donc diviser par λ_{p+1} et on voit que x est une combinaison linéaire d'éléments de B. Donc B est génératrice, et comme c'est une famille libre, c'est donc bien une base et le théorème est démontré.■

THÉORÈME 1.6.19. *(Hahn-Banach) Soient E un espace vectoriel sur $\mathbf{R}$, p une fonction définie dans E, à valeurs réelles, positivement homogène et sous-additive:*

$$(1.6.36)\qquad \begin{cases} (i) \quad p(\lambda x) = \lambda p(x) \quad \text{pour tout } x \in E \text{ et tout } \lambda \in \mathbf{R}_+ \\ (ii) \quad p(x+y) \leq p(x) + p(y) \quad \text{pour tout } x \in E \text{ et tout } y \in E \end{cases}$$

Soient F un sous-espace vectoriel de E, f une forme linéaire sur F satisfaisant:

$$(1.6.37)\qquad f(x) \leq p(x) \quad \text{pour tout } x \in F$$

Alors il existe une forme linéaire sur E, g, prolongeant f et satisfaisant :

$$(1.6.38)\qquad g(x) \leq p(x) \qquad \text{pour tout } x \in E$$

DÉMONSTRATION: En effet , introduisons l'ensemble $\mathcal{F}$ formé par les couples (H, h) où H est un sous-espace vectoriel de E contenant F et h une forme linéaire sur H, prolongeant f et satisfaisant à l'inégalité (1.6.38) dans H. $\mathcal{F}$ est un ensemble non vide puisqu'il contient le couple (F, f). Ordonnons cet ensemble en posant

$$(G, g) \preceq (H, h) \qquad \text{si} \quad G \subset H \quad \text{et} \quad h(x) = g(x) \quad \text{pour tout} x \in G$$

Soit alors $(F_i, f_i)_{i \in I}$ une chaîne de $\mathcal{F}$. Posons

$$H = \bigcup_{i \in I} F_i$$

Soient $x_1, x_2, \ldots, x_p$ une famille finie d'éléments de H, telle que $x_k \in F_{i_k}$, et, $\lambda_1, \lambda_2, \ldots, \lambda_p$ une famille de scalaires. Comme $(F_i, f_i)_{i \in I}$ est une chaîne , il existe un indice $j \in I$ tel que $x_k \in F_j$, pour tout k tel que $1 \leq k \leq p$. Mais alors comme F_j est un sous-espace vectoriel, la combinaison linéaire

$$\lambda_1 x_1 + \lambda_2 x_2 + \ldots + \lambda_p x_p$$

appartient à F_j donc à H. Ce qui montre que H est un sous-espace vectoriel. Définissons h sur H en posant

$$h(x) = f_i(x) \qquad \text{si} \quad x \in F_i$$

Ceci est cohérent car si $x \in F_i \cap F_j$, l'un de ces sous-espaces F_i, F_j, est plus petit que l'autre donc $f_i(x) = f_j(x)$. D'autre part avec les notations qui précèdent, on a:

$$h(\lambda_1 x_1 + \lambda_2 x_2 + \ldots + \lambda_p x_p) = f_j(\lambda_1 x_1 + \lambda_2 x_2 + \ldots + \lambda_p x_p)$$
$$= \lambda_1 f_j(x_1) + \lambda_2 f_j(x_2) + \ldots + \lambda_p f_j(x_p) = \lambda_1 h(x_1) + \lambda_2 h(x_2) + \ldots + \lambda_p h(x_p)$$

Ceci montre que h est une forme linéaire.
Naturellement d'après la définition de h, l'inégalité (1.6.38) est vérifiée dans H et le couple (H, h) est un majorant (et même une borne supérieure) de la famille $(F_i, f_i)_{i\in I}$. Donc, d'après le lemme de Zorn, $\mathcal{F}$ possède un élément maximal (G, g). Si nous montrons que $G = E$, le théorème sera démontré.
Supposons qu'il n'en soit pas ainsi : il existe donc $a \in E$ tel que $a \notin G$. Soit H le sous-espace vectoriel engendré par G et a. Nous allons construire une application h sur H, qui prolonge g. Soient:

$$(1.6.39) \qquad l_a = \sup_{y\in F}\{ (g(y) - p(y-a)) \} \qquad L_a = \inf_{z\in F}\{ (p(z+a) - g(z)) \}$$

Comme, pour tout $y \in F$ (resp. $z \in F$) , on a

$$g(y) \leq p(y - a + a) \leq p(y-a) + p(a) \quad \text{et} \quad g(z) \leq p(z + a - a) \leq p(z+a) - p(a)$$

on en déduit que:

$$l_a \leq p(a) \qquad L_a \geq p(a)$$

Choisissons l dans l'intervalle $[l_a, L_a]$ et pour tout $x \in H$ s'écrivant $x = u + \lambda\, a$ avec $u \in G$, posons :

$$h(x) = g(u) + \lambda\, l$$

Il est clair que h est linéaire et prolonge g. Il faut vérifier l'inégalité (1.6.38) ; soit $\lambda \in \mathbf{R}$. Si λ est > 0 , en posant $z = \frac{x}{\lambda}$, on a par définition de l

$$l \leq L_a \leq p(\frac{x}{\lambda} + a) - g(\frac{x}{\lambda}) \quad \text{ce qui entraîne} \quad \lambda l \leq p(x + \lambda a) - g(x)$$

d'où :

$$h(x + \lambda\, a) = g(x) + \lambda l \leq p(x + \lambda a)$$

Soit λ est < 0. Prenons $y = -\frac{x}{\lambda}$; on a, par définition de l,

$$l \geq l_a \geq g(-\frac{x}{\lambda}) - p(-\frac{x}{\lambda} - a) \quad \text{ce qui entraine} \quad \lambda l \leq -g(x) + p(x + \lambda\, a)$$

et par suite :

$$h(x + \lambda\, a) = g(x) + \lambda l \leq p(x + \lambda a)$$

Ainsi nous avons montré que (H, h) est strictement plus grand que (G, g) alors que cet élément est un élément maximal. Notre hypothèse était donc fausse et $G = E$. La démonstration s'achève ainsi. ∎

Remarque 3 - Sans la condition (1.6.38), l'existence d'un prolongement résulterait immédiatement de l'existence d'une base pour un espace vectoriel. En effet , soit B_0 une base de F et B une base de E contenant B_0. Soit $B = (e_i)_{i\in I}$, $B_0 = (e_i)_{i\in J}$ avec $J \subset I$.
Posons:

$$g(e_i) = f(e_i) \qquad \text{pour tout} \quad i \in J$$

et pour tout i $\notin J$, donnons une valeur arbitraire à $g(e_i)$. Il existe alors une seule application linéaire sur E coïncidant avec g sur la base B. C'est une réponse à notre problème. En particulier, avec ce raisonnement, on voit que, sans utiliser le théorème 1.6.19, le dual algébrique d'un espace vectoriel est non réduit à { 0 }.

Equivalence de l'axiome du choix et du lemme de Zorn.

THÉORÈME 1.6.20.

Le lemme Zorn est équivalent à l'axiome du choix

DÉMONSTRATION:

Montrons d'abord que le lemme de Zorn implique l'axiome du choix. Soit $(A_i)_{i\in I}$ une famille non vide d'ensembles non vides. Puisque I est non vide, soit $i_0 \in I$, et puisque A_{i_0} est lui même non vide, on peut prendre $x_0 \in A_{i_0}$. Posons $J_0 = \{i_0\}$, et $f_0(i_0) = x_0$.

Désignons par $\mathcal{F}$ l'ensemble des couples (J, f) où J est une partie de I , et f une application de J dans la réunion des A_i, telle que pour tout $i \in J$, $f(i) \in A_i$. Il est clair que (J_0, f_0) est un élément de $\mathcal{F}$, donc celui-ci est non vide. On peut ordonner $\mathcal{F}$ par la relation

$$(J, f) \preceq (K, g) \iff J \subset K \quad \text{et} \quad g|_J = f$$

Autrement dit g est un prolongement de f. Soit $(K_l, g_l)_{l\in L}$ une chaîne de $\mathcal{F}$. Alors en posant

$$J = \bigcup_{l\in L} K_l \quad ; \quad (\forall j \in J) \quad (j \in K_l) \quad , \quad f(j) = f_l(j) \ ,$$

on vérifie facilement que f est bien définie , que $(J, f) \in \mathcal{F}$ et que (J, f) est la borne supérieure de la chaîne. Alors d'après le lemme de Zorn, $\mathcal{F}$ possède un élément maximal (J_1, f_1). Si $J_1 = I$, nous avons résolu notre problème puisque f_1 est une fonction de choix pour la famille donnée. Montrons qu'il ne peut en être autrement. Supposons en effet qu'il existerait $i_1 \notin J_1, i_1 \in I$. Puisque A_{i_1} est non vide, choisisons $x_1 \in A_{i_1}$. Posons alors $J = J_1 \cup \{i_1\}$ et définissons la fonction f sur J par

$$f(j) = \begin{cases} f_1(j) & \text{si} \quad j \in J_1 \\ x_1 & \quad j = i_1 \ . \end{cases}$$

Il est clair que (J, f) appartient à $\mathcal{F}$ et que $(J_1, f_1) \preceq (J, f)$, $(J, f) \neq (J_1, f_1)$, ce qui contredit le fait que (J, f) soit un élément maximal de $\mathcal{F}$. Donc on a bien $J_1 = I$ et notre implication est démontrée.

Réciproquement montrons que l'axiome du choix entraîne le lemme de Zorn: c'est l'implication la plus difficile. Le lecteur peut passer sur la démonstration sans qu'il en soit géné dans la suite du cours.

Soit $(E, \preceq)$ un ensemble ordonné. Désignons par $\mathcal{C}$ l'ensemble des chaînes de E. Ordonnons $\mathcal{C}$ par inclusion (c'est l'ordre induit par $\mathbf{P}(E)$, puisque $\mathcal{C} \subset \mathbf{P}(E)$). Supposons que $\mathcal{C}$ possède un élément maximal K. Par hypothèse, K a un majorant a. Alors a est un élément maximal de E. En effet dans le cas contraire, il existe $x \in E$ tel que $x \succ a$. Comme a majore K, x est un majorant strict de K mais alors $L = K \cup \{x\}$ est une chaîne strictement plus grande que K, ce qui est contradictoire avec le fait que K soit un élément maximal dans l'ensemble $\mathcal{C}$ des chaînes de E. Donc la recherche d'un élément maximal se réduit à la recherche d'une chaîne maximale. Nous allons raisonner par l'absurde en supposant qu'il n'y a pas de chaîne maximale dans $\mathcal{C}$.
Pour toute chaîne $L \in \mathcal{C}$, soit $\mathcal{A}_L$ l'ensemble des chaînes de $\mathcal{C}$ qui contiennent L comme partie propre :

$$\mathcal{A}_L = \{B \in \mathcal{C} : L \underset{\neq}{\subset} B\}$$

On a ainsi une famille d'ensembles, indexée par $\mathcal{C}$. Grâce à notre supposition toute chaîne est une partie propre d'une autre chaîne donc pour tout L , $\mathcal{A}_L$ est non vide. Par l'axiome du choix , il existe une fonction de choix f , définie dans l'ensemble des chaînes de E, qui à toute chaîne L , associe une chaîne $f(L)$ dont L est une partie propre:

$$\forall L \in \mathcal{C} \quad L \underset{\neq}{\subset} f(L) \tag{1.6.8}$$

Introduisons les deux notions suivantes :

I -Un ensemble de chaînes $\mathcal{D}$ est dit f-inductif s'il possède les 3 propriétés suivantes

(1) $\emptyset \in \mathcal{D}$ (2) $A \in \mathcal{D} \Longrightarrow f(A) \in \mathcal{D}$

(3) si $\mathcal{B}$ est une chaîne sur l'ensemble $\mathcal{D}$, c'est-à-dire une chaîne sur l'ensemble des parties de $\mathcal{D}$, alors la réunion des ensembles $\in \mathcal{B}$ est un élément de $\mathcal{D}$

Il est évident que $\mathcal{C}$ est un ensemble f-inductif et si nous appelons $\mathcal{E}$ l'intersection de tous les ensembles de $\mathcal{C}$ qui sont f-inductifs, $\mathcal{E}$ est aussi f-inductif et c'est le plus petit ensemble de $\mathcal{C}$ qui soit f-inductif.

II - Soit A un élément de $\mathcal{E}$. On dit que A vérifie la condition (H) si :

$$\forall B \in \mathcal{E}, \quad B \underset{\neq}{\subset} A \quad \Longrightarrow f(B) \subset A \tag{H}$$

Alors, pour tout $A \in \mathcal{E}$, vérifiant (H) on pose :

$$\mathcal{E}_A = \{B \in \mathcal{E} : \quad B \subset A \quad \text{ou} \quad f(A) \subset B\}$$

et enfin , on désigne par $\mathcal{H}$:

$$\mathcal{H} = \{A \in \mathcal{E} : A \text{ vérifie (} H \text{)}\}$$

Nous allons démontrer que :

(i) Pout tout $A \in \mathcal{E}$ vérifiant (H) , $\mathcal{E}_A$ est f-inductif donc $\mathcal{E} = \mathcal{E}_A$.

(ii) $\mathcal{H}$ est f-inductif, donc $\mathcal{H} = \mathcal{E}$.

Supposons que ce soit chose faite. Montrons qu'alors on arrive à une contradiction. En effet , (i) et (ii) impliquent que $\mathcal{E}$ soit une chaîne de $\mathcal{C}$, car si A et B en sont deux éléments, $A \in \mathcal{H}$ d'après (ii), $B \in \mathcal{E}_A$ d'après (i), donc

$$B \subset A \quad , \text{ou} \quad f(A) \subset B \Longrightarrow \quad B \subset A \quad \text{ou} \quad A \subset B$$

car $A \subset f(A)$.

Puisque $\mathcal{E}$ est f-inductif , la réunion de tous ses éléments est aussi un élément de $\mathcal{E}$ d'après la propriété (3) des ensembles f-inductifs car $\mathcal{E}$ est une chaîne. Désignons par M cette réunion. Mais alors d'après la propriété (2) des ensembles f-inductifs , $f(M)$ appartient à $\mathcal{E}$. Or M étant la réunion de tous les éléments de $\mathcal{E}$, on a $f(M) \subset$ M et par définition de f, M est une partie propre de $f(M)$, ce qui est contradictoire.

Retournons à la preuve des assertions (i) et (ii). Soit A un élément de $\mathcal{E}$ vérifiant H, et montrons que $\mathcal{E}_A$ est f-inductif. Que la partie vide appartienne à cet ensemble est trivial puisque c'est une partie de A. Soit B un élément de $\mathcal{E}_A$, donc B est une partie de A ou $f(A)$ est une partie de B. Dans la seconde hypothèse, comme B est une partie de $f(B)$, on a donc $f(A) \subset f(B)$. Dans la première hypothèse, soit B est égal à A donc $f(A) = f(B)$, soit B est une partie propre de A, mais comme A vérifie (H), on a donc $f(B) \subset A$. On vient donc de montrer que pour tout $B \in \mathcal{E}_A$, on a soit $f(A) \subset f(B)$ soit $f(B) \subset A$, ce qui signifie que $f(B)$ est un élément de $\mathcal{E}_A$.
Considérons maintenant une chaîne $(B_i)_{i \in I}$ de $\mathcal{E}_A$ et soit B la réunion des B_i. Pour tout $i \in I$, B_i est une partie de A ou $f(A)$ est une partie de B_i. Si pour tout i, c'est la première hypothèse qui prévaut, il s'ensuit que B est une partie de A. Dans le cas contraire, il existe j tel que $f(A)$ est une partie de B_j mais alors $f(A)$ est aussi une partie de B. Ce qui achève de montrer que $\mathcal{E}_A$ est un ensemble f-inductif.

Il nous reste à montrer que $\mathcal{H}$ est f-inductif. Rappelons que

$$A \in \mathcal{H} \iff A \in \mathcal{E}, \forall B \in \mathcal{E}, B \subsetneq A \Longrightarrow f(B) \subset A$$

$\emptyset \in \mathcal{H}$ puisqu'il n'y a aucune condition à satisfaire. Soit $A \in \mathcal{E}$ vérifiant (H) et soit $B \in \mathcal{E}$ une partie propre de $f(A)$. Nous voulons que $f(B)$ soit contenue dans $f(A)$. Comme A vérifie (H) , on a $\mathcal{E}_A = \mathcal{E}$. Donc $B \in \mathcal{E}_A$, ce qui implique B est une partie de A ou $f(A)$ est une partie de B. $f(A)$ ne peut être une partie de B puisque B est une partie propre de $f(A)$. Donc B est une partie de A. Si $B = A$ alors $f(B) = f(A)$, le problème est résolu, sinon B est une partie propre de A donc puisque A vérifie (H), $f(B) \subset A$ et alors $f(B) \subset A \subset f(A)$

Soit $(A_i)_{i\in I}$ une chaîne de $\mathcal{H}$. Soit A la réunion des A_i et $B \in \mathcal{E}$, une partie propre de A. Pour tout i,
$B \in \mathcal{E}_{A_i}$ donc B est une partie de A_i ou $f(A_i)$ est une partie de B. Supposons que pour tout i, ce soit la seconde hypothèse qui prévaille, alors

$$B \underset{\neq}{\subset} \bigcup_{i\in I} A_i \underset{\neq}{\subset} \bigcup_{i\in I} f(A_i) \subset B$$

ce qui n'est pas possible. Donc il existe j tel que B est une partie de A_j. Si B est une partie propre de A_j, alors puisque A_j vérifie (H) , $f(B)$ est une partie de A_j, a fortiori c'est une partie de A.
Si $B = A_j$, B vérifie (H); donc, pour tout i, $A_i \in \mathcal{E} = \mathcal{E}_B$. Comme $\mathcal{E}_B$ est f-inductive, et que $(A_i)_{i\in I}$ est une chaîne, A appartient à $\mathcal{E}_B$, c'est-à-dire que A est une partie de B , ce qui est impossible, ou $f(B)$ est une partie de A, ce que nous cherchions à prouver. La preuve que l'axiome du choix implique le lemme de Zorn est ainsi achevée. ■

§7. OPERATIONS SUR LES ENSEMBLES INFINIS

Ensemble plus puissant qu'un autre ensemble, Ensembles équipotents.

Considérons l'application de $\mathbf{N}$ dans $\mathbf{N}$, qui, à chaque entier, fait correspondre son double. Cette application est injective, elle permet donc de dire, dansun certain sens, qu'il existe autant de nombres pairs que de nombres entiers; on voit ainsi que, dans le cas d'ensembles infinis, il peut exister une bijection d'un ensemble sur une partie de cet ensemble, distincte de lui-même.

Il peut paraître téméraire d'essayer malgré cela de comparer entre eux des ensembles infinis, c'est néanmoins ce qu'on peut faire grâce à la notion de bijection.

THÉORÈME 1.7.1. *(Cantor-Schröder-Bernstein)(*) Soient E et F, deux ensembles quelconques :*

1°/ ou bien il existe une injection de E dans F, ou bien il existe une injection de F dans E (les deux circonstances n'étant pas exclusives l'une de l'autre).

2°/ S'il existe à la fois une injection de E dans F, et une injection de F dans E, alors il existe aussi une bijection de E sur F.

DÉMONSTRATION:

1°. On peut supposer que $E \neq \emptyset$ et $F \neq \emptyset$, car, sinon, le résultat est trivial. Désignons par $\mathcal{F}$ l'ensemble des couples (M, f) , où M est une partie de E et f une application de M dans F, injective.
$\mathcal{F}$ est non vide , car, si $a \in E$ et $b \in F$, il suffit de poser $M = \{a\}$ et de définir f par $f(a) = b$; ainsi le couple (M, f) est un élément de $\mathcal{F}$. Ordonnons $\mathcal{F}$ de la façon suivante.

$$(M, f) \preceq (N, g) \iff M \subset N \quad \text{et} \quad \forall x \in M \quad g(x) = f(x)$$

autrement dit g est un prolongement de f.
Soit $(M_i, f_i)_{i \in I}$ une chaîne de $\mathcal{F}$. Posons

$$M = \bigcup_{i \in I} M_i$$

Soit $x \in M$ et supposons qu'il existe i et j deux éléments de I tel que $x \in M_i \cap M_j$. Comme $(M_i, f_i)_{i \in I}$ est une chaîne, on a nécessairement $f_i(x) = f_j(x)$. On peut donc poser:

$$\forall x \in M \quad f(x) = f_i(x) \quad \text{si } x \in M_i$$

(*)On dit que Cantor a énoncé le premier, le théorème; Schröder en a donné une première démonstration inexacte et Bernstein, qui était l'élève de Schröder, en a donné la démonstration à l'âge de 19 ans!

Cela définit de façon cohérente f. Soient x et y dans M tel que $f(x) = f(y)$. Il existe p et q , éléments de I tel que $f(x) = f_p(x) = f(y) = f_q(y)$. Comme x et y appartiennent au plus grand d'entre M_p, M_q, par exemple M_p, alors, puisque f_p prolonge f_q et est injective, l'égalité $f_p(x) = f_p(y)$ implique $x = y$. Donc f est injective et (M, f) est alors un majorant de la chaîne (et même une borne supérieure).

Ainsi $\mathcal{F}$ possède un élément maximal.

Soit (M, f) un élément maximal . Alors on a soit $M = E$, soit $f(M) = F$. Dans ces conditions f est alors une application injective de E dans F ou f^{-1}(réciproque de la bijection $M \mapsto F$) est une application injective de F dans E. Supposons en effet qu'il n'en soit pas ainsi. Il existe alors $a \in E$, $a \notin M$ et $b \in F$, $b \notin f(M)$. Posons $N = M \cup \{a\}$ et définissons l'application g sur N, telle que pour tout $x \in M$, $g(x) = f(x)$, et $g(a) = b$. g est une application injective car pour tout $x \in M$, $g(x) \neq b$ et pour $(x, y) \in M \times M$, $g(x) = g(y)$ implique $f(x) = f(y)$ qui entraîne $x = y$ puisque f est injective. Mais alors (N, g) est strictement plus grand que l'élément maximal (M, f). Ce qui est impossible. Donc on a bien la conclusion voulue, ce qui prouve le 1°.

2°. Soit f (resp. g) une application injective de E dans F (resp. de F dans E). Puisque f est une bijection de A sur $f(A)$, pour toute partie A de E, l'idée est de trouver une partie A tel que g soit une bijection de $f(A)^c$ sur A^c. En posant alors:

$$h(x) = \begin{cases} f(x) & \text{si } \quad x \in A \\ g^{-1}(x) & \text{si } \quad x \in A^c \end{cases}$$

h est une bijection de E sur F.

En fait comme g est injective, il suffit de montrer qu'il existe A tel que :

$$g(f(A)^c) = A^c \qquad \text{ou encore que} \qquad g(f(A)^c)^c = A$$

Définissons l'application φ de $\mathbf{P}(E)$ dans $\mathbf{P}(E)$ en posant pour tout $M \in \mathbf{P}(E)$:

$$\varphi(M) = g(f(M)^c)^c$$

Observons que φ est une fonction croissante. On peut donc appliquer la proposition 1.6.8 : il existe $A \subset$ E tel que $A = \varphi(A)$. Ce qui achève la démonstration du point 2° et du théorème. ■

Nous pouvons remarquer que dans la démonstration du 2°, on n'a pas fait usage du lemme de Zorn.

COROLLAIRE 1.7.2. *Etant donné deux ensembles E, F, il n'y a que trois possibilités:*

a) Il existe une injection de E dans F, et il n'existe pas d'injection de F dans E. on dit dans ce cas que F est strictement plus puissant que E, ou E strictement moins puissant que F.

b) Il existe une injection de F dans E, et il n'existe pas d'injection de E dans F. Alors E est strictement plus puissant que F, ou F strictement moins puissant que E.

c) Il existe une bijection de F sur E, on dit alors que E et F sont équipotents ou également puissants

DÉMONSTRATION:

C'est une conséquence immédiate du théoréme 1.7.1. ∎

Dans la **classe** de tous les ensembles, la relation " E est équipotent à F "est une relation d'équivalence.

Nous admettrons provisoirement qu'on peut faire correspondre à toute classe d'équivalence **un ensemble** qu'on appelle **nombre cardinal** ou plus brièvement **cardinal**.

Nous généralisons ainsi la notion de cardinal d'un ensemble fini introduite au §4. Un nombre cardinal non fini , c'est-à-dire la puissance d'un ensemble infini, s'appelle nombre **cardinal transfini**.

THÉORÈME 1.7.3. *Soit E la classe de tous les nombres cardinaux(*). La relation sur E définie par:*

$$\alpha \leq \beta \quad \Longleftrightarrow \quad \alpha \text{ est le cardinal d'une partie d'un ensemble de cardinal } \beta \ ,$$

est une relation d'ordre total sur E.

DÉMONSTRATION:

C'est l'assertion 2° du théorème 1.7.1 qui nous assure que cette relation est bien antisymétrique . Comme la réflexivité et la transitivité sont évidentes, on a bien une relation d'ordre. Cette relation est une relation d'ordre total grâce à l'assertion 1° du théorème 1.7.1. On observera que la démonstration a nécessité l'emploi du lemme de Zorn (donc de l'axiome du choix).∎

PROPOSITION 1.7.4. *Soient E et F deux ensembles. Alors il existe une surjection de E sur F si et seulement si F est moins puissant que E. De façon plus générale, le quotient de E par une relation d'équivalence est toujours moins puissant que E*

(*)Nous verrons ultérieurement que, comme pour les ensembles, la classe de tous les nombres cardinaux n'est pas un ensemble

DÉMONSTRATION:

En effet l'image réciproque de tout point de F est non vide. Il suffit , à l'aide de l'axiome du choix, de choisir exactement un élément dans chacune de ces images réciproques pour obtenir une partie de E équipotente à F. La réciproque est évidente, car si F est moins puissant que E, il existe une bijection d'une partie de E sur F, donc une surjection de E sur F. On effectue une opération analogue sur les classes d'équivalence dans le cas général. ∎

Opérations sur les nombres cardinaux

On peut définir sur les nombres cardinaux des opérations d'addition, de multiplication, et d'exponentiation, comme sur les entiers naturels.

DÉFINITION 1.7.5. *Soient α et β deux cardinaux, et soient E et F des ensembles ayant pour cardinaux respectifs α et β.*

1°/ On appelle $\alpha + \beta$ le cardinal de l'ensemble somme de E et F c'est-à-dire de tout ensemble, admettant une **partition** *formée de deux ensembles respectivement équipotents à E et F.*

2°/ On appelle $\alpha\, \beta$ le cardinal de l'ensemble produit $E \times F$. C'est aussi le cardinal d'un ensemble réunion d'un ensemble de cardinal α de parties disjointes, toutes de cardinal β.

3°/ On appelle α^β le cardinal de l'ensemble E^F des applications de F dans E.

THÉORÈME 1.7.6. *Les opérations précédentes sur les cardinaux, appelées respectivement* **addition, multiplication, exponentiation** *des cardinaux, ont les propriétés suivantes :*

- *associativité et commutativité de l'addition ;*
- *associativité et commutativité de la multiplication ;*
- *distributivité de la multiplication par rapport à l'addition ;*

En outre :

$$\alpha^\beta\, \alpha^\gamma = \alpha^{\beta+\gamma} \quad ; \quad \alpha^\gamma\, \beta^\gamma = (\alpha\,\beta)^\gamma \quad ; \quad (\alpha^\beta)^\gamma = \alpha^{\beta\,\gamma} \tag{1.7.1}$$

$$\alpha \leq \beta \quad \Longrightarrow \quad \begin{cases} \alpha + \gamma \leq \beta + \gamma \\ \alpha\,\gamma \leq \beta\,\gamma \\ \alpha^\gamma \leq \beta^\gamma \\ \gamma^\alpha \leq \gamma^\beta \end{cases} \tag{1.7.2}$$

DÉMONSTRATION: Seules les égalités (1.7.1) ne sont pas évidentes. Soient alors E, F, G, des ensembles, de cardinaux respectifs α, β, γ. Alors E^F, E^G, ont pour cardinaux α^β, α^γ; pour se définir une application de l'ensemble $F + G$ dans E, il suffit de se définir la restriction de cette application à F et à G, c'est-à-dire une application arbitraire de F dans E et une application arbitraire de G dans E; autrement dit, on obtient l'élément le plus général de E^{F+G} comme couple d'un élément de E^F et d'un élément de E^G; or un tel couple est un élément arbitraire de $E^F \times E^G$; donc E^{F+G} est équipotent à $E^F \times E^G$ et $\alpha^{\beta+\gamma} = \alpha^\beta . \alpha^\gamma$.

Une application de G dans $E \times F$, c'est-à-dire un élément de $(E \times F)^G$, est de la forme $x \mapsto (f(x), g(x))$ où, f (resp. g) est une application de G dans E (resp. F), c'est donc le couple d'un élément de E^G et d'un élément de F^G, or un tel couple est un élément arbitraire de $E^G \times F^G$, donc $(E \times F)^G$ est équipotent à $E^G \times F^G$, et $(\alpha . \beta)^\gamma = \alpha^\gamma . \beta^\gamma$.

Soit maintenant f une application de $F \times G$ dans E. Pour y fixé dans G, l'application $x \mapsto f(x,y)$ de F dans E est ce qu'on appelle l'application partielle f_y; elle est donc définie par $f_y(x) = f(x,y)$. Ainsi $f \in E^{F \times G}$ définit une application $y \mapsto f_y$ de G dans l'ensemble E^F des applications de F dans E, c'est-à-dire un élément de $(E^F)^G$.

Inversement si $y \mapsto g_y$ est une application de G dans E^F, elle provient,par le procédé précédent de l'application g de $F \times G$ dans E définie par g(x,y) $= g_y(x)$. Ainsi nous avons établi une bijection de $E^{E \times G}$ sur $(E^F)^G$, donc $\alpha^{\beta \cdot \gamma} = (\alpha^\beta)^\gamma$ et ainsi s'achève la démonstration. ∎

- Ces formules pourraient laisser croire que les nombres cardinaux même transfinis, possèdent toutes les propriétés simples des entiers naturels; il n'en est rien, comme nous nous le verrons plus loin.

THÉORÈME 1.7.7. *(Cantor) Quel que soit l'ensemble E, l'ensemble des parties de E est strictement plus puissant que E.*

Ce théorème montre que la succession des nombres cardinaux est illimitée.

DÉMONSTRATION: Supposons en effet qu'il existe une surjection f de E sur $\mathbf{P}(E)$. Alors, pour tout $x \in E$, $f(x)$ est un élément de $\mathbf{P}(E)$, c'est-à-dire une partie de E. Appelons A la partie de E formée des $x \in$ E tels que $x \notin f(x)$. Alors il n'existe pas d'élément y de E tel que $f(y)$ soit la partie A puisque y appartient à l'une des deux parties $f(y)$, A, et pas à l'autre (par définition, on a $y \in A$ si et seulement si $y \notin f(y)$). Nous aboutissons donc à une contradiction. Comme par ailleurs il existe une injection de E dans $\mathbf{P}(E)$, à savoir $x \mapsto \{x\}$, E est moins puissant que $\mathbf{P}(E)$, donc strictement moins puissant. ∎

Observons que nous n'avons pas fait usage du lemme de Zorn dans cette démonstration.

DÉFINITION 1.7.8. *Soient E un ensemble et A une partie de E. On appelle fonction* **indicatrice** *de A, la fonction - notée 1_A - à valeurs dans l'ensemble à deux éléments { 0,1 }, telle que*

$$1_A(x) = 1 \quad si \quad x \in A \quad , \quad 1_A(x) = 0 \quad si \quad x \notin A \tag{1.7.3}$$

PROPOSITION 1.7.9. *Soit E un ensemble quelconque. Le cardinal de* $\mathbf{P}(E)$ *est égal à* $2^{\mathrm{card}\, E}$.

DÉMONSTRATION: La connaisssance de la fonction indicatrice d'une partie A détermine la partie A sans ambiguïté; et d'ailleurs toute fonction sur E prenant les valeurs 0 et 1 détermine une partie unique. Il existe ainsi une bijection de l'ensemble $\mathbf{P}(E)$ sur $\{0,1\}^E = 2^E$ des applications de E dans l'ensemble $\{ 0,1 \}$. Le cardinal de $\mathbf{P(E)}$ est donc $2^{\mathrm{card}\, E}$. ∎

Le théorème 1.7.7 peut donc s'enoncer:

COROLLAIRE 1.7.10. *Quelque soit le nombre cardinal* α, *on a:*

$$2^\alpha > \alpha \tag{1.7.4}$$

Cela démontre en particulier que pour tout entier n, on a $2^n > n$.

- Nous allons étudier maintenant les deux puissances transfinies les plus importantes: la puissance du **dénombrable** et la puissance du **continu**.

Ensembles dénombrables.

DÉFINITION 1.7.11.

On appelle puissance du dénombrable et on notera $\aleph_0$*(*) le nombre cardinal de l'ensemble* $\mathbf{N}$ *des entiers naturels. Un ensemble est dit de puissance dénombrable s'il est équipotent à* $\mathbf{N}$*(**).*
Nous dirons qu'un ensemble E *est dénombrable s'il est fini ou de puissance dénom--brable.*

THÉORÈME 1.7.12. $\aleph_0$ *est le plus petit cardinal transfini*

DÉMONSTRATION: Cela veut dire seulement que tout ensemble infini E contient au moins une partie dénombrable. Or d'après le théorème 1.7.1, ou bien il existe une bijection de $\mathbf{N}$ sur une partie de E, ou bien une bijection φ de E sur une partie P de $\mathbf{N}$; comme E est infini, P aussi; si alors x_n est le (n+1)ième élément de P par l'ordre induit par $\mathbf{N}$; alors

$$n \mapsto \varphi^{-1}(x_n)$$

est une bijection de $\mathbf{N}$ sur une partie de E. Dans tous les cas, E contient une partie dénombrable. ∎

(*)$\aleph$ est la première lettre de l'alphabet hébreu

(**)Dire d'un ensemble qu'il est de puissance dénombrable, c'est dire qu'il admet au moins une bijection sur $\mathbf{N}$, cela ne veut pas dire que cette bijection soit donnée, et en général, il n'en existe pas une qui s'impose plus qu'une autre. Cela veut dire encore qu'on peut ranger les éléments de cet ensemble en une suite $x_0, x_1, \ldots, x_n, \ldots$; mais cette suite n'est pas donnée. Dans beaucoup d'ouvrages, on appelle dénombrable, un ensemble de cardinal $\leq \aleph_0$. E est fini ou dénombrable (card $E \leq \aleph_0$) si et seulement s'il existe une injection de E dans $\mathbf{N}$, ou, en supposant $E \neq \emptyset$, si et seulement s'il existe une surjection de $\mathbf{N}$ sur E.

COROLLAIRE 1.7.13. *Soit E un ensemble. E est un ensemble fini si et seulement si il n'est équipotent à aucune de ses parties propres(*).*

DÉMONSTRATION:
Que la condition soit nécessaire résulte du théorème 1.4.19. Pour montrer qu'elle est suffisante, il suffit de montrer que si E est un ensemble infini, alors il existe une bijection de E sur une partie propre de E. Soit E un ensemble infini et D une partie dénombrable de E. Ecrivons D sous la forme d'une suite $x_0, x_1, \dots x_n, \dots$. Définissons la fonction f sur E par :

$$f(x) = \begin{cases} x & \text{si} \quad x \notin D \\ x_{i+1} & \text{si} \quad x = x_i \quad i \in \mathbf{N} \end{cases}$$

Il est clair que f est une bijection de E sur $E \setminus \{x_0\}$(**). ∎

THÉORÈME 1.7.14. *On a:*

$$\aleph_0^2 = \aleph_0 \,. \tag{1.7.5}$$

DÉMONSTRATION: On est donc amené à montrer que $\mathbf{N} \times \mathbf{N}$ est équipotent à $\mathbf{N}$. Si l'on énumère les éléments de $\mathbf{N} \times \mathbf{N}$ par parallèles successives à la bissectrice du tableau carré :

$$\begin{array}{cccccccc}
(0,0) & & (0,1) & \rightarrow & (0,2) & & (0,3) & \dots\dots \\
\downarrow & \nearrow & & \swarrow & & \nearrow & & \\
(1,0) & & (1,1) & & (1,2) & & (1,3) & \dots\dots \\
 & \swarrow & & \nearrow & & \swarrow & & \\
(2,0) & & (2,1) & & (2,2) & & (2,3) & \dots\dots \\
\downarrow & \nearrow & & \swarrow & & & & \\
(3,0) & & (3,1) & & (3,2) & & (3,3) & \dots\dots \\
 & \swarrow & & & & & & \\
(4,0) & \dots & \dots & \dots & \dots & \dots & \dots & \dots
\end{array}$$

on obtient la suite (0,0), (1,0), (0,1), (0,2), (1,1), (2,0), (3,0), ... qui définit une bijection de $\mathbf{N}$ sur $\mathbf{N} \times \mathbf{N}$. ∎

COROLLAIRE 1.7.15. *On a:*

$$m\aleph_0 = \aleph_0 \,, \quad \textit{pour tout entier fini } m \geq 1 \tag{1.7.6}$$

$$\aleph_0^m = \aleph_0 \,, \quad \textit{pour tout entier fini } m \geq 1 \tag{1.7.7}$$

(*)Cela donne une autre définition possible des ensembles finis, n'utilisant pas les entiers naturels et qui aurait permis en fait de construire ceux-ci, donc $\mathbf{N}$.

(**)En fait nous venons de prouver que pour tout cardinal tranfini α , on a $\alpha = \alpha + 1$

DÉMONSTRATION: Des relations (1.7.2) et (1.7.5), on déduit que:

$$m \geq 1, \quad m \leq \aleph_0 \quad \Longrightarrow \quad m\aleph_0 \geq \aleph_0, \quad m\aleph_0 \leq {\aleph_0}^2 = \aleph_0,$$

ce qui prouve la relation (1.7.6). De l'égalité $\aleph_0^2 = \aleph_0$, on déduit $\aleph_0^m = \aleph_0$ par récurrence sur m. ∎

COROLLAIRE 1.7.16. *La réunion d'un nombre fini ou d'une infinité dénombrable de parties finies ou dénombrables d'un ensemble E est finie ou dénombrable*

DÉMONSTRATION: Soit en effet I une partie de **N**, et A_i, $i \in I$, les parties considérées. On peut supposer qu'aucune n'est vide , car celles qui sont vides ne changent rien à la réunion. Soit f_i une surjection de **N** sur A_i. Alors (i,n) $\mapsto f_i(n)$ est une surjection de $I\times$ **N** sur $\bigcup_{i\in I} A_i$; comme $I\times$ **N** est dénombrable (ou vide si I est vide), $\bigcup_{i\in I} A_i$ est finie ou dénombrable. ∎

COROLLAIRE 1.7.17. *L'ensemble* **Z** *de tous les entiers est dénombrable,*

L'ensemble **Q** *des nombres rationnels est dénombrable*

DÉMONSTRATION: **Z** est réunion de deux ensembles dénombrables.Donc il est dénombrable. Par ailleurs l'application qui, à chaque couple (p,q) , $q \neq 0$ de **Z** $\times$ **Z**, fait correspondre le nombre rationnel $\frac{p}{q}$ est une surjection sur **Q** d'un sous-ensemble de **Z**$\times$ **Z**. Donc **Q** est au plus dénombrable, et, comme il contient **N**, il est dénombrable. ∎

COROLLAIRE 1.7.18.

L'ensemble des nombres algébriques réels est dénombrable.

L'ensemble des points de $\mathbf{R}^n$ *dont les coordonnées sont rationnelles ou algébriques est dénombrable*

DÉMONSTRATION: Rappelons qu'on appelle nombre algébrique réel un nombre réel qui est racine d'un polynôme non réduit à son terme constant à coefficients entiers. Comme un polynôme de degré $\leq m$, non identiquement nul, à coefficients entiers, a $m+1$ coefficients, qui sont des entiers arbitraires non tous nuls, la puissance de l'ensemble de ces polynômes est $\aleph_0^{m+1} = \aleph_0$. Or un tel polynôme a au plus m racines algébriques réelles. Donc l'ensemble des nombres algébriques de degré $\leq m$ apparait comme la réunion d'une infinité dénombrable d'ensembles finis. Il est donc au plus dénombrable,et comme il est infini, il est dénombrable. Lorsque m prend toutes les valeurs, on obtient ainsi tous les nombres algébriques réels comme réunion d'une infinité dénombrable d'ensembles dénombrables, et cet ensemble est bien dénombrable.

L'ensemble des points de $\mathbf{R}^n$ dont les coordonnées sont rationnelles ou algébriques a pour cardinal $\aleph_0^n = \aleph_0$, il est donc dénombrable. ∎

Nous sommes en mesure d'énoncer et de démontrer un théorème qui montre que l'arithmétique des cardinaux est loin de ressembler à l'arithmétique des entiers.

THÉORÈME 1.7.19. - *Si α et β sont deux nombres cardinaux $\neq 0$, et si au moins l'un d'entre eux est transfini, la somme $\alpha + \beta$ et le produit $\alpha\beta$ sont égaux au plus grand des deux.*

DÉMONSTRATION:

Il suffit de montrer que si E est un ensemble infini de cardinal α alors $\alpha^2 = \alpha$. En effet, il en résulte que pour tout cardinal β tel que $1 \leq \beta \leq \alpha$, on a

$$\alpha \leq \alpha\beta \leq \alpha^2 = \alpha \quad \Longrightarrow \alpha\beta = \alpha$$
$$\alpha \leq \alpha + \beta \leq 2\alpha \leq \alpha^2 = \alpha \quad \Longrightarrow \alpha + \beta = \alpha$$

Soient donc E un ensemble infini de cardinal α et D une partie dénombrable de E.
D'après le théorème 1.7.14, $D \times D$ est dénombrable; il existe donc une bijection d de D sur $D \times D$.
Soit $\mathcal{F}$ l'ensemble formé par les couples (F, f) où F est une partie de E contenant D et f une bijection de F sur $F \times F$
$\mathcal{F}$ est un ensemble non vide puisqu'il contient le couple (D, d). Ordonnons cet ensemble en posant que

$$(F, f) \preceq (G, g) \qquad \text{si} \quad F \subset G \quad \text{et} \quad g(x) = f(x) \qquad \text{pour tout } x \in F$$

Soit alors $(F_i, f_i)_{i \in I}$ une chaîne de $\mathcal{F}$. Posons

$$F = \bigcup_{i \in I} F_i$$

Définissons f sur F en posant

$$f(x) = f_i(x) \qquad \text{si} \quad x \in F_i$$

Ceci est cohérent car si $x \in F_i \cap F_j$, l'un de ces sous-espaces F_i, F_j, est plus petit que l'autre , donc $f_i(x) = f_j(x)$. F contient D naturellement. Montrons que f est une bijection de F sur $F \times F$. Soit $(x, y) \in F \times F$. Il existe i et j tel que $x \in F_i$ et $y \in F_j$. Comme on a une chaîne , il existe k tel que $(x, y) \in F_k \times F_k$ mais alors f_k étant une bijection de F_k sur $F_k \times F_k$, il existe $z \in F_k$, donc $z \in F$ tel que $f(z) = f_k(z) = (x, y)$. Donc f est surjective. Supposons $f(x) = f(y)$ avec $x \in F_i$ et $y \in F_j$. Alors $f(x) = f_i(x) = f_k(x)$ et $f(y) = f_j(y) = f_k(y)$, et puisque f_k est injective, $x = y$.
Le couple (F, f) est donc un élément de $\mathcal{F}$ et c'est un majorant (et même une borne supérieure) de la famille $(F_i, f_i)_{i \in I}$. Donc d'après le lemme de Zorn, $\mathcal{F}$ possède

un élément maximal (F, f). Si nous montrons que card $F = \alpha$, le théorème sera démontré puisque f est une bijection de F sur $F \times F$. Soit β le cardinal de F. β est transfini et $\beta^2 = \beta$. Par suite, pour tout entier naturel $m \geq 1$, on a :

$$\beta \leq m\beta \leq \beta^2 = \beta \quad \text{donc} \quad m\beta = \beta$$

Supposons card $F < \alpha$. Si card $(E \setminus F) \leq \beta$, il s'ensuit:

$$\beta \leq \text{card E} \leq \beta + \beta = \beta \quad \Longrightarrow \alpha = \beta$$

contrairement à notre supposition. Donc card $E \setminus F > \beta$. Il existe alors une partie G de E , **disjointe de** F, de cardinal égal β. Posons $H = F + G$ (au sens de réunion disjointe). Alors

$$H \times H = F \times F + F \times G + G \times F + G \times G = F \times F + K.$$

Comme card F = card $G = \beta$, il en résulte que card $F \times G$ = card $G \times F$ = card $G \times G = \beta^2 = \beta$ donc card $K = 3\beta = \beta$. Il existe donc une bijection g de G sur K. Nous avions une bijection de F sur $F \times F$. Définissons l'application h de $H = F + G$ dans $H \times H$ en posant :

$$h(x) = \begin{cases} f(x) & \text{si} \quad x \in F \\ g(x) & \text{si} \quad x \in G \end{cases}$$

h est alors une bijection de H sur $H \times H$, h prolonge f et (H, h) est strictement plus grand que (F, f) alors que cet élément est un élément maximal. Notre hypothèse était donc fausse et card $F = \alpha$. ∎

THÉORÈME 1.7.20. *L'ensemble des parties finies* $\mathbf{P}_f(E)$ *d'un ensemble* **infini** E *est équipotent à* E.

DÉMONSTRATION: L'application

$$(x_1, x_2, \ldots, x_n) \quad \mapsto \quad \{x_1, x_2, \ldots, x_n\}$$

qui, à chaque élément $(x_1, x_2, \ldots, x_n)$ de E^n ($n \geq 1$), fait correspondre la partie de E formée de ces éléments (non nécessairement tous distincts), est une surjection de E^n sur l'ensemble $\mathbf{P}_n(E)$ des parties non
vides de E formées d'au plus n éléments. Donc

$$\text{card } \mathbf{P}_n(E) \leq \text{card } E^n = \text{card } E$$

d'après le théorème 1.7.19. Comme card $\mathbf{P}_n(E) \geq$ card E , on a

$$\text{card } \mathbf{P}_n(E) = \text{card } E$$

Soit $f_n : x \mapsto f_n(x)$, une bijection de E sur $\mathbf{P}_n(E)$. Posons $f_0(x) = \emptyset$ pour tout $x \in E$.

Alors $(n, x) \mapsto f_n(x)$ est une surjection de $\mathbf{N} \times E$ sur l'ensemble $\mathbf{P}_f(E)$, des parties finies de E. Par suite, en utilisant l'inégalité $\aleph_0 \leq$ card E et le théorème 1.7.19

$$\text{card } \mathbf{P}_f(E) \leq \text{card } \mathbf{N} \times E = \aleph_0 \text{ card } E = \text{card } E\,,$$

ce qu'il fallait démontrer. ∎

Puissance du continu.

THÉORÈME 1.7.21. - *L'ensemble des nombres réels n'est pas dénombrable*

DÉMONSTRATION: - Nous allons même montrer que l'ensemble E des nombres réels vérifiant $0 \leq x < 1$ n'est pas dénombrable. Si en effet il l'était, il existerait une bijection de $\mathbf{N}$ sur E, c'est-à-dire une suite d'éléments deux à deux distincts de E : $x_1, x_2, \ldots, x_n, \ldots$.
Or considérons le nombre réel ξ suivant : avant la virgule, nous mettons 0; après, nous lui prendrons comme j-ième décimale n'importe quel entier entre 1 et 8 distinct de la j-ième décimale de x_j. Nous formons ainsi un développement décimal illimité qui représente bien un nombre ξ. On a nécessairement $\xi \neq x_n$ puisque la n-ième décimale de ξ est distincte de la n-ième décimale de x_n et que toutes les décimales de ξ sont distinctes de 0 et 9.
(Il pourrait en effet avoir des difficultés avec les décimales 0 et 9, puisqu'un nombre dont le développement décimal ne contient que des zéros, à partir d'un certain rang, admet une autre représentation à l'aide d'un developpement décimal ne contenant que des 9 à partir d'un certain moment; par exemple 0,102000000 ... = 0,101999999 ...). Ainsi nous avons abouti à une contradiction : l'ensemble $\{ x_1, x_2, \ldots, x_n \ldots \}$ ne contient pas ξ, alors qu'il devait être $[0, 1[$ tout entier ∎

Le théorème que nous venons de démontrer n'est donc qu'un cas particulier du théorème 1.7.7. D'ailleurs la démonstration que nous venons d'en donner n'est qu'un cas particulier de celle du théorème 1.7.7 (avec une légère complication dûe aux doubles représentations décimales).

Nombres transcendants. On appelle nombre réel **transcendant** un nombre réel qui n'est pas algébrique. Comme l'ensemble des nombres algébriques est dénombrable et que l'ensemble des nombres réels ne l'est pas, on voit qu'il existe des nombres transcendants et même que la " plupart "des nombres réels sont transcendants. Il n'est pas pour cela plus facile de nommer explicitement un nombre transcendant. On peut montrer (mais cela n'est nullement évident !) que les nombres e et π sont transcendants.

THÉORÈME 1.7.22. - *Soient*

$$\begin{aligned} E &= \{x \in \mathbf{R} : \quad 0 \leq x < 1 \ \} \\ F &= \{x \in \mathbf{R} : \quad 0 < x < 1 \ \} \\ G &= \{x \in \mathbf{R} : \quad 0 \leq x \leq 1 \ \} \end{aligned}$$

Alors , on a :

$$\text{card } E = \text{card } F = \text{card } G = \text{card } \mathbf{R} = 2^{\aleph_0} \qquad (1.7.8)$$

DÉMONSTRATION: La partie de E formée des nombres dont le developpement décimal ne contient que les chiffres 1, 2, 3, 4, 5, 6, 7, 8, est un ensemble équipotent à $\{1,2,3,4,5,6,7,8\}^{\mathbf{N}}$, donc de puissance $8^{\aleph_0}$
Quant à l'ensemble E lui-même, sa puissance est inférieure à $10^{\aleph_0}$ (nous mettons $\leq$ et non $=$ à cause de la double représentation décimale signalée précédemment). On a donc

$$8^{\aleph_0} \leq card\, E \leq 10^{\aleph_0}$$

et par suite a fortiori

$$2^{\aleph_0} \leq \text{card } E \leq 16^{\aleph_0} = (2^4)^{\aleph_0} = 2^{4\aleph_0} = 2^{\aleph_0}$$

Donc card $E = 2^{\aleph_0}$.
En désignant par α le cardinal de F, alors le cardinal de E est égal à $\alpha + 1 = \alpha$ d'après la note du corollaire 1.7.13. Donc on a card E = card F = card G. Ce cardinal est aussi le cardinal de $\mathbf{R}$ car

$$x \quad \mapsto \quad Log\,\frac{x}{1-x}$$

est une bijection de $]\,0\,,\,1\,[$ sur $\mathbf{R}$. ∎

DÉFINITION 1.7.23. *On appelle* **puisance du continu**, *la puissance de l'ensem- -ble* $\mathbf{R}$, *que nous désignerons par* $\mathfrak{c}$

On a donc:

$$\mathfrak{c} = 2^{\aleph_0} \tag{1.7.9}$$

THÉORÈME 1.7.24. *On a les égalités:*

$$m\mathfrak{c} = \aleph_0\ \mathfrak{c} = \mathfrak{c}\ \mathfrak{c} = \mathfrak{c}^m = \mathfrak{c}^{\aleph_0} = \mathfrak{c} \tag{1.7.10}$$

où m est un entier fini ≥ 1 arbitraire.

DÉMONSTRATION:
Tous ces nombres cardinaux sont inférieurs à $\mathfrak{c}^{\aleph_0}$ et supérieurs à $\mathfrak{c}$, il suffit donc de montrer que

$$\mathfrak{c}^{\aleph_0} = \mathfrak{c}$$

Or

$$\mathfrak{c}^{\aleph_0} = (2^{\aleph_0})^{\aleph_0} = 2^{\aleph_0 \aleph_0} = 2^{\aleph_0} = \mathfrak{c}$$

d'où la conclusion cherchée. ∎

COROLLAIRE 1.7.25.
L'ensemble des nombres complexes a la puissance du continu.

DÉMONSTRATION:
Cet ensemble est équipotent à $\mathbf{R}^2$. ∎

COROLLAIRE 1.7.26. *Tout espace vectoriel de dimension finie n sur le corps des réels ou des complexes a la puissance du continu*

DÉMONSTRATION:
En choisissant une base , on définit une bijection d'un tel espace sur $\mathbf{R}^n$ ou $\mathbf{C}^n$, qui la puissance du continu d'après l'égalité $\mathbf{c}^n = \mathbf{c}$. ∎

Il en résulte en particulier cette conséquence assez paradoxale qu'il existe une bijection de $\mathbf{R}$ sur le plan $\mathbf{R}^2$, ces deux ensembles sont équipotents.
On voit que, lorsque pour comparer des familles de points, de courbes, de surfaces, dépendants d'un certain nombre de paramètres, on dit, un peu rapidement, que l'une de ces familles est plus grande qu'une autre puisque ses éléments dépendent de 3 paramètres réels alors que les éléments de l'autre dépendent de 2 paramètres réels, on raisonne un peu à la légère, puisque $\mathbf{R}^2$ et $\mathbf{R}^3$ sont équipotents. Nous verrons au chapitre II de la topologie, à quoi peuvent correspondre ces autres types de comparaisons, mais en aucun cas il ne peut s'agir de comparaisons des infinis au sens actuel.

COROLLAIRE 1.7.27.
L'ensemble des suites de nombres réels ou des suites de nombres complexes a la puissance du continu

DÉMONSTRATION:
En effet le cardinal de cet ensemble est $\mathbf{c}^{\aleph_0} = \mathbf{c}$. ∎

COROLLAIRE 1.7.28. *L'ensemble E des fonctions continues réelles d'une variable réelle a la puissance du continu*

DÉMONSTRATION:
En effet à une telle fonction on peut faire correspondre une suite de nombres réels, à savoir la suite de ses valeurs aux points d'abcisses rationnelles, et l'on peut supposer ces points en correspondance biunivoque avec $\mathbf{N}$ puisque $\mathbf{Q}$ est dénombrable. Naurellement, la suite des ces valeurs n'est pas arbitraire: si on choisit n'importe comment les valeurs d'une fonction aux points d'abcisses rationnelles, on ne peut pas la prolonger en une fonction continue sur la droite réelle. Mais cette suite de nombres réels, attribuée à une fonction continue, la détermine complétement. On peut donc trouver une bijection de l'ensemble des fonctions continues d'une variable réelle sur une partie de l'ensemble des suites de nombres réels. Donc cet ensemble E a au plus la puissance du continu. Comme E contient l'ensemble des fonctions constantes, équipotent à $\mathbf{R}$, il a exactement la puissance du continu. ∎

COROLLAIRE 1.7.29.

L'ensemble de toutes les fonctions réelles d'une variable réelle, ou même de toutes celles qui ne prennent que les valeurs 0 et 1, a une puissance **strictement** *supérieure à celle du continu.*

DÉMONSTRATION:

En effet ces puissances valent respectivement $\mathfrak{c}^{\mathfrak{c}}$ et $2^{\mathfrak{c}}$; or

$$\mathfrak{c}^{\mathfrak{c}} = (2^{\aleph_0})^{\mathfrak{c}} = 2^{\aleph_0 \mathfrak{c}} = 2^{\mathfrak{c}} > \mathfrak{c}$$

d'où la conclusion. ■

On déduit des corollaires 28 et 29 que la « majorité » des fonctions ont au moins un point de discontinuité.

§8. LES NOMBRES ORDINAUX ET CARDINAUX

Les ensembles bien ordonnés.

DÉFINITION 1.8.1. *Soit E un ensemble ordonné. On dit que E est* **bien ordonné** *(ou qu'il est muni d'un* **bon ordre**), *si toute partie non vide de E possède un plus petit élément*

Remarque 1 - **Tout ensemble bien ordonné est totalement ordonné** : En effet si x et y sont deux éléments quelconques de E, la paire $\{x, y\}$ possède un plus petit élément, ce qui signifie qu'on a nécessairement $x \leq y$ ou $y \leq x$.

Remarque 2 - **Toute partie majorée d'un ensemble bien ordonné possède une borne supérieure** : En effet, si A est une partie majorée de l'ensemble bien ordonné E, alors l'ensemble de ses majorants est non vide et possède, par conséquent, un plus petit élément, donc une borne supérieure.

Exemple 1 - Pour tout entier naturel n, l'ensemble des prédécesseurs stricts de n (c'est-à- dire n lui-même) est un ensemble bien ordonné (Théorème 1.4.9).

Exemple 2 - L'ensemble des entiers naturels $\mathbf{N}$ est un ensemble bien ordonné (Théorème 1.4.11)

Exemple 3 - Nous rencontrerons plus loin d'autres exemples d'ensembles bien ordonnés. Mais l'exemple le plus frappant est donné par le théorème 1.8.2 : tout ensemble peut être muni d'un bon ordre(*). Par contre l'ensemble des nombres rationnels (resp. réels) muni de l'ordre naturel n'est pas bien ordonné.En effet, si $A = \{x \in \mathbf{Q} : 0 < x < 1\}$, par exemple, alors A n'a pas de plus petit élément. En effet, si $r = \dfrac{p}{q} \in A$, alors $s = \dfrac{p}{q+1} < r$ et $s \in A$.

THÉORÈME 1.8.2. *(Zermelo)*
Tout ensemble peut être muni d'une relation de bon ordre

DÉMONSTRATION: Nous allons nous appuyer sur le lemme de Zorn. Soit E un ensemble non vide. Notons par $\mathcal{F}$ l'ensemble des parties A $\subset$ E qui peuvent munies d'un bon ordre. Il est clair que $\mathcal{F}$ est non vide puisqu'il contient au moins les parties finies pour ne pas dire la partie $\emptyset$.
Ordonnons $\mathcal{F}$ de la façon suivante. Soient A et B deux éléments de $\mathcal{F}$. Nous dirons que $A \preceq B$ si et seulement si :

(i) A $\subset$ B

(ii) $\forall (x, y) \in A \times A, \quad x \preceq_A y \Longrightarrow \quad x \preceq_B y$

(*)Certains auteurs énoncent ce résultat sous la dénomination d'axiome de Zermelo ou d'axiome du bon ordre. Il faut émettre les mêmes réserves que pour le lemme de Zorn. Tout ce qu'on peut dire est que l'axiome du choix, le lemme de Zorn et le théorème de Zermelo sont équivalents. Nous laissons au lecteur la tâche (facile) de démontrer que le théorème de Zermelo entraîne l'axiome du choix.

(iii) $\forall (x,y) \in A \times B$, $y \preceq_B x \Longrightarrow y \in A$

En d'autres termes A est inférieur à B, si A est une partie de B, l'ordre de A est l'ordre induit par B et enfin A est un segment initial de B .

Soit $(A_i)_{i\in I}$ une chaîne de $\mathcal{F}$ et posons :

$$A = \bigcup_{i\in I} A_i$$

et pour tout $(x,y) \in A \times A$

$$x \preceq_A y \iff \text{il existe } i \in I \quad \text{tel que } (x,y) \in A_i \times A_i \qquad \text{et} \qquad x \preceq_{A_i} y$$

Il est facile de montrer que A est ainsi ordonné et même totalement ordonné. Montrons que c'est un bon ordre. Soit M une partie non vide de A et m un élément de M. Il existe un indice $i \in I$ tel que $m \in A_i$. Alors

$$K_m = \{x \in M : x \preceq m\} \subset A_i$$

En effet, soit $x \in K_m$. Il existe $j \in I$ tel que $x \in A_j$. Si $A_j \subset A_i$ alors $x \in A_i$ évidemment mais dans le cas contraire on a $A_i \subset A_j$ (car $(A_i)_{i\in I}$ est une chaîne). Or $x \in A_j$, $m \in A_i, x \preceq_{A_j} m$ entraine $x \in A_i$ puisque A_i est une section gauche de A_j. Comme A_i est une partie bien ordonnée, et que K_m est non vide, il possède un plus petit élément. Il est clair que c'est aussi le plus petit élément de M. Il reste à montrer que A est un majorant de la chaîne. L'inclusion de A_i dans A et le fait que l'ordre de A induit sur A_i l'ordre de A_i est facile à établir. Soit $(x,y) \in A_i \times A$ avec $y \preceq x$. Il existe j $\in I$ tel que $x \in A_j$. Si A_j n'est pas inclus dans A_i , A_i est une section gauche de A_j contenant x, elle contient y. Donc, pour tout $i \in I$, A_i est une section gauche de A. Ainsi A est bien un majorant (et même une borne supérieure). Soit A un élément maximal de $\mathcal{F}$, grâce au lemme de Zorn. Alors $A = E$. En effet, supposons que $A \neq E$. Il existe $M \in E$, $M \notin A$. Appelons B la partie de E constituée de A et M , qu'on ordonne par

$$\forall (x,y) \in A \times A, \quad x \preceq_B y \iff x \preceq_A y$$

et pour tout $x \in A$, $x \preceq M$. Alors B est bien ordonné , et strictement supérieur à A , ce qui contredit le fait que A soit un élément maximal. Donc on a bien $A = E$ c'est-à-dire que E est susceptible d'être muni d'un bon ordre.∎

THÉORÈME 1.8.3. *Soit E un ensemble bien ordonné. Soit A une partie de E possèdant la propriété suivante :*

Pour tout $a \in E$ tel que le segment initial $s(a)$ déterminé par a soit contenu dans A, alors a appartient à A .

Dans ces conditions $A = E$

DÉMONSTRATION:

Supposons que E soit différent de A. Alors l'ensemble des éléments de E n'appartenant pas à A, étant une partie non vide de E, a un plus petit élément b. On a $b \notin A$ et $s(b) \subset A$. En effet , si x vérifie $x \prec b$, alors x ne peut appartenir au complémentaire de A dans E, puisque b est le plus petit élément de ce complémentaire. Or d'après l'hypothèse du théorème, on devrait alors avoir $b \in A$, ce qui est contradictoire. Donc $A = E$. ■

COROLLAIRE 1.8.4. *(démonstration par récurrence transfinie).*
Soit E un ensemble bien ordonné et $P(x)$ un énoncé dépendant de x. Alors si $P(x)$ est vrai toutes les fois que $P(y)$ est vrai pour tous les $y \in E, y < x$, alors $P(x)$ est vrai pour tout $x \in E$.

DÉMONSTRATION: Il suffit d'apliquer le théorème en appelant $A = \{x \in E : P(x) \text{ est vrai}\}$. ■

Remarque 3 - Lorsque $E = \mathbf{N}$, l'ensemble des entiers naturels, le théorème de récurrence transfinie est équivalent au théorème de récurrence ordinaire (Théorème 1.4.5).

Par contre, dans le cas général, on aurait tort de croire qu'on peut remplacer dans l'énoncé du théorème de récurrence transfinie , l'hypothèse portant sur le segment initial par une hypothèse portant sur le successeur immédiat. En effet , prenons par exemple, $E = \mathbf{N} \cup \{\infty\}$, ordonné par l'ordre naturel pour les éléments de $\mathbf{N}$ et l'élément ∞ étant désigné comme le plus grand élément de E. C'est trivialement un bon ordre sur E. Soit $P(x)$: x est un entier naturel. On voit que $P(0)$ est vrai et que pour **tout** $x \in E$, $P(x^+)$ est vrai si $P(x)$ est vrai. Cependant $P(x)$ n'est pas vrai pour tout $x \in E$. Observons que l'hypothèse du théorème de récurrence transfinie n'est pas satisfaite car bien que $P(x)$ soit vrai pour tout $x < \infty$, $P(\infty)$ n'est pas vrai.

La raison profonde est que dans les ensembles bien ordonnés , un élément n'a pas, en général, de prédécesseur immédiat comme c'est le cas pour les entiers naturels. Ainsi dans notre exemple ∞ n'a pas de prédécesseur immédiat.

PROPOSITION 1.8.5. *Soit E un ensemble bien ordonné. Alors toute partie de E, munie de l'ordre induit par E, est un ensemble bien ordonné.*

DÉMONSTRATION: C'est évident. ■

DÉFINITION 1.8.6. *Soient E et F deux ensembles bien ordonnés. On dit que F est un prolongement de E et on note, $E \preceq F$, si $E = F$ ou si les conditions suivantes sont satisfaites:*

(i) $E \subset F$,

(ii) *l'ordre induit par F sur E est l'ordre de E,*

(iii) E est égal à un segment initial de F c'est-à-dire qu'il existe $a \in F$ tel que $E = s(a)$.

On dit qu'une famille d'ensembles bien ordonnés est une chaîne si deux ensembles quelconques de cette famille sont tels que l'un est un prolongement de l'autre

Exemple 4 - Si m et n sont deux entiers naturels tels que $m < n$, n est un prolongement de m. Plus généralement l'ensemble des entiers naturels $\mathbf{N}$ est un prolongement de tout entier naturel.
- Soit E un ensemble bien ordonné, et a et b deux éléments de E tels que $a < b$. Alors le segment initial $s(b)$ admet E comme prolongement et $s(b)$ lui même est un prolongement de $s(a)$.

THÉORÈME 1.8.7. *Soit C une chaîne d'ensembles bien ordonnés. Alors la réunion F des ensembles de cette chaîne peut être munie d'un bon ordre unique tel que F soit un prolongement de chacun des éléments de la chaîne*

DÉMONSTRATION: Soient x et y deux éléments quelconques de F. D'après la définition 1.8.6, on peut supposer qu'ils appartiennent tous les deux à un même élément de la chaîne E. Nous dirons alors que $x \leq_F y$ si $x \leq y$ dans E. Il est facile de voir que la relation ainsi définie ne dépend pas de E et que c'est une relation d'ordre. D'autre part il est clair que l'ordre ainsi défini sur F induit sur chaque élément de la chaîne l'ordre existant. C'est un bon ordre. En effet soit A une partie non vide de F. Il existe au moins un élément E de la chaîne tel que $A \cap E \neq \emptyset$ et par suite comme E est bien ordonné $A \cap E$ possède un plus petit élément a. Soit G un autre élément de la chaîne. Comme l'un des deux ensembles E ou G est un segment de l'autre, il est facile de vérifier que a est aussi le plus petit élément de $A \cap G$, autrement dit a est bien le plus petit élément de A. Soit E un élément quelconque de la chaîne. Si $E = F$ il n'y a rien à démontrer. Si $E \neq F$ soit b le plus petit élément de la différence $F \setminus E$. Alors il existe G tel que $b \in G$ et par suite nécessairement E est le segment initial de G déterminé par b dans G. Il en résulte aussitôt que c'est aussi le segment initial déterminé par b dans F, ce qui achève la preuve du théorème. ∎

DÉFINITION 1.8.8. *Soient E et F deux ensembles bien ordonnés. On dit qu'une bijection f de E sur F est un isomorphisme de E sur F si on a*

$$x \leq y \iff f(x) \leq f(y) \tag{1.8.1}$$

THÉORÈME 1.8.9. *Soient E, F, G des ensembles bien ordonnés.*

(i) f est un isomorphisme de E sur F si f est une bijection satisfaisant

$$x < y \iff f(x) < f(y) \tag{1.8.2}$$

(ii) Si f est un isomorphisme de E sur F, f^{-1} est un isomorphisme de F sur E

(iii) Si f est un isomorphisme de E sur F et g un isomorphisme de F sur G, alors $g \ o \ f$ est un isomorphisme de E sur G

DÉMONSTRATION: Tout est évident. ■

COROLLAIRE 1.8.10. *Soit C une collection d'ensembles bien ordonnés. Alors la relation définie sur C par :*

$$(1.8.3) \qquad E \sim F \iff \text{Il existe un isomorphisme de } E \text{ sur } F$$

est une relation d'équivalence.

DÉMONSTRATION: Cela résulte des propriétés (ii) et (iii) du théorème et du fait que l'application identique d'un ensemble bien ordonné est évidemment un isomorphisme. ■

Remarque 4 - Il est possible qu'un ensemble bien ordonné soit isomorphe à l'une de ses parties propres. Par exemple si **N** est l'ensemble des entiers naturels et

$$(1.8.4) \qquad A = \{x \in \mathbf{N} : \quad x = 2n, n \in \mathbf{N}\}$$

l'application $n \mapsto 2n$ est un isomorphime de **N** sur A.

THÉORÈME 1.8.11. *Soit E un ensemble bien ordonné et f une application strictement croissante de E sur E. Alors on a :*

$$(1.8.5) \qquad (\forall a \in E) : \quad (a \leq f(a))$$

DÉMONSTRATION: Supposons que notre assertion soit fausse et que par consé -quent il existerait $a \in E$ tel que $f(a) < a$. Soit b le plus petit élément possédant cette dernière propriété autrement dit $f(b) < b$ et pour tout $x \in A$ tel que $x < b$, on a $x \leq f(x)$. En particulier, pour $x = f(b)$, on aurait donc $f(b) \leq f(f(b))$. Or de l'inégalité stricte $f(b) < b$ et du fait que f est strictement croissante , on tire la relation $f(f(b)) < f(b)$, ce qui nous donne donc une contradiction. Donc notre supposition était fausse et le théorème est vrai. ■

COROLLAIRE 1.8.12. *Soient E et F deux ensembles bien ordonnés, f et g deux isomorphismes de E sur F. Alors on a $f = g$.*

DÉMONSTRATION: En effet, d'après le théorème 1.8.9 (ii) et (iii) , $g^{-1} \ o \ f$ et $f^{-1} \ o \ g$ sont deux isomorphismes de E sur E, donc en particulier ce sont deux applications strictement croissantes de E dans E. Alors, on a, d'après le théorème, pour tout $x \in E$

$$x \leq g^{-1}(f(x)) \iff g(x) \leq f(x)$$
$$x \leq f^{-1}(g(x)) \iff f(x) \leq g(x)$$

et par suite $f = g$. ■

COROLLAIRE 1.8.13. *Soit E un ensemble bien ordonné. Il ne peut exister d'isomorphisme de E sur un segment initial de E.*

DÉMONSTRATION: En effet, supposons que notre assertion est fausse et qu'il existerait $a \in E$ et un isomor-
-phisme f de E sur le segment initial déterminé par a. Donc, pour tout $x \in E$, on aurait $f(x) < a$, ce qui est contradictoire avec la relation $a \leq f(a)$. Donc notre assertion est bien vraie. ∎

THÉORÈME 1.8.14. *Soient E et F deux ensembles bien ordonnés. Alors une et une seule des trois relations suivantes est vraie :*

$$(1.8.6) \qquad \begin{cases} (i) & E \sim F \\ (ii) & (\exists b \in F): \quad (E \sim s(b)) \\ (iii) & (\exists a \in E): \quad (F \sim s(a)) \end{cases}$$

DÉMONSTRATION: Montrons d'abord l'unicité. On ne peut avoir à la fois (i) et (ii) (resp. (i) et (iii)) car alors F (resp. E) serait isomorphe à l'un de ses segments initiaux, ce qui est impossible. On aboutirait à la même conclusion à la fois pour E et F si (ii) et (iii) étaient vraies en même temps. Ce qui nous prouve qu'au plus, l'une de ces relations est vraie.

Démontrons, maintenant que l'une au moins de ces relations est vraie. Soit $E_0 \times F_0$ l'ensemble des couples $(a, b) \in E \times F$ tels que le segment initial $s(a)$ déterminé par a dans E est isomorphe au segment initial $s(b)$ déterminé par b dans F. Observons que si (a, b) et $(a, b') \in E_0 \times F_0$, alors nécessairement $b = b'$. En effet, s'il en était autrement, par exemple si $b < b'$, alors il existerait un isomorphisme de l'ensemble bien ordonné $s(b')$ sur l'un de ses segments $s(b)$, ce qui est évidemment impossible. Ainsi $E_0 \times F_0$ est une relation fonctionnelle dans $E \times F$, et nous permet définir l'application de E_0 sur F_0 , $U(a) = b$. Cette application est strictement croissante. En effet, soit $a < a'$ dans E_0 et supposons $U(a) = b \geq b' = U(a')$. Si $b = b'$, si f est un isomorphisme de $s(a)$ sur $s(b)$ et g un isomorphisme de $s(a')$ sur $s(b')$, alors $f^{-1} \circ g$ réalise un isomorphisme de l'ensemble bien ordonné $s(a')$ sur l'un de ses segments initiaux à savoir $s(a)$. Ce qui est évidemment impossible. Dans l'autre cas, on devrait avoir $b' < b$, alors f réalise un isomorphisme de $s(a'')$ sur $s(b')$ avec $a'' < a < a'$ et $f^{-1} \circ g$ est un isomorphisme de $s(a'')$ sur $s(a')$ ce qui est aussi impossible. On a donc nécessairement $b = U(a) < U(a') = b'$. Ce qui prouve bien que F est strictement croissante et par suite U est un isomorphisme de E_0 sur F_0.

On ne peut avoir à la fois $E_0 \neq E$ et $F_0 \neq F$. En effet, supposons le contraire. Alors $E \backslash E_0$ et $F \backslash F_0$ sont des ensembles non vides des ensembles bien ordonnés E et F respectivement. Chacun d'eux possède donc un plus petit élément soit a et b respectivement. On a donc pour tout $x \in E, x < a \Longrightarrow x \in E_0$. Réciproquement si $x \in E_0$ alors il existe un isomorphisme f de $s(x)$ sur $s(y)$, donc $x < a$ sinon la restriction de f à $s(a)$ réalise un isomorphisme de $s(a)$ sur un segment initial de F, ce qui est impossible puisque $a \notin E_0$. Donc $E_0 = s(a)$. De la même façon $y \in F, y < b \Longrightarrow y \in F_0$ et par suite, avec le même raisonnement on obtient que $F_0 = s(b)$. Mais alors U est un isomorphisme de $s(a)$ sur $s(b)$ donc $(a, b) \in E_0 \times F_0$, ce qui est contraire au choix de (a, b). Donc notre hypothèse est fausse, ce qui veut dire qu'on a l'une au moins des 3 possibilités : (i) $E_0 = E, F_0 = F$, (ii) $E_0 = E, F_0 = s(b) \neq F$, (iii) $E_0 = s(a) \neq E, F_0 = F$. Comme à chaque fois, U est un isomorphisme de E_0 sur F_0, on a bien obtenu le résultat escompté, ce qui achève la preuve du théorème. ∎

Les nombres ordinaux.

DÉFINITION 1.8.15. *On appelle* **nombre ordinal** *(ou tout simplement ordinal) tout ensemble bien ordonné α, tel que pour tout élément $\xi \in \alpha$, le segment initial déterminé par ξ, $s(\xi)$, soit égal à ξ :*

(1.8.7) $$s(\xi) = \xi$$

Exemple 5 - Tout nombre entier naturel est un nombre ordinal (Théorème 1.4.9)

Exemple 6 - **N**, l'ensemble des entiers naturels est un nombre ordinal (Théorèmes 1.4.9,1.4.10,1.4.11). Cet ordinal est noté ω.

Exemple 7 - Soit α un ordinal et α^+ le successeur de α, $\alpha^+ = \alpha \cup \{\alpha\}$, l'ordre est celui de α pour les éléments de α, et α étant décrété le plus grand (strictement) des autres éléments de α^+. Alors α^+ est un ordinal. Que que soit un ensemble bien ordonné, nous l'avons déjà remarqué. Il est évident que pour tout $\xi \in \alpha$, le segment déterminé par ξ dans α est le même qu'il détermine dans α^+ et par suite α étant un ordinal, on a $s(\xi) = \xi$. Par définition, de l'ordre dans α^+, les éléments strictement plus petits que α sont les éléments de α autrement dit $s(\alpha) = \alpha$, donc α^+ est bien un ordinal. En particulier ω^+, $(\omega^+)^+$, etc sont des ordinaux.

THÉORÈME 1.8.16. *Soit α un nombre ordinal. Alors sa relation d'ordre est la relation d'inclusion. De façon bien précise, on a :*

(1.8.8) $$(\forall x \in \alpha)(\forall y \in \alpha)(x \leq y) \iff x \subset y$$

(1.8.9) $$(\forall x \in \alpha)(\forall y \in \alpha)(x < y) \iff x \in y$$

DÉMONSTRATION: En effet, si $x \in \alpha$ et $y \in \alpha$, on a

$$x \in y \iff x \in s(y) = y.$$

D'autre part, si $x \leq y$, alors tout prédécesseur strict de x est un prédecesseur strict de y donc $x = s(x) \subset s(y) = y$. Réciproquement si $s(x) = s(y)$ alors nécessairement $x = y$ car, dans le cas contraire, si par exemple $x < y$ alors $x \in s(y)$ alors que $y \notin s(y)$. Si $s(x)$ est strictement inclus dans $s(y)$, il existe $z \in \alpha$ tel que $z < y$ et $z \geq x$ donc $x < y$, ce qui achève la démonstration. ∎

THÉORÈME 1.8.17. *Soit α un nombre ordinal. Alors tout élément de α ou encore tout segment initial de α est un nombre ordinal.*

DÉMONSTRATION: En effet, soit ξ un élément de α. Comme $\xi = s(\xi)$ est une partie de l'ensemble bien ordonné α, c'est un ensemble bien ordonné. D'autre part, si $\eta \in \xi$, alors le segment initial déterminé par η dans ξ est le même que le segment initial déterminé par η dans α, et par suite $s(\eta) = \eta$, ce qui prouve bien que ξ est un nombre ordinal. ∎

THÉORÈME 1.8.18. *Soient α et β deux nombres ordinaux, f un isomorphisme de α sur β. Alors $\alpha = \beta$. En d'autres termes, deux ordinaux isomorphes sont égaux.*

DÉMONSTRATION: On utilise le théorème de récurence transfinie. Soit $S \subset \alpha$ défini par

$$S = \{\xi \in \alpha : f(\xi) = \xi\}$$

Soit $\eta \in \alpha$ tel que $s(\eta) \subset S$. Alors pour tout $\xi \in s(\eta) \iff \xi < \eta$, on a $f(\xi) = \xi$. Or comme f est un isomorphisme, $\xi < \eta \Longrightarrow f(\xi) = \xi < f(\eta)$ donc

$$\eta = s(\eta) \subset s(f(\eta)) = f(\eta)$$

Réciproquement si $\gamma < f(\eta)$, il existe ξ tel que $\gamma = f(\xi)$ et comme f est un isomorphisme $\xi < \eta$ donc $\xi = f(\xi) = \gamma < f(\eta)$, ce qui donne l'inclusion inverse:

$$f(\eta) = s(f(\eta)) \subset s(\eta) = \eta$$

et par suite on a l'égalité, $f(\eta) = \eta$. Donc d'après le théorème 1.8.3, $S = \alpha$ et par suite $f(\alpha) = \beta = \alpha$. ∎

COROLLAIRE 1.8.19. *Soient α et β deux nombres ordinaux. On a alors une et une seule des trois relations suivantes :*

$$(i)\quad \alpha = \beta \quad , \quad (ii)\quad \alpha \in \beta \quad , \quad (iii)\quad \beta \in \alpha \tag{1.8.10}$$

DÉMONSTRATION: D'après la théorème 1.8.14, α et β étant des ensembles bien ordonnés, on a

$$\begin{cases} (i) & \alpha \sim \beta \\ (ii) & (\exists \xi \in \beta)(\alpha \sim s(\xi)) \\ (iii) & (\exists \eta \in \alpha)(\beta \sim s(\eta)) \end{cases} \tag{1.8.11}$$

En tenant compte du théorème 1.8.18 et du théorème 1.8.17, ces isomorphismes sont des égalités. Ces égalités correspondent exactement à nos assertions, ce qui prouve bien notre corollaire. ∎

THÉORÈME 1.8.20. *Soit E un ensemble de nombres ordinaux. On a l'équivalence*

$$(1.8.12) \qquad (\forall \alpha \in E) \quad (\forall \beta \in E) : [\alpha \in \beta \text{ ou } \alpha = \beta \iff \alpha \subset \beta]$$

Cette relation fait de E un ensemble bien ordonné

DÉMONSTRATION: Supposons $\alpha \in \beta$ ou $\alpha = \beta$. Dans ce dernier cas, on a $\alpha \subset \beta$. Si $\alpha \in \beta = s(\beta)$ alors $\alpha < \beta$, et donc pour tout $\gamma < \alpha$, on a $\gamma < \beta$ donc $\alpha = s(\alpha) \subset s(\beta) = \beta$.
Réciproquement si $\alpha \subset \beta$ et $\alpha = \beta$, il n'y a rien à démontrer. Si $\alpha \neq \beta$, alors il existe $\xi \in \beta$ et $\xi \notin \alpha$. Cela implique que l'on a $\xi < \beta$ et $\xi \geq \alpha$. Mais alors $\alpha \leq \xi < \beta$ donne $\alpha < \beta$. La relation d'inclusion est trivialement une relation d'ordre. Montrons qu'elle est une relation de bon ordre sur E. Soit A une partie non vide de E. Soit $\alpha \in A$. Si pour tout $\beta \in A$, on a $\alpha \leq \beta$, α est le plus petit élément cherché. Dans le cas contraire, il existe $\gamma \in A$ tel que $\gamma < \alpha$ donc $\gamma \in \alpha$, par suite $\alpha \cap A$ est une partie non vide de α. Comme c'est un ensemble bien ordonné, cette partie possède un plus petit élément γ_0. Montrons que c'est le plus petit élément de A. Soit $\beta \in A$. On a soit $\beta < \alpha$ ou $\beta \geq \alpha$. Dans le premier cas, $\beta \in \alpha \cap A$ et $\gamma_0 \leq \beta$, tandis que dans le second cas, $\gamma_0 \leq \gamma < \alpha \leq \beta$ et ainsi γ_0 est bien le plus petit élément de A. ∎

COROLLAIRE 1.8.21. *Soit α un nombre ordinal. Alors les nombres ordinaux strictement plus petits que α forment un ensemble bien ordonné par la relation d'inclusion.*

DÉMONSTRATION: En effet on a :

$$\{\beta : \beta < \alpha\} = \{\beta : \beta \in \alpha\}$$

ce qui montre les nombres ordinaux β strictement plus petits que le nombre ordinal α forment bien un ensemble. Le reste de notre assertion découle du théorème 1.8.20. ∎

THÉORÈME 1.8.22. *Soit E un ensemble de nombres ordinaux. Alors la réunion $\cup E$ est un nombre ordinal qui est la borne supérieure de l'ensemble E. En particulier tout ensemble d'ordinaux est majoré*

DÉMONSTRATION: Soient α et β deux éléments distincts de E. Alors d'après le théorème 1.8.19, on a $\alpha \in \beta$ ou $\beta \in \alpha$. Il en résulte que α est un segment initial de β ou l'inverse. Autrement dit les éléments de E forment une chaîne pour la relation de prolongement (Définition 1.8.6) et alors le théorème 1.8.7 nous assure que leur réunion est un ensemble bien ordonné F dont chacun des éléments de E est un segment initial. Notre assertion sera en partie démontrée si f est un ordinal. Or si $\xi \in F$, alors il existe $\alpha \in E$ tel que $\xi \in \alpha$. Or le segment initial déterminé par ξ dans F est le même que celui qu'il détermine dans α, par définition de l'ordre de F, donc on a $s(\xi) = \xi$ et ainsi F est un nombre ordinal. Soit β un ordinal majorant les éléments de E. Donc pour tout $\xi \in E$, $\xi \subset \beta$ et par suite $F = \cup\xi \subset \beta$, ce qui démontre que l'ordinal F est bien la borne supérieure de l'ensemble E. ∎

COROLLAIRE 1.8.23. *(paradoxe de Burali-Forti) Les ordinaux ne forment pas un ensemble.*

DÉMONSTRATION: En effet, si tous les ordinaux formaient un ensemble, il existerait un ordinal plus grand que tous autres (pour la relation d'inclusion). Or nous avons vu qu'étant donné un ordinal quelconque α, il existe un ordinal strictement plus grand à savoir $\alpha^+ = \alpha \cup \{\alpha\}$ (voir exemple 7). ∎

THÉORÈME 1.8.24. *Soit E un ensemble bien ordonné. Alors il existe un nombre ordinal unique α isomorphe à E. Cet ordinal est appelé le* **type d'ordre** *de E.*

DÉMONSTRATION: L'unicité résulte immédiatement du théorème 1.8.18qui nous assure que deux nombres ordinaux ne peuvent être isomorphes sans être égaux. Pour l'existence, on va d'abord montrer que pour tout $a \in E$, il existe un ordinal γ isomorphe au segment initial $s(a)$ déterminé par a. Utilisons pour cela le théorème de récurrence transifinie. Supposons que pour $a \in E$, cette propriété est vraie pour tous les $x < a$. Autrement dit pour tout $x < a$, il existe un ordinal $\gamma(x)$ tel que $\gamma(x)$ est isomorphe au segment $s(x)$. Si a a un predecesseur immédiat i.e $a = b^+$, et β est un ordinal isomorphe à b, alors β^+ est un ordinal isomorphe à a. Dans le cas où a n'a pas de prédécesseur immédiat, soit

$$\mathcal{O} = \{\beta \text{ nombre ordinal } : \quad \exists x < a \text{ tel que } \beta \sim s(x)\} \tag{1.8.13}$$

Supposons momentanément que $\mathcal{O}$ est un ensemble. Alors d'après le théorème 1.8.21 la réunion $\alpha = \cup\mathcal{O}$ est un ordinal, borne supérieure des ordinaux de $\mathcal{O}$, et cet ordinal est isomorphe au segment $s(a)$ (l'isomorphisme est donné par $\beta \longrightarrow x$). Donc le théorème de récurrence transfinie nous assure que pour tout $a \in E$, il existe un ordinal γ isomorphe au segment initial $s(a)$ déterminé par a. Posons alors

$$\mathcal{U} = \{\beta \text{ nombre ordinal } : \quad \exists a \in E \text{ tel que } \beta \sim s(a)\} \tag{1.8.14}$$

Alors si $\mathcal{U}$ est un ensemble et α est la borne supérieure des ordinaux de cet ensemble, il est clair que α est isomorphe à E. **Nous avons admis que $\mathcal{O}$ et $\mathcal{U}$ définis par (1.8.13) et (1.8.14) étaient des ensembles.** Nous avons besoin pour le justifier du dernier axiome de la théorie des ensembles (Zermelo-Fraenkel): l'axiome de **substitution.**

L'axiome de substitution

$$[(\forall x)(\forall y)(\forall z)(x \in A) \wedge S(x,y) \wedge S(x,z) \Longrightarrow y = z)]$$
$$\Longrightarrow [(\exists B)(\forall y)(y \in B \iff (\exists x)(x \in A \wedge S(x,y))]$$

Autrement dit soient $S(x,y)$ un énoncé dépendant de deux variables x et y, et X un ensemble. On suppose que pour tout $x \in X$, la classe $\{y : S(x,y)\}$ est un ensemble. Alors il existe un ensemble qui contient exactement les éléments y tels $S(x,y)$ soit vrai pour au moins un $x \in X$.

On peut intuitivement interpréter cet axiome en disant que si pour tout élément x d'un ensemble on peut associer un ensemble e_x, alors il existe une application de F dans X telle que $F(x) = e_x$. Ce qui sous-entend que l'image $\{e_x\}_{x \in X}$ est un ensemble. Achevons la démonstration du théorème 1.8.24. à l'aide de l'axiome de substitution. Nous utilisons l'énoncé suivant :

(1.8.15) $\qquad P(x,\alpha)$: α est un ordinal isomorphe au segment $s(x)$

pour montrer que $\mathcal{O}$ est un ensemble, on prend $X = s(a)$. Alors l'hypothèse de l'axiome de substitution consiste à vérifier que pour x fixé dans le segment $s(a)$, les ordinaux α isomorphes à $s(x)$ forment un ensemble. Ce qui est trivial puisque cet ensemble est même un singleton. On utilise le même raisonnement pour $\mathcal{U}$, ce qui achève la démonstration du théorème 1.8.24. ■

Remarque 5 - On peut donner une autre démonstration du théorème 1.8.24. en raisonnant par l'absurde. Supposons en effet que E ne soit isomorphe à aucun nombre ordinal. Soit α un ordinal quelconque. D'après le théorème 1.8.14 une et une seule des trois relations suivantes est vraie.

(1.8.16) $\qquad (i)\ \ \alpha \sim E \quad (ii)\ \ \alpha \sim s(a) \quad (a \in E) \quad (iii)\ \ E \sim s(\xi)(\xi \in \alpha)$

Avec notre hypothèse, les relations (i) et (iii) sont exclues (car $s(\xi)$ étant un nombre ordinal d'après le théorème 1.8.17) puisqu'elles impliquent que E est isomorphe à un ordinal. donc il ne resterait que (i) c'est-à-dire que tout ordinal est isomorphe à un segment initial de E. Alors à l'aide de l'axiome de substitution

$$\{\alpha : \quad \alpha \text{ est un ordinal tel qu'il existe } x \in E, \alpha \sim s(x)\}$$

est un ensemble. Autrement tous les ordinaux formeraient un ensemble contrairement à ce que dit le corollaire 1.8.23, ce qui prouve que notre supposition est fausse et notre théorème vrai. ■

THÉORÈME 1.8.25. *Soit X un ensemble quelconque. Il existe un nombre ordinal unique, noté card X, équipotent à X tel que pour tout ordinal β équipotent à X, on ait $\alpha \leq \beta$. On a alors :*

$$(1.8.17) \qquad X \text{ et } Y \text{ sont équipotents} \iff \text{card } X = \text{card } Y$$

DÉMONSTRATION: L'unicité est triviale puisque *card* X est le plus petit ordinal équipotent à X. Prouvons l'existence. D'après le théorème 1.8.2 , on peut mettre un bon ordre sur X. D'après le théorème 1.8.24 il existe un ordinal unique isomorphe à l'ensemble X ainsi bien ordonné. Nous venons de montrer qu'il existe bien des ordinaux équipotents à X. Soit $\mathcal{P}(X)$ l'ensemble des parties de X. Comme cet ensemble est strictement plus puissant que X alors si γ est un ordinal équipotent à $\mathcal{P}(X)$ et si β est un ordinal équipotent à X, on ne peut avoir l'inclusion $\gamma \subset \beta$ et par suite $\beta < \gamma$. Alors les ordinaux équipotents sont des éléments de l'ensemble des ordinaux strictement inférieurs à γ. Or cetense mble est bien ordonné (corollaire 1.8.21) , ils ont donc un plus petit élément que nous appelons *card* X. Soit X et Y deux ensembles équipotents. Alors il leur correspond le même ensemble d'ordinaux équipotent à chacun d'eux et par suite *card* $X =$ *card* Y. Réciproquement si *card* $X =$ *card* Y alors il est immédiat que X et Y sont équipotents. ∎

DÉFINITION 1.8.26. *Etant donné un ensemble quelconque X, on appelle* **nombre cardinal** *de X (ou tout simplement cardinal de X), l'unique nombre ordinal, noté card X, égal au plus petit des nombres ordinaux équipotents à X.*

Remarque 6 - Cette définition est cohérente avec la définition 1.4.23 lorsque A est un ensemble fini. En effet tout entier naturel est un nombre ordinal (théorème 1.4.9). D'autre part, si X est équipotent à un entier n , il ne peut être équipotent à un autre entier différent de n (Théorème 1.4.20). Autrement dit l'ensemble des ordinaux équipotents à l'ensemble fini E est réduit au singleton $\{ n \}$.Bien entendu le cardinal de l'entier n est n lui-même.

Remarque 7 - Le cardinal de N, l'ensemble des entiers naturels, est aussi ω. En effet si α est un ordinal infini, tout entier naturel n est $< \alpha$ par définition d'un ensemble infini. Donc α contient tout entier naturel et par suite $\omega \subset \alpha$. Donc ω est bien le plus petit ordinal équipotent à N, ce qui prouve notre assertion. Traditionnellement le cardinal de tout ensemble dénombrable est noté $\aleph_0$.

Remarque 8 - Soit a un nombre cardinal. C'est donc un nombre ordinal équipotent à un ensemble A, i.e , $a = cardA$. Alors tout nombre ordinal équipotent à a est équipotent à A et vice-versa. Donc *card* $a = a$.

THÉORÈME 1.8.27. *Soient X et Y deux ensembles. Alors X est strictement moins puissant que Y si et seulement si card $X <$ card Y (c'est-à-dire si card X est un segment initial de card Y)*

DÉMONSTRATION: Supposons que $card\ X < card\ Y$. Il existe une bijection f de X sur $card\ X$, une injection i de $card\ X$ dans $card\ Y$ et enfin une bijection g de $card\ Y$ sur Y. Alors $f \circ i \circ g$ est une injection de X dans Y donc X est moins puissant que Y. Il est certainement strictement moins puissant car sinon il serait équipotent à Y mais alors $card\ X = card\ Y$ contrairement à l'hypothèse. Réciproquement supposons X strictement moins puissant que Y. Il existe donc une application injective de X dans Y. ■

Remarque 9 - Si a et b sont deux cardinaux, ce sont donc en particulier des nombres ordinaux et par suite la relation d'ordre est la relation d'inclusion. On a donc

(1.8.18) $\qquad X$ est moins puissant que $Y \iff card\,X \subset card\,Y$

THÉORÈME 1.8.28. *Soient $(a_i)_{i\in I}$ une famille de nombres cardinaux. Alors cette famille possède une borne supérieure. En particulier tout ensemble de nombres cardinaux est majoré.*

DÉMONSTRATION: Puisque $(a_i)_{i\in I}$ est une famille d'ordinaux, il résulte du théo -rème 1.8.22 que la réunion des a_i est un ordinal α qui est leur borne supérieure. Il suffit de montrer que cet ordinal est un cardinal. Soit a le cardinal de la réunion des a_i. Par définition du cardinal, on a $a \leq \alpha$. Supposons cette inégalité stricte. Alors $a \in \alpha$, donc il existe $i \in I$ tel que $a \in a_i$ ce qui revient à dire que $a < a_i$. Mais alors $a = card\ \alpha < a_i = card\ a_i$, or $a_i \subset \alpha$ on aboutit donc à une contradiction, notre supposition était fausse c'est-à- dire $a = \alpha$, ce qui achève la preuve de notre théorème. ■

COROLLAIRE 1.8.29. *Les nombres cardinaux ne forment pas un ensemble.*

DÉMONSTRATION: En effet s'ils formaient un ensemble, il existerait un cardinal a plus grand que tous les nombres cardinaux. Or tout pour cardinal a, 2^a est strictement plus grand d'après le théorème 1.7.7 (Cantor) et le théorème 1.8.27.■

THÉORÈME 1.8.30. *Tout ensemble de nombres cardinaux est un ensemble bien ordonné pour la relation d'inclusion, en particulier tout ensemble non vide de nombres cardinaux a un plus petit élément.*

DÉMONSTRATION: C'est un cas particulier du théorème 1.8.20 puisque tout nombre cardinal est un nombre ordinal.■

THÉORÈME 1.8.31. *(récurrence sur les ordinaux)*
Soit $P(x)$ un énoncé dépendant de la variable x. On suppose que pour tout nombre ordinal α,$P(\alpha)$ est vrai toutes les fois que $P(\beta)$ est vrai pour tout ordinal $\beta < \alpha$. Alors $P(\alpha)$ est vrai pour tout ordinal α.

DÉMONSTRATION: Si les ordinaux formaient un ensemble, il serait nécessairement un ensemble bien ordonné et le théorème serait une simple conséquence du théo-

-rème de récurrence transfinie (corollaire 1.8.4). Mais ce n'est pas le cas d'après le corollaire 1.8.23. Il nous faut donc une autre démonstration. Supposons que notre assertion soit fausse, autrement dit il existerait un ordinal γ tel que $P(\gamma)$ soit faux. Alors en prenant γ^+ le successeur de γ, il résulte du corollaire 1.8.21 que tous les ordinaux strictement inférieurs à γ^+ forment un ensemble E et cet ensemble est bien ordonné. L'ensemble des éléments $\alpha \in E$ tels que $P(\gamma)$ est faux serait non vide puisque $\gamma \in E$. Il possèderait un plus petit élément α et par conséquent pour tout ordinal β tel que $\beta < \alpha$, $P(\beta)$ serait vrai mais alors cela est en contradiction avec l'hypothèse de récurrence qui impliquerait que $P(\alpha)$ est vrai. Donc notre supposition est fausse et notre théorème est vrai. ∎

Les aleph et l'hypothèse du continu.

Nous avons vu que ω était le plus petit ordinal infini, égal au cardinal de l'ensemble des entiers naturels, et comme pour les entiers naturels pour lesquels on avait $card\ n = n$, là aussi $card\ \omega = \omega$. mais contrairement à ce qui se passe pour les entiers naturels, où le seul entier équipotent à n est n lui-même, il existe de nombreux ordinaux infinis équipotents à ω, par exemple $\omega^+, (\omega^+)^+$.

On peut caractériser ω par le fait que tout ordinal strictement plus petit que lui est un entier naturel. Par analogie, on appelle Ω **le plus petit ordinal infini non dénombrable**: Ω est alors caractérisé par le fait que tout ordinal strictement plus petit que lui est dénombrable. Un tel ordinal existe. En effet si γ est un ordinal équipotent à la puissance du continu, alors γ est infini non dénombrable, tous les ordinaux strictement plus petits que γ^+ forment un ensemble bien ordonné. Par suite les ordinaux infinis non dénombrables forment une partie non vide de cet ensemble, et ils ont par conséquent un plus petit élément Ω. Nous avons déjà signalé que le cardinal de ω était $\aleph_0$. c'est aussi le cardinal de tout ensemble dénombrable. Alors le cardinal de tout ensemble équipotent à Ω est noté $\aleph_1$.

$\aleph_1$ est le plus petit cardinal strictement plus grand que $\aleph_0$ ou encore $\aleph_1$ est le succeseur immédiat de $\aleph_0$ (dans l'ordre des cardinaux).

Longtemps on a cherché à atteindre $\aleph_1$ à partir de $\aleph_0$ par les opérations arithmétiques que nous avons développées au §1.7. Il résulte du corollaire 1.7.15 qu'on n'y parvient pas à l'aide de l'addition et même de la multiplication. Le seul espoir est l'exponentiation. Par définition on a vu que $\aleph_1 \leq 2^{\aleph_0}$. Est-ce que cette inégalité est stricte ? Existe-t-il un cardinal infini non dénombrable strictement plus petit que le continu ?

La célèbre **hypothèse du continu** invite à répondre non, autrement dit

$$\aleph_1 = 2^{\aleph_0} \tag{1.8.19}$$

P.Cohen (référence déjà citée) a démontré que l'hypothèse du continu ne peut être une conséquence des axiomes de Zermelo-Fraenkel même lorsqu'on y ajoute l'axiome du choix. Auparavant, K.Gödel (1938) avait démontré que si la théorie de Zermelo-Fraenkel était consistante, elle restait encore consistante si on lui ajoutait l'hypothèse du continu . On peut donc dire que l'hypothèse du continu est indépendante des axiomes de Zermelo-Fraenkel ou qu'elle est indécidable, on ne peut la démontrer ni démontrer sa négation. On peut donc la rajouter comme axiome ou ajouter comme axiome sa négation.

On généralise la définition des $\aleph$ en s'appuyant sur le théorème de récurrence sur les ordinaux (théorème 1.8.31). Supposons que pour tout ordinal α, on ait défini $\aleph_\beta$ pour tous les ordinaux $\beta < \alpha$, alors $\aleph_\alpha$ est le plus petit cardinal parmi ceux qui sont strictement plus grands que $\aleph_\beta$ pour tout $\beta < \alpha$ (théorème 1.8.30). Alors **l'hypothèse généralisée du continu** affirme l'égalité :

(1.8.20) $$\aleph_{\alpha+1} = 2^{\aleph_\alpha}$$

COROLLAIRE 1.8.32. - *Soit Ω le plus petit ordinal infini non dénombrable. Le segment initial $s(\Omega)$ possède les propriétés suivantes :*

(i) C'est un ensemble bien ordonné ;

(ii) Pour tout ordinal $\nu < \Omega$, le segment initial $s(\nu) = [0, \nu[$ est dénombrable;

(iii) Pour toute partie dénombrable $A \subset s(\Omega)$, il existe un ordinal $\nu < \Omega$ tel que $\alpha \leq \nu$ pour tout $\alpha \in A$.

DÉMONSTRATION: - L'existence de Ω a été vue plus haut. $s(\Omega)$, comme tout ensemble d'ordinaux, est un ensemble bien ordonné pour la relation d'inclusion (Théorème 1.8.20). Nous avons vu aussi que Ω était caractérisé par le fait que tout ordinal strictement plus petit que lui était dénombrable, d'où notre assertion (ii). Le théorème 1.8.22 nous assure que la réunion γ des ordinaux appartenant à A est un majorant de A. Comme pour tout $\alpha \in A$, $s(\alpha) = \alpha$ est dénombrable; il en est de même de la réunion. Par suite $\gamma < \Omega$, ce qui prouve notre dernière assertion et achève ainsi la démonstration du corollaire. ∎

CHAPITRE II

Topologie

§1. ESPACES METRIQUES

Espaces métriques - Exemples élémentaires.

DÉFINITION 2.1.1. *On appelle* **espace métrique** *un ensemble E muni d'une fonction* **distance**, *c'est-à-dire d'une application d de $E \times E$ dans la demi-droite $\mathbf{R}_+ = \{x ; x \in \mathbf{R}\ , x \geq 0\}$ de* **R**, *qui, au couple (x, y) de $E \times E$, fait correspondre un nombre $d(x, y) \geq 0$ appelé distance de x et de y.*

Cette distance doit posséder les 3 propriétés suivantes :

$$\text{(2.1.1)} \qquad \begin{cases} 1^o)\ \textit{symétrie} : & d(x,y) = d(y,x) \\ 2^o)\ \textit{positivité} : & d(x,y) > 0 \textit{ si } x \neq y \textit{ et } d(x,x) = 0 \\ 3^o)\ \textit{inégalité triangulaire} : & d(x,z) \leq d(x,y) + d(y,z) \end{cases}$$

Remarque 1 - Dans la géométrie élémentaire le 3°) exprime que la longueur d'un côté d'un triangle est au plus égale à la somme des longueurs des deux autres côtés.

Remarque 2 - Nous savons aussi que la longueur d'un côté d'un triangle est au moins égale à la différence des longueurs des deux autres côtés. Cela se traduit ici par :

$$\text{(2.1.2)} \qquad d(x,z) \geq |d(x,y) - d(y,z)| \, .$$

En effet, on a :

$$d(x,z) + d(z,y) \geq d(x,y) \quad \text{donc} \quad d(x,z) \geq d(x,y) - d(y,z)$$
$$d(x,z) + d(x,y) = d(z,x) + d(x,y) \geq d(y,z) \quad \text{donc} \quad d(x,z) \geq d(y,z) - d(x,y)$$

ce qui entraîne l'inégalité (2.1.2) .

Remarque 3 - L'inégalité triangulaire (2.1.1) (3°) se généralise aisément à n points $x_1, x_2, \ldots, x_n$, de E sous la forme:

$$\text{(2.1.3)} \qquad d(x_1, x_n) \leq d(x_1, x_2) + d(x_2, x_3) + \ldots + d(x_{n-1}, x_n)$$

Remarque 4 - On dit souvent qu'un espace E est muni d'une **métrique** au lieu de dire que l'espace E est muni d'une distance.

Donnons tout de suite des exemples importants d'espaces métriques:

Exemple 1 - La droite réelle **R**, le plan complexe **C** , muni de la distance $d(x,y) = |x - y|$; on appelle cette métrique **la métrique naturelle** de **R**, **C**; sauf mention expresse du contraire **R** ou **C** est toujours muni de sa métrique naturelle.

Exemple 2 - La droite réelle $\mathbf{R}$, munie de la distance $d(x, y) = |F(x) - F(y)|$ où F est n'importe quelle fonction réelle strictement monotone d'une variable réelle.

Exemple 3 - L'espace euclidien $\mathbf{R}^n$ ou hermitien complexe $\mathbf{C}^n$ à n dimensions, dans lesquels la distance du point $(x_1, x_2, \ldots, x_n)$ et du point $(y_1, y_2, \ldots, y_n)$ est donnée par

$$(2.1.4) \qquad (\sum_{i=1}^{n} |x_i - y_i|^2)^{\frac{1}{2}}$$

Nous démontrons plus loin qu'il s'agit bien d'une distance (formule 2.1.13). En fait il s'agira surtout de démontrer l'inégalité triangulaire. On appelle cette métrique la **métrique naturelle** de $\mathbf{R}^n$ ou $\mathbf{C}^n$; sauf mention expresse du contraire $\mathbf{R}^n$ ou $\mathbf{C}^n$ sera muni de sa métrique naturelle.

Exemple 4 - E étant un ensemble quelconque, on peut le munir de la métrique discrète, dans laquelle $d(x, y) = 1$ si $x \neq y$, et $d(x, x) = 0$.

Sphères , boules.

DÉFINITIONS 2.1.2. *On appelle* **sphère** *de centre a et de rayon R fini > 0 l'ensemble des x de E tels que $d(x, a) = R$. On appelle* **boule ouverte** *(resp.* **fermée***) de centre a et de rayon R fini > 0, et on note $B_0(a, R)$ (resp. $B(a, R)$) l'ensemble des x de E tels que $d(x, a) < R$ (resp. $\leq R$).*

Une partie d'un espace métrique est dite **bornée** *si elle est contenue dans au moins une boule (de rayon fini, comme toujours).*

On appelle **diamètre** *d'une partie A d'un espace métrique E le nombre réel ≥ 0 ou $+\infty$, noté $\delta(A)$ défini par*

$$(2.1.5) \qquad \delta(A) = \sup_{(x,y) \in A \times A} d(x, y)$$

Remarque 5 - Rien ne dit qu'une sphère ne soit pas vide, ni que deux sphères de centres distincts ne puissent coïncider (exemple: dans la métrique discrète, toutes les sphères de rayon 2 coïncident et sont vides).

Remarque 6 - Quand on dira boule, sans autre spécification, il s'agira de **boule fermée**. Dans la métrique discrète, une boule fermée de rayon < 1 se réduit à son centre, une boule (fermée) de rayon ≥ 1 est l'espace entier. (Pour $R = 0$, la boule ouverte serait vide, la sphère et la boule fermée se réduiraient à leur centre) ; on suppo-
- sera toujours, même si ce n'est pas dit explicitement, que le rayon des sphères ou des boules est fini et > 0

Remarque 7 - $\mathbf{R}$ n'est pas borné, ni la partie $\mathbf{N}$ de $\mathbf{R}$; si E a la métrique discrète, il est borné.

Remarque 8 - Une partie de E est bornée si et seulement si son diamètre est fini.

Espaces vectoriels normés.

DÉFINITION 2.1.3. *Soit E un espace vectoriel sur le corps $\mathbf{K}$ des nombres réels ou des nombres complexes. On appelle alors* **norme** *sur l'espace vectoriel E toute fonction, notée* $x \mapsto \|x\|$, *possédant les propriétés suivantes:*

(2.1.6)
$$\begin{cases} 1^o) \text{ positivité :} \\ \|x\| > 0 \quad \text{pour } x \neq 0, \quad \|0\| = 0; \\ 2^o) \text{ transformation par les homothéties :} \\ \|\lambda\, x\| = |\lambda|\, \|x\|, \quad \lambda \in \mathbf{K}; \\ 3^o) \text{ inégalité de convexité :} \\ \|x + y\| \leq \|x\| + \|y\|. \end{cases}$$

Un espace E muni d'une telle norme, est appelé **espace vectoriel normé**

Remarque 9 - On déduit aisément, à partir du 2°) et du 3°), l'inégalité générale de convexité:

(2.1.7)
$$\|x_1 + x_2 + \ldots + x_n\| \leq \|x_1\| + \|x_2\| + \ldots + \|x_n\|$$

et aussi

(2.1.8)
$$\|x - y\| \geq \big|\, \|x\| - \|y\| \,\big|$$

Remarque 10 - Naturellement on ne peut employer le symbole $\|\quad\|$ que s'il s'agit d'une norme bien précisée une fois pour toutes. Si, dans un même problème, interviennent plusieurs normes différentes, on devra bien sûr les représenter par des symboles différents.

Remarque 11 - Soit E un espace vectoriel normé; on peut le munir de la fonction distance définie par $d(x, y) = \|x - y\|$, qui vérifie bien les axiomes requis. Tout espace vectoriel normé est donc automatiquement un espace métrique, sa distance possède en outre des propriétés particulières compatibles avec sa structure vectorielle:

- d'une part la distance est **invariante par translation**, autrement dit

(2.1.9)
$$d(x - a, y - a) = d(x, y),$$

- d'autre part une **homothétie** de rapport λ **multiplie la distance** par $|\lambda|$:

(2.1.10)
$$d(\lambda\, x, \lambda\, y) = |\lambda|\, d(x, y).$$

Réciproquement, on voit sans peine que toute distance sur un espace vectoriel, ayant les deux propriétés (2.1.9) et (2.1.10), est nécessairement définie à partir d'une norme; celle-ci n'est autre que :

(2.1.11)
$$\|x\| = d(x, 0)$$

Remarque 12 - Dans un espace vectoriel normé, on appelle boule ouverte de rayon R sans préciser le centre, la boule ayant pour centre l'origine de l'espace vectoriel, et pour rayon R; de même pour la boule fermée. On les notera $B_0(R)$ et $B(R)$.

En particulier **la boule unité ouverte** (resp. **fermée**) est la boule ouverte (resp. fermée) de centre 0 et de rayon 1, sans autre spécification. **Boule unité**, sans spécification, veut dire: boule unité **fermée**.

DÉFINITION 2.1.4. - *Soit E un espace vectoriel sur le corps des nombres réels ou des complexes. On appelle* **segment** *d'extrémités a et b l'ensemble des points x :*

$$\{x = ta + (1-t)b \quad : \quad 0 \leq t \leq 1\} \tag{2.1.12}$$

On le note $[a, b]$, de la même manière qu'un intervalle fermé dans un ensemble ordonné.

On dit qu'une partie de E est **convexe** *si, toutes les fois qu'elle contient deux points distincts, elle contient tout le segment qui les a pour extrémités.*

Remarque 13 - L'inégalité de convexité nous montre que dans un espace vectoriel normé, toute **boule est un ensemble convexe**. En effet, si $||x|| \leq R$ et $||y|| \leq R$, on a:

$$||t\,x + (1-t)\,y|| \leq ||t\,x|| + ||(1-t)\,y|| = |t| \quad ||x|| + |1-t| \quad ||y|| \leq (t+1-t)R = R$$

Donnons quelques exemples d'espaces vectoriels normés:

Exemple 5 - Sur le corps des scalaires $\mathbf{R}$ ou $\mathbf{C}$, la fonction $x \mapsto |x|$ est une norme, elle définit la métrique vue plus haut (Exemple 1 après la définition 2.1.1). On l'appellera la **norme naturelle**.

Exemple 6 - Sur l'espace vectoriel $\mathbf{R}^n$ ou $\mathbf{C}^n$, les 3 fonctions suivantes sont des normes:

$$\begin{cases} x = (x_1, x_2, \ldots, x_n) \mapsto ||x||_\infty = \max\limits_{1 \leq i \leq n} \{|x_i| : 1 \leq i \leq n\} \quad \text{ou} \\ \\ ||x||_1 = \sum\limits_{i=1}^{n} |x_i| \quad \text{ou} \quad ||x||_2 = (\sum\limits_{i=1}^{n} |x_i|^2)^{\frac{1}{2}}. \end{cases} \tag{2.1.13}$$

C'est évident pour les deux premières, il suffit de le voir pour la troisième .
Soient alors $(x_1, x_2, \ldots, x_n)$, $(y_1, y_2, \ldots, y_n)$, deux systèmes de n nombres complexes. Nous voulons démontrer l'inégalité de convexité:

$$(\sum_{i=1}^{n} |x_i + y_i|^2)^{\frac{1}{2}} \leq (\sum_{i=1}^{n} |x_i|^2)^{\frac{1}{2}} + (\sum_{i=1}^{n} |y_i|^2)^{\frac{1}{2}}. \tag{2.1.14}$$

Comme le premier membre est majoré par

$$(\sum_{i=1}^{n} (|x_i| + |y_i|)^2)^{\frac{1}{2}},$$

il suffit, en élevant au carré, de montrer

$$\sum_{i=1}^{n}(|x_i| + |y_i|)^2 \leq \sum_{i=1}^{n}|x_i|^2 + \sum_{i=1}^{n}|y_i|^2 + 2(\sum_{i=1}^{n}|x_i|^2)^{\frac{1}{2}}(\sum_{i=1}^{n}|y_i|^2)^{\frac{1}{2}}$$

ou

$$\sum_{i=1}^{n}|x_i|\,|y_i| \leq (\sum_{i=1}^{n}|x_i|^2)^{\frac{1}{2}}(\sum_{i=1}^{n}|y_i|^2)^{\frac{1}{2}} \tag{2.1.15}$$

ce qui est l'inégalité de Cauchy-Schwarz. Cette inégalité est stricte sauf si x et y sont proportionnels. Une démonstration, dans un cadre plus général, est donnée au Chap.3, théorèmes 3.1.12 et 3.1.15. Voici une preuve rapide de (2.1.15) dans ce cas particulier. Posons $|x_i| = \alpha_i$ et $|y_i| = \beta_i$ pour tout i. Alors pour tout nombre réel t, on a :

$$\sum_{i=1}^{n}(\alpha_i + t\,\beta_i)^2 = \sum_{i=1}^{n}\alpha_i^2 + 2t\,(\sum_{i=1}^{n}\alpha_i\,\beta_i) + t^2\,(\sum_{i=1}^{n}\beta_i^2) \geq 0\,. \tag{2.1.16}$$

Un trinome réel ne peut être toujours ≥ 0 que s'il n'a pas de racines réelles ou que celles-ci, lorsqu'elles existent, sont confondues; autrement dit si et seulement si son discriminant est négatif ou nul. Ce qui s'écrit:

$$\left(\sum_{i=1}^{n}\alpha_i\,\beta_i\right)^2 \leq (\sum_{i=1}^{n}\alpha_i^2)\,(\sum_{i=1}^{n}\beta_i^2)\,,$$

ce qui prouve (2.1.15). On observera que la distance définie par (2.1.4) satisfait bien à l'inégalité du triangle. En effet il suffit de remplacer $(x_i)_{i=1}^n$ par $(x_i - z_i)_{i=1}^n$ et $(y_i)_{i=1}^n$ par $(z_i - y_i)_{i=1}^n$ dans (2.1.13).

La norme

$$x \mapsto \sqrt{\sum_{i=1}^{n}|x_i|^2}$$

s'appellera la **norme naturelle** de $\mathbf{R}^n$ ou $\mathbf{C}^n$. On a les inégalités suivantes entre ces 3 normes.

THÉORÈME 2.1.5. *Pour tout $x \in \mathbf{R}^n$ ou $\mathbf{C}^n$, on a*

$$\begin{cases} ||x||_\infty \leq ||x||_1 \leq \; n\;||x||_\infty \\ ||x||_\infty \leq ||x||_2 \leq \; \sqrt{n}\;||x||_\infty \\ ||x||_2 \leq ||x||_1 \leq \; \sqrt{n}\;||x||_2 \end{cases} \tag{2.1.17}$$

DÉMONSTRATION: Les deux premières relations sont triviales. Celle de gauche dans la 3-ième relation est immédiate, il suffit d'élever au carré ses deux membres. On obtient enfin l'inégalité de droite de cette relation en appliquant (2.1.15) au couple $x = (|x|_1, |x|_2, \ldots, |x|_n)$ et $y = (1, 1, \ldots, 1)$.∎

§2 ESPACES TOPOLOGIQUES

Parties ouvertes.

DÉFINITION 2.2.1. - *Soit E un ensemble. On dit qu'on a défini une* **structure topologique** *sur E, ou que E est un* **espace topologique** *si l'on s'est donné une famille $\mathcal{O} \subset \mathbf{P}(E)$ satisfaisant les propriétés:*

$$(2.2.1) \qquad \begin{cases} 1^\circ) & \textit{stabilité par } \textbf{intersection finie} : \\ & (U_i)_{i=1}^k \subset \mathcal{O} \Longrightarrow \bigcap_{1\leq i\leq k} U_i \in \mathcal{O} \\ 2^\circ) & \textit{stabilité par } \textbf{réunion quelconque} : \\ & (U_i)_{i\in I} \subset \mathcal{O} \Longrightarrow \bigcup_{i\in I} U_i \in \mathcal{O} \\ 3^\circ) & E \ \textit{ et } \ \emptyset \ \textit{ appartiennent à } \ \mathcal{O} \end{cases}$$

Les éléments de $\mathcal{O}$ sont appelés **ensembles ouverts** *ou tout simplement les* **ouverts** *de l'espace topologique E.*

DÉFINITION 2.2.2. - *Soit E un espace topologique. On dit qu'il est séparé - ou un espace de* **Hausdorff** *- si pour tout couple de points distincts x et y de E, il existe des ouverts $O(x)$ et $O(y)$ contenant x et y respectivement et tels que $O(x) \cap O(y) = \emptyset$.*

On dit que E est **semi-séparé** *si pour tout couple de points distincts x et y de E, il existe des ouverts $O(x)$ et $O(y)$ contenant x et y respectivement et tels que $y \notin O(x)$ et $x \notin O(y)$.(*).*

L'exemple le plus important d'espace topologique séparé est l'espace métrique.

DÉFINITION 2.2.3. *Soit E un espace métrique. Une partie A de E est appelée ouverte si, toutes les fois qu'elle contient un point de E, elle contient au moins une boule ouverte (de rayon > 0) ayant pour centre ce point(**).*

PROPOSITION 2.2.4. *Soient E un espace métrique, $\mathcal{O}$ l'ensemble de ses parties ouvertes. Alors $(E, \mathcal{O})$ est un espace topologique séparé admettant $\mathcal{O}$ pour l'ensemble des ouverts. En particulier toute boule ouverte est une partie ouverte.*

(*)On peut avoir une notion encore plus faible qui consiste à exiger non pas l'existence de $O(x)$ et $O(y)$ mais $O(x)$ tel que $y \notin O(x)$ ou $O(y)$ tel que $x \notin O(y)$.

(**)A est ouverte si

$$(\forall x \in A)\ (\exists \rho > 0)\ (\forall y \in E)\ [d(x, y) < \rho \Longrightarrow y \in A]$$

ou plus rapidement

$$(\forall x \in A)(\exists \rho > 0)(B_0(x, \rho) \subset A).$$

Naturellement ce ρ dépend de x.

Preuve: On est donc amené à montrer que $\mathcal{O}$ possède les 3 propriétés de la définition 2.2.1. La propriété 3°) est trivialement vérifiée,(*) ainsi que le 2°). Prouvons le 1°). Soit $O_1, O_2, \ldots, O_n$ des ouverts de E. Si x appartient à leur intersection, il existe, pour chaque i, un nombre $r_i > 0$ tel que la boule $B(x, r_i)$ soit toute entière contenue dans O_i. Alors si l'on pose :

$$r = \min_{1 \leq i \leq n} r_i$$

la boule $B(x, r)$ est contenue dans l'intersection; donc celle-ci est bien ouverte. Soit $x \neq y$, donc $d(x, y) = a > 0$; alors si $r = \frac{a}{2}$, les boules ouvertes $B(x, r)$ et $B(y, r)$ contiennent x et y respectivement et sont disjointes. En effet si elles avaient un point commun z , on aurait :

$$d(x, y) \leq d(x, z) + d(z, y) < 2r = a,$$

ce qui est contradictoire avec la définition de a. Donc E est bien un espace topologique séparé.

Soit $B(a, r)$ une boule ouverte de rayon $r > 0$ et de centre un point $a \in E$. Soit x un point de cette boule, donc $d(a, x) = \alpha < r$ ou encore $R = r - \alpha > 0$. Alors la boule ouverte de centre x et de rayon $\frac{R}{2}$ est contenue dans $B(a, r)$ car

$$d(z, x) < \frac{r - \alpha}{2} \Longrightarrow d(z, a) \leq d(z, x) + d(x, a) = \frac{r - \alpha}{2} + \alpha = \frac{r + \alpha}{2} < \frac{2r}{2} = r.$$

Ainsi s'achève la démonstration de la proposition. ∎

Exemple 1 - Sur la droite $\mathbf{R}$, munie de la métrique naturelle, les intervalles ouverts sont des ensembles ouverts puisqu'ils peuvent être décrits comme des boules ouvertes ou comme réunion de boules ouvertes. On vérifie aisément au contraire qu'un intervalle fermé ou semi-ouvert n'est pas un ensemble ouvert.

Remarque 1 - Pour qu'une partie d'un espace métrique soit ouverte, il est donc **nécessaire**, d'après la définition, qu'elle soit une **réunion de boules ouvertes**; c'est **suffisant** puisqu'une boule ouverte est ouverte et qu'une réunion d'ouverts est ouverte. C'est donc une condition nécessaire et suffisante pour qu'une partie soit ouverte.

(*)A est une partie ouverte si, pour tout $x \in A$, il existe une boule ouverte de centre x contenue dans A. Si $A = \emptyset$, on ne peut pas trouver de point $x \in A$, alors la propriété est bien vérifiée et $\emptyset$ est ouverte. Voici un autre exemple du même raisonnement logique. Nousdi rons qu'un homme a la propriété (P) s'il est plus grand que tous ses enfants; alors un homme qui n'a pas d'enfants a la propriété (P). Passons d'ailleurs à la propriété négative. Une partie A est non ouverte s'il existe un $x \in A$ qui ne soit pas centre d'une boule contenue dans A; alors $\emptyset$ n'est pas non ouverte car il n'existe pas de $x \in \emptyset$; donc $\emptyset$ est ouverte.

Exemple 2 - Dans $\mathbb{R}^n$, muni de l'une quelconque des métriques définies par les normes données par (2.1.10), un pavé ouvert, c'est à dire un ensemble défini par des inégalités strictes

$$(2.2.2) \qquad \{x = (x_1, x_2, \ldots, x_n) : a_i < x_i < b_i \quad , \quad i = 1, 2, \ldots, n\}$$

est ouvert.

Remarque 2 - Dans tout espace métrique E, l'ensemble

$$\{x \in E : \quad d(a,x) > R \quad \}$$

est ouvert. En effet, soit x tel que $d(x,a) = \alpha > R$; donc $r = \alpha - R > 0$. Il en résulte que la boule de centre x et de rayon $\frac{r}{2}$ est contenue dans le complémentaire de $B(a,R)$:

$$d(z,x) < \frac{\alpha - R}{2} \Longrightarrow d(z,a) \geq d(a,x) - d(x,z) \geq \alpha - \frac{\alpha - R}{2} = \frac{\alpha + R}{2} > \frac{2R}{2} = R.$$

Exemple 3 - Dans la métrique discrète (exemple 1.4), toutes les parties de E sont ouvertes.

Base d'une topologie - Système de générateurs - Topologies sur un ensemble ordonné.

DÉFINITION 2.2.5. *Soient E un espace topologique, $\mathcal{O}$ la famille des parties ouvertes de E. Un sous- -ensemble $\mathcal{B}$ de $\mathcal{O}$ est appelée une* **base de la topologie** *de E si tout ouvert est réunion d'éléments de $\mathcal{B}$.*

On dit que E est à **base dénombrable** *s'il existe une base $\mathcal{B}$ de la topologie de E qui est dénombrable.*

PROPOSITION 2.2.6. *Soient $\mathcal{S}$ un ensemble de parties d'un ensemble E, $\mathcal{B}$ l'ensemble des intersections(*) finies des ensembles appartenant à $\mathcal{S}$.*
Alors l'ensemble $\mathcal{O}$ des réunions quelconques des ensembles appartenant à $\mathcal{B}$ constitue l'ensemble des ouverts d'une topologie sur E. On dit que cette topologie est **engendrée** *par $\mathcal{S}$ ou que $\mathcal{S}$ est un* **système de générateurs** *de cette topologie.*

DÉMONSTRATION: En effet, il est clair que $\emptyset \in \mathcal{O}$ et avec la formule (1.3.20) (voir note (*)), $E \in \mathcal{O}$ aussi. La stabilité de $\mathcal{O}$ par réunion quelconque est acquise par

---

(*)On rappelle que si $(E_i)_{i \in I}$ est une famille de parties d'un même ensemble E, indexée par l'ensemble $I = \emptyset$, on a :

$$\bigcap_{i \in \emptyset} E_i = E\ .$$

définition. D'autre part si $(A_i)_{i\in I}$ et $(B_j)_{j\in J}$ sont deux familles d'ensembles de $\mathcal{B}$, il résulte de la relation (1.3.23) :

$$(\bigcup_{i\in I} A_i)\cap(\bigcup_{j\in J} B_j) = \bigcup_{(i,j)\in I\times J} A_i\cap B_j$$

que $\mathcal{O}$ est stable pour l'intersection de deux de ses éléments. En effet si A_i et B_j sont chacun l'intersection d'une famille finie d'ensembles appartenant à $\mathcal{S}$, il en sera de même de l'intersection $A_i\cap B_j$. Grâce à l'associativité de l'intersection, par récurrence sur le nombre d'éléments, on passe de deux à un nombre fini quelconque d'éléments. ∎

Exemple 4 - Lorsque E est un espace métrique, l'ensemble des boules ouvertes de centre les points de E et de tout rayon, est une base de la topologie de E. C'est ainsi que l'ensemble des intervalles ouverts (resp. pavés ouverts) constitue une base de la topologie de $\mathbf{R}$(resp. $\mathbf{R}^p$).

Exemple 5 - $\mathbf{R}$ est à base dénombrable puisqu'on peut prendre comme base de la topologie l'ensemble des intervalles ouverts à extrémités rationnelles. On peut dire aussi que la topologie de $\mathbf{R}$ admet pour système de générateurs l'ensemble des sections $]x,+\infty[$ et $]-\infty,x[$ lorsque x parcourt l'ensemble des nombres rationnels.

Exemple 6 - $\mathbf{R}^n$ muni de la métrique naturelle est à base dénombrable puisqu'il admet comme base de sa topologie l'ensemble des boules centrées aux points de $\mathbf{Q}^n$ de rayon $1/p$ pour tout entier $p\geq 1$.

Exemple 7 - Soit E un ensemble quelconque. Prenons pour famille $\mathcal{O}$ la famille réduite aux deux éléments $\{$ E, $\emptyset$ $\}$. Elle définit une topologie sur E, appelée, la topologie **grossière**. Elle n'est pas séparée sauf si E est réduit à un point.

Exemple 8 - Soit E un ensemble infini. Prenons pour famille $\mathcal{O}$, l'ensemble $\emptyset$ ainsi que toute partie de E dont le complémentaire dans E est un ensemble fini. Cette topologie n'est pas séparée mais elle est semi-séparée. En effet, soient x et y deux points distincts. Il existe sûrement une partie infinie $O(x)$ (resp. $O(y)$) qui contient x (resp. y) sans contenir y (resp. x), par exemple $E\setminus\{y\}$ (resp. $E\setminus\{x\}$).

Exemple 9 - Topologies sur un ensemble ordonné . Soit E un ensemble ordonné. On appelle **topologie droite** (resp. **topologie gauche**) la topologie dont une base est donnée par l'ensemble des sections droites, $[x,\rightarrow[$ (resp. gauches, $]\leftarrow,x]$). Ces topologies ne sont pas séparées ni même semi-séparées(*). En effet si x et y sont tels que $x<y$ alors tout intervalle intervalle contenant $[x,\rightarrow[$ contient nécessairement y mais l'intervalle $]x,\rightarrow[$ est un voisinage de y qui ne rencontre pas x.

(*)Cependant elles vérifient la propriété de séparation la plus faible signalée à la note qui suit la définition 2.2.2.

On désigne par $\mathcal{T}_0(E)$ (resp. $\mathcal{T}_+(E)$, $\mathcal{T}_-(E)$) la topologie sur E **engendrée** par l'ensemble des intervalles ouverts (resp. semi-ouverts à droite, semi-ouverts à gauche) limités ou non. La topologie $\mathcal{T}_0(E)$ est aussi appelée la **topologie de l'ordre** de E.

PROPOSITION 2.2.7. - *Soit E un ensemble totalement ordonné. La topologie de l'ordre admet pour base les intervalles ouverts (limités ou non). Cette topologie est séparée. Les intervalles fermés sont fermés pour cette topologie.*

Cette topologie est à base dénombrable s'il existe un ensemble dénombrable D tel que :

$$(2.2.4) \quad \forall x \in E \quad , \forall\,]a,b[\quad [x \in]a,b[\Longrightarrow (\exists \alpha \in D, \exists \beta \in D)(a \leq \alpha < x < \beta \leq b)]$$

DÉMONSTRATION: - Il faut montrer tout d'abord que l'intersection de deux intervalles ouverts limités ou non est encore un intervalle de ce type. Nous n'allons pas traiter tous les cas possibles, montrons le sur un exemple. Soit $] \longleftarrow, x[$ et $]y, z[$ deux intervalles ouverts. Comme E est totalement ordonné, on a $x \leq y$ ou $x > y$. Dans le premier cas l'intersection est vide, et nous avons convenu que c'est un intervalle ouvert. Dans le second distinguons le cas où $x \leq z$ auquel cas l'intersection est l'intervalle ouvert $]y, x[$ et le cas où $x > z$ auquel cas l'intersection est égale à l'intervalle ouvert $]y, z[$.

Montrons que cette topologie est séparée. Soient a et b deux points distincts de E. On peut supposer que $a < b$. Nous distinguons deux cas :

1 - $]a, b[= \emptyset$: Dans ce cas la section $] \leftarrow b[$ (resp. $]a, \rightarrow [$) est un ouvert contenant a (resp. b) et ces deux ouverts d'intersection vide puisque $]a, b[= \emptyset$.

2- $]a, b[\neq \emptyset$: Soit c un élément de cet intervalle. Alors la section $] \leftarrow, c[$ (resp. $]c, \rightarrow [$) est un ouvert contenant a (resp. b) et ces deux ouverts ont une intersection vide.

Puisque E est totalement ordonné le complémentaire de l'intervalle fermé $[a, b]$ est égal à la réunion des deux intervalles $] \leftarrow, a[$ et $]b, \rightarrow [$ qui est un ensemble ouvert.

Supposons que cette topologie soit à base dénombrable. Cela implique qu'il existe une famille dénombrable d'intervalles ouverts.

Réciproquement si D est une partie dénombrable telle que (2.2.4) soit vraie, alors il est évident que les intervalles ouverts d'extrémités appartenant à D forment une famille dénombrable d'ensembles ouverts formant une base de la topologie de E. ∎

Exemple 10 - La topologie naturelle de la droite réelle est la topologie $\mathcal{T}_0(E)$ de l'ordre naturel de $\mathbf{R}$.

Exemple 11 - Soit $E = P_\Omega$ (resp. $E = P_\Omega \cup \{\Omega\}$) l'ensemble des ordinaux strictement inférieurs (resp. inférieurs) au plus petit ordinal non dénombrable Ω. C'est un ensemble bien ordonné. Les deux topologies $\mathcal{T}_0(E)$ et $\mathcal{T}_-(E)$ coïncident.

Exemple 12 - **Le segment** $[0,1]$ **dédoublé** : Soit $X = [0,1]$ muni de l'ordre naturel et $S = \{-,+\}$ l'ensemble à deux éléments $-,+$ ordonné par $- < +$. Soit $E = X \times S$ muni de l'ordre lexicographique. Nous savons que c'est un ordre total et par conséquent la topologie de l'ordre est une topologie séparée. Examinons de plus près les voisinages d'un point. Pour alléger les notations nous identifions E à un ensemble somme de deux ensembles $X^- = X \times \{-\}$ et $X^+ = X \times \{+\}$. Soit $\alpha \in E$, par exemple $\alpha = x^+$ avec $x \neq 0$ et $x \neq 1$, alors un système fondamental de voisinages de x^+ est formé par les intervalles $V_y(x^+) = [x^+, y^-[$ où $y > x$. Un voisinage de ce système est composé des deux segments hachurés ci dessous où seule une extrémité, le point x^+, appartient à ce voisinage.

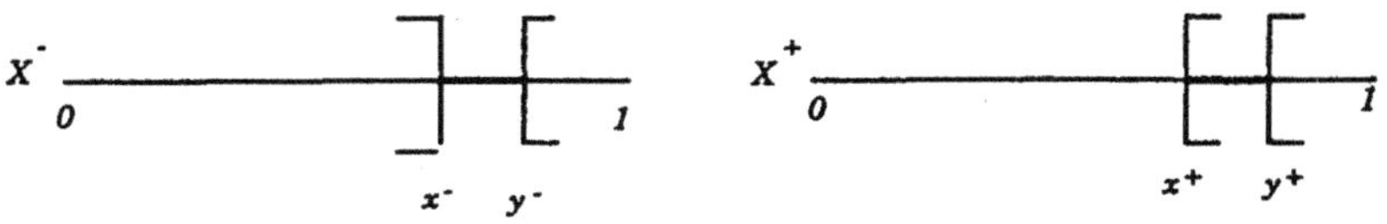

Figure 1

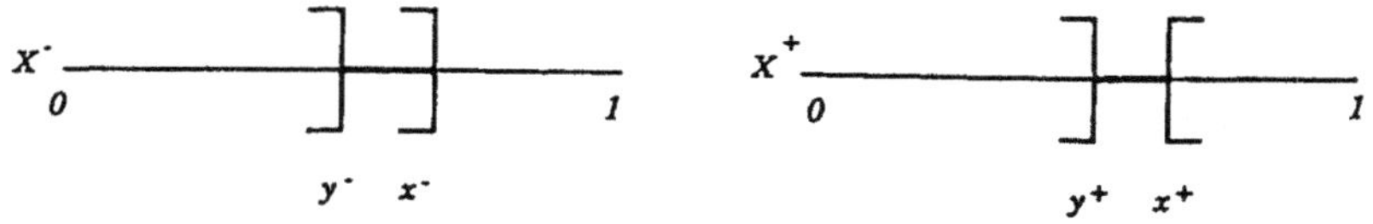

Figure 2

Pour justifier cela, il faut faire les deux remarques suivantes :
1) L'intervalle $[x^+, y^-[$ s'écrit aussi $]x^-, y^-[$ car si α vérifie $x^- < \alpha \leq x^+$, nécessairement α est égal à x^+.
2) Soit $]\alpha, \beta[$ un intervalle ouvert contenant x^+, alors on vérifie aisément que $\alpha \leq x^-$ et que $\beta \geq y^-$ pour un $y > x$, autrement dit un tel intervalle contient un des intervalles de notre système fondamental.

On montre de façon similaire qu'un système fondamental de voisinages d'un point $\beta = x^-$ ($x \neq 0$ et $x \neq 1$) est formé par les intervalles $W_y(x^-) =]y^+, x^-]$ où $y < x$. Un intervalle de cette famille est constitué par les segments hachurés ci-dessous (une seule extrémité, le point x^- appartient à cet intervalle).

Topologie de la droite achevée $\overline{\mathbb{R}}$.

On munit $\overline{\mathbb{R}}$ d'une topologie en définissant ses ensembles ouverts de la façon suivante: une partie U de $\overline{\mathbb{R}}$ est ouverte lorsque :

a) si elle contient un point x de $\mathbb{R}$, elle contient au moins un intervalle ouvert contenant x;

b) si elle contient le point - ∞, elle contient aussi un intervalle $[-\infty, A[$;

c) si elle contient le point + ∞, elle contient aussi un intervalle $]A, +\infty]$.

Il revient au même de dire qu'on prend pour base de la topologie d'une part les intervalles ouverts de $\mathbf{R}$ et les intervalles de la forme $[-\infty, A[$ et $]A, +\infty]$, A réel quelconque. C'est la topologie de l'ordre.

$\overline{\mathbf{R}}$ est un espace à base dénombrable. Nous donnerons plus loin une infinité de métriques donnant naissance à cette topologie (théorème 2.8.21); mais aucune de ces métriques ne s'impose de façon naturelle plus que les autres.

Parties fermées.

DÉFINITION 2.2.8. *Soit E un espace topologique. On appelle partie fermée de E toute partie de E dont le complémentaire est un ensemble ouvert.*

PROPOSITION 2.2.9. *Soit E un espace topologique, $\mathcal{F}$ l'ensemble des parties fermées de E. $\mathcal{F}$ possède les propriétés suivantes*

$$(2.2.6)\qquad \begin{cases} 1^\circ) & \textit{stabilité par } \textbf{réunion finie} : \\ & (F_i)_{i=1}^k \subset \mathcal{F} \Longrightarrow \bigcup_{1\le i\le k} F_i \in \mathcal{F} \\ 2^\circ) & \textit{stabilité par } \textbf{intersection quelconque} : \\ & (F_i)_{i\in I} \subset \mathcal{F} \Longrightarrow \bigcap_{i\in I} F_i \in \mathcal{F} \\ 3^\circ) & E \textit{ et } \emptyset \textit{ appartiennent à } \mathcal{F}. \end{cases}$$

DÉMONSTRATION: Ces propriétés découlent immédiatement de celles des ouverts, par passage au complémentaire. ■

Exemple 13: Dans un espace topologique séparé, en particulier dans tout espace métrique, toute partie réduite à un point ou à un nombre fini de points est fermée. En effet $A = \{a\}$. Alors puisque E est séparé, pour tout $x \neq a$ il existe un ouvert O contenant x et ne contenant pas a (ce qui est nettement moins que ce que donne la définition 2.2.2), donc le complémentaire de A est ouvert et A est fermé. Voilà pour un point; pour un nombre fini de points, il suffit d'appliquer la propriété 1°) de (2.2.3).

Remarque 3 - Toute **boule fermée** d'un espace métrique **est fermée**. Ce qui justifie son nom. En effet nous venons de démontrer plus haut que le complémentaire de la boule fermée de centre a et de rayon R est une partie ouverte. En particulier, sur la droite réelle $\mathbf{R}$, munie de la métrique naturelle, tout intervalle fermé est fermé, alors qu'un intervalle semi-ouvert ou ouvert, n'est pas fermé. L'ensemble

$$\{x \; : \; d(x,a) \geq R\} \quad \text{est fermé}$$

puisque c'est le complémentaire de la boule ouverte de centre a et de rayon R. Toute sphère est fermée car c'est l'intersection de l'ensemble précédent et de la boule fermée de centre a et de rayon R.

Remarque 4 - Dans $\mathbf{R}^n$, muni de l'une quelconque des métriques définies par les normes (2.1.10), un pavé fermé, défini par des inégalités larges

$$\{x = (x_1, x_2, \ldots, x_n) : \quad a_i \leq x_i \leq b_i \quad i = 1, \ldots, n \quad \}$$

est un ensemble fermé. On peut observer qu'on peut construire une distance d de façon que ce pavé soit égal à une boule fermée pour cette distance. En effet, soit $\alpha_i = b_i - a_i$ et $c_i = \dfrac{a_i + b_i}{2}$; alors

$$x_i \in [a_i, b_i] \iff |x_i - c_i| \leq \alpha_i \iff (\alpha_i)^{-1}|x_i - c_i| \leq 1.$$

Il suffit alors de définir la norme :

$$(2.2.7) \qquad ||x|| = \max_{1 \leq i \leq n} \left(\frac{|x_1|}{\alpha_1}, \frac{|x_2|}{\alpha_2}, \ldots, \frac{|x_n|}{\alpha_n} \right)$$

et si d est la distance associée à cette norme , alors le pavé fermé donné n'est autre que la boule fermée de centre $c = (c_i)_{i=1}^n$ de rayon 1.

Remarque 5 - Dans la métrique discrète, toutes les parties de E sont fermées .

Remarque 6 - Nous avons, dans les propriétés des ouverts et des fermés soigneusement distingué s'il s'agissait d'intersections ou de réunions d'une famille quelconque, ou seulement d'un nombre fini de parties. Ces distinctions sont absolument essentielles.

Par exemple, sur la droite réelle $\mathbf{R}$, muni de sa métrique naturelle, une partie réduite à un point est un ensemble fermé mais n'est pas un ensemble ouvert, alors qu'il est intersection d'une infinité dénombrable d'intervalles ouverts. Par exemple

$$(2.2.8) \qquad \{0\} = \bigcap_{n=1}^{\infty}]-\frac{1}{n}, +\frac{1}{n}[.$$

De même un intervalle ouvert n'est pas fermé en général, alors qu'il est une réunion dénombrable d'intervalles fermés strictement plus petits. Par exemple

$$(2.2.9) \qquad]0,1[= \bigcup_{n=2}^{\infty} [\frac{1}{n}, 1 - \frac{1}{n}].$$

Remarque 7 - Il existe naturellement des parties de E qui ne sont ni ouvertes ni fermées, par exemple les intervalles semi-ouverts, ou l'ensemble des nombres rationnels sur $\mathbf{R}$ muni de sa métrique naturelle.

Remarque 8 - Il peut exister, en dehors de E et $\emptyset$ des parties de E qui sont à la fois ouvertes et fermées, comme le montre l'exemple de la topologie discrète.(*)

(*)Voir à ce sujet le § 9.

Voisinages.

DÉFINITION 2.2.10. *Soit E un espace topologique. On appelle* **voisinage** *d'un point $a \in E$ toute partie de E contenant au moins un ouvert contenant lui-même le point a.*

PROPOSITION 2.2.11. *Soit E un espace topologique. Alors pour tout point $a \in E$, l'ensemble des voisinages $\mathcal{V}(a)$ possède les propriétés suivantes:*

$$(2.2.10) \quad \begin{cases} 1 - \textit{Tout voisinage de } a \textit{ contient le point } a \\ 2 - \textit{Toute partie qui contient un voisinage de } a \\ \quad \textit{est un voisinage de } a \text{ ,} \\ 3 - \textit{Toute intersection d'un nombre fini de voisinages de } a \\ \quad \textit{est un voisinage de } a \text{ ,} \\ 4 - \textit{Tout voisinage de } a \textit{ contient un sous-ensemble } W \\ \quad \textit{qui est voisinage de chacun de ses points} \end{cases}$$

DÉMONSTRATION: Tout est évident à partir des définitions 2.2.1, 2.2.2, 2.2.10. En particulier si V est un voisinage de a, il contient un ouvert W, qui est voisinage de chacun de ses points d'après la définition d'un voisinage. ∎

Remarque 9 - On doit noter que le mot français " voisinage "est ici quelque peu trompeur: on pourrait croire qu'un voisinage de a est très voisin de a, et qu'il est d'autant plus facile pour une partie de E d'être un voisinage de a qu'elle est plus petite. Or il n'en est rien; la propriété 2- des voisinages montre au contraire qu'il est d'autant plus facile, pour une partie A, d'être un voisinage de a, qu'elle est plus grande. L'espace entier est un voisinage de a, et, sauf des cas exceptionnels (comme la topologie discrète), la partie réduite à a n'est pas un voisinage de a.

Remarque 10 - Le lecteur peut démontrer que les propriétés 1-2-3-4 sont caractéristiques des voisinages d'une topologie. Cela signifie que si à tout a de E on associe un ensemble $\mathcal{V}(a)$ de parties de E possédant les propriétés 1-2-3-4 il existe une topologie et une seule sur E telle que $\mathcal{V}(a)$ constitue l'ensemble des voisinages de a.

DÉFINITION 2.2.12. *Soit E un espace topologique. On dit qu'un point a de E est* **isolé** *si la partie réduite à ce point en est un voisinage, c'est à dire est ouverte.*
Soit A une partie de E, on appelle voisinage de A toute partie de E contenant un ouvert contenant A.
Si en outre E est un espace métrique, on appelle **voisinage d'ordre** *ϵ de A la réunion des boules de rayon ϵ et de centre dans A.*

Dans la métrique discrète, tout point est isolé. Dans $\mathbf{R}$, aucun point n'est isolé.

Dans un espace métrique, un voisinage d'ordre ϵ d'une partie A est bien un voisinage de A puisqu'il contient la réunion de toutes les boules ouvertes de rayon ϵ et de centre dans A, qui est un ouvert (réunion de boules ouvertes) contenant A.

THÉORÈME 2.2.13. *Soit E un espace topologique. Pour qu'une partie A de E soit ouverte, il faut et il suffit qu'elle soit voisinage de chacun de ses points.*

DÉMONSTRATION: - Si A est voisinage de chacun de ses points, alors elle ne peut contenir un point sans contenir un ouvert de E qui le contient. Donc A est ouverte comme réunion de ces ouverts.
Réciproquement, si A est ouverte, et si $a \in A$, A contient bien un ouvert contenant a, à savoir A lui-même, donc A est un voisinage de a. ∎

DÉFINITION 2.2.14. *Soient E un espace topologique, $(\mathcal{V}_{i \in I})$ une famille de voisinages d'un point $a \in E$. On dit que c'est un* **système fondamental** *de voisinages de a, si tout voisinage de a contient l'un des $\mathcal{V}_i$.*

On dit qu'un espace topologique est **régulier** *si tout point possède un système fondamental de voisinages* **fermés**.

PROPOSITION 2.2.15. *Un espace métrique est un espace régulier. En outre, dans un espace métrique tout point possède un système fondamental* **dénombrable** *de voisinages* **fermés**.

DÉMONSTRATION: En fait, on va prouver les deux assertions en même temps. En effet, considérons pour un point a quelconque de E, la famille dénombrable formée des boules de centre a et de rayon $1/n$, $n \geq 1$. Soit V un voisinage de a. Il contient donc une boule ouverte de centre a et de rayon $\epsilon > 0$; or la suite $1/n$ tendant vers 0 lorsque n tend vers l'infini, il en résulte qu'il existe n (dépendant de ϵ) tel que $\epsilon \geq 1/n$. Alors la boule de centre a et de rayon $\frac{1}{2n}$ est contenue dans V. ∎

PROPOSITION 2.2.16. *Soit E un espace topologique. Pour tout point $a \in E$, l'intersection de tous les voisinages fermés de (resp. de tous les voisinages de) a est réduite à $\{a\}$ si et seulement si E est un espace séparé (resp. semi-séparé).*

DÉMONSTRATION: Cette intersection contient sûrement le point a. Soit x un point distinct de a. Si E est séparé, il existe deux ouverts $O(a)$ et $O(x)$ contenant a et x respectivement et disjoints. Mais alors le complémentaire de l'ouvert $O(x)$, qui est donc fermé, contient l'ouvert $O(a)$ contenant a. C'est donc un voisinage fermé de a, ne contenant pas x, ce qui montre bien que cette intersection se réduit au point a. Si E est seulement semi-séparé, il existe un voisinage $O(a)$ de a ne contenant pas x donc x ne peut appartenir à l'intersection de tous les voisinages de a .

Réciproquement, soient a et b distincts. Il existe un voisinage fermé V de a qui ne contient b. Le complémentaire de V est donc un ouvert qui contient b. C'est bien un voisinage de b qui ne rencontre pas le voisinage V de a. Donc E est séparé. La réciproque dans le cas où E est semi-séparé est triviale. ∎

Intérieur.

DÉFINITION 2.2.17. *Soit A une partie d'un espace topologique E. On appelle* **intérieur** *de A, et on note $\mathring{A}$, la réunion de tous les ouverts de E contenus dans A.*

C'est donc un ouvert de E contenu dans A (Définition 2.2.1 (2.2.1, 2°)), et c'est alors bien évidemment le plus grand ouvert contenu dans A.

Bien entendu, $\mathring{A}$ peut être vide (exemple si $E = \mathbf{R}$, $A = \mathbf{Q}$).

PROPOSITION 2.2.18. *L'intérieur $\mathring{A}$ de A est l'ensemble des points de E dont au moins un voisinage est contenu tout entier dans A, ou l'ensemble des points de E dont A est un voisinage.*

Si A et B sont deux parties de E, l'intérieur de leur intersection est égal à l'intersection de leurs intérieurs:

$$(A \cap B)^\circ = \mathring{A} \cap \mathring{B} \tag{2.2.11}$$

Si E est un espace métrique, l'intérieur de A, $\mathring{A}$ est l'ensemble des points qui sont centre d'au moins une boule contenue dans A.

DÉMONSTRATION: En effet, si V est un voisinage de a, contenu dans A, alors a appartient à un ouvert U contenu dans V donc dans A donc dans $\mathring{A}$, et a fortiori $a \in \mathring{A}$. En particulier, si E est métrique et a est centre d'une boule contenue dans A, alors a appartient à la boule ouverte qui joue le rôle de U ci-dessus. Réciproquement si $a \in \mathring{A}$, et comme $\mathring{A}$ est ouverte c'est un voisinage de a contenu dans A et si E est un espace métrique, il existe une boule centrée en a, contenue dans l'intérieur de A et a fortiori dans A.

Soit U un ensemble ouvert contenu dans $A \cap B$. Alors U est contenu dans A donc aussi dans $\mathring{A}$ et dans B donc aussi dans $\mathring{B}$. Par suite U est contenu dans l'intersection des intérieurs de A et B et par conséquent on a :

$$(A \cap B)^\circ \subset \mathring{A} \cap \mathring{B}\,.$$

Réciproquement $\mathring{A} \cap \mathring{B}$ est un ensemble ouvert contenu dans $A \cap B$, il est donc contenu dans l'intérieur de $A \cap B$, ce qui prouve l'inclusion inverse et (2.2.11) est ainsi démontrée. ■

Extérieur, Frontière.

DÉFINITION 2.1.19. *On appelle* **extérieur** *de A l'intérieur de son complémentaire. C'est donc le plus grand ouvert de E qui soit disjoint de A.*
On appelle **frontière** *de A, et on note $\dot{A}$, l'ensemble des points de E qui n'appartiennent ni à son intérieur ni à son exterieur. C'est une partie fermée puisque son complémentaire est une partie ouverte, réunion de l'intérieur et de l'extérieur de A.*

Remarque 11 - L'extérieur de A est l'ensemble des points de E dont au moins un voisinage est disjoint de A, en particulier si E est une espace métrique, qui sont centre d'au moins une boule de rayon > 0 disjointe de A.

Remarque 12 - L'intérieur et l'extérieur de A sont évidemment disjoints .

Remarque 13 - L'intérieur, l'extérieur, et la frontière de A ont pour réunion E et sont deux à deux disjoints.

PROPOSITION 2.2.20. *Pour qu'un point a appartienne à la frontière $\dot{A}$ de A, il faut et il suffit que tout voisinage de a contienne à la fois des points de A et de son complémentaire A^c.*

DÉMONSTRATION: Tout d'abord, si tout voisinage de a rencontre à la fois A et A^c, il n'est contenu dans aucun d'entre eux, donc a n'est ni intérieur ni extérieur, et il est bien sur la frontière. Inversement, si a est sur la frontière , et si V est un voisinage de A, V rencontre A, sans quoi il serait dans A^c et a serait extérieur, et il rencontre A^c, sans quoi il serait dans A et a serait intérieur. ∎

Adhérence.

DÉFINITION 2.2.21. *On appelle* **adhérence** *de A, et on note $\overline{A}$ l'intersection de toutes les parties fermées de E qui contiennent A. Elle est donc fermée (Définition (2.2.6), 2°), et c'est alors évidemment la plus petite partie fermée de E qui contient A. Un point appartenant à cette adhérence est dit* **adhérent** *à A.*

PROPOSITION 2.2.22. *L'adhérence de A est la réunion de son intérieur et de sa frontière, autrement dit le complémentaire de son extérieur, ou encore c'est l'ensemble des points de E dont tout voisinage rencontre A.*

Si A et B sont deux parties de E, l'adhérence de leur réunion est égal à la réunion de leurs adhérences :

$$\overline{A \cup B} = \overline{A} \cup \overline{B} \tag{2.2.12}$$

DÉMONSTRATION: Dire que $\overline{A}$ est le plus petit fermé qui contient A est équivaut, d'après la propriété de passage au complémentaire, à dire que $\overline{A}^c$ est le plus grand ouvert dans A^c, donc n'est autre que l'extérieur, ce que nous voulions démontrer.

Soit maintenant a un point adhérent à A. Alors tout voisinage V de a rencontre A; sinon, en effet, V serait contenu dans A^c, il existerait alors un ouvert U contenant a et contenu dans V donc dans A^c; alors U et donc a seraient dans la réunion des ouverts contenus dans A^c, qui est l'extérieur de A ; ceci est contraire à l'hypothèse $a \in \overline{A}$. Réciproquement, si a est tel que chacun de ses voisinages rencontre A, a ne peut pas être à l'extérieur de A, sans quoi cet extérieur serait un voisinage de a ne rencontrant pas A; donc a est bien dans l'adhérence $\overline{A}$. Nous avons donc bien montré que a est adhérent à A si et seulement si tout voisinage de a rencontre A.

Soit F un ensemble fermé contenant $A \cup B$. Alors F contient A donc aussi $\overline{A}$ et B donc aussi $\overline{B}$. Par suite F contient dans la réunion des adhérences de A et B et par conséquent on a :

$$\overline{A} \cup \overline{B} \subset \overline{A \cup B}$$

Réciproquement $\bar{A} \cup \bar{B}$ est un ensemble fermé contenant dans $A \cup B$, il contient donc l'adhérence de $A \cup B$, ce qui prouve l'inclusion inverse et (2.2.12) est ainsi démontrée. ■

COROLLAIRE 2.2.23. *Soient E un espace topologique et A une partie de E. On a*

$$\dot{A} = \overline{A} \cap \overline{A^c}. \tag{2.2.13}$$

DÉMONSTRATION: C'est une conséquence immédiate des propositions 2.2.20 et 2.2.22. ■

Remarque 14 - On ne peut pas remplacer $\cap$ par $\cup$ dans (2.2.11) ni remplacer $\cup$ par $\cap$ dans (2.2.12). Prenons, dans la droite réelle, pour A l'ensemble des nombres rationnels et pour B son complémentaire, l'ensemble des nombres irrationnels. Alors l'intérieur de A et l'intérieur de B sont tous deux vides, donc la réunion de ces intérieurs est $\emptyset$ alors que la réunion de A et B, étant la droite réelle, l'intérieur de celle-ci est elle-même. On voit que l'adhérence de l'une comme de l'autre est la droite réelle, donc l'intersection des adhérences est la droite réelle alors que $A \cap B = \emptyset$ donc l'adhérence de cette intersection est $\emptyset$.

Remarque 15 - Les formules (2.2.11) et (2.2.12) s'étendent bien entendu à un nombre fini de parties mais pas à une infinité dénombrable. Par exemple, si $r_0, r_1, \ldots, r_n, \ldots$ est une énumération des nombres rationnels, l'adhérence du singleton $\{r_n\}$ est lui-même, donc la réunion des adhérences est encore l'ensemble des nombres rationnels alors que l'adhérence de la réunion est la droite réelle toute entière.

DÉFINITION 2.2.24. *Soient E un espace métrique, d sa métrique, A une partie non vide de E. Pour tout $x \in E$, on appelle* **distance de x à A**, *la borne inférieure des distances $d(x, y)$ lorsque y parcourt A. C'est un nombre réel ≥ 0 noté $d(x, A)$.*

COROLLAIRE 2.2.25. *Soient E un espace métrique, d sa métrique, A une partie non vide de E. Alors on a l'équivalence*

(2.2.14) $$x \in \overline{A} \iff d(x, A) = 0.$$

DÉMONSTRATION: C'est une conséquence de la proposition 2.2.22 et de l'équivalence évidente suivante :

$$d(x, A) = 0 \iff \forall\, R > 0\ ,\ B(x, R) \cap A \neq \emptyset.$$

D'où le résultat cherché. ■

Exemple 14 - Dans un espace vectoriel normé, si A est une boule ouverte ou fermée de centre a et de rayon $R > 0$, son intérieur est la boule ouverte correspondante, son adhérence est la boule fermée correspondante, son extérieur est l'ensemble $\{x\ :\ d(a, x) > R\}$, et sa frontière est la sphère de centre a et de rayon R(*) [notons que cette circonstance n'est pas absolument générale. Si E est muni de la métrique discrète, et si A est une boule fermée de rayon 1, elle est identique à E donc identique à son intérieur, tandis que sa frontière et son extérieur sont vides. Une boule ouverte de rayon 1 est réduite à son centre].

Sur la droite réelle $\mathbf{R}$, si A est l'ensemble des nombres rationnels, alors $\mathring{A} = \emptyset$, $\dot{A} = \overline{A} = \mathbf{R}$.

PROPOSITION 2.2.26. *Pour qu'une partie A d'un espace topologique E soit ouverte, il faut et il suffit qu'elle soit identique à son intérieur.*

Pour qu'elle soit fermée, il faut et il suffit qu'elle soit identique à son adhérence.

DÉMONSTRATION: C'est tout à fait évident à partir de tout ce qui vient d'être dit. ■

Support d'une application à valeurs dans un espace vectoriel.

DÉFINITION 2.2.27. - *Soit f une application définie dans un espace topologique E à valeurs dans un espace vectoriel F. On appelle* **support de f**, *l'adhérence de l'ensemble des points x, où $f(x) \neq 0$.*

PROPOSITION 2.2.28. *Le support d'une fonction est toujours fermé: c'est le plus ensemble fermé de E, sur le complémentaire duquel f soit $\equiv 0$.*

Si f et g sont deux fonctions sur E à valeurs dans l'espace vectoriel F, alors le support de $f + g$ est contenu dans la réunion des supports de f et g.

DÉMONSTRATION: : Les deux premières assertions sont évidentes, prouvons la troisième. Un point x où $f(x) + g(x) \neq 0$ appartient ou bien à l'ensemble A des points où $f \neq 0$ ou bien à l'ensemble B des points où $g \neq 0$, ces deux éventualités n'étant pas exclusives l'une de l'autre; il appartient donc à $A \cup B$, et par suite le support est contenu dans $\overline{A \cup B}$ lui-même égal à la réunion $\overline{A} \cup \overline{B}$ des supports. ■

(*)Le théorème (2.6.15) donnera une autre caractérisation essentielle de l'adhérence

Exemple 14 - Considérons la fonction réelle sur **R** dont le graphe est représenté sur la figure ci-dessous,le support est l'intervalle $[a, c]$. En effet l'ensemble des points où $f(x) \neq 0$ est l'intervalle $]a, c[$ ouvert, dont on retranche le point b et l'adhérence de cet ensemble est bien l'intervalle fermé $[a, c]$.

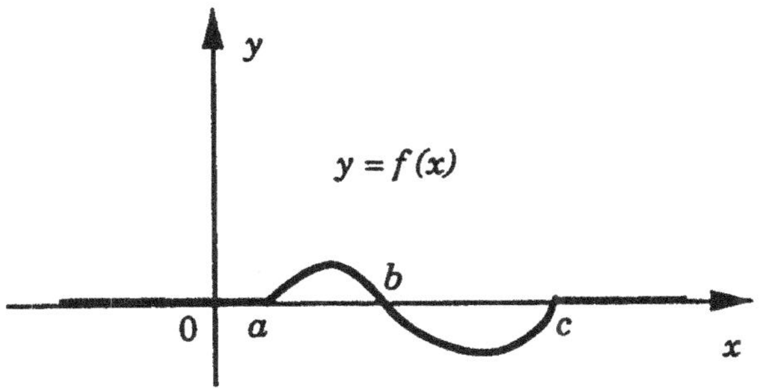

Exemple 15 - Si f est la fonction réelle, égale à 0 en tous les points d'abscisse irrationnelle de **R**, et à 1 en tous les points d'abscisse rationnelle, l'ensemble des points où elle est différente de 0 est l'ensemble **Q** des nombres rationnels et le support est la droite réelle **R** toute entière.

Sous-ensembles denses - Espaces séparables.

DÉFINITION 2.2.29. *Une partie A d'un espace topologique E est dite* **dense** *si tout point de E lui est adhérent, c'est à dire si son adhérence est E lui même. Un espace topologique est dit* **séparable** *s'il contient une partie dénombrable dense. (cette dénomination, assez largement adoptée, est fâcheuse, car séparable n'a ainsi aucun rapport avec séparé !)*

Exemples 16 - Sur **R** munie de sa métrique naturelle, l'ensemble A des nombres rationnels et l'ensemble B des nombres irrationnels sont denses. Comme l'ensemble des nombres rationnels est dénombrable, **R** est séparable.

Exemple 17 - Sur l'intervalle $[0, 1]$ muni de la métrique induite par la métrique de la droite réelle l'ensemble des nombres rationnels est dense. Mais l'ensemble A formé par les nombres dyadiques c'est à dire des nombres de la forme $\{ \frac{k}{2^n}, n \geq 1 \quad 0 \leq k \leq 2^n \}$ est aussi dense. Cet ensemble est dénombrable comme réunion dénombrable d'ensembles finis. Donc $[0, 1]$ est séparable.

Exemple 18 - Sur $\mathbf{R}^n$ muni de l'une quelconque des métriques (2.1.13), l'ensemble des points à coordonnées rationnelles $\mathbf{Q}^n$ est dense. Comme $\mathbf{Q}^n$ est dénombrable, il en résulte que $\mathbf{R}^n$ est séparable.

Exemple 19 - $\overline{\mathbf{R}}$ est un espace séparable

Exemple 20 - Le segment $[0,1]$ dédoublé est séparable. En effet, il est facile de vérifier, à partir de la définition d'un système fondamental de voisinages d'un point, que l'ensemble $\{r^+ : r \in \mathbf{Q} \cap [0,1]\}$ (ou l'ensemble $\{r^- : r \in \mathbf{Q} \cap [0,1]\}$) est dense.

PROPOSITION 2.2.30. - *Soient E un espace topologique et D une partie de E. D est une partie dense dans E si et seulement si tout ouvert non vide U de E rencontre D i.e $U \cap D \neq \emptyset$.*

DÉMONSTRATION: - Soient D un ensemble dense dans E et U un ouvert non vide. Puisque U est non vide, il exsite $x \in U$ et U est un voisinage de x. Comme $x \in \overline{D}$, on a nécessairement $U \cap D \neq \emptyset$ (proposition 2.2.22). Réciproquement, soit x un élément quelconque de E, V un voisinage de x. Il existe donc un ouvert U tel que $x \in U \subset V$. Alors $V \cap D \supset U \cap D \neq \emptyset$ donc D est dense dans E. ∎

Sous-espace topologique - Métrique induite.

PROPOSITION 2.2.31. *Soient F une partie d'un espace topologique E. Soit $\mathcal{U}$ l'ensemble des parties A de F telles que A soit égale à l'intersection d'une partie ouverte U de E et de F. Alors $\mathcal{U}$ est l'ensemble des parties ouvertes d'une topologie sur E.*
Si E est un espace métrique de distance d, la restriction à $F \times F$ de la fonction distance définie sur $E \times E$ fait de F un espace métrique.

DÉMONSTRATION: Il faut montrer que $\mathcal{U}$ possède les propriétés (2.2.1). Il est évident que $\emptyset$ et F appartiennent à $\mathcal{U}$ puisque $\emptyset = \emptyset \cap F$ et $F = F \cap E$. Les propriétés de l'intersection et de la réunion :

$$\bigcap_{1 \leq i \leq m} (F \cap O_i) = F \cap \left(\bigcap_{1 \leq i \leq m} O_i\right) \qquad \bigcup_{i \in I} (F \cap O_i) = F \cap \left(\bigcup_{i \in I} O_i\right)$$

montrent que $\mathcal{U}$ est stable par intersection finie et réunion quelconque puisqu'il en est ainsi des parties ouvertes de E. Il est évident que la restriction de d à $F \times F$ est une distance sur F. ∎

DÉFINITION 2.2.32. *Soit E un espace topologique, F une partie de E. On appelle* **topologie induite** *par E sur F la topologie sur F dans laquelle une partie A de F est ouverte (dans F) si et seulement si c'est l'intersection d'une partie ouverte de E avec F.*
On dit alors que F est un **sous-espace topologique** *de E.*

Si E est un espace métrique, F muni de la restriction de la distance d à $F \times F$, est appelé un **sous-espace métrique** *de E.*

Exemple 21 - $\mathbf{R}$ est un sous-ensemble de $\overline{\mathbf{R}}$, et sur ce sous-ensemble la topologie induite par celle de $\overline{\mathbf{R}}$ est la topologie définie par la métrique naturelle.

Remarque 16 - A première vue , si F est un sous-espace métrique d'un espace métrique E, il semble qu'il hérite de deux topologies, celle induite par E et celle qui est définie à l'aide de la métrique induite. En fait, la proposition suivante montre que ces deux topologies sont identiques.

PROPOSITION 2.2.33. *Soient E un espace métrique, F une partie de E. Pour qu'une partie A de F soit ouverte dans l'espace métrique F, il faut et il suffit qu'elle soit l'intersection de F et d'une partie ouverte de E.*

DÉMONSTRATION: Désignons par B les boules de E et par β les boules de F. Soit A une partie de F, intersection de F et d'un ouvert A_1 de E. Si $a \in F$, est dans A, donc dans A_1, il existe une boule $B_0(a, R)$ contenue dans A_1; alors $\beta_0(a, R) = B_0(a, R) \cap F$ est contenue dans A ; A est bien ouvert dans F.

Réciproquement soit A un ouvert de F. Alors il est (définition 2.2.3) réunion d'une famille $\beta_i(a_i, R_i)$, $i \in I$, de boules ouvertes, $a_i \in A$, $R_i > 0$; alors la réunion des boules $B_i(a_i, R_i)$ est un ouvert A_1 de E, et
$A = A_1 \cap F$.

La proposition suivante montre que les fermés et les voisinages d'un point a d'un sous-espace topologique F d'un espace topologique E peuvent aussi être déterminés à l'aide des fermés et des voisinages de ce point dans E de manière très simple.

PROPOSITION 2.2.34. *Soient E un espace topologique, F une partie de E. Pour qu'une partie A de F soit fermée dans le sous-espace topologique F, il faut et il suffit qu'elle soit l'intersection de F et d'une partie fermée de E.*
Pour qu'une partie A de F soit, dans le sous-espace topologique F, un voisinage de $a \in F$, il faut et il suffit qu'elle soit l'intersection de F et d'un voisinage de a dans E.

DÉMONSTRATION: Soient A_1 une partie fermée dans E, C_1 son complémentaire dans E. Alors A_1 et C_1 coupent F suivant deux parties complémentaires A et C de F: C est ouverte donc $A = A_1 \cap F$ est fermée. Réciproquement, soit A une partie fermée de F. Soit C son complémentaire relativement à F. C est ouverte donc il existe un ouvert C_1 de E tel que $C = C_1 \cap F$. Soit A_1 le complémentaire de C_1 dans E , A_1 est fermée. A_1 et C_1 sont complémentaires dans E, leurs intersections avec F sont complémentaires dans F; comme $C = C_1 \cap F$, on a $A = A_1 \cap F$, A_1 étant fermée dans E.

Soit V_1 un voisinage de $a \in F$ dans E. V_1 contient un ouvert A_1 contenant a. Alors $V = V_1 \cap F$ contient l'ouvert $A = A_1 \cap F$ de F, contenant a, donc c'est un voisinage de a dans F. Réciproquement, soit V un voisinage de a dans F. Il contient un ouvert A de F contenant a. Il existe alors un ouvert A_1 de E tel que $A = A_1 \cap F$. Alors $V_1 = A_1 \cup V$ est un voisinage de a dans E puisqu'il contient l'ouvert A_1 contenant a ; et
$V = V_1 \cap F$. ∎

Remarque 17 - Si E est un espace topologique, et F un sous-espace topologique de E, il y a lieu de préciser avec soin, quand on dira qu'une partie A de F est ouverte ou fermée, si elle l'est dans l'espace topologique E, ou dans l'espace topologique F. Par exemple F lui-même est à la fois ouvert et fermé dans l'espace topologique F alors qu'il ne l'est pas en général dans E.

Remarque 18 - Les ouverts, les fermés, et par conséquent les voisinages d'un sous-espace topologique F sont parfaitement connus dès que l'on connait ceux de E. En particulier si F est un sous-espace métrique, il n'est pas nécessaire de connaître la métrique de F mais seulement sa topologie. Nous verrons plus tard l'intérêt (voir § 4).

Remarque 19 - Quelle que soit la partie F de E, si une partie A de F est ouverte (resp. fermée) dans l'espace topologique E, elle l'est a fortiori dans le sous- espace topologique F; si elle est un voisinage de $a \in F$ dans E, elle l'est a fortiori dans F.
La réciproque n'est pas nécessairement vraie, comme le montre le cas $A = F$ lui-même vu plus haut. Mais on a le résultat suivant:

PROPOSITION 2.2.35.
a) Si F est un ouvert de E, toute partie A de F, ouverte dans l'espace topologique F, est encore ouverte dans l'espace topologique E.
b) Si F est un fermé de E, toute partie A de F, fermée dans l'espace topologique F, est encore fermée dans l'espace topologique E.
c) Si F est un voisinage de a dans E, toute partie A de F, voisinage de a dans l'espace topologique F, est encore un voisinage de a dans l'espace topologique E.

DÉMONSTRATION:
a/ Si A est une partie ouverte de F, supposée ouverte dans E, il existe, d'après la proposition 2.2.27, une partie A_1, ouverte dans E et telle que $A = A_1 \cap F$; comme A_1 et F sont ouvertes dans E, A l'est aussi comme intersection de deux ouverts. On en déduit aussitôt c).
b/ Démonstration analogue, en remplaçant ouvert par fermé. ∎

Métriques sur un produit d'un nombre fini d'espaces métriques.

PROPOSITION 2.2.36. *Soient (E_1, d_1) , (E_2, d_2) deux espaces métriques, $E = E_1 \times E_2$, l'ensemble produit de E_1 et de E_2. Pour tout $(x, y) \in E \times E$, tel que $x = (x_1, x_2)$ et $y = (y_1, y_2)$, on pose*

$$(2.2.15) \qquad \begin{cases} (a) & \delta_1(x,y) = max\ (d_1(x_1,y_1), d_2(x_2,y_2)) \\ (b) & \delta_2(x,y) = d_1(x_1,y_1) + d_2(x_2,y_2) \\ (c) & \delta_3(x,y) = \sqrt{(d_1(x_1,y_1))^2 + (d_2(x_2,y_2))^2}. \end{cases}$$

Alors pour tout $i = 1, 2, 3$, δ_i est une distance sur E. On a les inégalités suivantes entre ces ces trois distances. Pour tout $(x, y) \in E \times E$, on a :

(2.2.16) $$\delta_1 (x, y) \leq \delta_2 (x, y) \leq 2\, \delta_1 (x, y)$$

(2.2.17) $$\delta_1 (x, y) \leq \delta_3 (x, y) \leq \sqrt{2}\, \delta_1 (x, y).$$

DÉMONSTRATION: Le fait que δ_2 soit une distance est évident. Pour $i = 1$ et $i = 3$, seule l'inégalité triangulaire n'est peut- être pas évidente. Soient $(x, y) \in E \times E$, $(y, z) \in E \times E$. Comme d_1 et d_2 sont des distances, on a donc :

(2.2.18) $$\begin{cases} d_1(x_1, y_1) \leq d_1(x_1, z_1) + d_1(z_1, y_1), \\ \\ d_2(x_2, y_2) \leq d_2(x_2, z_2) + d_2(z_2, y_2). \end{cases}$$

On déduit facilement de (2.2.18)

$$d_1(x_1, y_1) \leq \max\,(d_1(x_1, z_1), d_2(x_2, z_2)) + \max\,(d_1(z_1, y_1), d_2(z_2, y_2))$$
$$d_2(x_2, y_2) \leq \max\,(d_1(x_1, z_1), d_2(x_2, z_2)) + \max(\, d_1(z_1, y_1), d_2(z_2, y_2)).$$

Mais alors

$$\delta_1(x, y) \leq \delta_1(x, z) + \delta_1(z, y),$$

ce qui prouve que δ_1 vérifie bien l'inégalité du triangle (2.1.1, 3°)). Avant de prouver qu'il en est de même de δ_3, nous avons besoin de prouver l'inégalité suivante:

(2.2.19) $$\sqrt{(\alpha + \beta)^2 + (\gamma + \delta)^2} \leq \sqrt{\alpha^2 + \gamma^2} + \sqrt{\beta^2 + \delta^2}$$

où $\alpha, \beta, \gamma, \delta$ sont des nombres réels positifs. Nous avons les équivalences suivantes :

$$\begin{aligned} &\sqrt{(\alpha + \beta)^2 + (\gamma + \delta)^2} \leq \sqrt{\alpha^2 + \gamma^2} + \sqrt{\beta^2 + \delta^2} \\ &\iff \alpha\beta + \gamma\delta \leq \sqrt{(\alpha^2 + \gamma^2)(\beta^2 + \delta^2)} \\ &\iff 2\alpha\beta\gamma\delta \leq \alpha^2\delta^2 + \gamma^2\beta^2 \\ &\iff (\alpha\delta - \gamma\beta)^2 \geq 0, \end{aligned}$$

ce qui prouve l'inégalité (2.2.19). Par ailleurs, il résulte de (2.2.18)

$$(d_1(x_1, y_1))^2 + (d_2(x_2, y_2))^2 \leq (d_1(x_1, z_1) + d_1(z_1, y_1))^2 + (d_2(x_2, z_2) + d_2(z_2, y_2))^2$$
$$\iff$$
$$\sqrt{(d_1(x_1, y_1))^2 + (d_2(x_2, y_2))^2} \leq \sqrt{(d_1(x_1, z_1) + d_1(z_1, y_1))^2 + (d_2(x_2, z_2) + d_2(z_2, y_2))^2}.$$

Il suffit alors de poser

$$\alpha = d_1(x_1, z_1) \quad \beta = d_1(z_1, y_1) \quad \gamma = d_2(x_2, z_2) \quad \delta = d_2(z_2, y_2)$$

et d'appliquer l'inégalité (2.2.19) pour obtenir

$$\delta_3\, (x, y) \leq \sqrt{(d_1(x_1, z_1))^2 + (d_2(x_2, z_2))^2} + \sqrt{(d_1(z_1, y_1)^2 + (d_2(z_2, y_2)^2}$$

qui est l'inégalité voulue. Les inégalités (2.2.16) et(2.2.17) sont immédiates. ∎

Remarque 20 - Il est bien évident qu'aucune de ces métriques ne s'impose plus spécialement que les autres. En outre elles définissent sur E la même topologie. Cet exemple montre que, précisément, il n'est pas spécialement intéressant de mettre une métrique plutôt qu'une autre sur un espace produit. En revanche, il est très facile de définir une topologie naturelle sur le produit de 2 espaces topologiques

Pour simplifier, nous avons considéré uniquement deux espaces métriques. Donnons-nous n espaces métriques (E_i, d_i) et soit E le produit des ensembles E_i. Pour tout $(x, y) \in E \times E$, tel que $x = (x_1, x_2, \ldots, x_n)$ et $y = (y_1, y_2, \ldots, y_n)$, posons:

$$(2.2.20) \quad \begin{cases} (a) & \delta_1\,(x,y) = max\,(d_1(x_1,y_1), d_2(x_2,y_2), \ldots, d_n(x_n,y_n)) \\ (b) & \delta_2\,(x,y) = d_1(x_1,y_1) + d_2(x_2,y_2) + \ldots + d_n(x_n,y_n) \\ (c) & \delta_3\,(x,y) = \sqrt{(d_1(x_1,y_1))^2 + (d_2(x_2,y_2))^2 + \ldots + (d_n(x_n,y_n))^2}. \end{cases}$$

Alors pour tout i = 1,2,3, δ_i est une distance sur E, et ces trois distances sont équivalentes. Observons que les métriques sur $\mathbf{R}^n$ associées aux normes (2.1.13) résultent des formules (2.2.17) partant de la distance naturelle sur la droite réelle $\mathbf{R}$. Ce qui montre que tout ce que nous venons de dire plus haut est valable pour un produit en nombre fini d'espaces topologiques.

Topologie sur un produit quelconque d'espaces topologiques.

Nous commençons par le cas d'un nombre fini d'espaces.

THÉORÈME 2.2.37. *Soient $(E_i)_{i=1}^n$ n espaces topologiques, $E = \prod_{i=1}^n E_i$ le produit des ensembles E_i. Soit $\mathcal{B}$ l'ensemble des parties de E qui sont de la forme:*
(2.2.21)

$$A \in \mathcal{B} \iff \exists (U_i)_{i=1}^n \quad A = \prod_{i=1}^n U_i \quad \text{où pour tout } i\text{ , } U_i \quad \text{est un ouvert de} E_i.$$

Alors l'ensemble $\mathcal{O}$ des parties de E qui sont des réunions quelconques d'éléments de $\mathcal{B}$ est une famille d'ouverts pour une topologie sur E (autrement dit $\mathcal{B}$ est une base de cette topologie).

Si pour tout i , E_i est un espace topologique séparé, cette topologie est séparée. Réciproquement si E est un espace séparé, tous les espaces E_i sont séparés.

DÉMONSTRATION: Observons que $\mathcal{B}$ est stable par intersection finie, que $\emptyset$ et E appartiennent à $\mathcal{B}$. On en déduit alors que $\mathcal{O}$ est stable par intersection finie et que $\emptyset$ et E appartiennent à $\mathcal{O}$. Comme par définition, $\mathcal{O}$ est stable par réunion quelconque, $\mathcal{O}$ satisfait bien (2.2.1) et constitue bien un ensemble de parties ouvertes d'une topologie sur E.
Supposons que tous les E_i sont des espaces topologiques séparés. Soient $x = (x_1, x_2, \ldots, x_n)$ et $y = (y_1, y_2, \ldots, y_n)$ deux points distincts de E. Il existe i tel

que $1 \leq i \leq n$ et $x_i \neq y_i$. Comme E_i est séparé, il existe un ouvert $O(x_i)$ contenant x_i et un ouvert $O(y_i)$ contenant y_i , ces deux ouverts étant disjoints. En posant

$$U = E_1 \times \ldots \times E_{i-1} \times O(x_i) \times E_{i+1} \ldots \times E_n$$
$$V = E_1 \times \ldots \times E_{i-1} \times O(y_i) \times E_{i+1} \ldots \times E_n,$$

U (resp. V) est un ouvert de E contenant x (resp.y) et U et V sont disjoints (d'après la relation (1.3.27)), donc l'axiome d'Hausdorff est satisfait dans cette topologie. Réciproquement supposons que E soit un espace topologique séparé et j un indice quelconque $1 \leq j \leq n$, x_j et y_j deux poinst distincts de l'espace topologique E_j. Soit $a = (a_i)_{1 \leq i \leq n}$ un point de E tel que $a_j = x_j$ et b le point de E tel que $b_i = a_i$ pour tout $i \neq j$ et $b_j = y_j$. Alors puisque E est séparé et que $a \neq b$, il existe un ouvert $O(a)$ (resp. $O(b)$) de E contenant a (resp b) tels que $O(a) \cap O(b) = \emptyset$. $O(a)$ (resp. $O(b)$) est le produit d'un ouvert U_j (resp. U_j') de E_j avec le produit d'une famille d'ouverts $(W_i)_{i \neq j}$ (resp. $(W_i')_{i \neq j}$) avec $x_j \in U_j$ et $y_j \in U_j'$. Dans ces conditions, nécessairement $U_j \cap U_j' = \emptyset$. En effet, s'il n'en était pas ainsi, le point $z = (z_i)_{1 \leq i \leq n}$ de E tel que $z_i = a_i$ pour tout $i \neq j$ et $z_j \in U_j \cap U_j'$ appartiendrait à $O(a) \cap O(b)$ ce qui est impossible. Donc U_j et U_j' sont des voisinages disjoints de x_j et y_j respectivement dans E_j et celui-ci est donc un espace séparé. Le théorème est démontré. ∎

DÉFINITION 2.2.38. *Soient $(E_i)_{i=1}^n$, n espaces topologiques, $E = \prod_{i=1}^n E_i$ le produit des ensembles E_i. Soit $\mathcal{B}$ l'ensemble des parties de E qui est défini par (2.2.16). On appelle topologie produit sur E la topologie dont l'ensemble des parties ouvertes $\mathcal{O}$ est l'ensemble des parties de E qui sont des réunions quelconques d'éléments de $\mathcal{B}$. Autrement dit $\mathcal{B}$ est une base de la topologie produit.*

Remarque 21 - Si pour tout i, U_i est un ouvert de E_i, on voit que A n'est rien d'autre que l'intersection des n ensembles A_i :

(2.2.22) $$A_i = E_1 \times \ldots \times E_{i-1} \times U_i \times E_{i+1} \ldots \times E_n$$

Ceci montre que la **topologie produit est engendrée par les ensembles** A_i lorsque pour tout i, U_i parcourt l'ensemble des ouverts de E_i.

En fait, on peut généraliser cette construction sur un produit infini. Soit I un ensemble quelconque et supposons donné pour tout $i \in I$, un espace topologique E_i. Nous savons que l'axiome du choix est équivalent à dire que le produit E de tous ces ensembles n'est pas vide. Le théorème 2.2.32 se généralise ainsi.

THÉORÈME 2.2.39. *Soient I un ensemble quelconque et pour tout $i \in I$, un espace topologique E_i, $E = \prod_{i \in I} E_i$ le produit des ensembles E_i. Soit $\mathcal{B}$ l'ensemble des parties de E qui sont de la forme :*

(2.2.23) $$A \in \mathcal{B} \iff \exists J \subset I,\ J \textbf{ finie},\quad A = \prod_{i \in J} U_i \times \prod_{i \notin J} E_i$$

où pour tout i, U_i est un ouvert de E_i. Alors l'ensemble $\mathcal{O}$ des parties de E qui sont des réunions quelconques d'éléments de $\mathcal{B}$ est une famille d'ouverts pour une topologie sur E. Autrement dit $\mathcal{B}$ est une base de cette topologie.

Si pour tout i, E_i est un espace topologique séparé, cette topologie est séparée. Réciproquement si E est un espace séparé, tous les espaces E_i sont séparés.

DÉMONSTRATION: Il suffit d'opérer les légères modifications qui s'imposent à la démonstration du théorème 2.2.37. ∎

DÉFINITION 2.2.40. *Soient I un ensemble quelconque et pour tout $i \in I$, un espace topologique E_i, $E = \prod_{i \in I} E_i$ le produit des ensembles E_i. Soit $\mathcal{B}$ l'ensemble défini par (2.2.21).*

On appelle **topologie produit** *sur E la topologie dont l'ensemble des parties ouvertes $\mathcal{O}$ est l'ensemble des parties de E qui sont des réunions quelconques d'éléments de $\mathcal{B}$. Autrement dit $\mathcal{B}$ est une base de la topologie produit.*

On appelle **espace topologique produit** *des espaces topologiques $(E_i)_{i \in I}$, l'ensemble E muni de la topologie produit.*

Remarque 22 - On voit que la topologie produit est engendrée par les ensembles A_i, i arbitraire dans I, A_i étant le produit de tous les ensembles E_j pour $j \neq i$ et d'un ouvert quelconque U_i de E_i :

$$A_i = U_i \times \prod_{j \neq i} E_j$$

Remarque 22 - Considérons le cas où tous les espaces E_I sont égaux à un même espace X. Nous savons que le produit X^I désigne l'ensemble des fonctions définies dans I à valeurs dans X. On peut donc parler de la convergence simple (qui sera reprise bien en détail au §14) d'une suite de fonctions de cet espace. En fait les deux notions coïncident et c'est pourquoi la topologie produit est aussi appelée la **topologie de la convergence simple**.

Produit d'espaces vectoriels normés.

Soient E_1 et E_2 deux espaces vectoriels sur le corps $\mathbf{K}$; on sait qu'on peut mettre sur leur produit $E_1 \times E_2$ une structure d'espace vectoriel. En effet, si (x_1, x_2) et (y_1, y_2) sont deux éléments de ce produit, on posera

$$(x_1, x_2) + (y_1, y_2) = (x_1 + x_2, y_1 + y_2), \tag{2.2.24}$$

et si λ est un scalaire, on posera

$$\lambda\,(x_1, y_2) = (\lambda x_1, \lambda x_2). \tag{2.2.25}$$

Les opérations ainsi définies sur $E_1 \times E_2$ en font manifestement un espace vectoriel sur le corps $\mathbf{K}$.

D'ailleurs, l'espace vectoriel $\mathbf{R}^n$ (resp. $\mathbf{C}^n$) n'est autre que l'espace vectoriel produit de n espaces tous identiques à $\mathbf{R}$ (resp $\mathbf{C}$) considéré comme espace vectoriel sur lui-même.

Dans cet espace vectoriel, il existe deux sous-espaces vectoriels remarquables: l'espace $A_1 = E_1 \times \{0\}$ des éléments de la forme $(x_1, 0)$, et l'espace $A_2 = \{0\} \times E_2$ des éléments de la forme $(0, x_2)$. Ces deux sous-espaces sont supplémentaires, en ce sens que tout élément (x_1, x_2) du produit s'écrit d'une manière et d'une seule comme somme d'un élément de l'un et d'un élément de l'autre, à savoir $(x_1, x_2) = (x_1, 0) + (0, x_2)$.

Lorsque deux sous-espaces vectoriels d'un même espace vectoriel sont supplé--mentaires, on écrit aussi que celui-ci est somme directe des deux premiers, et cette somme directe se note par le signe $\oplus$, nous pouvons donc aussi écrire:

(2.2.26) $$E_1 \times E_2 = E_1 \times \{0\} \oplus \{0\} \times E_2.$$

Si E_1 et E_2 sont deux espaces vectoriels normés, dont les normes sont notées par $|| \quad ||_1$ et $|| \quad ||_2$, il n'existe pas, sur le produit $E_1 \times E_2$, une norme qui s'impose plus qu'une autre; on peut prendre par exemple l'une quelconque des normes équivalentes suivantes :

(2.2.27) $$\begin{cases} ||(x_1, x_2)|| = Max\ (||x_1||_1\ ,\ ||x_2||_2) & \text{ou} \\ ||(x_1, x_2)|| = ||x_1||_1\ +\ ||x_2||_2 & \text{ou} \\ ||(x_1, x_2)|| = \sqrt{(||x_1||_1^2\ +\ ||x_2||_2^2}. \end{cases}$$

Pour l'une quelconque de ces normes, la topologie de $E_1 \times E_2$ est la topologie produit; les sous-espaces supplémentaires $E_1 \times \{0\}$ et $\{0\} \times E_2$ sont fermés dans E. Sauf mention expresse du contraire , $E_1 \times E_2$ sera toujours muni d'une des 3 normes précédentes; et le même symbole $|| \quad ||$ désignera les normes dans E_1, E_2, $E_1 \times E_2$.

Norme sur un espace vectoriel quotient.

THÉORÈME 2.2.41. - *Soit E un espace vectoriel normé, F un sous-espace vectoriel, E/F l'espace vectoriel quotient de E par F. Pour toute classe déquivalence $\dot{x}$, on pose*

(2.2.28) $$||\dot{x}|| = \inf_{z \in \dot{x}} ||z||\ .$$

L'application

(2.2.29) $$\dot{x} \mapsto ||\dot{x}||$$

est une norme sur l'espace vectoriel quotient E/F si et seulement F est fermé.

DÉMONSTRATION: - Il est clair que $||\dot{x}||$ est ≥ 0 pour toute classe d'équivalence $\dot{x}$ et que $||\dot{0}|| = 0$. Nous savons qu'une classe $\dot{x}$ est l'ensemble des points z qui s'écrivent sous la forme $z = x + u$ où x est fixe (non unique) et u est arbitraire dans F. En particulier $\dot{x}$ est la classe nulle si et seulement si $x \in F$.

Soient $\dot{x}$ et $\dot{y}$ deux classes d'équivalence et $\epsilon > 0$. Il existe $u \in F$ et $v \in F$ tel que

$$\begin{cases} \|x+u\| \leq \|\dot{x}\| + \epsilon \quad , \quad \|y+v\| \leq \|\dot{y}\| + \epsilon \\ \dot{x} = \{x+u : u \in F\} \quad , \quad \dot{y} = \{y+u : u \in F\} \end{cases} \tag{2.2.30}$$

Or $x+y+u+v$ appartient à la classe de $x+y$. Donc

$$\begin{aligned} \|\dot{\overline{x+y}}\| &\leq \|x+y+u+v\| \leq \|x+u\| + \|y+v\| \\ &\leq \|\dot{x}\| + \epsilon + \|\dot{y}\| + \epsilon = \|\dot{x}\| = \|\dot{y}\| + 2\,\epsilon \end{aligned} \tag{2.2.31}$$

Comme ϵ est arbitraire, on a bien

$$\|\dot{\overline{x+y}}\| \leq \|\dot{x}\| + \|\dot{y}\|.$$

Considérons une classe $\dot{x}$ et un scalaire λ. On a

$$\|\lambda\,\dot{x}\| = \|\dot{\overline{\lambda\,x}}\| = \inf_{z \in \lambda x} \|z\| = \inf_{z \in \dot{x}} \|\lambda\,z\| = |\lambda| \inf_{z \in \dot{x}} \|z\| = |\lambda|\,\|\dot{x}\|$$

Supposons que F est fermé et soit $\dot{x}$ telle que $\|\dot{x}\| = 0$. Alors pour tout $\epsilon > 0$, il existe $u \in F$ tel que $\|z\| = \|x+u\| \leq \epsilon$. En prenant $\epsilon = \dfrac{1}{n}$, avec $n = 1, 2, \ldots$, on détermine ainsi une suite (u_n) d'éléments de F telle que la suite $(x+u_n)$ tend vers 0. Mais alors la suite (u_n) tend vers $-x$. Or F est fermé et la suite (u_n) a tous ses éléments dans F. Donc $-x \in F$ et comme F est un sous-espace vectoriel, $x \in F$. Donc $\dot{x} = 0$ et ceci prouve que $x \mapsto \|\dot{x}\|$ est bien une norme sur l'espace vectoriel quotient. Réciproquement supposons que cette application est bien une norme donc $\|\dot{u}\| = 0$ implique que $\dot{u} = F$. Soit u un point adhérent à F; et une suite (u_n) d'éléments de F convergeant vers u. Donc $\|u_n - u\|$ tend vers 0. Mais d'après la formule (2.2.28), on a

$$\|\dot{\overline{u_n - u}}\| \leq \|u_n - u\| \longrightarrow 0$$

Or la classe de u est aussi la classe de $u_n - u$ puisque $u_n \in F$. Donc $\|\dot{u}\| = 0$ et par conséquent la classe de u est F ce qui signifie que $u \in F$ et F est bien fermé, ce qui achève la démonstration du théorème. ∎

§3. APPLICATIONS CONTINUES ET SEMI-CONTINUES HOMEOMORPHISMES

Fonctions continues - Exemples - Critères de continuité.

DÉFINITION 2.3.1. *Soit f une application d'un espace topologique E dans un espace topologique F.*
On dit que f **est continue en un point** *a de E si, quelque soit le voisinage W de $f(a)$ dans F, il existe un voisinage V de a dans E tel que:*

$$\forall\, x \in V \quad \text{on a} \quad f(x) \in W. \tag{2.3.1}$$

On peut dire aussi:

$$\left\{ \begin{array}{l} \text{si l'image réciproque par } f \text{ de tout voisinage de } f(a) \\ \quad \text{est un voisinage de } a. \end{array} \right. \tag{2.3.2}$$

Une application de E dans F est dite continue, si elle est continue en tout point de E.

PROPOSITION 2.3.2. *Soient E et F des espaces métriques, f une application de E dans F. Alors f est continue au point a si et seulement si:*

$$(\forall \epsilon > 0)\ (\exists \eta > 0)(\forall x \in E)[(d(a,x) \leq \eta) \Longrightarrow (d(f(a), f(x)) \leq \epsilon)] \tag{2.3.3}$$

ou encore si et seulement si:

$$\left\{ \begin{array}{l} \text{Quelle que soit la boule de centre } f(a)\text{, il existe une boule} \\ \text{de centre } a \text{ dont l'image par } f \text{ soit dans la boule précédente} \end{array} \right. \tag{2.3.4}$$

DÉMONSTRATION: On voit bien que les assertions (2.3.3) et (2.3.4) sont équivalentes puisqu'une boule est complétement déterminée par son centre et son rayon. Comme une boule B de centre $f(a)$ est un voisinage de $f(a)$, (2.3.2) implique qu'il existe un voisinage de a, W, dont l'image $f(W)$ est contenue dans B. Or, un voisinage de a contient une boule de centre a. Par conséquent, l'image de cette boule est dans B. Ainsi (2.3.2) implique (2.3.4). Réciproquement, soit W un voisinage de $f(a)$, il contient une boule B de centre $f(a)$. Grâce à (2.3.4), il existe une boule de centre a, donc un voisinage de a dont l'image est contenue dans B, et a fortiori dans W. ■

Les définitions (2.3.3) et (2.3.4) font intervenir essentiellement la métrique alors que (2.3.1) et (2.3.2), au contraire, ne font intervenir que les ouverts et les voisinages, mais non la métrique elle-même. On en verra l'intérêt plus tard (§4).

Exemple 1 - La fonction $\frac{1}{x}$, c'est à dire la fonction $x \mapsto \frac{1}{x}$, de l'espace métrique E, complémentaire de l'origine sur la droite réelle, dans l'espace métrique $F = \mathbf{R}$, la droite réelle, est une application partout continue

PROPOSITION 2.3.3. *Soit E un espace métrique. Soit A une partie quelconque, non vide de E. On pose, pour tout $x \in E$*

$$f : x \mapsto d(x, A) = \inf_{y \in A} d(x, y) \tag{2.3.5}$$

Alors f une fonction continue de E dans la droite réelle $\mathbf{R}$ munie de sa métrique naturelle.

DÉMONSTRATION: Soient x et x' deux points de E et $\epsilon > 0$. Il existe $y \in A$ tel que $d(x, y) \leq d(x, A) + \epsilon$. Par suite,

$$d(x', A) \leq d(x', y) \leq d(x', x) + d(x, y) \leq d(x', x) + d(x, +A) + \epsilon.$$

Comme ϵ est arbitraire, on a donc :

$$d(x', A) \leq d(x', x) + d(x, A) \quad \Longleftrightarrow \quad d(x', A) - d(x, A) \leq d(x', x)$$

Mais x et x' jouent le même rôle, ce qui nous donne :

$$| \, d(x', A) - d(x, A) \, | \leq d(x', x) \, , \tag{2.3.6}$$

ce qui prouve que f est continue(*). ∎

THÉORÈME 2.3.4. *(Urysohn)(**) Soient E un espace métrique, A et B deux parties fermées et disjointes de E. Il existe une fonction f continue de E dans l'intervalle [0,1] de $\mathbf{R}$ telle que $f(x) = 0$ pour tout $x \in A$ et $f(x) = 1$ pour tout $x \in B$, $0 < f(x) < 1$ en dehors de A et B.*

De façon plus précise, pour tout $x \in E$, $f(x)$ est donné par:

$$f(x) = \frac{d(x, A)}{d(x, A) + d(x, B)}. \tag{2.3.7}$$

DÉMONSTRATION: Posons, pour tout $x \in E$

$$u(x) = d(x, A) \quad , \quad v(x) = d(x, A) + d(x, B).$$

Alors u et v sont des fonctions positives, continues d'après la proposition 2.3.3 mais en outre v est > 0. En effet, v s'annule si et seulement si $d(x, A) = d(x, B) = 0$, donc si et seulement si $A \cap B$ est non vide, ce qui n'est pas possible d'après notre hypothèse.

Par suite, le quotient f de u par v est une fonction continue dans E. Comme u s'annule dans A, il en sera de même de f , tandis que pour $x \in B$, $d(x, B) = 0$ alors que $d(x, A) > 0$ donc $f(x) = 1$. Si $x \notin A$ et $x \notin B$, on a $d(x, A) > 0$ et $d(x, B) > 0$, donc $0 < u(x) < v(x)$ et ainsi $0 < f(x) < 1$. ∎

(*)C'est aussi un exemple d'une fonction uniformément continue comme nous le verrons plus tard.

(**)Nous trouverons le théorème général d'Urysohn en 2.8.6.

THÉORÈME 2.3.5. - *Pour qu'une application f d'un espace topologique E dans un espace topologique F soit continue, il faut et il suffit que l'image réciproque par f de tout ouvert de F soit un ouvert de E.*

DÉMONSTRATION: - Montrons d'abord que la condition est nécessaire : supposons f continue; soit W un ouvert de F, et posons $V = f^{-1}(W)$. Soit $a \in V$. f est continue en a, or W est un voisinage de $f(a)$, donc V doit être un voisinage de a; ainsi V est un voisinage de chacun de ses points, donc V est un ensemble ouvert (théorème 2.2.13).
Montrons maintenant que la condition est suffisante: supposons que l'image réci--proque de tout ouvert de F est un ouvert de E. Alors pour tout a de E, soit U un voisinage de $f(a)$ dans F. Alors U contient un ouvert W contenant $f(a)$, donc l'image réciproque $f^{-1}(U)$ contient $f^{-1}(W)$ qui est un ouvert contenant a. Alors $f^{-1}(U)$ est un voisinage de a. L'application f est continue en a. ∎

Comparaison de topologies.

DÉFINITION 2.3.6. *Soient E un ensemble, $\mathcal{T}_1$ et $\mathcal{T}_2$ deux topologies sur E. On dit que la topologie $\mathcal{T}_1$ est plus fine que $\mathcal{T}_2$ si l'application identique de l'espace topologique $(E, \mathcal{T}_1)$ dans l'espace topologique $(E, \mathcal{T}_2)$ est continue.*

PROPOSITION 2.3.7. *Soient E un ensemble , $\mathcal{O}$ l'ensemble des ouverts d'une topologie $\mathcal{T}_1$, $\mathcal{U}$ l'ensemble des ouverts d'une topologie $\mathcal{T}_2$ sur E. Pour que la topologie $\mathcal{T}_1$ soit plus fine que la topologie $\mathcal{T}_2$ il faut et il suffit que $\mathcal{U} \subset \mathcal{O}$, c'est-à-dire que tout ouvert pour tout $\mathcal{T}_2$ soit un ouvert pour $\mathcal{T}_1$.*

DÉMONSTRATION: - Cela résulte immédiatement de la définition et du théorème 2.3.5. ∎

COROLLAIRE 2.3.8. - *Soit E un ensemble. L'ensemble des topologies sur E est un ensemble ordonné pour la relation R définie par*

$$\mathcal{T}_1 \, R \, \mathcal{T}_2 \iff \mathcal{T}_1 \text{ est plus fine que } \mathcal{T}_2$$

DÉMONSTRATION: C'est la relation d'ordre opposée à la relation d'inclusion dans l'ensemble des familles de $\mathcal{P}(E)$. ∎

THÉORÈME 2.3.9. *Soient $(E_i)_{i \in I}$ une famille d'espaces topologiques, E le produit des E_i. La topologie produit sur E est la topologie la moins fine des topologies sur E qui rendent continues toutes les applications de E dans E_j*

$$pr_j : \quad x = (x_i)_{i \in I} \quad \mapsto \quad x_j, \tag{2.3.8}$$

appelées **projections canoniques de** E *sur* E_j

DÉMONSTRATION: En effet soit U_j un ouvert de E_j. Alors

$$pr_j^{-1}(U_j) = \prod_{i \neq j} E_i \times U_j, \tag{2.3.9}$$

or, par définition de la topologie produit, cette image réciproque est un ouvert de E. Donc pr_j est continue d'après le théorème 2.3.7. Soit $\mathcal{T}$ une topologie sur E rendant continues toutes les projections canoniques. Les ensembles de la forme (2.3.9) sont donc des ouverts de $\mathcal{T}$. Or ces ensembles forment un système de générateurs pour la topologie produit. $\mathcal{T}$ est une topologie, elle contient donc les intersections finies de tels ensembles et aussi les réunions quelconques des ensembles ainsi formés. Donc $\mathcal{T}$ contient tout ouvert de la topologie produit, elle est donc plus fine que la topologie produit. ∎

THÉORÈME 2.3.10. - *Pour qu'une application f d'un espace topologique E dans un espace topologique F soit continue, il faut et il suffit que l'image réciproque par f de tout fermé de F soit un fermé de E.*

DÉMONSTRATION: On passe du théorème précédent à celui-ci en remplaçant les parties ouvertes considérées dans E et dans F par leurs parties complémentaires fermées, et en utilisant l'une des formules (1.3.10). ∎

Remarque 1 - Si, dans les deux théorèmes précédents, on remplace les images réciproques par les images directes on aboutirait à des résultats inexacts. Considérons par exemple, en premier lieu, une application constante de E dans F. Une telle application est manifestement continue. Cependant l'image par cette application de n'importe quel ouvert de E, en particulier de E lui-même, est réduite à un point de F et en général une partie réduite à un point n'est pas ouverte. Si par ailleurs nous considérons la fonction $\frac{1}{x}$ définie dans l'exemple ci-dessus, l'image par cette fonction de l'ensemble E tout entier, c'est à dire une partie fermée, est, dans $F = \mathbf{R}$ le complémentaire de l'origine, qui n'est pas une partie fermée.

THÉORÈME 2.3.11. -*Si E est un espace vectoriel normé, sa norme, application de E dans la droite réelle $\mathbf{R}$ munie de sa métrique naturelle, est une fonction continue.*

DÉMONSTRATION: On déduit en effet de (2.1.8) que, si $\epsilon > 0$, il suffit de choisir $\eta = \epsilon$ pour que

$$||x - a|| \leq \eta \implies |\, ||x|| - ||a||\, | \leq \epsilon.$$

d'où le résultat cherché. ∎

THÉORÈME 2.3.12. - *Soient E un espace vectoriel normé, F un sous-espace vectoriel fermé de E, E/F l'espace vectoriel quotient de E par F. On suppose que E/F est normé par (théorème 2.2.41) :*

$$||\dot{x}|| = \inf_{z \in \dot{x}} ||z||$$

Alors la surjection canonique qui associe à tout $x \in E$ sa classe d'équivalence est une application linéaire continue.

DÉMONSTRATION: En effet, tout d'abord nous savons que la classe de $x - y$ que nous avons noté $\dot{\overline{x - y}}$ est la différence des classes $\dot{x} - \dot{y}$. Par suite, on a :

$$(2.3.10) \qquad ||\dot{x} - \dot{y}|| = ||\dot{\overline{x - y}}|| \leq ||x - y||,$$

ce qui établit bien la continuité de l'application citée. ∎

THÉORÈME 2.3.13. *(Théorème des fonctions composées) Soient E, F, G trois espaces topologiques, et $h = gof$ l'application composée d'une application f de E dans F et d'une application g de F dans G. On suppose que f est continue au point a et g continue au point $b = f(a)$. Alors h est continue au point a.*

En particulier, si f et g sont continues partout respectivement dans E et F, l'application composée h est continue partout dans E.

DÉMONSTRATION: Soit $c = g(b) = h(a)$. Soit W un voisinage de c dans G. L'application g étant continue au point b, l'image réciproque $V = g^{-1}(W)$ est un voisinage de b dans F. L'application f étant continue au point a, l'image réciproque $U = f^{-1}(V)$ est un voisinage de a dans E. Mais alors,

$$U = f^{-1}\left(g^{-1}(W)\right) \quad \text{n'est autre que} \quad h^{-1}(W)$$

(voir formule (1.3.16)) et ceci prouve bien que h est continue(*) au point a. On en déduit bien évidemment que, si f et g sont partout continues, alors h est aussi partout continue. On peut d'ailleurs le voir directement en utilisant le théorème 2.3.5 ou le théorème 2.3.10. ∎

Fonctions continues à valeurs dans un espace produit.

THÉORÈME 2.3.14. *Soient $(E_i)_{i=1}^n$ n espaces topologiques, E leur produit , $(F_i)_{i=1}^m$ m espaces topologiques, F leur produit,*

$$f : E \quad \mapsto \quad F$$

une application de E dans F. Pour tout $x \in E$, et $y = f(x) = (y_i)_{i=1}^m \in F$, on pose $f_i(x) = y_i \in F_i$.

Alors f est une application continue au point a si et seulement si, pour tout $i = 1, 2, \ldots, m$, l'application $x \mapsto f_i(x)$ est continue au point a.

DÉMONSTRATION: En effet, supposons que pour tout i, f_i soit continue au point a. Soit W un voisinage du point $f(a) = (f_i(a))_{i=1}^m$ dans F. Par définition de la topologie produit, pour tout $i = 1, 2, \ldots, m$, il existe un ouvert U_i de F_i contenant le point $f_i(a)$ et tel que le produit des U_i est contenu dans W. La continuité de f_i implique que l'image réciproque par f_i de U_i est un ouvert V_i contenant a. Alors l'intersection des m V_i est encore un ouvert contenant a et l'image par f de cet ouvert est contenu dans W , donc f est continue au point a d'après la définition (2.3.1). Réciproquement, il faut observer que f_i n'est rien d'autre que la composée de f avec la projection canonique pr_i, $f_i = pr_i \ o \ f$. Nous avons établi que pr_i est une application continue dans le théorème 2.3.9, par suite si f est continue au point a, il en est de même de la composée de ces deux applications d'après le théorème (2.3.13). ∎

(*)A titre d'exercice, donner une autre démonstration lorsque E et F sont des espaces métriques en utilisant la définition (2.3.3) de la continuité, avec $\forall \ \epsilon \ \exists \ \eta \ldots$

Continuité et continuité partielle d'une fonction de plusieurs variables.

THÉORÈME 2.3.16. *Si E est une espace métrique, la fonction distance d de $E \times E$ dans la droite réelle* $\mathbf{R}$

$$(x, y) \mapsto d(x, y)$$

est continue.

DÉMONSTRATION: En effet, quel que soit $\epsilon > 0$, $d(x, a) \leq \frac{\epsilon}{2}$ et $d(y, b) \leq \frac{\epsilon}{2}$ entraîne

$$| \, d(x, y) - d(a, b) \, | \leq d(x, a) + d(y, b) \leq \epsilon$$

ce qui démontre la continuité au point (a, b). ∎

Soit f une application d'un produit E de n espaces topologiques $E = \prod_{i=1}^{n} E_i$, dans un espace topologique F. Soient $a = (a_i)_{i=1}^{n}$ un point de E et k un indice tel que $1 \leq k \leq n$. Fixons a_i pour $i \neq k$ et posons $\tilde{a} = (a_i)_{i \neq k}$. On peut alors définir une application de E_k dans F par :

$$f_{\tilde{a}} : x_k \quad \mapsto \quad f(a_1, \ldots, a_{k-1}, x_k, a_{k+1}, \ldots, a_n) \tag{2.3.10}$$

On note souvent cette application $f_{\tilde{a}}$. Si cette application est continue au point a_k, on dit alors que l'application f est **partiellement ou séparément continue** au point a_k par rapport à x_k. Cela revient tout simplement à dire que la restriction de l'application f au sous-espace $\{a_1\} \times \{a_2\} \times \ldots \times \{a_{k-1}\} \times E_k \times \{a_{k+1}\} \ldots \times \{a_n\}$ est continue au point a.

On dit que f est **séparément continue au point** a, si elle possède les n continuités partielles des fonctions précédentes lorsque k varie, a étant fixe. On dit qu'elle est séparément continue dans E si elle l'est en tout point de E.

Une fonction continue est bien évidemment séparément continue mais la réciproque est fausse. Par exemple, considérons la fonction de 2 variables réelles définie par la formule suivante :

$$f(x, y) = \frac{xy}{x^2 + y^2} \quad \text{pour} \quad (x, y) \neq 0 \quad ; \quad f(0, 0) = 0. \tag{2.3.11}$$

Nous voyons que cette fonction est partout continue sur le complémentaire de l'origine dans $\mathbf{R}^2$; elle est continue sur l'axe $x\,x'$ et sur l'axe $y\,y'$ sur lesquels elle est $\equiv 0$, donc elle est séparément continue à l'origine et par suite dans tout le plan. Mais elle n'est manifestement pas continue par rapport à l'ensemble des variables à l'origine car sur la droite $y = mx$, elle prend la valeur $\dfrac{m}{1 + m^2}$ en dehors de l'origine; or $\dfrac{m}{1 + m^2} \neq 0$ dès que $m \neq 0$, et par conséquent elle ne tend pas vers 0 lorsque (x, y) tend vers l'origine.

Groupes topologiques- espaces vectoriels topologiques.

DÉFINITION 2.3.17. *On appelle groupe topologique, un ensemble G qui, d'une part est muni d'une structure de groupe, et d'autre part d'une topologie telle que les applications fondamentales définies par la structure de groupe, c'est à dire les applications*

$$(2.3.12) \qquad \begin{array}{llll} (x,y) & \mapsto & xy & \text{de } G\times G \text{ dans } G \\ x & \mapsto & x^{-1} & \text{de } G \text{ dans } G \end{array}$$

soient continues.

DÉFINITION 2.3.18. *On appelle espace vectoriel topologique, un ensemble E muni d'une part d'une structure d'espace vectoriel sur le corps des réels - ou des complexes, d'autre part d'une topologie telle que :*

$$(2.3.13) \qquad \begin{cases} \text{l'addition de } E\times E \text{ dans } E : \\ \quad (x,y) \mapsto x+y \\ \text{et la multiplication par les scalaires de } K\times E \text{ dans } E : \\ \quad (\lambda,x) \mapsto \lambda\, x \end{cases}$$

soient continues (K est le corps des scalaires muni de sa topologie naturelle).

Remarque 2 - On voit alors qu'un espace vectoriel normé est bien un espace vectoriel topologique.
On a en effet :

$$(2.3.14) \qquad \begin{cases} \|(x+y)-(a+b)\| \leq \|x-a\| + \|y-b\| \\ \\ \|\lambda\, x - \alpha\, a\| \leq |\lambda-\alpha|\ \|x\| + |\alpha|\ \|x-a\|. \end{cases}$$

Alors, pour $\|x-a\| \leq \frac{\epsilon}{2}$ et $\|y-b\| \leq \frac{\epsilon}{2}$ on aura bien $\|(x+y)-(a+b)\| \leq \epsilon$, ce qui exprime la continuité de l'addition. D'autre part, si x reste dans une boule de centre a et de rayon 1, $\|x\|$ restera inférieure à
$M = \|a\|+1$. Alors si $|\lambda-\alpha| \leq \frac{\epsilon}{2M}$ et $\|x-a\| \leq \frac{\epsilon}{2|\alpha|}$ on aura bien $\|\lambda\, x - \alpha\, a\| \leq \frac{\epsilon}{2} + \frac{\epsilon}{2} = \epsilon$, ce qui démontre la continuité de la multiplication par les scalaires.
On démontre que, sur un espace vectoriel de dimension finie, il n'existe qu'une seule topologie d'espace vectoriel topologique **séparé**(*). Nous le montrerons uniquement dans le cadre des espaces vectoriels normés (théorème 2.5.20).

(*)La condition séparé est indispensable. En effet, si on enlève cette restriction, la topologie grossière répond bien aux seules conditions (2.3.13).

Fonctions semi-continues inférieurement.

PROPOSITION 2.3.19. *Soient E un espace topologique, f une application de E dans $\mathbf{R} \cup \{+\infty\}$. Les propriétés suivantes sont équivalentes :*

(i) $\forall \lambda \in \mathbf{R}$ *, l'ensemble $\{x : f(x) > \lambda\}$ est une partie ouverte de E,*

(ii) $\forall a \in E$ *, et* $\forall \lambda < f(a)$ *, il existe un voisinage V de a, tel que pour tout $x \in V$, on ait $f(x) \geq \lambda$.*

(iii) $\forall \lambda \in \mathbf{R}$ *ou* $\mathbf{R} \cup \{+\infty\}$ *, l'ensemble $\{x : f(x) \leq \lambda\}$ est une partie fermée de E,*

DÉMONSTRATION: (i) $\Longleftrightarrow$ (ii) : Soit $\lambda < f(a)$, alors $a \in f^{-1}(]\lambda, +\infty[)$, et comme cet ensemble est une partie ouverte, par hypothèse, c'est donc un voisinage de a. Réciproquement, soit $a \in f^{-1}(]\lambda, +\infty[)$ donc $f(a) > \lambda$. Soit μ tel que $\lambda < \mu < f(a)$. Il existe un voisinage V de a tel que pour tout $x \in V$, on ait $f(x) \geq \mu$, donc

$$V \subset f^{-1}(]\lambda, +\infty[)$$

et $f^{-1}(]\lambda, +\infty[)$ est voisinage de chacun de ses points; c'est donc une partie ouverte. (i) et (iii) sont équivalents par passage au complémentaire. ∎

DÉFINITION 2.3.20. *Soient E un espace topologique, f une application de E dans $\mathbf{R} \cup \{+\infty\}$. On dit que f est* **semi-continue inférieurement** *si f satisfait à l'une ou l'autre des propriétés (i),(ii),(iii) de la proposition 2.3.19.*

Si f est une application de E dans $\mathbf{R} \cup \{-\infty\}$, on dit que f est semi-continue **supérieurement** *si $-f$ est semi-continue inférieurement.*

Remarque 3 - Considérons l'ensemble F, réunion de $\mathbf{R}$ et de l'élément $+\infty$ sur lequel nous mettons la topologie suivante(*). Une partie de F est ouverte si et seulement si elle est un intervalle de la forme $]x, +\infty]$, pour x quelconque dans $\mathbf{R}$ ou l'intervalle $]-\infty, +\infty]$. Alors une application f de E dans F est semi-continue inférieurement si et seulement si c'est une application continue de E dans F, muni de la topologie qu'on vient de décrire.

PROPOSITION 2.3.21. *Si $(f_1, f_2, \ldots, f_n)$ sont des fonctions semi-continues inférieurement, il en est de même des fonctions f et g définies par :*

$$f = min\,(f_1, f_2, \ldots, f_n) \quad , \quad g = max\,(f_1, f_2, \ldots, f_n)\,. \tag{2.3.15}$$

DÉMONSTRATION: Prouvons notre assertion pour f. Soit $a \in E$ et $\lambda < f(a)$, alors $\lambda < f_i(a)$ pour $i = 1, \ldots, n$. Donc, pour tout $i = 1, 2, \ldots, n$, il existe un voisinage

(*)Si F est muni de l'ordre prolongeant celui de $\mathbf{R}$ en exigeant en outre que le plus grand élément est $+\infty$, cette topologie est la topologie que nous avons notée $\mathcal{T}_-(F)$ (exemple 2.2.9).

V_i de a tel que pour tout $x \in V_i$, on ait $f_i(x) \geq \lambda$. Puisqu'il y a d'un nombre fini de voisinages, l'intersection des V_i est encore un voisinage V de a, et par conséquent on a $f(x) \geq \lambda$ pour tout $x \in V$. On peut aussi observer qu'on a les relations :

$$\{ f > \lambda \} = \cap\{ f_i > \lambda \} \quad , \quad \{ g > \lambda \} = \cup\{ f_i > \lambda \} , \tag{2.3.16}$$

ce qui donne une nouvelle démonstration. Une réunion quelconque d'ouverts étant ouverte, on a, pour l'enveloppe supérieure, un résultat meilleur que nous allons énoncer. ■

PROPOSITION 2.3.22. *Soit $(f_i)_{i \in I}$ une famille quelconque de fonctions semi-continues inférieurement (en particulier continues) dans E; alors leur enveloppe supé rieure est encore semi-continue inférieurement.*

DÉMONSTRATION: Posons

$$f(x) = \sup_{i \in I} f_i(x).$$

Soit $a \in E$ et $\lambda < f(a)$. Il existe au moins un i tel que $\lambda < f_i(a) \leq f(a)$ et, par suite, il existe un voisinage V de a tel que pour tout $x \in V$, on ait $f_i(x) \geq \lambda$ donc a fortiori $f(x) \geq f_i(x) \geq \lambda$. Mais cela résulte aussitôt de la 2-ème formule de (2.3.16) ■

PROPOSITION 2.3.23. *La somme d'un nombre fini (ou infini) de fonctions semi-continues inférieurement est encore une fonction semi-continue inférieurement.*

La somme d'un nombre fini de fonctions semi-continues supérieurement est encore une fonction semi-continue supérieurement.

DÉMONSTRATION: Occupons nous d'abord du cas des fonctions semi-continues inférieurement. Il suffit de traiter le cas d'une somme finie, car le cas d'une somme infinie résulte de la proposition 2.3.22. Bien entendu, pour qu'on puisse parler d'une telle somme, cela sous-entend qu'on a convenu de donner un certain sens aux expressions $x+(+\infty)$ pour tout nombre réel x et $(+\infty)+(+\infty)$. Effectivement, nous convenons que

$$x + (+\infty) = +\infty \quad , \quad (+\infty) + (+\infty) = +\infty.$$

Il suffit évidemment de prouver ce résultat pour la somme de deux fonctions. Soient f et g deux fonctions semi-continues inférieurement, a un point de E et λ un nombre réel, tel que $\lambda < f(a) + g(a)$. Supposons tout d'abord que $f(a)$ est fini et soit α tel que $\lambda - f(a) < \alpha < g(a)$. Alors, si $\beta = \lambda - \alpha$, on a $\beta < f(a)$, $\alpha < g(a)$ et $\lambda = \alpha + \beta$. Soit V (resp. W) un voisinage de a tel que pour tout $x \in V$ (resp. W) on ait $f(x) \geq \beta$ (resp. $\geq \alpha$). Alors pour tout $x \in V \cap W$, on a $f(x) + g(x) \geq \alpha + \beta = \lambda$. Ceci démontre la semi-continuité de $f + g$ au point a dans ce cas et aussi dans le cas où c'est $g(a)$ qui est fini puisque f et g jouent le même rôle. Il reste donc seulement le cas où $f(a) = g(a) = +\infty$. On peut alors choisir arbitrairement α et β tels que $\lambda = \alpha + \beta$ et reprendre le raisonnement précédent. ■

PROPOSITION 2.3.24. *Soit A une partie de E. Alors A est une partie ouverte (resp. fermée) de E si et seulement si la fonction indicatrice de A est semi-continue inférieurement (resp. supérieurement).*

DÉMONSTRATION: En effet, si 1_A est semi-continue inférieurement, alors comme

$$A = \{x : \quad 1_A(x) > 0 \quad \},$$

A est donc une partie ouverte d'après la proposition 2.3.14 (condition (i)). Réciproquement, si A est une partie ouverte, alors comme

$$\{x : 1_A(x) > \lambda\} = \begin{cases} \emptyset & \text{si } \lambda \geq 1 \\ A & \text{si } 0 \leq \lambda < 1 \\ E & \text{si } \lambda < 0 \end{cases} \tag{2.3.17}$$

on voit bien que 1_A est une fonction semi-continue inférieurement. La fonction indicatrice du complémentaire A^c de A est égale à $1 - 1_A$. Or -1_A est semi-continue supérieurement si et seulement si 1_A est semi-continue inférieurement, et comme 1 est une fonction continue, on voit que notre assertion, lorsque A est fermé, est aussi vraie. ∎

PROPOSITION 2.3.25. *Soient f et g deux fonctions définies dans un espace topolo--gique E à valeurs dans $\overline{\mathbf{R}_+} = [0, +\infty]$, et semi-continues inférieurement. Alors le produit fg de ces deux fonctions est encore semi-continu inférieurement.*

DÉMONSTRATION: Bien entendu, pour qu'on puisse parler d'une tel produit, cela sous-entend qu'on a convenu de donner un certain sens aux expressions $x(+\infty)$ pour tout nombre réel x strictement positif ainsi qu'aux expressions $(+\infty)(+\infty)$ et $0(+\infty)$. Effectivement, nous convenons que :

$$x(+\infty) = +\infty \quad , \quad (+\infty)(+\infty) = +\infty \quad , \quad 0(+\infty) = 0.$$

Soient $a \in E$ et $\lambda < f(a)g(a)$. On peut supposer $\lambda \geq 0$ car dans le cas contraire le résultat cherché est évident. Donc $f(a)$ et $g(a)$ sont strictement positifs (éventuellement égaux à $+\infty$). Supposons que $f(a)$ soit fini et soit α tel que $\dfrac{\lambda}{f(a)} < \alpha < g(a)$. Alors, si $\beta = \dfrac{\lambda}{\alpha}$, on a $\beta < f(a)$, $\alpha < g(a)$ et $\lambda = \alpha\beta$. Soit V (resp. W) un voisinage de a tel que pour tout $x \in V$ (resp. W) on ait $f(x) \geq \beta$ (resp. $\geq \alpha$). Alors pour tout $x \in V \cap W$, on a $f(x)g(x) \geq \alpha\beta = \lambda$. Ceci démontre la semi-continuité inférieure de fg au point a dans ce cas et aussi dans le cas où c'est $g(a)$ qui est fini puisque f et g jouent le même rôle. Il reste donc seulement le cas où $f(a) = g(a) = +\infty$. On peut alors choisir arbitrairement α et β tels que $\lambda = \alpha\beta$ et reprendre le raisonnement précédent. ∎

Oscillation d'une application - Fonction supérieure (resp.inférieure).

DÉFINITION 2.3.26. - *Soient E un espace topologique, F un espace métrique, f une application de E dans F. Pour tout $x \in E$, on appelle* **oscillation** *de f au point x, le nombre réel ou $+\infty$, noté $\omega(f,x)$, donné par :*

$$\omega(f,x) = \inf_{V \in \mathcal{V}(x)} \delta\left(f(U)\right) \qquad (2.3.18)$$

où $\mathcal{V}(x)$ désigne un système fondamental de voisinages de x et $\delta\left(f(U)\right)$ est le diamètre (formule 2.1.5) de l'image $f(U)$ dans l'espace métrique F.

Supposons que F soit la droite réelle ou la droite réelle achevée. On appelle **fonction supérieure** *associée à f, la fonction définie dans E à valeurs dans $\overline{\mathbf{R}}$, notée $x \mapsto f^*(x)$, donnée en tout point $x \in E$ par*

$$f^*(x) = \inf_{U \in \mathcal{V}(x)} \left(\sup_{y \in U} f(y)\right) \qquad (2.3.19)$$

Naturellement, on pourrait introduire la **fonction inférieure**, $x \mapsto f_*(x)$ par

$$f_*(x) = \sup_{U \in \mathcal{V}(x)} \left(\inf_{y \in U} f(y)\right) . \qquad (1.3.20)$$

On observera que $f_* = -(-f)^*$ et que par conséquent on peut se contenter seulement d'étudier f^*.

THÉORÈME 2.3.27. - *Soient E un espace topologique, F un espace métrique, f une application de E dans F.*

1- L'oscillation de $f : x \mapsto \omega(f,x)$, est une application semi-continue supérieurement. Pour tout $x \in E$, f est continue en ce point si et seulement si l'oscillation de f en ce point, $\omega(f,x)$ est nulle.

2- Supposons que F soit la droite réelle ou la droite réelle achevée. La fonction supérieure $x \mapsto f^*(x)$, est une fonction semi-continue supérieurement, f^* est l'enveloppe inférieure des fonctions semi-continues supérieurement qui sont $\geq f$.

En particulier si f est semi-continue supérieurement en x, on a $f^*(x) = f(x)$

Si $F = \mathbf{R}$, on a en tout point $x \in E$,

$$\omega(f,x) = f^*(x) - f_*(x) \qquad (2.3.21)$$

Remarque 4 - On déduit immédiatement de ce théorème que la fonction inférieure est semi-continue inférieurement et qu'elle est égale à l'enveloppe supérieure des fonctions semi-continues inférieurement $\leq f$.

DÉMONSTRATION: - Soient $\lambda > 0$ et $x_0 \in E$ tel que $\omega(f, x_0) < \lambda$. Par définition de $\omega(f, x_0)$, qui est la borne inférieure des $\delta(f(U))$, il existe donc un voisinage U de x_0 tel que $\delta(f(U) < \lambda$.Ce voisinage U de x_0 contient un ouvert V contenant x_0. V, étant ouvert, est voisinage de chacun de ses points. D'autre part $V \subset U$ entraîne $f(V) \subset f(U)$ donc $\delta(f(V)) \leq \delta(f(U))$. Comme pour tout $x \in V$, $V \in \mathcal{V}(x)$ alors $\omega(f, x) \leq \delta(f(V)) \leq \delta(f(U)) < \lambda$. Ceci démontre bien que l'oscillation de f est semi-continue supérieurement en x_0.

Supposons f continue en x_0 et soit $\epsilon > 0$ arbitraire. Il existe alors un voisinage U de x_0 tel que

$$\forall x \in U \quad , \quad \text{on a} \quad d(f(x), f(x_0)) \leq \frac{\epsilon}{2} ,$$

mais alors, si x et x' sont deux points de U, on a

$$d(f(x), f(x')) \leq d(f(x), f(x_0)) + d(f(x_0), f(x')) \leq \frac{\epsilon}{2} + \frac{\epsilon}{2} = \epsilon .$$

Par conséquent on a $\omega(f, x_0) \leq \delta(f(V)) \leq \epsilon$ et comme ϵ est arbitraire, l'oscillation de f en x_0 est bien nulle.

Réciproquement, si $\omega(f, x_0)$ est nulle, alors pour tout $\epsilon > 0$, il existe un voisinage U de x_0 tel que $\delta(f(U)) \leq \epsilon$ en particulier, on a, pour tout $x \in U$

$$d(f(x), f(x_0)) \leq \delta(f(U)) \leq \epsilon ,$$

ce qui montre que f est continue en x_0 et ainsi d'achève la preuve du point 1^0). Quant au second point, pour prouver que f^* est semi-continue supérieurement , on peut répéter presque mot à mot ce que nous venons de dire pour l'oscillation de f. Il suffit de remplacer, dans cette démonstration, $\omega(f, x)$ par $f^*(x)$ et $\delta(f(U))$ par $\sup_{y \in U} f(y)$. Nous venons de montrer que f^* est continue supérieurement. Montrons qu'elle est $\geq f$. Pour tout voisinage U de x, $x \in U$ donc $\sup_{y \in U} f(y) \geq f(x)$ et par suite

$$f^*(x) = \inf_U \left(\sup_{y \in U} f(y) \right) \geq f(x).$$

Pour achever la démonstration, il faut montrer que pour toute fonction $g \geq f$, et semi-continue supérieurement, on a $f^* \leq g$. Soit $x_0 \in E$ et g une fonction continue supérieurement $\geq f$.

On veut prouver que $f^*(x_0) \leq g(x_0)$. Si $g(x_0) = +\infty$, il n'y a rien à démontrer. Supposons donc $g(x_0)$ fini et soit $\lambda > g(x_0)$. Alors il existe un voisinage U de x_0 tel que pour tout $y \in U$, on a $g(y) < \lambda$. Comme $f(y) \leq g(y)$ pour tout $y \in E$, on a, a fortiori, $f(y) < \lambda$ pour tout $y \in U$ donc $\sup_{y \in U} f(y) \leq \lambda$ et par conséquent $f^*(x_0) \leq \lambda$. Comme $\lambda > g(x_0)$ peut être arbitrairement proche de $g(x_0)$, on voit bien que $f^*(x_0) \leq g(x_0)$. La formule (2.3.21) est une simple vérification qui concerne d'ailleurs le calcul du diamètre d'une partie de $\mathbf{R}$, vérification que nous laissons au lecteur et ainsi s'achève la démonstration du théorème. ■

Homéomorphismes.

DÉFINITION 2.3.28. *Soient E et F deux espaces topologiques. On appelle* **homéomorphisme** *de E sur F toute bijection de E sur F qui soit continue ainsi que sa bijection réciproque.*

THÉORÈME 2.3.29. *Pour qu'une application f, déjà bijective et continue, de E sur F, soit un homéomorphisme, il est nécessaire et suffisant que l'image directe par f de tout ouvert de E soit un ouvert de F. Il est aussi nécessaire et suffisant que l'image directe par f de tout fermé de E soit un fermé de F.*

DÉMONSTRATION: En effet, ces images directes ne sont autres que les images réciproques, relatives à la bijection réciproque g $= f^{-1}$, et les conditions précéden--tes ne sont autres que celles qui sont données dans le théorème 2.3.5 et le théorème 2.3.10 pour la continuité de f^{-1}. ■

Remarque 3 - Il ne faudrait pas croire que toute application bijective et continue soit nécessairement un homéomorphisme. Par exemple, si E est la droite réelle $\mathbf{R}$ munie de sa métrique **discrète** , et si F est la droite réelle munie de sa métrique naturelle, l'application identique de E dans F est continue et bijective, mais n'est pas manifestement un homéomorphisme.

DÉFINITION 2.3.30. *On dit que deux espaces topologiques sont homéomorphes s'il existe au moins un homéomorphisme de l'un sur l'autre. Ces deux espaces ont alors les mêmes propriétés topologiques, c'est à dire les mêmes propriétés pour tout ce qui concerne les ensembles ouverts, les ensembles fermés et les voisinages.*

Exemple 2 - L'intérieur d'un disque et l'intérieur d'un triangle, dans un plan euclidien, sont des espaces métriques homéomorphes. Le demi-plan $y > 0$, la région $y > x^2$ située au-dessus de la parabole $y = x^2$, la région $y < x^2$ située au-dessous de cette parabole, dans le plan $\mathbf{R}^2$, sont homéomorphes(*).

(*)à titre d'exercice, définir chaque fois un homéomorphisme entre les espaces topologiques homéomorphes.

Exemple 3 - Les deux espaces métriques définis par les lignes tracées sur la figure qui suit sont homéomorphes.

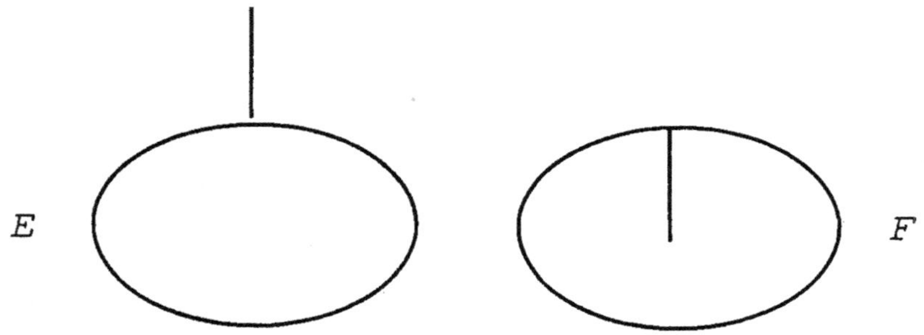

Mais attention ! Cela ne veut nullement dire qu'il existe un homéomorphisme du premier plan sur le deuxième, qui amène le premier sous-espace sur le deuxième.

Exemple 4 - La droite réelle, munie de sa métrique naturelle, et la droite réelle munie de sa métrique discrète, ne sont pas homéomorphes puisque, sur cette dernière, toutes les parties sont ouvertes et qu'il n'en est pas de même sur la première(*).

(*)Nous avons indiqué plus haut que l'application identique n'était pas un homéomorphisme de l'une sur l'autre. Nous disons ici qu'il n'existe aucun homéomorphisme de l'une sur l'autre, ce qui est un résultat plus fort.

§4. ESPACES MÉTRIQUES ET ESPACES TOPOLOGIQUES

Métriques et normes équivalentes.

Dans un espace métrique, à partir de la notion de distance, nous avons pu définir les notions d'ensemble ouvert, d'ensemble fermé, de voisinage, d'intérieur, d'extérieur, de frontière, d'adhérence, d'ensemble dense, d'application continue. Toutes ces notions se déduisent de celle d'ensemble ouvert et par conséquent sont de nature purement topologique.

Il peut arriver que deux métriques différentes, sur le même espace E, aient le même système d'ensembles ouverts. Elles ont alors les mêmes parties fermées, les mêmes voisinages de chaque point, bref, la même topologie.

Par exemple, si E est un espace métrique et si d est sa métrique, la fonction distance $2d$, c'est-à-dire telle que la distance de deux points x et y soit $2\,d(x,y)$, donnent bien évidemment les mêmes ensembles ouverts.

DÉFINITION 2.4.1. *On dit que deux métriques sur un même ensemble E sont* **équivalentes** *si elles définissent la même topologie c'est-à-dire si elles ont le même système d'ensembles ouverts. Cela revient à dire que l'application identique de E, muni de la 1ère métrique, dans E muni de la 2ème métrique, est un homéomorphisme.*

Sur un espace vectoriel 2 normes sont dites **équivalentes**, *si les métriques correspondantes sont équivalentes.*

THÉORÈME 2.4.2. *Pour que 2 normes sur un espace vectoriel, notées $\|\ \|_1$ et $\|\ \|_2$, soient équivalentes, il faut et il suffit qu'il existe des constantes $k'>0$, $k''>0$ telles que l'on ait, pour tous les x de E*

$$\|x\|_2 \leq k'\ \|x\|_1 \quad , \quad \|x\|_1 \leq k''\ \|x\|_2. \tag{2.4.1}$$

DÉMONSTRATION: Appelons $B_1(R)$ (resp. $B_2(R)$)la boule fermée de centre l'ori- -gine et de rayon R, pour la première norme (resp. pour la 2ème). Supposons alors que les deux normes soient équivalentes, c'est-à-dire donnent les mêmes ensembles ouverts.

Alors $B_1(1)$ contient un ensemble ouvert de E, dans la 1ère métrique, contenant l'origine; il existe par suite un nombre $\frac{1}{k''}$ tel que l'on ait

$$B_1(1) \supset B_2(\frac{1}{k''}).$$

Par une homothétie de rapport $k''\ R$, on en déduit la relation d'inclusion

$$B_1(k''\ R) \supset B_2(R).$$

Elle signifie que

$$\|x\|_2 \leq R \Longrightarrow \quad \|x\|_1 \leq k''\ R(*)$$

(*)Nous donnerons une autre démonstration après l'étude des suites convergentes.

En opérant de même en sens inverse pour les métriques, la nécessité de la condition est bien démontrée. Exprimons maintenant que cette conditione st bien suffisante. Si elle est réalisée, alors

$$||x||_2 \leq \frac{R}{k''} \Longrightarrow ||x||_1 \leq R.$$

Donc

$$B_2(\frac{R}{k''}) \subset B_1(R).$$

Il en résulte que toute boule, pour la première métrique, contient nécessairement une boule pour la deuxième et vice-versa; ce que nous venons de dire pour les boules ayant pour centre l'origine est vrai, par translation, pour les boules ayant un centre quelconque.

Comme un ouvert pour la topologie est un ensemble qui, toutes les fois qu'il contient un point, contient au moins une boule ayant pour centre ce point, les propriétés que nous venons de voir pour les boules entraînent l'identité des ouverts pour les deux métriques. ∎

Remarque 1 - Si d_1 et d_2 sont les distances définies par 2 normes équivalentes, il y a donc deux constantes k' et k'' telles que, quels que soient x et y,

(2.4.2) $$d_1(x,y) \leq k'\, d_2(x,y) \quad , \quad d_2(x,y) \leq k'' d_1(x,y).$$

Cette circonstance est très spéciale aux métriques équivalentes définies par des normes équivalentes sur un espace vectoriel.

Mais si d est la distance d'un espace métrique quelconque sur un ensemble E, on voit aussitôt que

(2.4.3) $$d' = min\,(d,1) \quad , \quad \text{définie par } d'(x,y) = min\,(d(x,y),1)$$

est aussi une fonction distance (vérifier 2.1.1). Il est trivial que la métrique définie par d' est équivalente à la métrique initiale (les boules de rayon ≤ 1 sont les mêmes). Or, lorsque d varie de 0 à $+\infty$, d' varie de 0 à 1. Il n'y a pas donc entre elles des inégalités du type (2.4.2). On obtient le même résultat si on remplace d par la métrique équivalente d'' définie par

(2.4.4) $$d''(x,y) = \frac{d(x,y)}{1+d(x,y)}$$

Etant donnée une métrique sur E, on peut toujours trouver une métrique équivalente pour laquelle E soit borné(*)

(*)En outre, avec le choix que nous venons d'effectuer, le diamètre de E est alors inférieur à 1. Vérifier que d'' est bien une distance.

Si E est un espace vectoriel, et si d est la distance définie à partir d'une norme, il n'en est plus de même de d'.

COROLLAIRE 2.4.3. *Les 3 normes définies dans* $\mathbf{R}_n$ *par(2.1.10) sont équivalentes car*

$$(2.4.5)\qquad \begin{cases} (a) & \displaystyle\frac{1}{n}\sum_{i=1}^{n}|x_i| \leq \max_{1\leq i\leq n}|x_i| \leq \sum_{i=1}^{n}|x_i| \\ (b) & \displaystyle\frac{1}{\sqrt{n}}(\sum_{i=1}^{n}|x_i|^2)^{\frac{1}{2}} \leq \max_{1\leq i\leq n}|x_i| \leq (\sum_{i=1}^{n}|x_i|^2)^{\frac{1}{2}} \end{cases}$$

DÉMONSTRATION: Nous avons déjà énoncé et prouvé ces relations au théorème 2.1.5. ∎

Remarque 2 - Nous démontrons après l'étude des espaces compacts (théorème 2.5.19) que dans un espace vectoriel de dimension finie (en particulier dans R^n) toutes les normes sont équivalentes. Par contre, comme nous en verrons plus tard des exemples, cette propriété ne subsiste absolument pas pour des espaces vectoriels de dimension infinie.

Remarque 3 - Signalons que sur un espace produit $E\times F$ de deux espaces métriques, les 3 distances que nous avons introduites en (2.2.13) sont équivalentes grâce aux relations (2.2.14) et (2.2.15).

Remarque 4 - Nous sommes amenés, pour des espaces métriques, à introduire deux sortes de propriétés : les propriétés métriques qui dépendent explicitement de la métrique elle-même, comme la distance de deux points, la propriété des côtés d'un triangle ou d'une figure formée par plusieurs points, les boules, etc ... ; d'autre part, les propriétés topologiques qui ne dépendent pas de la métrique elle-même, mais seulement de l'ensemble des parties ouvertes ou des parties fermées(*)

Espaces métrisables.

DÉFINITION 2.4.4. *Soit E un espace topologique. On dit que E est* **métrisable** *s'il existe une métrique qui donne naissance à sa topologie.*

La plupart des espaces topologiques que nous rencontrerons sont des espaces métrisables. Rappelons qu'un espace topologique métrisable est nécessairement **séparé et régulier**.

(*)Le fait, pour une partie A de E, d'être bornée, (voir définition (2.1.2)) est une propriété métrique et non topologique : l'ensemble $\mathbf{N}_1$ des entiers ≥ 1 n'est pas borné si on le munit de la métrique $d(p,q) = |p-q|$, il devient borné si on le munit de la métrique $d(p,q) = |\frac{1}{p} - \frac{1}{q}|$, alors que ces deux métriques sont équivalentes. Mais, pour les espaces vectoriels normés, deux normes équivalentes donnent les mêmes parties bornées (Voir remarque 1).

THÉORÈME 2.4.5. *Soit $(E_n)_{n\geq 0}$ une famille dénombrable d'espaces métrisables. Alors l'espace topologique produit des E_n (définition (2.2.32)) est métrisable.*

DÉMONSTRATION: - Supposons que pour tout n, d_n soit une distance donnant la topologie de E_n. On peut toujours supposer que le diamètre de E_n est inférieur 1. Si ce n'est pas déjà le cas, il suffit de remplacer d_n par l'une des distances données par (2.4.3) ou (2.4.4). Alors la topologie de E est aussi définie par la distance:

$$d(x,y) = \sum_{n=1}^{\infty} \frac{d_n(x_n, y_n)}{2^n}. \tag{2.4.6}$$

Si on n'a pas pris la précaution de remplacer la métrique de E_n par un autre métrique équivalente telle que le diamètre de E_n est inférieur à 1, on peut remplacer la formule (2.4.6) par :

$$d(x,y) = \sum_{n=1}^{\infty} \frac{1}{2^n} \frac{d_n(x_n, y_n)}{1 + d_n(x_n, y_n)}. \tag{2.4.7}$$

Montrons que la topologie de E est bien définie par la distance d. Soient O un ouvert de E et
$a = (a_n)_{n\geq 0} \in O$. Il existe des entiers $i_1, i_2, \ldots, i_m$ et des ouverts $O_{i_1}, O_{i_2}, \ldots, O_{i_m}$ tels que :

$$a \in \prod_{k=1}^{m} O_{i_k} \times \prod_{j \notin i_1, \ldots, i_m} E_j \subset O$$

Il existe alors $\alpha > 0$ tel que pour tout $i = i_1, i_2, \ldots, i_m$: $d_i(u, a_i) < \alpha \Longrightarrow u \in O_i$. Soit $\eta > 0$ choisi tel si $x \geq 0$, on ait

$$\frac{x}{1+x} \leq \eta \Longrightarrow x \leq \alpha ,$$

alors la boule de centre a, de rayon $\frac{\eta}{2^m}$, contient a et est contenue dans O. Réciproquement, soit $B(a, \rho)$ la boule de centre a et de rayon $\rho > 0$; il existe m tel que :

$$\sum_{n=m}^{\infty} \frac{1}{2^m} < \frac{\rho}{2}$$

Alors si pour $i = 1, 2, \ldots m$,

$$U_i = \{x = (x_i)_{i\geq 0} \in E : d_i(x_i, a_i) < \frac{\rho}{2}\}$$

on a

$$\prod_{i=1}^{m} U_i \times \prod_{j \notin \{1,\ldots,m\}} E_j \subset B(a, \rho) \quad \text{car} \quad \sum_{i=1}^{m} \frac{d_i(a_i, x_i)}{2^i} \leq \frac{\rho}{2}$$

et ainsi s'achève notre démonstration. ■

PROPOSITION 2.4.6. *Soient E un espace métrisable et U un ouvert de E. Alors il existe une suite croissante de fonctions continues f_n telle que :*

$$1_U = \sup_n f_n . \tag{2.4.8}$$

DÉMONSTRATION: Puisque le complémentaire de U est fermé,

$$d(x, U^c) = 0 \iff x \in U^c$$

donc

$$d(x, U^c) > 0 \iff x \in U.$$

Par conséquent, si

$$F_n = \{x : d(x, U^c) \geq \frac{1}{n}\}$$

alors la suite des F_n est croissante et U est la réunion des F_n. Pour tout n, soit f_n la fonction définie par

$$f_n(x) = \frac{d(x, U^c)}{d(x, F_n) + d(x, U^c)} \tag{2.4.9}$$

où U^c désigne le complémentaire de U. Alors pour tout n, f_n est une fonction continue dans E telle que $f_n(x) = 1$ sur F_n et $f_n(x) = 0$ sur U^c, et la suite (f_n) est croissante. Ainsi s'achève la démonstration. ■

PROPOSITION 2.4.7. *Soit E un espace métrisable. Alors*

(a) Tout fermé de E est une intersection dénombrable d'ouverts de E.

(b) Tout ouvert de E est une réunion dénombrable de fermés de E.

DÉMONSTRATION: Soit F un fermé de E et d une métrique définissant la topologie de E. D'après la relation 2.2.8, on a :

$$x \in F \iff d(x, F) = 0 .$$

Par suite, en posant pour tout $n \geq 1$:

$$U_n = \{x : d(x, F) < \frac{1}{n}\},$$

U_n est un ouvert de E grâce à la continuité de l'application définie par (2.3.5). Cet ouvert contient F et F est égal à l'intersection des U_n, ce qui prouve (a). On déduit (b) de (a) par passage au complémentaire. ■

Espaces métrisables séparables.

THÉORÈME 2.4.8. - *Soit E un espace topologique métrisable. Les propriétés suivantes sont équivalentes :*

a) La topologie de E est à base dénombrable

b) E est séparable

DÉMONSTRATION: - Soit $(U_n)_{n\geq 0}$ une base de la topologie de E. Pour tout entier n tel que $U_n \neq \emptyset$, choisissons un élément quelconque a_n et soit D l'ensemble ayant pour éléments les a_n. Il est clair que D est dénombrable. D est dense puisque tout ouvert non vide de E est une réunion de certains U_n non tous vides, donc rencontre nécessairement D ce qui implique la densité de D (proposition 2.2.28). Réciproquement supposons donnée une suite $(a_n)_{n\geq 0}$ d'éléments de E dense dans E. Appelons $U_{n,m}$ la boule ouverte de centre a_n et de rayon $\frac{1}{m}, m \geq 1$. La famille $\{U_{n,m} : n \geq 0 \quad , \quad m \geq 1 \quad \}$ est une famille dénombrable de parties ouvertes de E. Montrons qu'elle constitue une base de la topologie de E. Soient U un ouvert non vide de E, et $x \in U$. Puisque U est un voisinage de x, il contient nécessairement une boule ouverte de centre x et de rayon $\frac{1}{m}$ pour un $m \geq 1$ convenable. Comme la suite des a_n est dense, il existe un entier n tel que a_n appartient à la boule ouverte de centre x et de rayon $\frac{1}{2m}$. Alors la boule ouverte de de centre a_n et de rayon $\frac{1}{2m}$ contiient x et est contenue U. Autrement dit nous venons de montrer que pour tout $x \in U$, il existe un $U_{n,m}$ contenu dans U et contenant x. Cela signifie exactement que U est réunion d'un certain nombre de ces $U_{n,m}$ donc ces $U_{n,m}$ forment bien une base de la topologie de E. ∎

COROLLAIRE 2.4.9. - *Soit E un espace topologique métrisable séparable. Alors tout sous-espace de E est séparable(*).*

DÉMONSTRATION: - Soit F un sous-espace de E. Puisque E est séparable, il est à base dénombrable d'après le théorème 2.4.7. Par définition de la topologie induite, F est aussi est à base dénombrable. Comme la topologie de F peut être aussi définie par la restriction de n'importe quelle métrique de E qui donne la topologie de E, F est donc métrisable. Mais alors F est séparable d'après le théorème 2.4.7, ce qui achève la preuve du corollaire. ∎

Exemple 1 - Soit E un espace vectoriel normé. L'ensemble des applications de $\mathbf{N}$ dans $\mathbf{N}$, $E^{\mathbf{N}}$, qui n'est rien d'autre que l'ensemble des suites à éléments dans E est

---

(*)Si E n'est pas métrisable, cette assertion est fausse comme on le verra à l'exemple 3 qui va suivre.

métrisable d'après le théorème 2.4.5. Prenons la distance:

$$\forall u = (u_n)_{n\geq 0} \quad , \quad \forall v = (v_n)_{n\geq 0} \quad , \quad d(u,v) = \sum_{n=0}^{\infty} \frac{1}{2^{n+1}} \frac{||u_n - v_n||}{1 + ||u_n - v_n||} \,.$$

Cet espace est séparable si E est séparable. En effet, soit D une famille dénombrable dense dans D. Posons

$$\mathcal{D} = \bigcup_{n=1}^{\infty} D^n$$

$\mathcal{D}$ est dénombrable puisque c'est une réunion dénombrable des ensembles dénombrables D^n. Considérons l'ensemble $\widetilde{\mathcal{D}}$ des suites d'éléments de E nulles àpart ir d'un certain rang N (variable) et dont les N premiers termes appartiennent à D. Autrement dit un élément de $\widetilde{\mathcal{D}}$ est formé en faisant suivre de 0 les termes d'un élément de $\mathcal{D}$. Cet ensemble est donc dénombrable. Montrons qu'il est dense dans $E^{\mathbf{N}}$. Soit $u = (u_n)_{n\geq 0}$ et $\epsilon > 0$; il existe N tel que

$$\sum_{k=N+1}^{\infty} \frac{1}{2^{k+1}} \leq \frac{\epsilon}{2}$$

D'autre part, il existe $\eta > 0$ tel que $0 \leq x \leq \eta$ implique

$$\frac{x}{1+x} \leq \frac{\epsilon}{2}$$

Alors D étant dense dans E, pour tout $k = 0, 1, \ldots, N$, il existe $\alpha_k \in D$ tel que

$$||u_k - \alpha_k|| \leq \eta \quad (\text{donc} \quad \frac{||u_k - \alpha_k||}{1 + ||u_k - \alpha_k||} \leq \frac{\epsilon}{2}).$$

Alors si α est la suite dont les N premiers termes sont ainsi déterminés et les autres nuls, on a

$$\begin{aligned} d(u,\alpha) &= \sum_{n=0}^{\infty} \frac{1}{2^{n+1}} \frac{||u_n - \alpha_n||}{1 + ||u_n - \alpha_n||} \\ &= \sum_{k=0}^{N} \frac{1}{2^{k+1}} \frac{||u_k - \alpha_k||}{1 + ||u_k - \alpha_k||} + \sum_{k=N+1}^{\infty} \frac{1}{2^{n+1}} \frac{||u_n||}{1 + ||u_n||} \leq \frac{\epsilon}{2} + \frac{\epsilon}{2} = \epsilon \end{aligned}$$

Exemple 2 - Voici un exemple d'un espace vectoriel normé non séparable*. Soit $E = l^{\infty}_{\mathbf{C}}(\mathbf{N})$ l'ensemble des suites de nombres complexes bornées, normé par

(2.4.) $$\forall u = (u_n)_{n\geq 0} \in l^{\infty}_{\mathbf{C}}(\mathbf{N}) \qquad ||u|| = \sup_{n\geq 0} |u_n|$$

*Nous verrons un autre exemple au chapitre III lorsque nous introduirons les fonctions réglées.

Soit $\mathcal{E}$ le sous-ensemble de E formé par les suites dont les éléments sont 0 ou 1:

$$u = (u_n)_{n\geq 0} \in \mathcal{E} \iff \forall\, n\ ,\ u_n \in \{0,1\}$$

$\mathcal{E}$ est en bijection avec $\{0,1\}^{\mathbf{N}}$ et par conséquent il a la puissance du continu. Nous allons montrer que si D est une partie dense dans E, alors D a une puissance supérieure à celle de $\mathcal{E}$ donc cette puissance est au moins la puissance du continu et D ne peut être dénombrable. Observons tout d'abord que si u et v sont deux éléments distincts de $\mathcal{E}$, on a $||u-v|| = 1$. En effet, si $u \neq v$, il existe au moins un entier k tel que $u_k \neq v_k$. Comme $u_k \in \{0,1\}$ et $v_k \in \{0,1\}$, on a nécessairement $|u_k - v_k| = 1$ et comme pour tout n, on a $|u_n - v_n| \leq 1$, on voit bien que $||u-v|| = 1$. Nous allons construire une application injective de $\mathcal{E}$ dans D, ce qui établira le fait que D est au moins aussi puissant que $\mathcal{E}$. Soit $u \in \mathcal{E}$. Puisque D est dense, il existe au moins un $\xi_u \in D$ tel que $||u - \xi_u|| \leq \frac{1}{4}$. Grâce à l'axiome du choix, on peut définir une fonction $u \longrightarrow \xi_u$ de $\mathcal{E}$ dans D. Cette application est injective. En effet, de l'inégalité

$$||u-v|| \leq ||u-\xi_u|| + ||\xi_u - \xi_v|| + ||\xi_v - v||$$

on déduit l'inégalité

$$||\xi_u - \xi_v|| \geq ||u-v|| - ||\xi_u - u|| - ||\xi_v - v||\ .$$

On voit alors que si u et v sont distincts, donc $||u-v|| = 1$, il en résulte que $||\xi_u - \xi_v|| \geq \frac{1}{2}$ donc ξ_u et ξ_v sont distincts.

Exemple 3 - Nous allons montrer que le segment [0, 1] dédoublé que nous désignons par $\tilde{X}$ n'est pas métrisable en exhibant un sous-espace non séparable de l'espace produit $\tilde{X} \times \tilde{X}$. On va raisonner par l'absurde et supposer $\tilde{X}$ métrisable donc (proposition 2.2.36) $\tilde{X} \times \tilde{X}$ serait métrisable. Comme $\tilde{X}$ est séparable, il en est de même de $\tilde{X} \times \tilde{X}$. En effet si D est une partie dénombrable dense dans $\tilde{X}$ alors $D \times D$ est encore dénombrable et dense dans $\tilde{X} \times \tilde{X}$ par définition de la topologie produit. Alors le corollaire 2.4.9 permet d'affirmer que tout sous-espace de $\tilde{X} \times \tilde{X}$ serait séparable. Considérons le sous-ensemble Δ^-:

$$\Delta^- = \{\ (x^-, (1-x)^-)\ :\quad 0 < x < 1\quad \}$$

Il est clair que Δ^- et $]0,1[$ ont même puissance qui est celle du continu et Δ^- est recouvert par la réunion des rectangles ouverts $]0^-, x^-]\times]0^-, (1-x)^-]$. On voit alors que la topologie induite sur Δ^- est la topologie discrète: chacun des rectangles $]0^-, x^-]\times]0^-, (1-x)^-]$ est voisinage du point $(x^-, (1-x)^-)$ et ne rencontre Δ^- qu'au point $(x^-, (1-x)^-)$. Donc Δ^- n'est pas séparable contrairement à ce que nous affirmions et $\tilde{X}$ n'est donc pas métrisable.

§5. ESPACES COMPACTS - PROPRIÉTÉS ÉLÉMENTAIRES

Propriété de Heine - Borel - Lebesgue.

DÉFINITION 2.5.1. *Soit E un espace topologique. On appelle* **recouvrement** *de E, un ensemble de parties de E, tel que tout point de E appartienne* **au moins à** *l'une d'entre elles. Un* **sous-recouvrement** *d'un recouvrement est un recouvrement formé de parties appartenant au premier recouvrement. Un* **recouvrement** *est* **fini** *s'il est formé d'un nombre fini de parties de E. Un* **recouvrement** *de E est dit* **ouvert** *si toutes les parties appartenant à ce recouvrement sont des ouverts de E.*

Exemple 1 - L'ensemble des intervalles $]n-1, n+1[$, lorsque n parcourt $\mathbf{Z}$, est un recouvrement ouvert de $\mathbf{R}$; il n'a pas d'autre sous-recouvrement que lui- même, car si on supprime l'intervalle $]n-1, n+1[$, le point n n'est plus recouvert.

Exemple 2 - L'ensemble des intervalles $]n - \frac{3}{4}, n + \frac{3}{4}[$ est aussi un recouvrement de $\mathbf{R}$; il est formé d'ouverts plus petits que le précédent, mais n'en est pas un sous-recouvrement car il est un ensemble de parties entièrement différentes des premières.

DÉFINITION 2.5.2. *(Propriété de Heine - Borel- Lebesgue) Un espace topologique E est dit* **compact** *s'il est séparé et si tout recouvrement ouvert de E admet au moins un sous-recouvrement fini. Cela signifie que si l'on considère n'importe quel recouvrement de E par un ensemble de parties ouvertes de E, il existe déjà un ensemble fini de ces parties qui suffit à recouvrir E.*

Remarque 1 - On notera que jusqu'à présent nous n'avons étudié les propriétés topologiques que de certaines parties de E, relativement à E lui-même, par exemple la propriété pour une partie A de E d'être ouverte ou fermée, etc ... ; ici au contraire, le fait d'être compact est une propriété de l'espace topologique lui-même. Nous avons cependant :

DÉFINITION 2.5.3. *Soient E est un espace topologique et A une partie de E. On dit que A est compacte, si en tant qu'espace topologique muni de la topologie induite, A est un espace compact. On appelle partie* **relativement compacte** *de E toute partie dont l'adhérence est compacte.*

On observera que le fait pour une partie A de E d'être compacte n'exige nullement que E soit compact.

PROPOSITION 2.5.4. *Soit E un espace topologique séparé. La réunion d'un nombre fini de parties compactes (resp. relativement compactes) de E est une partie compacte (resp. relativement compacte) de E.*

DÉMONSTRATION: Soient en effet $A_1, A_2, \dots A_n$ des parties compactes de E. Soit $\mathcal{R}$ un recouvrement ouvert de $A = A_1 \cup A_2 \cup \dots \cup A_n$. Alors les ouverts de $\mathcal{R}$ coupent A_1 suivant des ouverts de A_1, et $\mathcal{R}$ définit donc un recouvrement ouvert de A_1; comme A_1 est compact, un nombre fini des ouverts de $\mathcal{R}$ suffit à recouvrir A_1. Comme il en est de même de $A_2, \dots, A_n$, on peut bien, en prenant ces n systèmes finis d'ouverts de $\mathcal{R}$, recouvrir A avec un nombre fini d'ouverts de $\mathcal{R}$, et A est bien compact. Si pour tout $i = 1, \dots, n$, A_i est seulement relativement compacte, donc $\overline{A_i}$ compacte, alors l'adhérence de A qui est égale à la réunion des adhérences des A_i est compacte d'après le raisonnement précédent. ■

PROPOSITION 2.5.5. - *Soit E un espace compact et $U_1, U_2, \dots, U_n, \dots$ une suite croissante d'ensembles ouverts dont la réunion est égale à E. Alors, déjà pour un entier n convenable, l'ouvert U_n est identique à E. Si deux espaces sont homéomorphes, et si l'un d'eux est compact, il en est de même de l'autre.*

DÉMONSTRATION: Puisque E est compact, un nombre fini de ces ouverts U_n suffit pour recouvrir E. Or comme la suite est croissante, il y a sûrement un ouvert appartenant à ce sytème fini qui est plus grand que tous les autres ouverts de ce système, donc il est égal à E. Ceci établit le premier point. Quant au second point, il est clair que l'image de tout recouvrement de l'un des espaces par un homéomorphisme est un recouvrement de l'autre espace. Il est facile de voir que si l'un des espaces est séparé, il en est de même de l'autre, ce qui a pour conséquence notre assertion. ■

Exemples 3 - Un espace séparé ne contenant qu'un nombre fini de points est compact. La droite réelle $\mathbf{R}$, l'espace $\mathbf{R}^n$, un espace vectoriel normé de dimension finie ou infinie ne sont jamais compacts. En effet si nous considérons l'ensemble des boules ouvertes, de centre l'origine et de rayon $R > 0$, elles forment bien un recouvrement de l'espace. Or, un nombre fini quelconque de ces boules est contenu dans une même boule, de rayon fini, et par suite ne recouvre pas l'espace.

Exemple 4 - Plus généralement, une partie non bornée d'un espace métrique, c'est-à-dire non contenue dans une boule (de rayon fini), n'est sûrement jamais compacte.

Exemple 5 - Voici un exemple d'un espace possédant la propriété du recouvrement mais non séparé. On prend un ensemble infini E et pour ensemble d'ouverts les parties de E dont le complémentaire est fini et l'ensemble $\emptyset$. Soit $(U_i)_{i \in I}$ un reouvrement ouvert de E. Il existe au moins un indice k tel que $U_k \neq \emptyset$. Le complémentaire de U_k est fini, et a pour éléments $a_1, a_2, \dots, a_m$. Chacun des a_j appartient à l'un des ouverts U_j du recouvrement. Alors U_k avce les U_j pour $j = 1, \dots, m$ est un sous-recouvrement fini. Nous avons vu que cette topologie n'est pas séparée.

THÉORÈME 2.5.6. - *Un intervalle fermé, borné $[a, b]$ de la droite réelle* **R** *est un espace compact(*).*

DÉMONSTRATION: Soit $\mathcal{R}$ un recouvrement ouvert de $[a, b]$. Soit c le milieu de $[a, b]$. S'il n'était pas possible de trouver un nombre fini de parties appartenant à $\mathcal{R}$ et recouvrant l'intervalle entier $[a, b]$, alors ce ne serait pas possible non plus pour au moins l'un des deux sous-intervalles $[a, c]$, $[c, b]$, par exemple $[a, c]$. Appelons $[a_1, b_1]$ ce sous-intervalle. Nous le partagerons en deux et trouverons un sous-intervalle $[a_2, b_2]$ deux fois plus petit et possédant la même propriété. Nous formerions ainsi une suite infinie $[a_0, b_0] = [a, b], [a_1, b_1], \ldots [a_n, b_n], \ldots$ des sous-intervalles de $[a, b]$ avec la même propriété: aucun d'eux ne pourrait être recouvert par un nombre fini de parties appartenant à $\mathcal{R}$.

La suite croissante majorée des a_n admettrait une limite α, la suite décroissante minorée des b_n admettrait une limite β , et comme la longueur de $[a_n, b_n]$ est $\dfrac{(b-a)}{2^n}$, on aurait nécessairement $\alpha = \beta$. D'après la définition d'une suite, tout intervalle ouvert contenant le point $\alpha = \beta$, contient pour n assez grand, a_n et b_n donc tout l'intervalle $[a_n, b_n]$. Or, il existe nécessairement un des ouverts du recouvrement $\mathcal{R}$, soit U, qui contient le point $\alpha = \beta$; comme U est ouvert, il existe un intervalle $]a', b'[$ contenu dans U et contenant ce point; or, pour n suffisamment grand, l'intervalle $[a_n, b_n]$ est contenu dans $]a', b'[$ donc dans U, et nous aboutirions ainsi à une contradiction puisque $[a_n, b_n]$ ne devrait pas pouvoir être recouvert par un nombre fini de parties appartenant à $\mathcal{R}$, alors qu'il est recouvert par une seule d'entre elles, à savoir U. Cette contradiction prouve bien que $[a, b]$ est compact. ∎

THÉORÈME 2.5.7. *Dans l'espace* $\mathbf{R}^m$ *un pavé fermé borné, c'est-à-dire l'ensemble des points* $(x_1, x_2, \ldots, x_m)$ *définis par un système d'inégalités larges*

$$a_1 \leq x_1 \leq b_1 \quad , \quad a_2 \leq x_2 \leq b_2 \quad , \ldots , \quad a_m \leq x_m \leq b_m$$

où $(a_1, a_2, \ldots, a_m)$ *et* $(b_1, b_2, \ldots, b_m)$ *désignent deux points de* $\mathbf{R}^m$*, est un espace compact.*

DÉMONSTRATION: On pourra le montrer par la même méthode de subdivision, avec cette différence qu'au lieu de diviser en deux, il faut à chaque opération diviser en 2^m pavés en divisant en deux pour chacune des coordonnées. Néanmoins la compacité de ce pavé résultera aussi du théorème 2.5.15. ∎

THÉORÈME 2.5.8. *La droite achevée* $\overline{\mathbf{R}}$*, munie de sa topologie naturelle, est un espace compact.*

DÉMONSTRATION: Soit $\mathcal{R}$ un recouvrement ouvert de $\overline{\mathbf{R}}$. Le point $-\infty$ appartient à l'un au moins des ouverts de $\mathcal{R}$, soit U_-, et de même $+\infty$ appartient à l'un des

(*)Ce résultat sera à nouveau démontré dans le cadre de la topologie de l'ordre d'un espace totalement ordonné (Théorème 2.5.16).

ouverts, U_+. Il en résulte en particulier que le complémentaire de la réunion de ces deux ouverts est contenu dans un intervalle fermé, borné de **R**, suffisamment grand , $[A, B]$. Comme il existe alors nécessairement un nombre fini des ouverts de $\mathcal{R}$ qui suffit à recouvrir $[A, B]$(théorème 2.5.6) on en déduit bien que ce nombre fini d'ouverts de $\mathcal{R}$, augmenté de U_- et U_+, recouvre $\overline{\mathbf{R}}$, et que par conséquent $\overline{\mathbf{R}}$ est compact. ∎

Remarque 2 - Les exemples précédents, compte tenu de la proposition 2.5.5, nous prouvent donc que **R** et $\overline{\mathbf{R}}$ ne sont pas homéomorphes(il n'existe pas d'homéomor--phisme de l'un sur l'autre). Un intervalle fermé borné $[a, b]$ n'est pas homéomorphe à **R** alors qu'un intervalle ouvert est homéomorphe à **R** :

$$x \mapsto tan\ x$$

est un homéomorphisme de $]-\frac{\pi}{2}, +\frac{\pi}{2}[$ sur **R**). Les critères, permettant de prouver que deux espaces ne sont pas homéomorphes sont précieux; car il est généralement facile de prouver que deux espaces sont homéomorphes, en exhibant l'homéomorphisme; il est toujours plus délicat de prouver que deux espaces ne sont pas homéomorphes.

THÉORÈME 2.5.9. *Pour qu'un espace topologique séparé E soit compact, il faut et il suffit que pour tout ensemble de parties fermées de E dont l'intersection est vide,il existe déjà un nombre fini de ces parties dont l'intersection est vide.*

DÉMONSTRATION: On passe de la définition 2.5.2 à ce théorème en remplaçant les parties par leur complémentaire, ce qui passe de réunion à intersection et de partie ouverte à partie fermée. ∎

COROLLAIRE 2.5.10. *-Si E est un espace compact, et si $F_1, F_2, \ldots, F_n, \ldots$ est une suite décroissante d'ensembles fermés dont l'intersection est vide, alors il existe déjà un entier n convenable, tel que F_n soit vide.*

DÉMONSTRATION: Il y a un nombre fini d'entre ces F_n qui ont une intersection vide. Comme la suite est décroissante , l'intersection de ce système fini est l'un d'eux, qui est donc vide. ∎

Remarque 3 - On remarquera que cette propriété n'est sûrement pas vraie pour la droite **R** , ce qui confirme le fait déjà vu que **R** n'est pas compacte; en effet si nous considérons la suite décroissante d'intervalles fermés $[n, \infty[$, $n \geq 0$, leur intersection est vide alors qu'aucun d'eux n'est vide.

Remarque 4 - Si on applique le théorème (1.1.5), on voit que le précédent corollaire est équivalent au suivant.

COROLLAIRE 2.5.11. *Si E est compact, et si $F_1, F_2, \ldots, F_n, \ldots$ est une suite décroissante d'ensembles fermés, et si aucun d'eux n'est vide, alors leur intersection est non vide.*

THÉORÈME 2.5.12. *Soit E un espace topologique séparé, F une partie compacte de E; alors F est nécessairement une partie fermée de E(*).*

DÉMONSTRATION: Montrons que le complémentaire de F est un ensemble ouvert. Soit $a \in F^c$. Puisque E est séparé, pour tout $x \in F$, il existe un ouvert $O(x)$ de E contenant x et un ouvert $U_x(a)$ de E contenant a, ces deux ouverts étant disjoints. Lorsque x parcourt F , la famille $(O(x))$ constitue un recouvrement ouvert du compact F. On peut donc en extraire un sous-recouvrement fini. Cela signifie qu'il existe une nombre fini de points $x_1, x_2, \ldots, x_m$ tel que F soit contenu dans leur réunion. Appelons $U(a)$ l'intersection des m ouverts $U_{x_i}(a)$. C'est un ouvert puisque c'est une intersection finie d'ensembles ouverts , et cet ouvert contient a. C'est donc un voisinage de a. $U(a)$ ne rencontre aucun des $O(x_i)$. En effet, pour tout i, il est contenu dans $U_{x_i}(a)$ qui ne rencontre pas $O(x_i)$. A fortiori, il ne rencontre pas F, il est donc contenu dans le complémentaire de F. Ceci montre que F est fermé. ∎

Remarque 5 - Il est bien évident que la réciproque de ce théorème n'est pas exacte. Une partie fermée quelconque d'un espace topologique séparé n'est pas compacte, sans quoi l'espace lui-même, toujours fermé, serait toujours compact. Mais on a la réciproque suivante :

THÉORÈME 2.5.13. *Toute partie fermée d'un espace compact est un espace compact*

DÉMONSTRATION: Soit E un espace compact, F une partie fermée. Puisque E est séparé, il en sera de même de F pour la topologie induite. Soit $(F_i)_{i \in I}$ une famille quelconque de parties de F, fermées dans F, et dont l'intersectiones t vide. Comme les F_i sont supposées fermées dans F et que F est supposée fermée dans E, les F_i sont fermées dans E (théorème (2.2.28)) ; comme alors E est supposé compact, il existe un nombre fini des F_i dont l'intersection est vide,et cela prouve (théorème (2.5.9), que F est compact. ∎

Les théorèmes 2.5.12 et 2.5.13 prouvent que dans un espace compact les parties compactes sont identiques aux parties fermées. Ainsi pour qu'une partie de la droite achevée $\overline{\mathbf{R}}$ soit compacte, il faut et il suffit qu'elle soit fermée dans $\overline{\mathbf{R}}$.

THÉORÈME 2.5.14. *Tout espace compact est régulier: tout point a admet un système fondamental de voisinages* **compacts**

DÉMONSTRATION: Soit V un voisinage de a , $\overset{\circ}{V}$ son intérieur. Alors K, le complémentaire de $\overset{\circ}{V}$, est fermé donc compact d'après le théorème 2.5.13. Soit W un voisinage fermé donc compact de a. Alors $W \cap K$ est un ensemble fermé de K. Lorsque W varie, ces ensembles fermés de K ont une intersection vide, puisque

(*)Attention ! Ce théorème compare une propriété intrinsèque de F, le fait d'être compacte (pour la topologie induite), à une propriété de F relativement à E, le fait d'être fermée dans E.

l'intersection des W est réduite à a (proposition (2.2.14)) qui n'est pas dans K. K étant compact, il existe un nombre fini d'ensembles $W_1, W_2, \ldots, W_n$ tels que l'intersection des $W_i \cap K$ soit vide. $W_0 = W_1 \cap W_2 \cap \ldots \cap W_n$ est un voisinage compact de a et $W_0 \cap K = \emptyset$ donc W_0 est contenu dans le complémentaire de K qui n'est autre que l'intérieur $\overset{\circ}{V}$ de V. Ainsi, tout voisinage V de a contient un voisinage compact W_0, ce qu'il fallait démontrer. ∎

COROLLAIRE 2.5.15. *Soit E un espace compact. Tout compact admet un système fondamental de voisinages compacts.*

DÉMONSTRATION: Soit K un compact de E et U un ouvert de E contenant K. Pour tout $x \in K$, U est un voisinage de x, donc d'après le théorème 2.5.14 il existe un voisinage compact $V(x)$ de x contenu dans U. Lorsque x parcourt K , les intérieurs des $V(x)$ forment un recouvrement ouvert de K. On peut en extraire un sous-recouvrement fini. Soit $x_1, x_2, \ldots, x_m$ les points associés à ce recouvrement fini. Alors la réunion des $V(x_i)$ est un voisinage compact (proposition (2.5.4)) contenu dans U. ∎

Caractérisation d'un espace compact par rapport à un système générateur de la topologie.

THÉORÈME 2.5.16. - *Soient E un espace topologique et $\mathcal{S}$ un système de générateurs de la topologie de E. Alors E est un espace compact si et seulement si de tout recouvrement ouvert de E par des éléments de $\mathcal{S}$, on peut extraire un sous-recouvrement fini.*

DÉMONSTRATION: - La condition est nécessaire par définition d'un espace compact puisque les éléments de $\mathcal{S}$ sont des parties ouvertes. Montrons qu'elle est suffisante. On va raisonner par l'absurde. Supposons donc que notre condition soit vérifiée et qu'il est existe un recouvrement ouvert de E dont on ne peut extraire un sous-recouvrement fini. Désignons par $\mathcal{X}$ l'ensemble de ces recouvrements. $\mathcal{X}$ est un ensemble ordonné par la relation

$$\mathcal{R}_1 \leq \mathcal{R}_2 \iff (\forall O), [O \in \mathcal{R}_1 \Longrightarrow O \in \mathcal{R}_2] \tag{2.5.1}$$

C'est un ensemble inductif. En effet, soit $(\mathcal{R}_i)_{i\in I}$ une chaîne de $\mathcal{X}$, alors le recouvrement $\mathcal{R}$ obtenu en prenant tous les ouverts de tous les recouvrements $\mathcal{R}_i$ appartient encore à $\mathcal{X}$ car , dans le cas contraire, cela signifierait qu'on peut extraire de $\mathcal{R}$ un sous-recouvrement fini formé des ouverts $O_1, O_2, \ldots, O_m$. Comme chacun des ouverts O_k appartient à l'un des recouvrements $\mathcal{R}_i$ et que ceux-ci forment une chaîne, l'un de ces recouvrements contiendrait tous ces O_i, ce qui est contradictoire avec la définition de $\mathcal{X}$. $\mathcal{X}$ étant inductif, le lemme de Zorn nous permet d'affirmer l'existence d'un élément maximal $\mathcal{R}$. On peut caractériser $\mathcal{R}$ de la façon suivante :

1) $\mathcal{R}$ est un recouvrement ouvert de E dont on ne peut extraire un sous-recouvrement fini: (c'est l'appartenance de $\mathcal{R}$ à $\mathcal{X}$).

2) Pour tout ouvert $O \notin \mathcal{R}$, on peut extraire du recouvrement $\mathcal{R}' = \mathcal{R} \cup \{O\}$ un sous-recouvrement fini: c'est le caractère d'élément maximal.

Soit $\mathcal{U}$ l'ensemble des ouverts qui appartiennent à la fois à $\mathcal{R}$ et $\mathcal{S}$:

$$\mathcal{U} = \mathcal{R} \cap \mathcal{S} \tag{2.5.2}$$

$\mathcal{U}$ ne peut être un recouvrement de E. En effet, dans le cas contraire, étant contenu dans $\mathcal{S}$, notre hypothèse impliquerait qu'on peut extraire de $\mathcal{U}$ un sous-recouvrement fini , ce qui est contradictoire avec le fait qu'il soit contenu dans $\mathcal{R}$. Il existe donc $x \in E$ tel que

$$x \notin \bigcup_{V \in \mathcal{U}} V \tag{2.5.3}$$

Mais $\mathcal{R}$ étant un recouvrement de E, il existe $O \in \mathcal{R}$ tel que $x \in O$. O est un ouvert de E, donc c'est une réunion quelconque d'ensembles qui sont eux-mêmes intersection d'ensembles appartenant à $\mathcal{S}$. Il existe $A_1, A_2, \ldots, A_p$ éléments de $\mathcal{S}$ tels que

$$x \in A_1 \cap A_2 \cap \ldots \cap A_p = W \subset O \tag{2.5.4}$$

Pour tout $i, i = 1, 2, \ldots, p$, $A_i \notin \mathcal{R}$, car dans le cas contraire si $A_k \in \mathcal{R}$, alors $A_k \in \mathcal{U}$ donc

$$x \in A_k \subset \bigcup_{V \in \mathcal{U}} V$$

contrairement à (2.5.3). Mais alors d'après la condition 2) caractérisant $\mathcal{R}$, pour tout i, $i = 1, 2, \ldots, p$, on peut extraire du recouvrement $\mathcal{R} \cup \{A_i\}$ un sous-recouvrement fini

$$\{\ O_{1,i},\ O_{2,i}, \ldots,\ O_{n_i,i},\ A_i\ \}$$

Par suite, pour tout $x \in E$ tel que

$$x \notin W = \bigcap_{1 \le i \le p} A_i\ ,$$

il existe j, k_j tel que $x \in O_{k_j,j}$ Ceci implique que les ensembles $O_{i,j}$ avec l'ensemble W constituent un recouvrement ouvert de E. Comme $W \subset O$, les ensembles $O_{i,j}$ avec l'ouvert O est encore un recouvrement fini de E. Or ce recouvrement est extrait du recouvrement $\mathcal{R}$, ce qui est contradictoire avec la condition 1). Ainsi on aboutit à une contradiction, ce qui prouve bien que la condition donnée est suffisante pour que E soit compact et la démonstration du théorème est achevée. ■

Théorème 2.5.17. - *Soit E un ensemble totalement ordonné, muni de la topologie de l'ordre, $\mathcal{T}_0(E)$. Alors E est un espace compact si et seulement si toute partie non vide de E possède une borne supérieure et une borne inférieure.*

Démonstration: - La condition est suffisante. Nous allons en donner deux démonstrations l'une s'appuyant sur le théorème 2.2.16 et l'autre ne nécessitant pas ce théorème. Voici la première démonstration. Soient m et M respectivement la borne inférieure et la borne supérieure de E. La topologie de E est alors engendrée par les intervalles $[m, \longrightarrow[$ et les intervalles $]\longleftarrow, M]$. Soit (U_i) une famille de tels intervalles formant un recouvrement $\mathcal{R}$ de $E = [m, M]$. Il existe nécessairement un indice i que $M \in U_i =]d_i, M]$. Posons

$$d = \inf\{\ d_i :\ \ ]d_i, M] \in \mathcal{R}\ \}$$

Il n'existe pas d'intervalle de la forme $]c, M] \in \mathcal{R}$ qui contient d puisque cela entraînerait $c < d$. Donc il existe un intervalle $[m, c[\in \mathcal{R}$ qui contient d. Mais alors $d < c$, et par définition de la borne inférieure, il existe d_1 tel que $d < d_1 < c$ tel que $]d_1, M] \in \mathcal{R}$. Dans ce cas, les intervalles $[m, c[$ et $]d_1, M]$ qui apartiennent bien à $\mathcal{R}$, recouvrent $[m, M]$.

Voici la seconde démonstration. Une base de la topologie de E, puisqu'il a un plus petit élément m et un plus grand élément M, est constituée par tous les intervalles de la forme $[m, b[$, $]a, b[$, $]b, M]$ avec a et b quelconques distincts de m et M. Soit $\mathcal{R}$ un recouvrement ouvert quelconque de E. Soit A l'ensemble des $c \in E$ tel que $[m, c[$ possède un sous-recouvrement fini. A est non vide puisque m appartient à l'un des ouverts de $\mathcal{R}$, donc cet ouvert contient un intervalle du type $[m, b[$. A possède une borne supérieure γ. Supposons $\gamma < M$. Comme γ appartient à l'un des ouverts $U \in \mathcal{R}$, il existe un intervalle du type $]a, b[$ qui contient γ et qui est contenu dans U. Mais alors $a < \gamma$ donc il existe c vérifiant $a < c \leq \gamma$ tel que $[m, c[$ possède un sous-recouvrement fini et par conséquent $[m, b[$ possède aussi un sous-recouvrement fini, mais comme $b > \gamma$, cela est contradictoire avec la définition de γ donc on a $\gamma = M$. Comme $\{\gamma\}$ possède un sous-recouvrement fini, il en est de même de $[m, M]$, et E est bien compact.

Montrons que la condition est nécessaire. Soit A une partie non vide de E. Pour tout $x \in A$ soit $A_x = \{y \in A\ :\ y \geq x\ \}$ et F_x l'adhérence de A_x. Les ensembles $(F_x)_{x \in A}$ constituent une famille d'ensembles fermés du compact E. Toute sous-famille finie de cette famille a une intersection non vide. En effet, si $\{x_1, x_2, \dots, x_m\}$ est un sous-ensemble fini de A, il existe un élément x_k tel que $x_k \geq x_i$ pour $i = 1, 2, \dots, m$. Alors tout majorant de x_k est un majorant de x_i pour tout $i = 1, 2, \dots, m$, et par conséquent A_{x_k} qui est non vide puisqu'il contient x_k est contenu tous les autres A_{x_i} pour $i = 1, 2, \dots, m$. Il en sera de même pour les adhérences respectives. Mais, E étant compact, l'intersection de toute la famille $(F_x)_{x \in A}$ est nécessairement non vide (Corollaire 2.5.11). Soit α

un élément de cette intersection. Supposons qu'il existe $x \in A$ tel que $\alpha < x$, alors l'intervalle $]\leftarrow, x[$ est un ouvert contenant α donc un voisinage de α qui ne rencontre pas A_x, ce qui est impossible puisque α est adhérent à tous les A_x (Proposition 2.2.21), donc $\alpha \geq x$ pour tout x, c'est donc un majorant de A. Soit β un majorant quelconque de A et supposons que $\beta < \alpha$; alors l'intervalle $]\beta, \rightarrow[$ est un voisinage de α qui ne rencontre pas $]\leftarrow, \beta[\supset A$, or α est adhérent à A a fortiori puisqu'il est adhérent à au moins un sous-ensemble de A. Donc celà est impossible ce qui signifie que α est bien le plus petit des majorants de A donc c'est bien la borne supérieure. On peut faire une démonstration analogue pour la borne inférieure en remplaçant A_x par l'ensemble A^x des minorants de x dans A et ainsi s'achève la démonstration. ■

COROLLAIRE 2.5.18. - *Soit $E = P_\Omega \cup \{\Omega\}$ l'ensemble bien ordonné formé par les ordinaux $\leq \Omega$, muni de la topologie de l'ordre. C'est un espace topologique compact.*

DÉMONSTRATION: - Puisque E est bien ordonné toute partie non vide possède un plus petit élément. En particulier si cette partie est l'ensemble des majorants (toujours non vide puisqu'il contient Ω) d'un sous-ensemble non vide A, le plus petit des majorants est la borne supérieure de A tandis que le plus petit élément de A est sa borne inférieure. ■

Le théorème de Tychonoff.

THÉORÈME 2.5.19. *Soit $(E_i)_{i \in I}$ une famille quelconque d'espaces topologiques compacts. Alors l'espace topologique produit des E_i est un espace compact(*).*

DÉMONSTRATION: Les espaces E_i étant séparés, l'espace produit E est séparé d'après le théorème 2.2.39. Nous avons vu que la topologie de l'espace produit est engendrée par le système $\mathcal{S}$ formé par les ensembles de la forme

$$A_i = U_i \times \prod_{j \neq i} E_j \quad , \quad U_i \text{ ouvert de } E_i \tag{2.5.5}$$

On va s'appuyer sur le théorème 2.5.16. Soit $\mathcal{R}$ un recouvrement ouvert de l'ensemble produit par des ensembles de la forme 2.5.5. Pour tout $i \in I$, soit (S_i) la famille des ouverts U_i de E_i telle que

$$S_i = \{\, U_i \ : \ U_i \times \prod_{j \neq i} E_j \in \mathcal{R} \quad \} \tag{2.5.6}$$

(*)La réciproque est aussi vraie, ce sera une conséquence du théorème 2.7.1. Nous énoncerons plus tard le théorème et sa réciproque (théorème 2.7.3) et nous donnerons une autre démonstration de la condition suffisante à l'aide des ultrafiltres.

Alors il existe un indice k tel que S_k soit un recouvrement de E_k. En effet dans le cas contraire, cela impliquerait que pour tout i, il existerait $x_i \in E_i$ tel que

$$x_i \notin \bigcup_{U \in S_i} U. \tag{2.5.7}$$

Mais alors $x = (x_i)$ ne serait pas recouvert par un ouvert de $\mathcal{R}$. En effet si O est ouvert de la forme (2.5.5)

$$O = U_p \times \prod_{j \neq p} E_j$$

tel que $x \in O$, alors

$$x_p \in \bigcup_{U \in S_p} U. \tag{2.5.8}$$

contrairement à (2.5.7). Il existe bien $k \in I$ et des ouverts $O_1, O_2, \ldots, O_N$ de E_k tels que

$$O_r \times \prod_{i \neq j} E_i \in \mathcal{R}$$
$$\bigcup_{1 \leq j \leq N} O_j = E_k$$

Mais alors

$$E = \bigcup_{1 \leq r \leq N} (O_r \times \prod_{i \neq k} E_i)$$

donc on a pu extraire de $\mathcal{R}$ un sous-recouvrement fini, ce qui achève la démonstration. ∎

Equivalence des normes dans un espace vectoriel de dimension finie.

THÉORÈME 2.5.20. *Sur un espace vectoriel E de dimension finie sur le corps des réels ou des complexes, deux normes quelconques sont équivalentes(*) ; il existe*

(*)La conclusion ne subsiste plus si l'on prend pour corps celui des nombres rationnels. En effet considérons sur $E = \mathbf{Q}^2$, les deux normes :

$$||(x,y)|| = \max(|x|, |y|) \quad , \quad ||(x,y)||' = |x - y\sqrt{2}|,$$

la seconde formule définit bien une norme sur E car $x - y\sqrt{2} = 0$ implique, puisque x et y sont rationnels, $x = y = 0$. Soit y_n une suite de nombres rationnels positifs convergeant vers $\sqrt{2}$. Alors

$$||(1, \frac{y_n}{2})|| \longrightarrow 1 \quad , \quad ||(1, \frac{y_n}{2})||' \longrightarrow 0$$

quand n tend vers l'infini.

par suite un seul système d'ensembles ouverts, d'ensembles fermés, etc, valable pour toutes les normes possibles.

DÉMONSTRATION: Nous allons d'abord supposer que E est égal à $\mathbf{R}^n$. Appelons $||x||$ la norme donnée et $||x||_\infty = \max_{1\leq i\leq n} |x_i|$. On a d'abord, en appelant $(e_i)_{i=1}^n$ la base canonique de $\mathbf{R}^n$,

$$||x|| = ||\sum_{i=1}^n x_i e_i|| \leq \sum_{i=1}^n |x_i|\ ||e_i|| \leq \max_{1\leq i\leq n} |x_i|\ (\sum_{i=1}^n ||e_i||).$$

Donc si l'on pose $K = \sum_{i=1}^n ||e_i||$, on a la majoration

$$||x|| \leq K\ ||x||_\infty. \tag{2.5.9}$$

Il nous faut trouver une inégalité en sens inverse. Mais (2.5.9) nous montre que l'application identique de E, muni de la norme $||x||$, dans E, muni de la norme $||x||_\infty$, est continue, car

$$||x-a|| \leq K\ ||x-a||_\infty$$

donc, $\epsilon > 0$ étant donné , si l'on choisit $\eta = \frac{\epsilon}{K}$, on voit que

$$||x-a||_\infty \leq \eta \quad \text{entraîne} \quad ||x-a|| \leq \epsilon$$

ce qui est la définition de la continuité au point a. Alors l'image réciproque d'un fermé est fermée (théorème 2.3.9) autrement dit toute partie F de E fermée pour la métrique $||\quad||$, l'est aussi dans la métrique $||\quad||_\infty$. Appelons Q la sphère (cube creux) $||x||_\infty = 1$. C'est une partie fermée du cube unité de E , muni de la métrique $||\quad||_\infty$, donc un compact (théorème 2.5.8 et théorème 2.5.13) . Soit F_R l'intersection de Q avec la boule $||x|| \leq R$, fermée pour la métrique $||\quad||_\infty$: c'est un fermé du compact Q. L'intersection de tous ces fermés est vide , car l'intersection de toutes les boules $||x|| \leq R$ est l'origine qui n'appartient pas à Q. Donc (théorème 2.5.10), il existe une boule qui ne rencontre pas Q, autrement dit il existe un nombre $\rho > 0$ tel que la boule $||x|| \leq \rho$ ne rencontre pas Q . Alors $||x|| \leq \rho$ entraîne $||x||_\infty < 1$; (sans quoi, il existerait un point x_0 vérifiant

$$||x_0|| \leq \rho, ||x_0||_\infty \geq 1$$

alors pour $\lambda = \frac{1}{||x_0||_\infty} \leq 1$, on aurait

$$||\lambda x_0|| \leq \lambda\rho \leq \rho \quad \text{et} \quad ||\lambda x_0||_\infty = 1$$

ce qui est contraire à ce que nous venons de voir). Par homothétie de rapport μ, on en déduit que $||x|| \leq \mu\rho$ entraîne $||x||_\infty < \mu$ donc $\leq \mu$; la première inégalité est vérifiée pour $\mu = \dfrac{||x||}{\rho}$ donc la deuxième donne

$$(2.5.10) \qquad ||x||_\infty \leq \frac{1}{\rho}\,||x||,$$

ce qui avec (2.5.9) prouve l'équivalence des normes $|| \quad ||$ et $|| \quad ||_\infty$. On en déduit, par transitivité, l'équivalence de deux normes quelconques dans $\mathbf{R}^n$.

Dans le cas général, même si le corps des scalaires est $\mathbf{C}$, nous pouvons considérer E, espace vectoriel de dimension n sur $\mathbf{C}$, comme un espace vectoriel de dimension 2n sur $\mathbf{R}$. Nous supposons donc que le corps des scalaires est $\mathbf{R}$. Choisissons une base $e_1, e_2, \ldots, e_n$ de E, de sorte que chaque point x peut être représenté par ses coordonnées $(x_1, x_2, \ldots, x_n)$. Cela détermine une application bijective φ de E sur $\mathbf{R}^n$. φ associe à tout élément x de E l'élément $(x_1, x_2, \ldots, x_n)$ de $\mathbf{R}^n$ formé par les coordonnées de x dans la base fixée. Soit $|| \quad ||$ une norme sur E. Il est facile de vérifier qu'en posant

$$||(x_1, x_2, \ldots, x_n)|| = ||x||$$

on obtient une norme sur $\mathbf{R}^n$. Le résultat découle alors immédiatement de ce qu'on a prouvé dans $\mathbf{R}^n$. ∎

THÉORÈME 2.5.21. *Pour qu'une partie d'un espace vectoriel normé E de dimension finie soit compacte, il faut et il suffit qu'elle soit fermée et bornée .*

DÉMONSTRATION: 1°/ La condition est nécessaire. Une partie compacte est fermée d'après le théorème 2.5.12. Elle est aussi bornée comme nous l'avons vu dans les exemples après la proposition 2.5.5.
2°/ Comme toutes les normes sont équivalentes, donc les parties ouvertes, fermées, compactes, bornées sont les mêmes pour toutes les normes et il suffit de le vérifier pour une norme particulière. Identifions E à $\mathbf{R}^n$ et choisissons la norme $|| \quad ||$ antérieure. Soit A une partie fermée bornée de E. Cette image est contenue dans une boule, c'est à dire un pavé fermé borné, donc un compact; et comme cette image est aussi supposée fermée , elle est donc une partie fermée d'un compact. Il suffit donc d'appliquer le théorème 2.5.13. ∎

THÉORÈME 2.5.22. - *Soit E un espace métrique où toutes les boules fermées sont compactes. Alors les parties compactes de E sont les parties fermées bornées.*

DÉMONSTRATION: -Soit K une partie compacte, elle est donc fermée puisque E est séparé (théorème 2.5.11). D'autre part comme elle est contenue dans la réunion des boules ouvertes de centre les points de K et de rayon 1, elle est nécessairement contenue dans la réunion d'un nombre fini de ces boules, $(B(a_i, 1))_{i=1}^m$. Soit $x_0 \in E$ et

$$r = \max_{1 \leq i \leq m} d(a_i, x_0).$$

Alors K est contenu dans la boule de centre x_0 et de rayon $1+r$. En effet, si $x \in K$, il existe i tel que $1 \leq i \leq m$ et $d(a_i, x) \leq 1$, alors $d(x, x_0) \leq d(x, a_i) + d(a_i, x_0) \leq 1 + r$. Donc K est bien borné. Réciproquement, si K est borné, il est contenu dans une boule fermée donc compacte d'après l'hypothèse sur E. Si en outre K est fermée dans E, elle est aussi fermée dans cette boule (Proposition 2.2.3) donc compacte (théorème 2.5.13), et le théorème est ainsi démontré. ∎

§6. CONVERGENCES -LIMITES - SUITES ET FILTRES

Exemples divers de convergences et de limites.

Une propriété essentielle des espaces topologiques est qu'il est possible, dans ces espaces, de parler de suites convergentes. Ce n'est cependant que dans les espaces topologiques où chaque point admet un système fondamental **dénombrable** de voisinages, comme par exemple les espaces métriques, que les suites jouent un rôle fondamental. Dans le cas général, c'est la notion de filtre qui est essentielle.

DÉFINITION 2.6.1. *Soient E un espace topologique, et $x_0, x_1, \ldots, x_n, \ldots$ une suite de points de E. On dit que cette suite est convergente vers un point l de E(*) si, quelque soit le voisinage V de l, il existe un entier n_0 tel que, pour tout $n \geq n_0$, tous les x_n appartiennent à V.*

On peut encore dire : si, quelque soit le voisinage V de l, tous les x_n appartiennent à V, sauf au plus un nombre fini(**)

Si E est un espace métrique, cela revient à dire que, quelque que soit $\epsilon > 0$, il existe un entier n_0 tel que $n \geq n_0$ entraîne $d(l, x_n) \leq \epsilon$ ou encore que la suite des nombres réels $d(l, x_0), d(l, x_1), \ldots, d(l, x_n) \ldots$, converge vers 0.

Remarque 1 - On observera bien que la convergence d'une suite est une propriété topologique et non métrique.

Remarque 2 - Il existe bien d'autres notions de limites qui ne sont pas relatives aux suites.

DÉFINITION 2.6.2. *Soit E un espace topologique. Considérons une suite double $x_{m,n}$; m entier ≥ 0, n entier ≥ 0, c'est-à-dire une application de $\mathbf{N} \times \mathbf{N}$ dans E. On dit que cette suite double converge vers l'élément l de E lorsque m et n tendent simultanément vers l'infini, si, quel que soit le voisinage V de l, il existe des entiers m_0, n_0 tel que $m \geq m_0$ et $n \geq n_0$ entraîne $x_{n,m} \in V$.*

Si E est un espace métrique, cela revient à dire,que, quel que soit $\epsilon > 0$ il existe des entiers m_0, n_0 tel que $m \geq m_0$ et $n \geq n_0$ entraîne $d(x_{n,m}, l) \leq \epsilon$. En abrégé :

$$(2.6.1) \qquad (\forall \epsilon)(\exists m_0 \in \mathbf{N})(\exists n_0 \in \mathbf{N})(\forall m \geq m_0)(\forall n \geq n_0)(d(x_{m,n}, l) \leq \epsilon).$$

On dit au contraire que $x_{m,n}$ converge vers l lorsque m ou n tend vers l'infini, si, quelque soit le voisinage V de l, il existe des entiers m_0, n_0 tel que $m \geq m_0$ ou $n \geq n_0$ entraîne $x_{n,m} \in V$.

(*)On sous-entend l'expression: " Quand n tend vers $+ \infty$ ". Si les x_n sont réels, on peut prendre l= $\pm\infty$; on considère alors la suite dans $\overline{\mathbf{R}}$.

(**)Cette définition montre en outre que la convergence d'une suite est indépendante de l'ordre de ses termes. Changer l'ordre des termes d'une suite $x_0, x_1, \ldots, x_n, \ldots$ c'est la remplacer par la suite $x_{p_0}, x_{p_1}, \ldots, x_{p_n}, \ldots$ où $n \mapsto p_n$ est une bijection de $\mathbf{N}$ sur lui-même; si la suite initiale converge vers l, il en est de même de la suite modifiée.

Si E est un espace métrique, cela revient à dire,que, quelque soit $\epsilon > 0$ il existe des entiers m_0, n_0 tel que $m \geq m_0$ ou $n \geq n_0$ entraîne $d(x_{n,m}, l) \leq \epsilon$. En abrégé :

$$\text{(2.6.2)} \qquad \begin{cases} (\forall\epsilon)(\exists m_0 \in \mathbf{N})(\exists n_0 \in \mathbf{N})\,(\forall\,(m,n) \in \mathbf{N}\times\mathbf{N})\,) \\ [\,((m \geq m_0) \;\text{ ou }\; (n \geq n_0)) \Longrightarrow (d(x_{m,n}, l) \leq \epsilon)] \end{cases}$$

DÉFINITION 2.6.3. *Soit f une application de la droite réelle $\mathbf{R}$ dans l'espace topologique E. On dit que $f(x)$ tend vers l lorsque x tend vers a par valeurs strictement supérieures si, quel que soit le voisinage V de l dans E, il existe $\eta > 0$ tel que ($|x - a| \leq \eta$, $x > a$) entraîne $f(x) \in V$.*

Si E est un espace métrique, cela revient à dire que, quel que soit $\epsilon > 0$ il existe $\eta > 0$ tel que ($|x - a| \leq \eta$, $x > a$) entraîne $d(f(x), l) \leq \epsilon$.

Dans les mêmes conditions, on dit que $f(x)$ tend vers l lorsque x tend vers $+\infty$ si, quel que soit le voisinage V de l dans E, il existe $A > 0$ tel que ($x \geq A$) entraîne $f(x) \in V$.

DÉFINITION 2.6.4. *Soient E un espace topologique, A une partie de E, a un point de E adhérent à A. On dira, si f est une application de A dans l'espace topologique F, que $f(x)$ tend vers l lorsque x tend vers a par valeurs dans A(*) si, quelque soit le voisinage V de l dans E, il existe un voisinage U de a dans E tel que $f(U \cap A) \subset V$.*

Ces notions rentrent dans un cadre plus général basé sur la notion de filtre dont voici la définition.

Filtre - Base de filtre - Ultrafiltre.

DÉFINITION 2.6.5. *Soit E un ensemble. On appelle* **filtre** *sur E, une famille $\mathcal{F}$ de parties non vides de E possédant les deux propriétés suivantes*

$$\text{(2.6.3)} \qquad \begin{cases} (a) \quad \mathcal{F} \text{ est stable par intersection finie} \\ (b) \quad \mathcal{F} \text{ est stable par surensemble i.e :} \\ \qquad \forall M \in \mathcal{F}, \forall A \subseteq E, \quad A \supset M \Longrightarrow A \in \mathcal{F} \end{cases}$$

On dit que E est un ensemble filtré par le filtre $\mathcal{F}$.

PROPOSITION 2.6.6. *Soient E un ensemble, $\mathcal{S}$ un ensemble de parties* **non vides** *de E. On suppose que toute intersection d'un nombre fini d'éléments de $\mathcal{S}$ est* **non vide** *et on note $\mathcal{S}'$ l'ensemble de ces intersections.*

(*)Très souvent, $a \in \overline{A}$ mais $a \notin A$. C'est ce qu'on suppose toujours dans le premier cycle: quand on dit que x tend vers a, on suppose $x \neq a$. Ici nous ne nous placerons pas dans ce cas: on peut avoir $a \in A$ ou $a \notin A$.

Alors l'ensemble $\mathcal{F}$ des parties de E qui contiennent une partie de $\mathcal{S}'$ (variable) est un filtre sur E. On dit que $\mathcal{F}$ est le filtre **engendré** *par $\mathcal{S}$.*

DÉMONSTRATION: $\emptyset \notin \mathcal{S}'$ donc $\emptyset \notin \mathcal{F}$. Soient A et B deux éléments de $\mathcal{F}$, A (resp. B) contient une intersection finie A_1 (resp. B_1) d'éléments de $\mathcal{S}$; alors $A_1 \cap B_1$ est l'intersection d'un nombre fini d'éléments de $\mathcal{S}$ et comme $A \cap B$ contient $A_1 \cap B_1$, $A \cap B$ appartient bien à $\mathcal{F}$. Il est clair que toute partie de E contenant un élément de $\mathcal{F}$ est aussi un élément de $\mathcal{F}$ par définition de $\mathcal{F}$. Ainsi $\mathcal{F}$ est bien un filtre sur E. ■

DÉFINITION 2.6.7. *Soient E un ensemble, $\mathcal{B} \subset \mathcal{P}(E)$. On dit que $\mathcal{B}$ est une* **base de filtre** *sur E si :*

(2.6.4)
- 1 – *$\mathcal{B}$ est non vide*
- 2 – *Tout élément de $\mathcal{B}$ est non vide*
- 3 – *Toute intersection finie d'éléments de $\mathcal{B}$ contient un élément de $\mathcal{B}$*

PROPOSITION 2.6.8. *Soient E un ensemble, $\mathcal{B}$ une base de filtre sur E. Alors l'ensemble $\mathcal{F}$ des parties de E qui contiennent une partie (variable) de $\mathcal{B}$ est un filtre sur E (appelé* **le filtre de base** *$\mathcal{B}$).*

DÉMONSTRATION: La démontration est semblable à celle de la proposition 2.6.6. Avec les notations de la proposition 2.6.6, $\mathcal{S}'$ est une base du filtre engendré par $\mathcal{S}$. ■

PROPOSITION 2.6.9. *Soient E un ensemble, Φ l'ensemble des filtres sur E ordonné par la relation d'inclusion de $\mathcal{P}(\mathcal{P}(E))$. Alors Φ est un ensemble ordonné inductif.*

DÉMONSTRATION: - Soit $(\mathcal{F}_i)_{i \in I}$ une chaîne d'éléments de Φ et $\mathcal{F}$ la réunion des ensembles $\mathcal{F}_i$. Alors $\mathcal{F}$ est un filtre sur E. En effet toute partie appartenant à $\mathcal{F}$ appartient à l'un des filtres $\mathcal{F}_i$, est donc non vide. Si A et B appartiennent à $\mathcal{F}$, il existe un indice i tel que A et B appartiennent au filtre $\mathcal{F}_i$ puisque la famille donnée est une chaîne donc $A \cap B$ appartient à $\mathcal{F}_i$ et par suite aussi à $\mathcal{F}$. La stabilité de $\mathcal{F}$ par surensemble est évidente, et $\mathcal{F}$ est bien un filtre. Il est clair que ce filtre est la borne supérieure de la famille $\mathcal{F}_i$ pour la relation d'inclusion de $\mathcal{P}(\mathcal{P}(E))$. ■

DÉFINITION 2.6.10. *Soit E un ensemble. On dit qu'un filtre $\mathcal{F}_1$ sur E est plus fin qu'un filtre $\mathcal{F}_2$ sur E si tout ensemble de $\mathcal{F}_2$ est un élément de $\mathcal{F}_1$.*

On dit qu'un filtre $\mathcal{F}$ est un **ultrafiltre** *s'il n'existe aucun filtre distinct de $\mathcal{F}$ et plus fin que $\mathcal{F}$. En d'autre termes, un ultrafiltre est un élément maximal de l'ensemble des filtres sur E, ordonné par l'ordre de l'inclusion de $\mathcal{P}(\mathcal{P}(E))$.*

Remarque 3 - Il est clair que le filtre le moins fin est celui qui est réduit à un seul élément égal à l'ensemble E .

Remarque 4 - La proposition 2.6.9 montre qu'il existe des ultrafiltres grâce au lemme de Zorn. Celui que nous pouvons exhiber est appelé l'ultrafiltre trivial qui consiste à prendre toutes les parties de E qui contienent un point fixé de E.La proposition 2.6.11 montre qu'il s'agit bien d'un ultrafiltre.

Remarque 5 - Si dans la proposition 2.6.9, on avait considéré à la place de tous les filtres sur E l'ensemble des filtres plus fins qu'un filtre donné, on aurait abouti à la même conclusion, c'est que cet ensemble est inductif. Autrement dit on peut dire que tout filtre possède au moins un ultrafiltre plus fin que lui.

PROPOSITION 2.6.11. *Soit $\mathcal{F}$ un filtre sur un ensemble E. Pour que $\mathcal{F}$ soit un ultrafiltre il faut et il suffit que, pour toute partie $A \subset E$, A ou le complémentaire de A appartient à $\mathcal{F}$.*

DÉMONSTRATION: - La condition est nécessaire. En effet soit $A \subset E$ et supposons que A n'appartient pas à $\mathcal{F}$. Soit

$$\mathcal{F}_1 = \{X \subset E : A \cup X \subset E\}$$

Comme $E \in \mathcal{F}$ (car une intersection d'une famille vide de parties de E est égale à E), il en résulte que A^c appartient à $\mathcal{F}_1$. $\mathcal{F}_1$ est un filtre, en effet $\emptyset \notin \mathcal{F}_1$ puisque $A \notin \mathcal{F}$; d'autre part si $X' \supset X$ et $A \cup X \in \mathcal{F}$, alors $A \cup X' \in \mathcal{F}$ puisqu'il contient $A \cup X$, donc $X' \in \mathcal{F}_1$. Soient X et X' deux éléments de $\mathcal{F}_1$, alors $A \cup (X \cap X') = (A \cup X) \cap (A \cup X') \in \mathcal{F}$ donc $X \cap X' \in \mathcal{F}_1$. $\mathcal{F}_1$ est un filtre plus fin que $\mathcal{F}$ car si $X \in \mathcal{F}$, a fortiori $A \cup X \in \mathcal{F}$. Mais comme $\mathcal{F}$ est un ultrafiltre, on a $\mathcal{F} = \mathcal{F}_1$ donc le complémentaire de A appartient à $\mathcal{F}$ puisqu'il appartient à $\mathcal{F}_1$.

Réciproquement, soit $\mathcal{F}_1$ un filtre plus fin que le filtre $\mathcal{F}$. Soit $A \subset E$, élément de $\mathcal{F}_1$, alors le complémentaire de A n'appartient pas à $\mathcal{F}_1$ (sinon l'ensemble $\emptyset$ appartiendrait à $\mathcal{F}_1$. A fortiori $A^c \notin \mathcal{F}$ donc $A \in \mathcal{F}$ et ainsi $\mathcal{F}$ ne peut être strictement plus fin que $\mathcal{F}$; $\mathcal{F}$ est bien un ultrafiltre. ∎

PROPOSITION 2.6.12. *Soient E un ensemble, $\mathcal{B}$ une base de filtre (resp. d'ultrafiltre) sur E, f une application de E dans F. L'image $\mathcal{B}' = f(\mathcal{B})$ de $\mathcal{B}$ par f est une base de filtre (resp. d'ultrafiltre) sur F.*

DÉMONSTRATION: - $\mathcal{B}$ est non vide donc $\mathcal{B}'$ est non vide. Pour tout $M \in \mathcal{B}$, $M \neq \emptyset$, donc $f(M) \neq \emptyset$. Soient A et B deux éléments de $\mathcal{B}$. Il existe $C \in \mathcal{B}$ tel que $C \subset A \cap B$, alors $f(C) \subset f(A \cap B) \subset f(A) \cap f(B)$; et ainsi $\mathcal{B}'$ est bien une base un filtre. Soit $\mathcal{F}'$ le filtre de base $\mathcal{B}'$. Soit $A \subset F$; alors si $f^{-1}(A)$ contient un ensemble $M \in \mathcal{B}$, A contient $f(M)$ donc $A \in \mathcal{F}'$ sinon c'est le complémentaire de $f^{-1}(A)$ qui contient $M \in \mathcal{B}$, or ce complémentaire est aussi l'image réciproque de A^c , alors c'est A^c qui contient $f(M)$ et qui appartient donc à $\mathcal{F}'$ qui est donc bien un ultrafiltre. ∎

Point limite d'un filtre - Limite d'une fonction suivant un filtre.

DÉFINITION 2.6.13. *Soient E un espace topologique et $\mathcal{F}$ un filtre sur E. On dit que $\mathcal{F}$ converge vers un point l de E (ou que l est un point limite de $\mathcal{F}$) si tout voisinage V de l, appartient à $\mathcal{F}$. Soient f une application d'un ensemble X dans un espace topologique E, et $\mathcal{F}$ un filtre sur X. On dit que f tend vers un point l de E (ou que l est limite de f) suivant le filtre $\mathcal{F}$ si, quel que soit le voisinage de l dans E, il existe $M \in \mathcal{F}$ tel que $f(M) \subset V$.*

Remarque 6 - De la définition 2.6.13, on voit qu'un filtre de base $\mathcal{B}$ converge vers l si et seulement si pour tout voisinage de V de l, il existe $M \in \mathcal{B}$ tel que $M \subset V$.

Montrons que toutes les définitions (2.6.1) à (2.6.4) peuvent s'exprimer dans le cadre général.

Exemple 1 - Soit $(x_n)_{n=0}^{\infty}$ une suite d'éléments de E. Nous allons lui associer un filtre $\mathcal{F}$, en disant que M est un élément de $\mathcal{F}$ si et seulement si M contient tous les éléments de la suite sauf au plus un nombre fini. Il est bien évident que $\mathcal{F}$ est un filtre sur E. Il est facile de vérifier qu'il est équivalent de dire que la suite (x_n) converge vers l ou que le filtre $\mathcal{F}$ converge vers l. Une autre façon de voir consiste à introduire le filtre $\mathcal{F}$ constitué par l'ensemble des complémentaires des parties finies de $\mathbf{N}$. Comme une suite n'est rien d'autre qu'une application u de $\mathbf{N}$ dans E, avec $u(n) = x_n$, alors il revient au même de dire que la suite (x_n) converge vers l ou que l'application u tend vers l suivant le filtre $\mathcal{F}$.

Exemple 2 - Soit a un nombre réel (resp. $+\infty$). Considérons alors l'ensemble des parties de $\mathbf{R}$ qui contiennent au moins un intervalle de la forme $[a, a+\eta]$ (resp . $[A, +\infty[$) avec $\eta > 0$ (resp. $A \geq 0$). C'est bien évidemment un filtre $\mathcal{F}$ (resp. $\mathcal{G}$) et dire que f tend vers une limite l lorsque x tend vers a par valeurs supérieures (resp. x tend vers $+\infty$) est équivalent à dire que f tend vers l suivant le filtre $\mathcal{F}$ (resp. $\mathcal{G}$). Observons qu'on peut aussi remplacer les intervalles $[a, a+\eta]$, par les intervalles semi-ouverts en a, $]a, a+\eta]$) et obtenir la notion de limite donnée dans la définition 2.6.3 (voir aussi le renvoi (*) après la définition 2.6.4).

Exemple 3 - Soient E un espace topologique et A une partie de E. Soit a un point adhérent à A. Alors l'ensemble des parties de E qui contiennent un ensemble de la forme $V \cap A$ lorsque V parcourt l'ensemble des voisinages de a dans E est un filtre $\mathcal{F}$. Alors dire que f, application de A dans F, a pour limite l lorsque x tend vers a par valeurs dans A revient à dire que f admet la limite l suivant le filtre $\mathcal{F}$.

Exemple 4 - Soit E un ensemble ordonné réticulé et H une partie non vide de E qui, toutes les fois qu'elle contient deux éléments u et v de E, contient $max(u, v)$ (resp. $min(u, v)$). Alors l'ensemble des parties A de H contenant au moins l'ensemble des éléments de H, $\geq u$ (resp. $\leq u$), u étant un élément quelconque de H (dépendant bien entendu de la partie A) est un filtre. Il s'agit du **filtre des sections croissantes** (resp. **filtre des sections décroissantes** de H).

THÉORÈME 2.6.14. *Dans un espace topologique séparé(*) E, si une suite (resp. un filtre) admet une limite, cette limite est unique*

DÉMONSTRATION: Supposons qu'une suite $x_0, x_1, \dots, x_n, \dots$ (resp. un filtre $\mathcal{F}$) de E puisse admettre deux limites distinctes a et b de E. On sait qu'il existe, d'après l'axiome de séparation de Hausdorff, un voisinage U de a et un voisinage V de b, qui sont sans point commun. Alors il doit exister un entier m_0 (resp. $M \in \mathcal{F}$) tel que $n \geq m_0$ entraîne $x_n \in V$ (resp. $M \subset V$) et d'autre part un entier n_0 (resp. $K \in \mathcal{F}$) tel que $m \geq n_0$ entraîne $x_n \in U$. Mais alors $n \geq max\ (m_0, n_0))$ entraîne $x_n \in U \cap V$ (resp. $M \cap K \subset U \cap V$) , ce qui est absurde puisque intersection $U \cap V$ est vide (et $K \cap M \in \mathcal{F}$ donc $K \cap M \neq \emptyset$).

Remarque 7 - Nous pouvons maintenant utiliser les suites convergentes pour montrer qu'étant données deux normes équivalentes $|| \ ||_1$ et $|| \ ||_2$, il existe k tel que pour tout x, $||x||_1 \leq k\ ||x||_2$. En effet dans le cas contraire , pour tout $n \geq 0$, il existerait $x_n \neq 0$ tel que $||x_n||_1 \geq n\ ||x_n||_2$. En remplaçant x_n au besoin par un homothétique, on peut supposer que $||x_n||_1 = 1$. Alors $||x_n||_2 \leq \frac{1}{n}$. Donc la suite des x_n convergerait vers 0 pour la 2ème norme et pas pour la première, et elles ne seraient pas équivalentes.

Limite et continuité dans les espaces métrisables.

THÉORÈME 2.6.15. *Pour qu'un point a d'un espace métrisable(resp. espace topologique) E soit adhérent à une partie A de E, il faut et il suffit qu'il existe une suite d'éléments de A (resp. un filtre $\mathcal{F}$ sur A) qui converge vers a.*

DÉMONSTRATION: S'il existe une suite d'éléments de A (resp. un filtre sur A) dans l'espace topologique E (métrisable ou non), convergeant vers a, alors tout voisinage de a contient au moins un point de la suite (d'un élément $M \in \mathcal{F}$) donc un point de A, et a est bien adhérent à A. Réciproquement, si a est adhérent à A et si nous choisissons une métrique définissant la topologie de E, lorsque E est métrisable, alors la boule de centre a et de rayon $\frac{1}{n}$ contient au moins un point $x_n \in A$. La suite $x_1, x_2, \dots, x_n \dots$ ainsi formée appartient bien à A et converge vers a. Dans le cas où E n'est pas métrisable, considérons le filtre $\mathcal{F}$ de toutes les parties de A qui contiennent au moins une partie de la forme $A \cap V$, où V est un voisinage quelconque de a dans E (ce filtre est simplement le filtre des voisinages de a dans A). D'une part, a étant adhérent à A, aucune de ses parties n'est vide et d'autre part comme une intersection finie de voisinages de a est encore un voisinage de a, $\mathcal{F}$ est stable par intersection finie. Enfin, par définition, il est stablepar surensemble. Il est bien évident maintenant que $\mathcal{F}$ converge vers a puisque pour tout voisinage de A , $V \cap A$ appartient à $\mathcal{F}$ et est bien contenu dans V.

(*)L'hypothèse de séparation est essentielle

Ainsi, dans un espace métrique (resp. topologique), l'adhérence $\overline{A}$ de A est l'ensemble des points limites des suites de A (resp. des filtres sur A) qui convergent dans E. ■

Remarque 8 - Dans le résultat concernant les suites, si l'espace E est topologique quelconque la condition est suffisante mais nécessaire. Considérons l'espace topologique $E = P_\Omega \cup \{\Omega\}$, muni de la topologie de l'ordre et soit $A = P_\Omega$. Alors Ω est adhérent à A puisque tout voisinage de Ω est de la forme $]\alpha, \Omega]$ avec $\emptyset \neq]\alpha, \Omega] \cap A$. Cependant on ne peut pas trouver de suite dans P_ω qui converge vers Ω. En effet si $(\alpha_n)_{n \geq 0}$ est une suite de nombres ordinaux vérifiant $\alpha_n < \Omega$ pour tout n, il existe un ordinal $\beta < \Omega$ tel que $\beta > \alpha_n$ pour tout n, donc $]\beta, \Omega]$ qui est un voisinage de Ω ne rencontre aucun des α_n. On déduit du théorème 2.6.7 que E est donc un compact **non métrisable**. Cependant nous aurions pu obtenir la même conclusion en supposant que tout point de E possède un système fondamental dénombrable (V_n) de voisinages. Il suffit de remplacer dans la démonstration la boule de rayon $\frac{1}{n}$ par V_n.

COROLLAIRE 2.6.16. *Pour qu'une partie A d'un espace métrisable (resp. topologique) E soit fermée, il faut et il suffit qu'elle contienne toutes les limites de ses suites convergentes (resp. des filtres sur A, convergents)*

DÉMONSTRATION: C'est simplement une autre façon d'exprimer les résultats du théorème 2.6.6 sachant qu'une partie est fermée si elle est égale à son adhérence. ■

THÉORÈME 2.6.17. *Soient E et F deux espaces topologiques, f une application de E dans F.*

1- Pour que f soit continue au point a, il faut et il suffit que $f(x)$ tende vers f(a) lorsque x tend vers a.

2- On suppose E et F **métrisables**. *Pour que f soit continue en a, il faut et il suffit que l'image par f de toute suite de points de E convergeant vers a, soit une suite de points de F convergeant vers $f(a)$*.*

DÉMONSTRATION: Le point 1 est une traduction de la définition (2.3.1) compte-tenu de la notion de limite introduite dans la définition 2.6.3.
Montrons que la condition est nécessaire. Supposons f continue en a, et soit $x_0, x_1, x_2, \ldots, x_n \ldots$ une suite convergeant vers a dans E. Alors quelque soit V, un voisinage de $f(a)$ dans F, son image réciproque par f est un voisinage U de a dans E. Alors, pour tous les entiers n, sauf au plus un nombre fini, x_n est dans

---

*Si E et F sont topologiques mais non métrisables, la condition reste nécessaire mais non suffisante mais la conclusion demeure si dans E et F tout point admet un système fondamental dénombrable de voisinages.

U, et par suite $f(x_n)$ est dans V, ce qui prouve bien la convergence de la suite des $f(x_n)$ vers $f(a)$.
La condition est suffisante. Supposons cette condition réalisée, et choisissons dans chaque espace une métrique définissant sa topologie. Si l'application n'était pas continue en a, alors on pourrait trouver un nombre $\epsilon > 0$ tel que quel que soit $\eta > 0$, il existe x tel que $d(x,a) \leq \eta$ et pourtant $d(f(x), f(a)) > \epsilon$. En particulier, ϵ étant ainsi choisi, pour tout entier n, il existerait un point x_n tel que $d(x_n, a) \leq \frac{1}{n}$ et $d(f(x_n), f(a)) > \epsilon$. On voit que la suite des x_n serait convergente vers a dans E, et que pourtant la suite des $f(x_n)$ ne serait pas convergente vers $f(a)$ dans F, ce qui contredirait les hypothèses.

Point d'accumulation(*) d'une suite - d'un filtre.

DÉFINITION 2.6.18. *Soit E un espace topologique.*

1- Soit $x_0, x_1, \ldots, x_n, \ldots$ une suite d'éléments de E . On dit que a est un point **d'accumulation** *de la suite si, pour tout voisinage V de a, il existe une infinité de valeurs de l'entier n telles que $x_n \in V$.*

2- On dit qu'un point a de E est un point d'accumulation d'un filtre $\mathcal{F}$ sur E si a est adhérent à tout ensemble $M \in \mathcal{F}$

PROPOSITION 2.6.19. *Soit E un espace topologique séparé. Si une suite d'éléments de E (resp. un filtre sur E) converge vers a, c'est son seul point d'accumulation.*

DÉMONSTRATION: - Tout d'abord un point limite a est un point d'accumulation. En effet, si V est un voisinage de a, alors $V \in \mathcal{F}$, donc pour tout $M \in \mathcal{F}$, on a $V \cap M \neq \emptyset$ par définition d'un filtre. Supposons que b soit un point d'accumulation distinct du point limite a. Alors soit U un voisinage de a et V un voisinage de b sans points communs. Mais alors tout les points de la suite sauf au plus un nombre fini sont dans V. Donc au plus un nombre fini d'entre eux peuvent appartenir à U, ce qui est contraire à la définition d'un point d'accumulation. Voilà pour la suite. S'il s'agit d'un filtre, d'une part, il existe $M \in \mathcal{F}$ contenu dans U mais d'autre part M rencontre V, ce qui est impossible puisque U ne rencontre pas V. ∎

PROPOSITION 2.6.20. *Soit $\mathcal{F}$ un ultrafiltre sur E. Alors un point $a \in E$ est un point limite si et seulement si c'est un point d'accumulation.*

DÉMONSTRATION: La condition est nécessaire d'après la proposition 2.6.19.
Montrons qu'elle est suffisante. Puisque a est un point d'accumulation de $\mathcal{F}$, les ensembles $M \cap V$ lorsque V parcourt l'ensemble des voisinages de a et M parcourt $\mathcal{F}$ sont tous non vides. Appelons $\mathcal{B}$ l'ensemble de ces parties. Si $A = M \cap V$ et

(*)On dit souvent " point adhérent " , mais cela introduit des confusions possibles avec la notion de point adhérent à un ensemble, c'est pourquoi nous employons un mot différent.

$A' = M' \cap V'$ alors $N = M \cap M'$ appartient à $\mathcal{F}$ et $W = V \cap V'$ est un voisinage de a donc $N \cap W = A \cap A'$ est encore un ensemble de $\mathcal{B}$. $\mathcal{B}$ est donc une base de filtre. Le filtre $\mathcal{F}_1$ de base $\mathcal{B}$ est plus fin que que le filtre $\mathcal{F}$ et plus fin que le filtre des voisinages de a. Il en résulte puisque $\mathcal{F}$ est un ultrafiltre que $\mathcal{F}_1 = \mathcal{F}$ et par conséquent le filtre des voisinages de a est moins fin que $\mathcal{F}$ donc $\mathcal{F}$ converge vers a. ■

THÉORÈME 2.6.21. *Soit E un espace métrisable, a est un point d'accumulation d'une suite $x_0, x_1, x_2, \dots, x_n, \dots$ d'éléments de E, si et seulement si on peut extraire de cette suite une suite partielle(*) qui converge vers a.*

DÉMONSTRATION: Il est bien évident, en appliquant simplement la définition, que s'il existe une suite partielle de la suite initiale qui converge vers a, cette suite initiale admet a comme point d'accumulation et ceci même si E est topologique non métrisable. Montrons la réciproque, en supposant avoir choisi une métrique définissant la topologie. Supposons a un point d'accumulation de la suite initiale. Puisque a est point d'accumulation, pour chaque boule $B(a, \frac{1}{n})$, il existe une infinité de valeurs de p telles que $x_p \in B(a, \frac{1}{n})$. Prenons d'abord un entier p_1 tel que $x_{p_1} \in B(a, 1)$, prenons ensuite $p_2 > p_1$ tel que $x_{p_2} \in B(a, \frac{1}{2})$, puis un entier $p_3 > p_2$ tel que $x_{p_3} \in B(a, \frac{1}{3})$, et ainsi de suite; de proche en proche, nous formons ainsi une suite partielle $n \mapsto p_n$ de la suite initiale, et qui bien évidemment, converge vers a. ■

Le théorème de Weierstrass-Bolzano.

THÉORÈME 2.6.22. *(Propriété de Weierstrass-Bolzano). Si E est un espace mé- -trisable(**), pour qu'il soit compact, il faut et il suffit que toute suite d'éléments de E admette au moins un point d'accumulation.*

DÉMONSTRATION:

1°/ Supposons E compact et soit $x_0, x_1, \dots, x_n, \dots$ une suite d'éléments de E. Appelons A_n l'ensemble $\{ x_n, x_{n+1}, \dots \}$, et $\overline{A_n}$ son adhérence. Alors les $\overline{A_n}$ forment une suite décroissante d'ensembles fermés et aucun d'eux n'est vide, donc leur intersection est non vide. Soit a un point de cette intersection. Dire que $a \in \overline{A_n}$ ou est adhérent à A_n, c'est dire que tout voisinage de a contient au moins un point de A_n, et comme cela est vrai pour tout n, cela prouve bien que a est un point d'accumulation de la suite.

(*)On appelle suite partielle de la suite $x_0, x_1, x_2, \dots, x_n, \dots$ une suite du type $x_{p_0}, x_{p_1}, \dots, x_{p_n}, \dots$ où $n \to p_n$ est une application strictement croissante de $\mathbf{N}$ dans $\mathbf{N}$ (en particulier si $p_n = n$, on voit que la suite elle-même est une suite partielle).

(**)Si E est un espace topologique non métrisable, la condition est nécessaire mais non suffisante.

2°/ La réciproque est délicate. Nous passerons par l'intermédiaire de deux lemmes.

LEMME 2.6.23. *Soit E un espace métrique, dans lequel toute suite admet au moins un point d'accumulation. Soit $\mathcal{R}$ un recouvrement ouvert de E. Alors il existe un nombre $\epsilon > 0$ tel que toute boule, de centre quelconque et de rayon $\leq \epsilon$, soit contenue toute entière dans au moins l'un des ouverts du recouvrement.*

DÉMONSTRATION: Supposons en effet qu'il n'en soit pas ainsi. Alors, pour tout entier n, il serait possible de trouver un point a_n de E tel que la boule de centre a_n et de rayon $\frac{1}{n}$ ne soit pas contenue toute entière dans l'un au moins des ouverts du recouvrement. Nous formons ainsi une suite infinie $a_1, a_2, \ldots, a_n \ldots$ d'éléments de E. Cette suite admet au moins un point d'accumulation a. Comme $\mathcal{R}$ est un recouvrement, il existe un des ouverts de $\mathcal{R}$, soit O, qui contient a, et cet ouvert lui-même contient une boule de centre a et de rayon α. Mais il existe une infinité de valeurs de n, donc au moins une, telle que l'on ait à la fois :

$$\frac{1}{n} \leq \frac{\alpha}{2} \quad \text{et} \quad d(a_n, a) \leq \frac{\alpha}{2}.$$

On voit alors que la boule de centre a_n et de rayon $\frac{1}{n} \leq \frac{\alpha}{2}$ est toute entière contenue dans la boule $B(a, \alpha)$, et par conséquent dans l'ouvert O du recouvrement, ce qui est contraire à l'hypothèse faite sur les a_n. Nous aboutissons ainsi à une contradiction. ∎

LEMME 2.6.24. *Soit E un espace métrique dans lequel toute suite admet au moins un point d'accumulation. Alors, quelque soit $\epsilon > 0$, on peut recouvrir E tout entier à l'aide d'un nombre fini de boules de rayon ϵ.(*)*

DÉMONSTRATION: En effet soit un point a_0 de E. Si $B_0(a_0, \epsilon) = E$, le lemme est démontré. S'il n'en est pas ainsi, il existe au moins un point a_1 qui n'appartienne pas à $B_0(a_0, \epsilon)$. Si alors $B_0(a_0, \epsilon) \cup B_0(a_1, \epsilon) = E$, alors le lemme est démontré et ainsi de suite. Nous pouvons former de cette manière une suite $B_0(a_0, \epsilon)$, $B_0(a_1, \epsilon)$, $\ldots, B_0(a_n, \epsilon), \ldots$ de boules de rayon ϵ.

Si nous ne sommes jamais arrêtés, cela prouve que nous pouvons former une suite infinie de points $a_0, a_1, \ldots, a_n, \ldots$ dont la distance mutuelle est $\geq \epsilon$. Or il est facile de voir que cette circonstance est impossible, car cette suite infinie posséderait au moins un point d'accumulation a et par suite il existerait une infinité de valeurs de n, donc au moins deux valeurs distinctes p et q , telles que $d(a_p, a) \leq \frac{\epsilon}{3}$, $d(a_q, a) \leq \frac{\epsilon}{3}$. On en déduirait $d(a_p, a_q) \leq \frac{2\epsilon}{3}$, ce qui serait contradictoire avec l'hypothèse $d(a_p, a_q) \geq \epsilon$. Il en résulte bien que nous nous sommes arrêtés, dans notre construction, à certain entier n, et qu'alors on peut recouvrir E avec $n+1$ boules ouvertes de rayon ϵ. ∎

(*)Autrement dit, on démontre ici que E est précompact (définition 2.10.12).

Moyennant ces deux lemmes la démonstration du théorème est évidente. Choisissons une métrique définissant la topologie de E. Pour prouver que E est compact, nous devrons considérer un recouvrement ouvert quelconque $\mathcal{R}$. D'après le lemme 2.6.23, il existe un nombre ϵ tel que toute boule de rayon $\leq \epsilon$ soit contenue toute entière dans au moins l'un des ouverts du recouvrement $\mathcal{R}$. D'après le lemme 2.6.24, on peut recouvrir E par un nombre fini de boules $B_0, B_1, B_2, \dots B_n$ de rayon ϵ. Comme chacune des B_i est contenue toute entière dans un ouvert O_i du recouvrement $\mathcal{R}$, on obtient un nombre fini d'ouverts $O_0, O_1, O_2, \dots, O_n$ du recouvrement $\mathcal{R}$, qui suffit à recouvrir E. ∎

COROLLAIRE 2.6.25. - *Tout espace compact métrisable est séparable et à base dénombrable.*

DÉMONSTRATION: - Pour tout $n \geq 1$, il existe un nombre fini de boules de rayon $\frac{1}{n}$ qui suffit pour recouvrir E. Soit D_n l'ensemble des centres de ces boules et D la réunion des D_n. D est dénombrable. C'est une partie dense. En effet, soit x un élément quelconque de E. Pour tout n, il existe $a_n(x) \in D_n$ tel que $x \in B(a_n(x), \frac{1}{n})$, ou encore

$$d(x, a_n(x)) \leq \frac{1}{n}$$

ce qui prouve la densité de D. Alors E est à base dénombrable d'après le théorème 2.4.7. ∎

THÉORÈME 2.6.26. *Soit E un espace topologique séparé. Pour qu'il soit compact, il faut et il suffit que tout filtre(resp. ultrafiltre) sur E admette au moins un point d'accumulation(resp. soit convergent).*

DÉMONSTRATION:

1°/ Supposons E compact et soit $\mathcal{F}$ un filtre sur E. Considérons l'ensemble des parties de E qui sont les adhérences des éléments de $\mathcal{F}$. C'est un ensemble de parties fermées du compact. Comme $\mathcal{F}$ est un filtre, un nombre fini quelconque d'entre elles a une intersection non vide. Cela implique que leur intersection est non vide. Soit a un point de cette intersection. Dire que $a \in \overline{M}$ ou est adhérent à M , c'est dire que tout voisinage de a contient au moins un point de M , et comme cela est vrai pour tout $M \in \mathcal{F}$, cela prouve bien que a est un point d'accumulation du filtre $\mathcal{F}$. Si $\mathcal{F}$ est un ultrafiltre alors un point d'accumulation de $\mathcal{F}$ est un point limite (proposition 2.6.20).

2°/ Réciproquement, soit $(F_i)_{i \in I}$ une famille quelconque de parties fermées de E d'intersection vide. Supposons que pour toute partie finie J de I, l'intersection des parties $F_i, i \in J$, soit non vide. Alors des parties de E qui contiennent au moins un F_i constituent un filtre. Ce filtre a au moins un point adhérent a. Pour tout i, a est alors adhérent à F_i. Mais comme F_i est fermé, $a \in F_i$, et par suite, a appartient à leur intersection, ce qui contredit l'hypothèse. Donc il y a certainement une partie finie J telle que l'intersection des $F_i, i \in J$, est vide. Donc E est compact. Supposons maintenant que tout ultrafiltre est convergent. Alors tout filtre $\mathcal{F}$ a un point d'accumulation. En effet d'après la proposition 2.6.9 et une remarque qui suit la définition 2.6.10, il existe un ultrafiltre $\mathcal{F}_1$ plus finque $\mathcal{F}$. Puisque $\mathcal{F}_1$ converge vers un point a, tout voisinage V de a appartient à $\mathcal{F}_1$ mais alors comme tout élément $M \in \mathcal{F}$ est aussi un élément de $\mathcal{F}_1$, on a nécessairement $M \cap V \neq \emptyset$ donc a est un point d'accumulation de $\mathcal{F}$, et d'après le raisonnement précédent E est compact. ∎

Remarque 9 - Il en résulte que les lemmes 2.6.23 et 2.6.24 sont des propriétés des espaces métriques compacts(*).

Remarque 10 - Le théorème de Weierstrass- Bolzano n'est manifestement pas vrai pour la droite $\mathbf{R}$: la suite des entiers ≥ 0 n'a aucun point d'accumulation. Par contre sur $\overline{\mathbf{R}}$, qui est compact, elle converge vers $+\infty$.

THÉORÈME 2.6.27. - *Si E est un espace compact, pour qu'une suite d'éléments de(resp. un filtre sur) E converge vers a, il faut et il suffit qu'elle admette a comme seul point d'accumulation.*

DÉMONSTRATION: - La condition est manifestement nécessaire sans hypothèse de compacité E. Nous l'avons vu dans la proposition 2.6.19. Montrons que la condition est suffisante .
Soit donc $x_0, x_1, x_2, \ldots, x_n, \ldots$ une suite d'éléments de E admettant a comme seul point d'accumulation. Si cette suite n'était pas convergente, il existerait au moins un ouvert U contenant a et une suite partielle x_{p_n} de la suite donnée, telle que tous les x_{p_n} soient dans le complémentaire de U. Comme ce complémentaire est fermé, il est compact d'après le théorème 2.5.12. La suite partielle devrait alors avoir dans U^c au moins un point d'accumulation, et par conséquent aussi la suite initiale, ce qui contredirait l'hypothèse qu'elle admet a comme seul point d'accumulation. Supposons que le filtre $\mathcal{F}$ admet un seul point d'accumulation a. Supposons que ce filtre ne converge pas vers a. Il existe alors un voisinage U de a qui n'appartient pas à $\mathcal{F}$, alors le complémentaire U^c de U rencontre toute partie M de $\mathcal{F}$ suivant un ensemble non vide. A fortiori si O un ouvert contenu dans U et contenant a, et si F est l'ensemble fermé complémentaire de O, on a $M \cap F \neq \emptyset$ pour tout $M \in \mathcal{F}$. Appelons $\mathcal{B}$ l'ensemble des $F \cap M$. Si $A = F \cap M$ et $A' = F \cap M'$ alors $A \cap A' = (M \cap M') \cap F = N \cap F$ avec $N \in \mathcal{F}$; donc $\mathcal{B}$ est une base de filtre. Soit $\mathcal{F}_1$ le filtre de base $\mathcal{B}$. Comme E est compact, ce filtre a un point d'accumulation b, comme $b \in \overline{F \cap M} \subset F \cap \overline{M}$ puisque F est fermé, b appartient à F donc $b \neq a$

(*)Le mot " compact " signifie (Dictionnaire Larousse): serré, pressé. C'est bien de cela qu'il s'agit. Le lemme 2 indique que, même si des boules ont un petit rayon, un nombre fini d'entre elles suffit à recouvrir E, qui est donc très serré.

et $b \in \overline{M}$ pour tout $M \in \mathcal{F}$ donc b est un point d'accumulation de $\mathcal{F}$, ce qui est contraire à l'hypothèse, donc $\mathcal{F}$ converge bien vers a. ■

Remarque 11 - Le même résultat serait faux sur la droite réelle $\mathbf{R}$. Par exemple, la suite $1, 1, 2, \frac{1}{2}, 3, \frac{1}{3}, \ldots, n, \frac{1}{n}, \ldots$ admet 0 comme seul point d'accumulation, et elle n'est manifestement pas convergente.

Suite et filtre convergents dans un produit.

THÉORÈME 2.6.28. *Pour qu'une suite $(x_n)_{n=0}^{\infty}$ d'un espace E, produit de p espaces $(E_i)_{i=1}^{p}$, converge vers un point $a \in E$, il faut et il suffit que si $x_n = (x_n^i)_{i=1}^{p}$ et $a = (a^i)_{i=1}^{p}$ avec $x_n^i \in E_i$ et $a^i \in E_i$ pour $i = 1, 2, \ldots, p$, alors pour tout i la suite des x_n^i converge vers a^i lorsque n tend vers l'infini.*

DÉMONSTRATION: Supposons d'abord que la suite x_n converge vers a. Comme pour tout i, la projection canonique pr_i est continue (proposition 2.3.10), on déduit du théorème 2.6.8, que pour tout $i = 1, 2, \ldots, p$ $pr_i(x_n) = x_n^i$ tend vers $pr_i(a) = a^i$. Réciproquement, supposons que pour tout $i = 1, 2, \ldots, p$, la suite x_n^i converge vers a^i. Soit V un voisinage de a dans E. Il contient un ouvert W qui est un produit $\prod_{i=1}^{p} U_i$ contenant a, où U_i est un ouvert de E_i. Alors $a_i \in U_i$, et pour tout i, il existe un entier N_i tel que pour tout $n \geq N_i$, on a $x_n^i \in U_i$. Soit N un entier plus grand que $N_1, N_2, \ldots, N_p$, alors pour tout i et pour tout $n \geq N$, $x_n^i \in U_i$, donc pour tout $n \geq N$, on a $x_n \in \prod_{i=1}^{p} U_i$ et par suite pour tout $n \geq N$, on a $x_n \in V$ et la suite x_n converge bien vers a. ■

On a un théorème plus général, c'est le suivant.

THÉORÈME 2.6.29. *Soient $(E_i)_{i \in I}$ une famille d'espaces topologiques, E l'espace topologique produit, $\mathcal{F}$ un filtre sur E, $a = (a_i)_{i \in I}$ un point de E.*

Alors $\mathcal{F}$ converge vers a dans E si et seulement si, pour tout indice $i \in I$, le filtre de base $pr_i(\mathcal{F})$ converge vers a_i dans E_i.

DÉMONSTRATION: La condition est nécessaire. En effet, soit $j \in I$, et V_j un voisinage de a_j dans E_j, alors l'ouvert U produit de V_j et de tous les autres espaces E_i pour $i \neq j$ est un voisinage de a. Ce voisinage appartient à $\mathcal{F}$ puisque ce filtre converge vers a. Alors, $pr_j(U) = V_j$ appartient à la base de filtre $pr_j(\mathcal{F})$, ce qui prouve que le filtre de base $pr_i(\mathcal{F})$ converge vers a_j.

Réciproquement, soit O un voisinage ouvert de a dans E. Par définition de la topologie produit, il existe une partie finie $J \subset I$; pour tout $i \in J$, un ouvert U_i de E_i contenant a_i tels que O soit le produit des $(U_i)_{i \in J}$ et des espaces $(E_i)_{i \notin J}$. Puisque pour tout $i \in J$, U_i est un voisinage de a_i, ce voisinage contient $pr_i(M_i)$ où M_i est un élément de $\mathcal{F}$. Soit M l'intersection des $(M_i)_{i \in J}$. Puisque J est finie, M appartient à $\mathcal{F}$ et comme $M \subset M_i$ pour tout $i \in J$, $pr_i(M) \subset pr_i(M_i) \subset U_i$. Mais alors M est contenu dans O et par conséquent $O \in \mathcal{F}$, $\mathcal{F}$ converge bien vers a. ■

Limite supérieure et limite inférieure d'une suite réelle.

THÉORÈME 2.6.30. *Soit $x_0, x_1, \ldots, x_n, \ldots$ une suite d'éléments de $\overline{\mathbf{R}}$. Soit F l'ensemble des points d'accumulation (dans $\overline{\mathbf{R}}$) de cette suite. Alors F est un compact non vide de $\overline{\mathbf{R}}$. Il possède un minimum l et un maximum L.*

(2.6.4)
$$\begin{cases} (a) \quad L \quad \text{est caractérisé par la propriété suivante :} \\ \forall L_1, L_2 \quad \text{tels} \quad L_1 < L < L_2 \quad \text{tous les } x_n \text{ sont inférieurs à } L_2 \\ \quad \text{sauf au plus pour un nombre fini de valeurs de } n \\ \text{et il y a une infinité de valeurs de } n \text{ pour lesquelles } x_n \geq L_1 \\ \\ (b) \quad L = \inf_{n \geq 0} (\sup_{k \geq n} x_k) = \lim_{n \to \infty} (\sup_{k \geq n} x_k) \end{cases}$$

(2.6.5)
$$\begin{cases} (a) \quad l \quad \text{est caractérisé par la propriété suivante :} \\ \forall l_1, l_2 \quad \text{tels} \quad l_1 < l < l_2 \quad \text{tous les } x_n \text{ sont supérieurs à } l_1 \\ \quad \text{sauf au plus pour un nombre fini de valeurs de } n \\ \text{et il y a une infinité de valeurs de } n \text{ pour lesquelles } x_n \leq l_2 \\ \\ (b) \quad l = \sup_{n \geq 0} (\inf_{k \geq n} x_k) = \lim_{n \to \infty} (\inf_{k \geq n} x_k) \end{cases}$$

En outre, cette suite converge dans $\overline{\mathbf{R}}$ si seulement si $l = L$

DÉMONSTRATION: Pour tout n , soit $A_n = \{x_n, x_{n+1}, \ldots, \}$, alors l'ensemble F des points d'accumulation de la suite est l'intersection des $\overline{A_n}$ (voir le 1°) de la démonstration du théorème 2.6.12). Alors F est fermé donc compact dans $\overline{\mathbf{R}}$. Il a donc un maximum L et un minimum l. Les relations (2.6.4) et (2.6.5) résultent de la définition de L et de l.
Enfin, la dernière assertion traduit le fait que dans un compact une suite converge si et seulement elle a un seul point d'accumulation. ∎

DÉFINITION 2.6.31. *Soit $x_0, x_1, \ldots, x_n, \ldots$ une suite d'éléments de $\overline{\mathbf{R}}$. On appelle* **limite supérieure** *(resp.* **limite inférieure** *) de cette suite l'élément L (resp. l) de $\overline{\mathbf{R}}$, caractérisé par (2.6.4) (resp. (2.6.5)). On note alors*

(2.6.6)
$$L = \overline{\lim_{n \to \infty}}\, x_n \quad , \quad l = \underline{\lim_{n \to \infty}}\, x_n.$$

§7. PROPRIÉTÉS DES FONCTIONS CONTINUES SUR UN ESPACE COMPACT

Image d'un compact par une application continue.

THÉORÈME 2.7.1. - *Soient E et F deux espaces topologiques, E compact, F séparé, f une application continue de E dans F. L'image directe $f(E)$ est com-flushpar pacte.*

DÉMONSTRATION: Soit f une application continue d'un espace topologique E dans un espace topologique F, E supposé compact , F séparé. Bien entendu, il n'est pas question de dire que F lui aussi est compact, mais nous devons démontrer que l'image directe $f(E)$ de E par f, en tant que sous-espace de F, muni de la topologie induite, est compacte.
Soit donc $\mathcal{R}$ un recouvrement ouvert de $f(E)$. Les images réciproques $f^{-1}(O_i)$ des ouverts O_i de $\mathcal{R}$ forment un recouvrement ouvert de E. Si en effet x est un point quelconque de E, son image $f(x)$ appartient à l'un au moins des ouverts, soit O_i, et par conséquent x appartient à $f^{-1}(O_i)$; par ailleurs ce sont des ouverts puisque f est continue. Comme E est supposé compact, il suffit d'un nombre fini des ouverts $f^{-1}(O_i)$, par exemple $f^{-1}(O_1), f^{-1}(O_2), \ldots, f^{-1}(O_n)$ pour recouvrir E. Mais alors cela signifie que les ouverts $O_1, O_2, \ldots O_n$ forment un recouvrement de $f(E)$. Si en effet $y \in f(E)$, l'image réciproque $f^{-1}(\{y\})$ n'est pas vide; soit x un élément de cette image réciproque, l'un au moins des ouverts $f^{-1}(O_1), f^{-1}(O_2), \ldots, f^{-1}(O_n)$, par exemple $f^{-1}(O_k)$, contient x, et par conséquent O_k contient $f(x) = y$, ce qui prouve bien ce que nous avancions. Il en résulte que la définition des espaces compacts est satisfaite par $f(E)$: tout recouvrement ouvert admet un sous-recouvrement fini. ∎

COROLLAIRE 2.7.2. -*Toute bijection continue d'un espace compact E sur un espace topologique séparé F est un homéomorphisme.*

DÉMONSTRATION: En effet, l'image directe de toute partie fermée de E est alors l'image d'une partie compacte, d'après le théorème 2.5.12 ; par conséquent elle est compacte d'après ce que nous venons de voir , donc fermée d'après le théorème 2.5.11. Or nous avons vu au théorème 2.3.18 que toute application bijective et continue, pour laquelle l'image directe d'un fermé est un fermé, est un homéomorphisme. ∎

Remarque 1 - Par contre il serait faux de croire que l'image réciproque d'un compact par une application continue est un compact(*). Soit par exemple f une application constante d'un espace non compact dans un espace quelconque F; l'image de E tout entier est une partie réduite à un point b de F, c'est à dire à un compact; alors l'image réciproque $f^{-1}(\{b\})$ n'est pas un compact puisque c'est

(*)C'est pour cette raison que nous introduirons la notion de fonction propre au §8.

E tout entier. Nous remarquons ainsi que, si f est une application continue de E dans F, ce sont les images réciproques des parties ouvertes ou des parties fermées, qui sont des parties ouvertes ou fermées et les images directes des parties compactes, qui sont des parties compactes. Il y a là une distinction très importante. Naturellement en mélangeant les deux sortes de résultats, on obtient le résultat suivant :

Remarque 2 - Si E est compact, et si f est une application continue de E dans F séparé, l'image directe de toute partie fermée est fermée dans F: en effet une partie fermée de E est alors compacte puisque E est compact, donc son image directe est compacte dans F donc fermée dans F.

THÉORÈME 2.7.3. *(Tychonoff)(*) Soient $(E_i)_{i\in I}$ une famille quelconque d'espaces topologiques, E l'espace topologique produit des E_i. Alors E est compact si et seulement si tous les espaces E_i sont compacts.*

DÉMONSTRATION: Le théorème 2.2.37 montre que E est séparé si et seulement si tous les espaces E_i sont séparés. La condition est nécessaire: en effet, par définition de la topologie produit, pour tout $i \in I$, la projection pr_i de E sur E_i est continue, donc $E_i = pr_i(E)$ est compact si E est compact d'après le théorème 2.7.1 , E_i étant séparé. Réciproquement, donnons-nous un ultrafiltre $\mathcal{F}$ sur E. D'après la proposition 2.6.12, l'image de $\mathcal{F}$ par la projection pr_i est une base d'un ultrafiltre $\mathcal{F}_i$. Puisque E_i est compact, cet ultrafiltre converge vers $a_i \in E_i$ (théorème 2.6.26); mais alors si $a = (a_i)_{i\in I}$, le théorème 2.6.28 implique le filtre $\mathcal{F}$ converge vers a, ce qui prouve que E est compact puisqu'il est déjà séparé (théorème 2.6.26). ∎

THÉORÈME 2.7.4. *Toute application continue d'un espace compact non vide dans $\overline{\mathbf{R}}$ admet un maximum et un minimum.*

DÉMONSTRATION: - Rappelons qu'on appelle borne supérieure d'une fonction à valeurs dans $\mathbf{R}$ définie sur un ensemble E, la borne supérieure de l'ensemblede ses valeurs; on dit que c'est un maximum si cette borne est atteinte pour une valeur particulière de la variable. Soit donc f une application continue d'un espace compact E dans la droite achevée $\overline{\mathbf{R}}$. D'après le théorème précédent, l'image $f(E)$ est un compact non vide de $\overline{\mathbf{R}}$. D'après le théorème 2.5.11 c'est donc un ensemble fermé non vide de $\overline{\mathbf{R}}$. Un ensemble non vide de $\overline{\mathbf{R}}$ a une borne supérieure, d'après le théorème 1.6.5 (modifié comme il est indiqué dans le sous paragraphe intitulé " Droite achevée $\overline{\mathbf{R}}$ " du §6), et en outre, d'après ce même théorème, cette borne est adhérente à l'ensemble. Comme l'ensemble est fermé , cette borne supérieure appartient donc à l'ensemble et c'est bien un maximum. Même démonstration pour le minimum. ∎

(*)Ce théorème reprend une partie du théorème 2.5.18 et nous en donnons une nouvelle démons- -tration à l'aide des ultrafiltres.

Remarque 3 - Ce théorème est essentiel. Il est bon de s'exercer à en donner plusieurs démonstrations. On en trouvera une, basée sur la propriété de Heine-Borel- Lebesgue, (Définition 2.5.1). En voici encore une autre.
Soit M la borne supérieure de f. Soit $M_0, M_1, \ldots, M_n \ldots$, une suite croissante de nombres $< M$ tendant vers M. Pour tout n, l'ensemble

$$F_n = \{x : x \in E \quad , \quad M_n \leq f(x) \leq M \quad \}$$

est non vide, d'après la caractérisation de la borne supérieure (théorème 2.6.16), et fermé, comme image réciproque, par la fonction continue f, de l'intervalle $[M_n, M]$ de $\overline{\mathbf{R}}$ (théorème 2.3.9). La suite des F_n est donc une suite décroissante d'ensembles fermés non vides d'un compact E; d'après le corollaire 2.5.9 leur intersection n'est pas vide; or cette intersection est l'ensemble des points x où $f(x) = M$, donc il existe au moins un tel point, et M est un maximum.

Remarque 4 - On peut encore dire ceci. Les notations étant les mêmes que plus haut, quelque soit n, il existe au moins un point x_n de E tel que $M_n \leq f(x_n) \leq M$. La suite des x_n admet au moins un point d'accumulation a (Weierstrass-Bolzano), et on peut extraire une suite partielle $x_{p_1}, x_{p_2}, \ldots, x_{p_n}, \ldots$ convergeant vers a (théorème 2.6.11). Comme f est continue en a, la suite des $f(x_{p_n})$ converge vers $f(a)$ (théorème 2.6.8); comme $M_{p_n} \leq f(x_{p_n}) \leq M$, $f(x_{p_n})$ converge vers M, donc $f(a) = M$, et M est un maximum.

COROLLAIRE 2.7.5. -*Si f est une fonction réelle c'est à dire à valeurs dans* $\mathbf{R}$ *continue sur un compact E, elle est bornée; si en tout point x de E, $f(x)$ est > 0, alors il existe un nombre fixe $\delta > 0$ tel que, pour $x \in E$, $f(x) \geq \delta$*

DÉMONSTRATION: En effet, f peut être considérée comme à valeurs dans $\overline{\mathbf{R}}$. Elle a une borne supérieure M, mais comme c'est un maximum, c'est la valeur $f(a)$ pour un point convenable de E, donc $M < +\infty$, et f est bornée supérieurement. Elle est aussi bornée inférieurement. Si f est partout > 0, son minimum δ est sa valeur en un point b convenable donc $\delta > 0$, et on a bien toujours $f(x) \geq \delta$. ∎

COROLLAIRE 2.7.6. -*Soit f une fonction réelle continue sur un espace métrique E, et soit K un compact de E. Il existe tout un voisinage de K sur lequel f est bornée. Si $f(x) > 0$ pour tout $x \in K$, il existe un nombre $\delta > 0$ et tout un voisinage de K sur lequel $f(x) \geq \delta$*

DÉMONSTRATION: En effet d'après le corollaire 2.7.4, $f(K)$ est un ensemble borné de $\mathbf{R}$. Il existe donc un nombre M tel que $f(K) \subset]-M, +M[$; alors $K \subset f^{-1}(]-M, +M[)$. Or, c'est là un ouvert (puisque f est continue et $]-M, +M[$ ouvert), il contient K, et f y reste bornée en module par M.

Si maintenant $f(x) > 0$ pour tout x de K, le corollaire 2.7.4 indique qu'il existe $\delta' > 0$ tel que $f(x) \geq \delta'$ pour tout x de K. Posons $\delta = \frac{\delta'}{2}$; Alors $f(K) \subset]\delta, +\infty[$, donc $K \subset f^{-1}(]\delta, +\infty[)$ qui est un ouvert contenant K, sur lequel $f(x) \geq \delta$. ∎

Remarque 5 - Ces résultats seraient naturellement complètement inexacts pour une fonction discontinue. Une fonction discontinue peut être partout finie et cependant non bornée; par exemple la fonction $\frac{1}{x}$, définie sur le complémentaire de l'origine de $[0,1]$ compact, et prolongée par la valeur 0 à l'origine, est une fonction réelle sur un espace compact mais présentant un point de discontinuité; cette fonction est partout finie mais n'est pas bornée.

Remarque 6 - Par ailleurs les résultats seraient également faux pour une fonction continue sur un espace non compact; par exemple sur la droite réelle, la fonction x est continue, mais n'est pas bornée; la fonction *Arctan* x est continue et bornée mais n'atteint pas sa borne supérieure, celle-ci par conséquent n'est pas un maximum.

Remarque 7 - Bien entendu, rien ne dit qu'il n'y ait qu'un seul point où la fonction soit maxima ou minima, comme le montre l'exemple d'une fonction constante.

Distance d'un point à un fermé (resp. entre deux fermés).

THÉORÈME 2.7.7. *Soient E un espace métrique, F une partie fermée. On suppose que toutes les boules fermées de E sont compactes (ce sera en particulier lecas si E est un espace vectoriel normé de dimension finie d'après le théorème 2.5.16). Alors pour tout $a \in E$, il existe au moins un point $c \in F$ tel que $d(a,F) = d(a,c)$.*

DÉMONSTRATION: Soit $d = d(a, F)$, et considérons la boule B de centre a et de rayon $d+1$; cette boule fermée est compacte d'après l'hypothèse. Son intersection avec le fermé F est une partie fermée de la boule compacte B (théorème 2.2.28), et par conséquent compacte (théorème 2.5.12). Il en résulte que la fonction $x \mapsto d(a,x)$ qui est une fonction continue sur le compact $B \cap F$, admet un minimum. Si alors c est un point où ce minimum est atteint, il répond bien à la question; on a en effet $d(a,c) \leq d(a,x)$ pour tout x de $B \cap F$, mais aussi a fortiori $d(a,c) \leq d(a,x)$ pour tout autre point $\in F$ puisque tous les autres points de F sont à une distance $\geq d+1$ de a, et $d(a,c) \leq d+1$.

Finalement $d(a,c) \leq d(a,x)$ pour tout $x \in F$, donc $d(a,c)$ est bien le minimum de $d(a,x)$ pour $x \in F$ (et $d(a,c) = d$). ∎

DÉFINITION 2.7.8. *Soient E un espace métrique, A et B des parties non vides de E. On appelle distance de A et B, et on note $\delta(A,B)$, la borne inférieure des distances $d(x_1,x_2)$, pour $x_1 \in A$ et $x_2 \in B$.*

$$\delta\,(A,B) = \inf_{(x_1,x_2)\in(A\times B)} d(x_1,x_2) \tag{2.7.1}$$

Même si A et B sont des parties fermées sans points communs, il peut arriver que $\delta\,(A,B) = 0$, comme le montre l'exemple d'une hyperbole et de son asymptote dans le plan euclidien; cet exemple montre aussi que la borne inférieure n'est pas un minimum. On a cependant le résultat suivant:

THÉORÈME 2.7.9. *Soient E un espace métrique, A, B deux parties fermées sans points communs. Si A est une partie compacte de E, alors $\delta\ (A, B)$ est > 0. Si en outre toutes les boules fermées de E sont compactes, $\delta\ (A, B)$ est un minimum c'est à dire qu'il existe $a \in A$ et $b \in B$ tels que $\delta(A, B) = d(a, b)$.*

DÉMONSTRATION: On a en effet

$$d = d(A, B) = \inf_{x \in A} d(x, B)\,. \tag{2.7.2}$$

Mais nous avons que $x \mapsto d(x, B)$ est une fonction continue; sur le compact A elle est toujours > 0 puisque $A \cap B = \emptyset$ et que $d(x, B) = 0$ si seulement si que $x \in \overline{B} = B$, B étant fermé. Elle admet donc un minimum > 0 sur A, autrement dit, il existe $a \in A$ tel que $d = d(a, B) > 0$, ce qui prouve notre première assertion. Mais avec notre hypothèse sur les boules fermées de E, il résulte alors du théorème 2.7.6 qu'il existe $b \in B$ tel que $d(a, B) = d(a, b)$. Alors $\delta(A, B) = d = d(a, B) = d(a, b)$ est bien un minimum. ∎

Exemple 1 Une application qui sera souvent utilisée est la suivante. Soit Ω un ouvert d'un espace métrique E, K un compact $\subset \Omega$. Alors $\dot{d} = \delta(K, \Omega^c) > 0$. Cela résulte de ce que K est un compact sans point commun avec le fermé Ω^c.

Le théorème de D'Alembert.

THÉORÈME 2.7.10. *(D'Alembert) Tout polynôme d'une variable complexe à coefficients complexes de degré m admet m racines complexes.*

DÉMONSTRATION: Naturellement, quand nous disons m racines complexes, nous entendons que nous comptons chaque racine autant de fois que l'indique son ordre de multiplicité.

Pour démontrer le théorème , il suffit naturellement de montrer que le polynôme admet au moins une racine a, pour $m \geq 1$. En effet, si on divise par $z - a$, on est ramené à un polynôme de degré $m - 1$, auquel on peut appliquer à nouveau le raisonnement. On démontre ainsi le théorème par récurrence sur le degré du polynôme. Supposons donc que le polynôme

$$P(z) = a_0 + a_1 z + \ldots + a_m z^m \tag{2.7.4}$$

n'admette aucune racine, nous allons démontrer que nous aboutissons à une contradiction. On sait que $|P(z)|$ tend vers $+\infty$ lorsque $|z|$ tend vers $+\infty$, donc il existe un nombre R tel que l'on ait, à l'extérieur du cercle de centre O et de rayon R du plan complexe, l'inégalité

$$|P(z)| \geq |P(0)|.$$

Appelons μ le minimum > 0 (Corollaire 2.7.5) de la fonction $|P|$ dans le compact $|z| \leq R$, et soit z_0 un point tel que $|P(z_0)| = \mu$. Comme on a, pour $|z| \geq R$

$$|P(z)| \geq |P(0)| \geq \mu$$

l'inégalité $|P(z)| \geq \mu$ est vérifiée pour tout z; on en déduit que μ est le minimum du module du polynôme P dans tout le plan complexe. Considérons le développement de Taylor du polynôme P au point z_0

$$P(z) = P(z_0) + c_k(z - z_0)^k + c_{k+1}(z - z_0)^{k+1} + \dots c_m(z - z_0)^m. \tag{2.7.5}$$

Nous mettons en évidence le premier terme constant non nul de ce développement. On a $|P(z_0)| = \mu$. Il existe un nombre ρ assez petit pour que, sur le cercle Γ de centre z_0 et de rayon ρ on ait l'inégalité :

$$|c_{k+1}(z - z_0)^{k+1} + \dots + c_m(z - z_0)^m| < |c_k(z - z_0)^k| = |c_k|\rho^k. \tag{2.7.6}$$

On peut supposer ρ tel que $|c_k|\, \rho^k < \mu$. Alors si z parcourt la circonférence Γ, la quantité $c_k(z - z_0)^k$ parcourt toute la circonférence de centre origine et de rayon $|c_k|\, \rho^k$ donc, $P(z_0) + c_k(z - z_0)^k$ parcourt toute la circonférence de centre $P(z_0)$ et de rayon $|c_k|\rho^k$, et par suite il existe z_1 tel que $P(z_0) + (z_1 - z_0)^k$ soit sur le segment $[\,0\,,\,P(z_0)]$ du plan complexe. On a alors

$$|P(z_0) + c_k(z_1 - z_0)^k| = \mu - |c_k|\rho^k \tag{2.7.7}$$

Il en résulte qu'on a la majoration

$$|P(z_1)| \leq |P(z_0) + c_k(z_1 - z_0)^k| + |c_{k+1}(z_1 - z_0)^{k+1} + \dots c_m(z_1 - z_0)^m|$$
$$< (\mu - |c_k|\, \rho^k) + |c_k|\, \rho^k = \mu \tag{2.7.8}$$

mais $|P(z_1)| < \mu$ est contradictoire avec le fait que μ est le minimum du module du polynôme P. ∎

THÉORÈME 2.7.11. - *Sur un espace compact, toute fonction semi-continue inférieurement admet un minimum, et toute fonction semi-continue supérieurement admet un maximum.*

DÉMONSTRATION : - Soit en effet m la borne inférieure dans $\overline{\mathbb{R}}$ de f, supposée semi-continue inférieurement sur le compact E. Supposons que ce ne soit pas un minimum. Pour tout x de E, on aura $f(x) > m$; d'après la semi-continuité inférieure, si $\epsilon_x < f(x) - m$, on peut trouver un voisinage ouvert V_x de x dans lequel la fonction reste minorée par $m_x = f(x) - \epsilon_x > m$. Quand on fait varier x, on voit que le système de tous les V_x est un recouvrement ouvert de E. Comme E est compact, il en existe un sous-recouvrement fini; autrement dit, il existe un nombre fini de points $x_1, x_2, \dots, x_n$ de E, tel que E soit la réunion de V_{x_1}, V_{x_2}, $\dots$, V_{x_n}. Comme dans V_{x_i}, f est minorée par $m_{x_i} > m$, elle est minorée dans E tout entier par le minimum des nombres m_{x_1}, m_{x_2}, $\dots$ m_{x_n}, qui est $> m$. Ceci est contradictoire avec le fait que m est la borne inférieure de f. On voit bien que m est bien un minimum. Si f est semi-continue supérieurement alors $-f$, qui est semi-continue inférieurement, admet un minimum et par suite f admet un maximum. La démonstration du théorème est ainsi achevée. ∎

Développement d'un nombre réel $\in [0,1]$ à base b.

THÉORÈME 2.7.12. - *Soient b un nombre entier ≥ 2, et x un nombre réel $\in [0,1]$. Il existe une suite $(u_n)_{n\geq 1}$ d'entiers satisfaisant $0 \leq u_n \leq b-1$ telle que*

$$x = \sum_{n=1}^{\infty} \frac{u_n}{b^n} \tag{2.7.9}$$

Ce développement de x (c'est-à-dire l'écriture (2.7.9)) est unique si x n'est pas une fraction de dénominateur une puissance entière de b.

Si $x = \dfrac{a}{b^m}$ avec *$0 < a < b^m$, a et b premiers entre eux,* alors on peut écrire *x sous la forme*

$$x = \sum_{n=1}^{m} \frac{u_n}{b^n} + \frac{1}{b^m} \quad \text{avec} \quad u_m < b-1 \tag{2.7.10}$$

et on dit que le développement de x est **limité**, *soit sous la forme*

$$x = \sum_{n=1}^{m} \frac{u_n}{b^n} + \sum_{n=m+1}^{\infty} \frac{b-1}{b^n} \quad \text{avec} \quad u_m < b-1 \tag{2.7.11}$$

et on dit que le développement est un développement **impropre**.

DÉMONSTRATION: Si $x = 0$ (resp. $x = 1$) , on a (2.7.9) si et seulement $u_n = 0$ (resp. $u_n = b-1$) pour tout n d'où l'existence et l'unicité. On peut supposer dans toute la suite que $0 < x < 1$. Comme $b \geq 2$, b^n tend vers $+\infty$ lorsque n et par suite pour tout $x > 0$, $b^n\, x$ tend vers $+\infty$. Il existe des entiers n tels que $b^n\, x \geq 1$. Désignons par n_1 le plus petit entier naturel satisfaisant cette inégalité. On a donc

$$b^{n_1-1}x < 1 \leq b^{n_1}x \quad , \quad b^n_1 x < b \leq b^{n_1+1}x \, . \tag{2.7.12}$$

Posons

$$u_{n_1} = [\; b^{n_1}\, x \;] = \text{partie entière de} \quad b^{n_1}\, x \tag{2.7.13}$$

On a donc, en tenant compte de (2.7.12), $1 \leq u_{n_1} \leq b^{n_1}\, x < b$, et par conséquent

$$1 \leq u_{n_1} \leq b-1 \, . \tag{2.7.14}$$

Si $u_{n_1} = b^{n_1}\, x$, alors

$$x = \frac{u_{n_1}}{b^{n_1}}$$

qui est bien de la forme (2.7.9) avec $u_n = 0$ sauf pour $n = n_1$ et u_{n_1} est bien un entier naturel inférieur à $b - 1$. Dans l'autre cas, on a $b^{n_1}\, x - u_{n_1} > 0$ et par conséquent, on a

$$x_1 = x - \frac{u_{n_1}}{b^{n_1}} > 0\,. \tag{2.7.15}$$

Nous pouvons recommencer sur x_1 ce que nous avons fait sur $x = x_0$. Nous trouvons un entier n_2 tel que

$$b^{n_2-1}\, x_1 < 1 \leq b^{n_2}\, x_1\,. \tag{2.7.16}$$

Alors $n_2 > n_1$. En effet comme $x_1 < x_0 = x$, on voit que $b^{n_2}\, x \geq b^{n_2} x_1 \geq 1$ donc comme n_1 est le plus petit entier satisfaisant cette inégalité, on a $n_2 \geq n_1$. L'égalité $n_1 = n_2$ est impossible. En effet, supposons cette égalité réalisée. Alors

$$b^{n_2}\, x_1 = b^{n_1} x_1 = b^{n_1}\,(x - \frac{u_{n_1}}{b_{n_1}}) = b^{n_1}\, x - u_{n_1} = b^{n_1} x - [\, b^{n_1}\, x\,] < 1$$

contrairement à l'inégalité de droite de (2.7.16). Posons

$$u_{n_2} = [\, b^{n_2}\, x_1\,] = \text{partie entière de} \quad b^{n_2}\, x_1 \tag{2.7.17}$$

Alors si $u_{n_2} = b^{n_2}\, x_1$, on a

$$x_1 = \frac{u_{n_2}}{b^{n_2}} = x - \frac{u_{n_1}}{b^{n_1}}$$

et par conséquent

$$x = \frac{u_{n_1}}{b^{n_1}} + \frac{u_{n_2}}{b^{n_2}}$$

qui est encore de la forme (2.7.9). Dans le cas contraire, on aurait

$$x_2 = x_1 - \frac{u_{n_2}}{b^{n_2}} > 0\,. \tag{2.7.18}$$

On pourrait donc poursuivre. Supposons cette opération répetée p fois. On a donc trouver des réels $x = x_0 > x_1 > x_2 > \ldots > x_p > 0$, des entiers naturels $n_1 < n_2 < \ldots < n_p$, $u_{n_1}, u_{n_2}, \ldots u_{n_p}$ des entiers naturels inférieurs à $b - 1$ et tels que pour tout i, $1 \leq i \leq p$, on ait

$$u_{n_i} = [b^{n_i}\, x_{i-1}] = \text{partie entière de} \quad b^{n_i}\, x_{i-1} \quad , \quad x_i = x_{i-1} - \frac{u_{n_i}}{b^{n_i}}$$

Comme $x_p > 0$, on peut trouver un entier n_{p+1} tel que

$$b^{n_{p+1}-1} x_p < 1 \leq b^{n_{p+1}} x_p\,. \tag{2.7.19}$$

et nous posons alors

$$u_{n_{p+1}} = [b^{n_{p+1}}\ x_p] = \text{partie entière de} \quad b^{n_{p+1}}\ x_p$$

On voit facilement que $n_{p+1} > n_p$ d'abord en prouvant l'inégalité large car $x_p < x_{p_1}$ puis en montrant que l'égalité est impossible. Dans le cas où on a l'égalité

$$u_{n_{p+1}} = b^{n_{p+1}}\ x_p$$

cela donne

$$x_p = \frac{u_{n_{p+1}}}{b^{n_{p+1}}} = x_{p-1} - \frac{u_{n_p}}{b^{n_p}}$$

En remplaçant successivement x_{p_1} en fonction de x_{p-2} et $\frac{u_{n_{p-1}}}{b^{n_{p-1}}}$ et ainsi de suite; on voit que l'on a :

$$x = \frac{u_{n_1}}{b^{n_1}} + \ldots \frac{u_{n_p}}{b^{n_p}} + \frac{u_{n_{p+1}}}{b^{n_{p+1}}}$$

qui est encore de la forme (2.7.9). Dans le cas contraire, on aurait

$$x_{p+1} = x_p - \frac{u_{n_{p+1}}}{b^{n_{p+1}}} > 0\ .$$

et nous sommes donc passés à l'étape $p+1$. Le théorème de récurrence permet d'affirmer que nous avons soit l'égalité (2.7.9) avec seulement un nombre fini de termes non nuls soit l'existence d'une suite infinie strictement croissante d'entiers $n_1 < n_2 < \ldots < n_p < \ldots$. Alors on a encore l'égalité (2.7.9). En effet, quand on somme les p égalités

$$x_i = x_{i-1} - \frac{u_{n_i}}{b^{n_i}}$$

membre à membre, on arrive à l'égalité

$$x_p = x - \sum_{i=1}^{p} \frac{u_{n_i}}{b^{n_i}}$$

Or par définition de n_p , on a $b^{n_p} x_p < b$, et comme n_p tend vers $+\infty$, on voit que x_p tend vers 0, ce qui implique les sommes partielles de la série (2.7.9) convergent bien vers x.

Ce developpement est unique sauf si x est un nombre rationnel de la forme $\frac{a}{b^m}$ avec $0 < a < b^m$. Soit $x \in]0,1[$ et supposons qu'il possède deux développements distincts:

(2.7.20) $$x = \sum_{n=1}^{\infty} \frac{u_n}{b^n} = \sum_{n=1}^{\infty} \frac{v_n}{b^n}$$

Puisque ces deux développements sont distincts, il existe au moins un indice m tel que $u_m \neq v_m$. Soit m le plus petit de ces entiers. On a donc $u_n = v_n$ pour tout $n < m$ et par exemple $u_m > v_m$. Les relations (2.7.20) conduisent alors aux formules

$$\sum_{n=m}^{\infty} \frac{v_n - u_n}{b^n} = 0 \iff \frac{u_m - v_m}{b^m} = \sum_{n=m+1}^{\infty} \frac{v_n - u_n}{b^n} \tag{2.7.21}$$

Puisque $u_m - v_m \geq 1$, le terme de gauche est minoré par $\frac{1}{b^m}$ et comme $v_n - u_n \leq b - 1$ pour tout n, le terme de droite est majoré par $\frac{1}{b^m}$. Donc l'égalité des deux membres de la deuxième formule de 2.7.21 n'est donc possible que si les deux membres sont égaux à $\frac{1}{b^m}$ c'est à dire que $v_n - u_n = b - 1$ pour tout $n \geq m$ ou encore $v_n = b - 1$ et $u_n = 0$ pour tout $n \geq m$ et $u_m - v_m = 1$. En revenant à (2.7.20), on a donc une écriture de x sous la forme

$$x = \sum_{n=1}^{m} \frac{u_n}{b^n} = \sum_{n=1}^{m} \frac{v_n}{b^n} + \sum_{n=m+1}^{\infty} \frac{b-1}{b^n} \tag{2.7.22}$$

Donc une condition nécessaire pour que x admette deux développements est qu'il soit un nombre rationnel de la forme $\frac{a}{b^p}$ avec $0 < a < b^p$ comme on peut le vérifier facilement avec la première des relations (2.7.22) sachant que x n'est ni 0 ni 1. Réciproquement prenons un nombre de cette forme avec en outre a et b premiers entre eux. et considérons un développement de ce nombre.

$$x = \frac{a}{b^m} = \sum_{n=1}^{\infty} \frac{u_n}{b^n}$$

On en déduit que

$$a = b^m x = b^m\left(\frac{u_1}{b} + \frac{u_2}{b^2} + \ldots + \frac{u_m}{b^m}\right) = b^m \left(\sum_{n=m+1}^{\infty} \frac{u_n}{b^n}\right)$$

$$a = u_1 b^{m-1} + u_2 b^{m-2} + \ldots + u_m + \sum_{n=m+1}^{\infty} \frac{u_n}{b^{n-m}} \tag{2.7.23}$$

On voit donc que la série qui est dans l'expression (2.7.23) est égale à un entier, mais cette série est à valeurs dans $[0, 1]$ puisque $n - m \geq 1$ et que $0 \leq u_n \leq b - 1$. Donc cette série ne peut prendre que la valeur 0 ou 1. Cela permet de distinguer les 2 cas suivants :

1 - Tous les u_n pour $n \geq m+1$ sont nuls alors $u_m = a$ (modulo (b) d'après (2.7.23), et alors

$$x = \sum_{n=1}^{m} \frac{u_n}{b^n}$$

et cette écriture peut bien se mettre sous la forme (2.7.10) si nous prouvons que $u_m > 1$, ce qui est le cas car si $u_m = 0$, on aura $a = 0$ (modulo b) ce que nous avions écarté.
2 - Tous les u_n pour $n \geq m+1$ sont égaux à $b-1$ alors $u_m = a-1$ (modulo b) d'après (2.7.23) et alors

$$x = \sum_{n=1}^{m} \frac{u_n}{b^n} + \sum_{n=m+1}^{\infty} \frac{b-1}{b^n} = \sum_{n=1}^{m} \frac{u_n}{b^n} + \frac{1}{b^m} \tag{2.7.24}$$

Observons que a et b étant premiers entre eux, alors comme $a = u_m + 1$ (modulo b), on a nécessairement $u_m < b-1$. Par conséquent , on a bien (1.7.10). La démonstration du théorème est achevée.■

COROLLAIRE 2.7.13. *Soit x un nombre réel $\in [0,1]$.*

1- Si x n'est pas une fraction de dénominateur 3^m (m entier ≥ 1) x peut s'écrire de façon unique sous la forme :

$$x = \sum_{n=1}^{\infty} \frac{u_n}{3^n} \quad , \quad \forall n \quad , \quad u_n \in \{0,1,2\} \tag{2.7.25}$$

2- Si $x = \dfrac{a}{3^m}$ avec $0 < a < 3^m$ *, a et 3 premiers entre eux, alors on peut écrire x sous la forme :*

$$x = \sum_{n=1}^{m-1} \frac{u_n}{3^n} + \frac{2}{3^m} \tag{2.7.26}$$

si $a = 2$ (modulo 3)

$$x = \sum_{n=1}^{m-1} \frac{u_n}{3^n} + \sum_{n=m+1}^{\infty} \frac{2}{3^n} \tag{2.7.27}$$

si $a = 1$ (modulo 3)

DÉMONSTRATION: Le point 1 résulte immédiatement du théorème. Quant au point 2, il résulte que dans la formules (2.7.10), comme $u_m < b-1$, u_m ne peut prendre que les valeurs 0 ou 1, on voit bien alors qu'on peut écrire x sous la forme (2.7.26) ou (2.7.27) suivant que $a = 2$ (modulo 3) ou $a = 1$ (modulo 3). ■

Ensemble triadique de Cantor.

Soit P_0 l'intervalle [0 ,1]. On ôte de $J_{0,1}$ un intervalle ouvert de même milieu que P_0 de sorte que les deux intervalles restants $J_{1,0}$ et $J_{1,2}$ soient fermés et aient même longueur, égale à $\frac{1}{3}$. On désigne par P_1 la réunion de ces deux fermés, qui est donc fermé.

$$J_{1,0} = [0, \frac{1}{3}] \quad ; \quad J_{1,2} = [\frac{2}{3}, 1] \quad , \quad P_1 = J_{1,0} \cup J_{1,2}$$

Sur chacun des intervalles $J_{1,0}$ et $J_{1,2}$, on recommence la même opération. On obtient ainsi :

$$J_{2,00} = [0, \frac{1}{3^2}] \quad , \quad J_{2,02} = [\frac{2}{3^2} \frac{2}{3^2} + \frac{1}{3^2}]$$
$$J_{2,20} = [\frac{2}{3}, \frac{2}{3} + \frac{1}{3^2}] \quad , \quad J_{2,22} = [\frac{2}{3} + \frac{2}{3^2}, \frac{2}{3} + \frac{2}{3^2} + \frac{1}{3^2}]$$

On désigne par P_2 l'ensemble fermé : $P_2 = J_{2,00} \cup J_{2,02} \cup J_{2,20} \cup J_{2,22}$

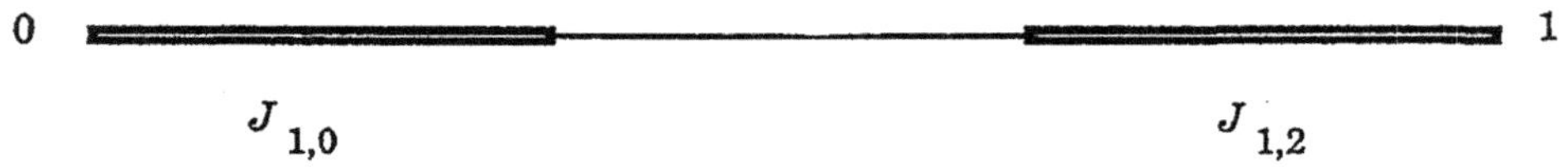

Soit B l'ensemble à 2 éléments $\{0, 2\}$. Supposons qu'on ait construit P_n, réunion de 2^n intervalles fermés $J_{n,k}$, $k \in B^n$, chacun ayant une longueur égale à $\frac{1}{3^n}$:

(2.7.28)
$$J_{n,k} = \left[\frac{k_1}{3} + \frac{k_2}{3^2} + \ldots \frac{k_n}{3^n}, \frac{k_1}{3} + \frac{k_2}{3^2} + \ldots \frac{k_n}{3^n} + \frac{1}{3^n} \right] \quad , \quad P_n = \bigcup_{k=1}^{2^n} J_{n,k}$$

où $k = (k_1, k_2, \ldots, k_n)$ est un élément quelconque de l'ensemble B^n. Alors pour tout k, on ôte à l'intervalle $J_{n,k}$ un intervalle ouvert de même milieu que $J_{n,k}$, de longueur $\frac{1}{3^{n+1}}$, les deux intervalles restant $J_{n+1,l}$ et $J_{n+1,l+1}$ sont fermés et ont même longueur égale à $\frac{1}{3^{n+1}}$.

$$J_{n+1,l} = \left[\frac{k_1}{3} + \frac{k_2}{3^2} + \dots \frac{k_n}{3^n} + \frac{0}{3^{n+1}} \quad , \quad \frac{k_1}{3} + \frac{k_2}{3^2} + \dots \frac{k_n}{3^n} + \frac{0}{3^{n+1}} + \frac{1}{3^{n+1}} \right]$$

$$J_{n+1,l'} = \left[\frac{k_1}{3} + \frac{k_2}{3^2} + \dots \frac{k_n}{3^n} + \frac{2}{3^{n+1}} \quad , \quad \frac{k_1}{3} + \frac{k_2}{3^2} + \dots \frac{k_n}{3^n} + \frac{2}{3^{n+1}} + \frac{1}{3^{n+1}} \right]$$

de sorte que les 2^{n+1} intervalles fermés $J_{n+1,k}$ peuvent se représenter par :

(2.7.29)

$$J_{n+1,k} = \left[\frac{k_1}{3} + \frac{k_2}{3^2} + \dots \frac{k_n}{3^n} + \frac{k_{n+1}}{3^{n+1}} \quad , \quad \frac{k_1}{3} + \frac{k_2}{3^2} + \dots \frac{k_n}{3^n} + \frac{k_{n+1}}{3^{n+1}} + \frac{1}{3^{n+1}} \right]$$

où $(k_1, k_2, \dots, k_{n+1})$ est un élément quelconque de l'ensemble $\{0,2\}^{n+1}$. On pose alors

$$P_{n+1} = \bigcup_{k \in B^{n+1}} J_{n+1,k} \tag{2.7.30}$$

Le procédé peut donc se poursuivre par récurrence sur n et on construit ainsi une suite P_n de parties fermées de [0,1], ce qui nous amène à la définition suivante.

DÉFINITION 2.7.14. - *On appelle ensemble* **triadique de Cantor** *l'intersection, notée P des ensembles P_n, donnés par (2.7.28)*

$$P = \bigcap_{n=0}^{\infty} P_n \tag{2.7.31}$$

THÉORÈME 2.7.15. - *Soit P l'ensemble triadique de Cantor. Il possède les propriétés suivantes:*

(i) P est un compact

(ii) P est d'intérieur vide

(iii) P n'a aucun point isolé

(iv) $x \in P$ si et seulement dans (2.7.25), (2.7.26) ou (2.7.27) on a:
$\forall n$, $u_n \in \{0,2\}$

(v) P a la puissance du continu et l'espace topologique P (muni de la topologie induite par $[0, 1]$) est homéomorphe à l'espace topologique produit $\{0,2\}^{\mathbb{N}^*}$ ($\{0,2\}$ est muni de la topologie discrète)

DÉMONSTRATION: - Pour tout n, P_n étant une partie fermée de $[0,1]$, P est fermé comme toute intersection d'ensembles fermés. C'est un compact comme tout ensemble fermé d'un compact, ce qui prouve notre première assertion. Supposons que l'intérieur de P soit non vide et soit x_0 un point de cet intérieur. Il existe donc un intervalle ouvert U contenant x_0 et contenu dans P. Soit $\epsilon >$ la longueur de U et soit n un entier tel que $\frac{1}{3^n} < \epsilon$. Comme U est un intervalle de longueur ϵ et que P_n est une réunion finie d'intervalles disjoints de longueur $< \epsilon$, l'inclusion de U dans P_n est impossible. Donc P_n est bien d'intérieur vide.

Soit x un point de P et U un ouvert contenant x. Il existe $\epsilon > 0$ tel que l'intervalle $I =]x - \epsilon, x + \epsilon[$ soit contenu dans U. Nous voulons montrer que $P \setminus \{x\} \cap U \neq \emptyset$. Soit $n \geq 1$ tel que $\frac{1}{3^n} < \epsilon$. Puisque $x \in P$, x appartient à P_n et par conséquent il existe k tel que $x \in J_{n,k} = [a_n, b_n]$. Si $x = a_n$, l'intervalle $[a_n, b_n]$ de longueur $< \epsilon$ est contenu dans l'intervalle $[x, x + \epsilon[$ donc $b_n \in I \cap P \setminus \{x\}$. On a un raisonnement analogue si $x = b_n$ et alors $a_n \in I \cap P \setminus \{x\}$. Dans le cas où $x \in]a_n, b_n[$ alors les deux points a_n et b_n sont dans $P \setminus \{x\}$. Or par construction les extrémités des intervalles $J_{n,k}$ sont dans P, ce qui démontre le troisième point.

Soit $x \in [0,1]$ dont le développement est donné par l'une des formules (2.7.25) ou (2.7.26) ou (2.7.27), alors il appartient à l'ensemble triadique de Cantor si et seulement les coefficients u_n ne prennent que les valeurs 0 ou 2. En effet considérons un développement

$$x = \sum_{n=1}^{\infty} \frac{u_n}{3^n}$$

avec $u_n \in \{0, 2\}$ pour tout n et montrons que $x \in P_n$ pour tout n. En effet, on peut écrire $x = x_n + r_n$ où

$$x_n = \sum_{p=1}^{n} \frac{u_p}{3^p} \quad , \quad r_n = \sum_{p=n+1}^{\infty} \frac{u_p}{3^p}$$

On voit que $0 \leq r_n \leq \frac{1}{3^n}$ et par suite si $k = (u_1, u_2, \ldots, u_n)$, on voit x_n est l'origine de l'intervalle $J_{n,k}$ alors que $x_n + \frac{1}{3^n}$ en est l'extrémité et par conséquent $x \in J_{n,k} \subset P_n$.

Réciproquement soit x un élément de l'ensemble triadique de Cantor. Si x est l'une des extrêmités de l'un des intervalles $J_{n,k}$ il est clair qu'il s'écrit sous la forme (2.7.26) ou (2.7.27) avec $u_n \in B$. S'il n'est pas une extrémité, il ne peut être de la forme $\frac{a}{3^p}$. En effet, supposons $x = \frac{a}{3^m}$ avec a et 3 premiers entre eux. Comme $x \in P$, $x \in J_{m,k}$ pour un certain $k \in B^m$, alors $x = \frac{\alpha}{b^m} + r$ avec $0 < r < \frac{1}{3^m}$. En comparant les deux écritures de x, on arrive à la relation $0 < |\alpha - a| < 1$ ce qui est impossible puisque α et a sont des entiers. Donc x admet un développement infini

$$x = \sum_{n=1}^{\infty} \frac{u_n}{3^n}$$

Comme $x \in P_n$ pour tout n, alors pour tout n, il existe $k = (k_1, k_2, \ldots, k_n) \in B^n$ tel que

$$x = \sum_{p=1}^{n} \frac{k_p}{3^n} + \sum_{p=n+1}^{\infty} \frac{u_p}{3^p}$$

Alors l'unicité du développement donne $k = (u_p)_{1 \leq p \leq n}$ c'est à dire que $u_p \in \{0, 2\}$ pour $p \leq n$. Comme n est arbitraire, on a bien $(u_n)_{n \geq 1} \in \{0, 2\}^{\mathbb{N}^*}$ et ainsi on a la caractérisation annoncée de l'ensemble triadique de Cantor.

Nous venons de construire une application bijective φ de P sur $\{0, 2\}^{\mathbb{N}^*}$. Ce dernier a la puissance $2^{\aleph_0} = \mathfrak{c}$ qui est la puissance du continu, il en est de même de P. En outre cette application est continue. Soit x_0 donné. Dire que φ est continue en x_0 revient à dire que si W est un voisinage de $\varphi(x_0)$, il existe un voisinage V de x_0 tel que pour tout $x \in V$, on a $\varphi(x) \in W$. Qu'est-ce qu'un voisinage de $(u_n)_{n \geq 1}$ dans le produit infini $\{0, 2\}^{\mathbb{N}^*}$, c'est la donnée d'un entier N et de toutes les suites $(v_n)_{n \geq 1}$ telles que $u_n = v_n$ pour tout $n \in \{1, 2, \ldots, N\}$. On voit qu'il suffit de choisir alors comme voisinage de x_0 l'ensemble des x qui vérifient $|x - x_0| \leq \frac{1}{3^{N+1}}$ pour obtenir la conclusion souhaitée. Comme les deux espaces $[0, 1]$ et $\{0, 2\}^{\mathbb{N}^*}$ sont compacts une bijection continue est nécessairement un homéomorphisme (Corollaire 2.7.2). La démonstration du théorème est ainsi achevée. ■

Continuité uniforme - Condition de Hölder- Condition de Lipschitz.

Remarque 8 - Les propriétés que nous allons voir sont absolument spéciales aux espaces métriques et ne peuvent pas s'étendre aux espaces topologiques généraux. D'ailleurs deux métriques équivalentes ne donnent pas le même résultat(*).

(*)Autrement dit, une application d'un espace métrique E dans un espace métrique F pourra être uniformément continue, et cesser de l'être quand on remplace les métriques par des métriques équivalentes. Toutefois si ce sont des métriques définies par des normes sur des espaces vectoriels, l'uniforme continuité subsistera si on remplace les normes par des normes équivalentes, à cause du théorème 2.4.2

DÉFINITION 2.7.16. *Soient E et F deux espaces métriques. On dit qu'une application de E dans F est uniformément continue, si quelque soit $\epsilon > 0$, il existe $\eta > 0$ tel que*

$$d(x', x'') \leq \eta \quad \text{entraîne} \quad d(f(x'), f(x'')) \leq \epsilon .$$

En abrégé :

$$\text{(2.7.32)} \qquad \begin{cases} (\forall \epsilon > 0)(\exists \eta > 0)(\forall x' \in E\ ,\ \forall x'' \in E), \\ [(d(x', x'')\ \leq \eta) \Longrightarrow (d(f(x'), f(x''))\ \leq \epsilon)]. \end{cases}$$

Remarque 9 - Toute fonction uniformément continue est évidemment continue, mais la réciproque n'est pas exacte. Si f est une fonction partout continue, alors, pour tout a de E, quelque soit $\epsilon > 0$, il existe $\eta > 0$ tel que $d(x, a) \leq \eta$ entraîne $d(f(x), f(a)) \leq \epsilon$, mais le nombre η que nous déterminons ainsi dépend à la fois de a et de ϵ. Dire que la fonction est uniformément continue, c'est dire qu'il est possible de choisir η dépendant seulement de ϵ (voir remarque 1.1.4).

Exemple 2 - Sur la droite réelle, la fonction x est uniformément continue, mais la fonction x^2 ne l'est pas. En effet, on a :

$$|(x + h)^2 - x^2| = |2xh + h^2| \geq 2x\ h \quad \text{si} \quad x \geq 0 \quad h \geq 0.$$

Alors, pour ϵ donné, si nous cherchons h tel que $|2xh + h^2| \leq \epsilon$ on doit nécessairement prendre

$$|h| \leq \frac{\epsilon}{2|x|}$$

et il est par suite impossible de choisir η indépendant de x.

DÉFINITION 2.7.17. *On dit qu'une application f d'un espace métrique E dans un espace métrique F vérifie une condition de Hölder d'ordre α, $0 \leq \alpha \leq 1$(*) ou qu'elle est höldérienne d'ordre α, s'il existe une constante k telle que, quels que soient x' et x" dans E, on ait*

$$\text{(2.7.33)} \qquad d(f(x'), f(x'')) \leq k\ (d(x', x''))^{\alpha}$$

(*)Le cas $\alpha > 1$ est sans grand intérêt. Par exemple, pour $E = F = \mathbb{R}$ si $\alpha > 1$, on voit que f a une dérivée partout nulle, car

$$\left| \frac{f(x + h) - f(x)}{h} \right| \leq k\ |h|^{\alpha - 1}$$

donc elle est constante.

Pour $\alpha = 1$, on dit simplement que f vérifie une condition de Lipschitz ou qu'elle est lipschitzienne.

Une fonction vérifiant une condition de Hölder d'ordre α, a fortiori une fonction lipschitzienne est uniformément continue. Bien entendu, la réciproque n'est pas vraie, comme le montre l'exemple de la fonction égale à $\frac{1}{Log\ x}$ sur l'intervalle $]0\ ,\ \frac{1}{2}]$, nulle pour $x = 0$; elle est continue donc uniformément continue sur le compact $[0\ ,\ \frac{1}{2}]$ comme le montrera le théorème 2.7.12, et

$$f(x) - f(0) = \frac{1}{Log\ x}$$

n'est pas majoré par une expression $k|x|^{\alpha}$.

THÉORÈME 2.7.18. - *Soient E un espace métrique, A et B deux parties fermées de E disjointes, φ la fonction définie sur E par*

$$\forall x \in E \quad , \quad \varphi(x) = \frac{d(x, A)}{d(x, A) + d(x, B)}$$

φ est continue, vaut 0 dans A, 1 dans B, et $0 < \varphi(x) < 1$ pour x n'appartenant ni à A ni à B. Si, en outre, A est compacte, φ est lipchitzienne. De façon plus précise, on a :

(2.7.34) $$|\varphi(x) - \varphi(x')| \leq \frac{d(x, x')}{\delta(A, B)}$$

où $\delta(A, B)$ est la distance est donnée par (2.7.1)

DÉMONSTRATION: La fonction φ a été introduite au théorème 2.3.4 où nous avons établies toutes ses propriétés sauf le fait qu'elle soit lipschitzienne si A est compact. On a

$$\varphi(x) - \varphi(x') = \frac{N(x)}{D(x)}$$
$$N(x) = (d(x, A))\,(d(x', A) + d(x', B)) - (d(x', A))\,(d(x, A) + d(x, B))$$
$$D(x) = (d(x, A) + d(x, B))\,(d(x', A) + d(x', B))$$

Alors compte tenu de l'inégalité $d(x, A) \leq d(x, x') + d(x', A)$ on peut majorer le numérateur $N(x)$ par

$$N(x) \leq (d(x', A)) + d(x, x'))\,d(x', B) + d(x', A))\,(d(x', B - d(x, x'))$$
$$= d(x, x')(d(x', A) + d(x'B)$$

donc

$$\varphi(x) - \varphi(x') \leq \frac{d(x,x')}{d(x,A) + d(x,B)}$$

Mais par ailleurs, pour tout $x, y, z \in E^3$, on a $d(y,z) \leq d(x,y) + d(x,z)$, alors lorsque $y \in A$ et $z \in B$, on obtient

$$\delta(A,B) \leq d(x,A) + d(x,B)$$

Nous avons vu (Proposition 2.7.8) que si A est compact $\delta(A,B) > 0$ dès que A et B sont sans points communs. On obtient donc

$$\varphi(x) - \varphi(x') \leq \frac{d(x,x')}{\delta(A,B)}$$

et de même pour $\varphi(x') - \varphi(x)$, d'où le résultat. ∎

THÉORÈME 2.7.19. *Toute application d'un espace métrique compact E dans un espace métrique F, si elle est continue, est uniformément continue.*

DÉMONSTRATION: Supposons que f ne soit pas uniformément continue, et montrons que nous aboutissons à une contradiction. Si f n'est pas uniformément continue, c'est que

$$(\exists \epsilon > 0)(\forall \eta > 0)(\exists x' \in E\ ,\quad x'' \in E)\quad (d(x',x'') \leq \eta)(d(f(x'),f(x'')) > \epsilon)$$

Soit ϵ intervenant au début de cette relation. Alors quel que soit l'entier $n \geq 1$, on peut trouver deux points x'_n et x''_n tels que l'on ait :

$$d(x'_n, x''_n) \leq \frac{1}{n} \quad \text{et} \quad d(f(x'_n), f(x''_n)) > \epsilon$$

Comme E est compact, on peut extraire de la suite des x'_n une suite partielle $n \mapsto x'_{p_n}$ convergeant vers un point x (théorèmes 2.5.11 et 2.5.12). Alors la relation

$$d(x'_n, x''_n) \leq \frac{1}{n}$$

implique que la suite partielle des x''_{p_n} est elle aussi convergente vers x. Comme f est continue, les suites $f(x'_{p_n})$ et $f(x''_{p_n})$ sont nécessairement convergentes vers $f(x)$ (théorème 2.5.8). Alors pour n suffisamment grand, on a nécessairement

$$d(f(x'_{p_n}), f(x)) \leq \frac{\epsilon}{2} \quad , \quad d(f(x''_{p_n}, f(x))) \leq \frac{\epsilon}{2}$$

donc

$$d(f(x'_{p_n}), f(x''_{p_n})) \leq \epsilon$$

ce qui est bien en contradiction avec la construction des x'_n et des x''_n. ∎

Comme nous l'avons vu plus haut avec l'exemple de la droite réelle $\mathbf{R}$, une fonction peut être continue sur un espace métrique non compact sans être uniformément continue.

On peut améliorer le théorème 2.7.19 sous la forme suivante.

THÉORÈME 2.7.20. *Si f est une application continue d'un espace métrique E dans un espace métrique F et si K est un compact de E, alors, quelque soit $\epsilon > 0$, il existe $\eta > 0$ tel que*

(2.7.8) $$d(x', x'') \leq \eta \quad , \quad x' \in K \quad \textit{entraîne} \quad d(f(x'), f(x'')) \leq \epsilon$$

DÉMONSTRATION: Elle est semblable à celle du théorème 2.7.12. Si c'était inexact, on pourrait trouver deux suites (x'_n) et (x''_n)

$$d(x'_n, x''_n) \leq \frac{1}{n} \quad \text{et} \quad d(f(x'_n), f(x''_n)) > \epsilon > 0$$

Comme K est compact, on pourrait extraire des x'_n une suite partielle (x'_{p_n}) convergeant vers un point c de K. Alors la suite partielle (x''_{p_n}) converge aussi vers c. Comme f est continue en c, $f(x'_{p_n})$ et $f(x''_{p_n})$ tendraient vers $f(c)$ donc $d(f(x'_{p_n}), f(x''_{p_n}))$ tendrait vers 0, d'où la contradiction. ∎

§8. ESPACES LOCALEMENT COMPACTS

Système fondamental de voisinages d'un point (resp. compact).

DÉFINITION 2.8.1. *On dit qu'un espace topologique E est* **localement compact** *si tout point possède au moins un voisinage compact.*

Un espace localement compact est dit **dénombrable à l'infini** *s'il est réunion d'une famille dénombrable de compacts*

Remarque 1 - Tout espace vectoriel normé de dimension finie est localement compact : en effet, toute boule fermée est compacte. On démontre qu'un espace vectoriel de dimension infinie n'est jamais localement compact (théorème 2.10.14); une boule fermée n'est pas compacte; pour qu'une partie de l'espace soit compacte, il est nécessaire mais non suffisant qu'elle soit fermée bornée. Un espace vectoriel normé de dimension finie est dénombrable à l'infini puisque réunion des boules $\{x : \|x\| \leq n\}$, n $\in \mathbf{N}$.

Remarque 2 - Si deux espaces sont homéomorphes, et si l'un est localement compact, il en de même de l'autre puisque l'image d'un voisinage compact d'un point a par l'homéomorphisme φ est un voisinage compact du point $\varphi(a)$. Ceci nous donne, comme la compacité, un nouveau critère permettant de dire que deux espaces ne sont pas homéomorphes. Par exemple, un espace vectoriel normé de dimension finie et un espace vectoriel normé de dimension infinie ne sont jamais homéomorphes.

PROPOSITION 2.8.2. *Dans un espace localement compact E, tout point admet un système fondamental de voisinages compacts. Tout espace localement compact est régulier.*

DÉMONSTRATION: Si en effet V est un voisinage compact de a, a possède dans V un système de voisinages compacts d'après le théorème 2.5.13 mais tout voisinage de a dans V est aussi un voisinage de a dans E (théorème 2.2.28 (c)). D'autre part, tout voisinage de a dans E rencontre V suivant un voisinage de a dans V. Ce qui prouve bien que a admet un système fondamental de voisinages compacts dans E. Comme ces voisinages sont fermés, E est bien un espace topologique régulier. ∎

PROPOSITION 2.8.3. *Soit E un espace localement compact. Toute partie compacte K de E admet un système fondamental de voisinages compacts.*

DÉMONSTRATION:
Soit U un ouvert de E contenant K. Pour tout $x \in K$, il existe un ouvert $O(x)$ contenant x et tel que $\overline{O(x)}$ soit une partie compacte de E, contenue dans U. Cela est possible puisque x possède un système fondamental de voisinages compacts. La famille $(O(x))_{x\in K}$ forme un recouvrement ouvert du compact K, on peut donc par le théorème de Heine-Borel-Lebesgue en extraire un recouvrement fini. Soit

$(x_i)_{i=1}^p$ les points associés à ce recouvrement fini. Alors la réunion V des $O(x_i)_{i=1}^p$ est un voisinage ouvert de K, sa fermeture égale à la réunion des fermetures des $O(x_i)_{i=1}^p$, est un voisinage compact de K contenu dans U par construction. ∎

COROLLAIRE 2.8.4. *Soient E un espace localement compact, K une partie compacte et U une partie ouverte contenant K. Alors il existe un ouvert V relativement compact tel que*

$$K \subset V \subset \bar{V} \subset U \tag{2.8.1}$$

DÉMONSTRATION: Cela résulte immédiatement de la proposition 2.8.3. ∎

COROLLAIRE 2.8.5. *Soient E un espace localement compact, K une partie compacte et F une partie fermée, K et F sans points communs. Alors il existe deux ouverts U et V, U relativement compact tels que*

$$K \subset U \quad , \quad F \subset V \quad , \quad U \cap V = \emptyset \tag{2.8.2}$$

DÉMONSTRATION: Soit O le complémentaire de F, qui est donc une partie ouverte contenant K puisque F et K sont sans points communs. Alors il existe d'après la proposition 2.8.3 un ouvert U, relativement compact tel que :

$$K \subset U \subset \bar{U} \subset O$$

Alors en posant $V = \bar{U}^c$, V est une partie ouverte disjointe de U et contenant F car

$$\bar{U} \subset O = F^c \Longrightarrow F \subset \bar{U}^c = V$$

Le corollaire est bien prouvé. ∎

Remarque 3 - On peut facilement montrer que les corollaires 2.8.4 et 2.8.5 sont équivalents.

Remarque 4 - Lorsque E est en particulier un espace compact, le corollaire 2.8.5 est symétrique par rapport aux ensembles K et F, puisqu'alors F étant fermé, F est en fait aussi une partie compacte. Autrement dit nous venons de prouver que **dans un espace compact, quelles que soient les parties fermées sans points communs** K et F, **il existe deux ouverts** U et V **sans points communs tels que** $K \subset U$ et $F \subset V$.

Remarque 5 Un espace topologique séparé dans lequel cette assertion est vraie est appelé **un espace normal**: un espace métrisable est normal.

Cela résulte immédiatement du théorème 2.3.4 en prenant pour U (resp. V) défini par

$$U = \{x \in E : \quad f(x) < \frac{1}{2}\} \quad , \quad V = \{x \in E : \quad f(x) > \frac{1}{2}\}$$

La remarque 4 prouve qu'un espace compact est normal.

Le théorème d'Urysohn.

THÉORÈME 2.8.6. *(Urysohn)Soient E un espace localement compact, K une partie compacte de E, Ω une partie ouverte contenant K. Alors il existe une fonction définie dans E, continue et à support compact dans E telle que $f(x) = 1$ pour tout $x \in K$, $f(x) = 0$ pour tout $x \notin U$ et pour tout $x \in E$, $0 \leq f(x) \leq 1$.*

DÉMONSTRATION: - On commence par choisir un ouvert U relativement compact contenant K et tel que $\overline{U} \subset \Omega$ grâce à la proposition 2.8.4. Par suite si f est une fonction nulle dans le complémentaire de U, elle est nécessairement à support compact contenu dans Ω.
Soit $\mathcal{D}$ l'ensemble des nombres dyadiques de l'intervalle $[0, 1]$.
Ecrivons cet ensemble comme réunion dénombrable d'ensembles disjoints D_n, définis pour $n = 0, 1, 2$ par :

$$D_0 = \{0, 1\} \quad D_1 = \{\frac{1}{2}\} \quad D_2 = \{\frac{1}{4}, \frac{3}{4}\}$$

et pour tout $n \geq 3$ par

$$D_n = \{\frac{2k+1}{2^n} : 0 < 2k + 1 < 2^n\}$$

Posons $U(1) = K$ et $U(0) = U$. Par hypothèse $\overline{U(1)} \subset U(0)$. A l'unique élément de D_1 associons l'ouvert $U(\frac{1}{2})$ tel que

$$\text{(2.8.3)} \qquad \overline{U(1)} \subset U(\frac{1}{2}) \subset \overline{U(\frac{1}{2})} \subset U(0)$$

De la même façon, associons aux deux éléments $\frac{1}{4}$ et $\frac{3}{4}$ de D_2 respectivement, les ouverts $U(\frac{1}{4})$ et $U(\frac{3}{4})$ de façon que l'on ait :

$$\overline{U(\frac{1}{2})} \subset U(\frac{1}{4}) \subset \overline{U(\frac{1}{4})} \subset U(0) \quad , \quad \overline{U(1)} \subset U(\frac{3}{4}) \subset \overline{U(\frac{3}{4})} \subset U(\frac{1}{2})$$

de sorte qu'en regroupant on a:

$$\text{(2.8.4)} \qquad \overline{U(1)} \subset U(\frac{3}{4}) \subset \overline{U(\frac{3}{4})} \subset U(\frac{1}{2}) \subset \overline{U(\frac{1}{2})} \subset U(\frac{1}{4}) \subset \overline{U(\frac{1}{4})} \subset U(0)$$

Supposons que l'on ait ainsi construit des ensembles $U(r)$ pour tout $r \in \bigcup_{p=0}^{n} D_p$, tel que $U(r)$ est une partie ouverte pour tout $r \neq 1$ et tel que :

$$r < s \to \overline{U(s)} \subset U(r) : r, s \in \bigcup_{0 \leq p \leq n} D_p \tag{2.8.5}$$

Soit alors $r \in D_{n+1}$. Par définition, on a donc:

$$\frac{k}{2^n} < r = \frac{2k+1}{2^{n+1}} < \frac{k+1}{2^n} \quad , \quad 0 < 2k+1 < 2^{n+1}$$

Pour tout r, donc pour tout k admissible, choisissons un ouvert $U(r)$ tel que

$$\overline{U(\frac{k+1}{2^n})} \subset U(\frac{2k+1}{2^{n+1}}) \subset \overline{U(\frac{2k+1}{2^{n+1}})} \subset U(\frac{k}{2^n}) \tag{2.8.6}$$

Alors, il est facile de vérifier que pour r et s appartenant à la réunion de tous les D_p pour $p = 0$ à $n+1$, (2.8.5) est encore vraie. On peut donc d'après le théorème de récurrence considérer qu'on a associé à tout nombre dyadique r de $[0, 1]$ un ensemble $U(r)$ de E, ouvert si $r \neq 1$ tel que l'on ait la relation (2.8.4).
Posons, dans ces conditions ,

$$\begin{cases} f(x) = 0 \quad \text{si} \quad x \notin U \\ f(x) = \sup\limits_{x \in U(t)} t \end{cases} \tag{2.8.7}$$

Comme $K = U(1)$, on a $f(x) = 1$ dans K et pour tout x, $0 \leq f(x) \leq 1$. Il reste à montrer que f est une fonction continue. Soit $x_0 \in E$ tel que $f(x_0) = \alpha$ avec $0 < \alpha < 1$. Soit $\epsilon > 0$ tel que $0 < \alpha - \epsilon < \alpha < \alpha + \epsilon < 1$. Il existe r et s des nombres dyadiques tels que

$$\alpha - \epsilon < r < \alpha < s < \alpha + \epsilon$$

Alors il existe $'$ tel que $r < r' < \alpha$ tel que $x_0 \in U(r')$ donc $x_0 \in \overline{U(r')} \subset U(r)$. D'autre part il existe s' tel que $s' < s$ tel que $x_0 \notin U(s')$, donc $x_0 \notin \overline{U(s)} \subset U(s')$. Il en résulte qu'en notant par U l'intersection de $U(r)$ et du complémentaire de $\overline{U(s)}$, U est un ouvert contenant x_0 et on a :

$$x \in U \Longrightarrow f(x_0) - \epsilon \leq f(x) \leq f(x_0) + \epsilon$$

ce qui démontre la continuité de f en x_0. On opère de même pour les cas extrêmes $f(x_0) = 0$ ou $f(x_0) = 1$. ∎

Remarque 6 - Lorsque E est métrisable, la démonstration est bien plus facile. En effet, soit O un voisinage relativement compact de K contenu dans U et soit η le minimum de la fonction $x \mapsto d(x\,,\,O^c)$ lorsque x parcourt le compact K. Soit alors F une fonction réelle, continue sur la demi-droite $\mathbf{R}_+$ des nombres réels positifs, vérifiant $0 \leq F \leq 1$, telle que $F(0) = 1$ et $F(t) = 0$ pour tout $t \geq \eta$; on pourra, par exemple prendre la fonction définie par

$$(2.8.8) \qquad F(t) = \begin{cases} 0 & \text{pour} \quad t > \eta \\ \dfrac{\eta - t}{\eta} & \text{pour} \quad 0 \leq t \leq \eta \end{cases}$$

Alors la fonction $x \mapsto F(d(x, K))$ répond à la question; elle est en effet continue, comme composée de deux fonctions continues; elle prend la valeur 1 pour tout $x \in K$, parce que $F(0) = 1$ et $d(x, K) = 0$; et d'autre part, elle est nulle en dehors de $\overline{O}$ car $d(x, K) \geq \eta$ pour tout $x \in \overline{O}^c$, et $F(t) = 0$ pour $t \geq \eta$, donc son support est contenu dans $\overline{O}$ qui est un compact contenu dans U.

On comprend pourqoi le fait que E soit un espace métrique est une simplification considérable du problème; en effet la métrique donne une infinité de fonctions réelles continues sur l'espace métrique, à savoir les fonctions $x \mapsto d(x, a)$ (resp. $d(x, K)$); au contraire si l'on sait seulement que E est un espace topologique, on ne connait a priori aucune fonction réelle continue sur E, en dehors des fonctions constantes.

PROPOSITION 2.8.7. *Soit E un espace localement compact. Toute fonction f définie dans E à valeurs dans $[0, \infty]$, semi-continue inférieurement dans E est l'enveloppe supérieure de l'ensemble des fonctions continues, à support compact, positives et inférieures à f.*

DÉMONSTRATION: Soit $\mathcal{C}_f$ l'ensemble des fonctions continues, à support compact, positives et inférieures à f. Nous voulons prouver que :

$$(2.8.9) \qquad \forall x \in E \quad , \quad f(x) = \sup_{g \in \mathcal{C}_f} g(x)$$

Soit $a \in E$. Si $f(a) = 0$, il n'y a rien à prouver car si g est dans $\mathcal{C}_f$, alors $g(a) = 0$. Supposons donc $f(a) > 0$ et soit $\alpha < f(a)$. Puisque f est semi-continue inférieurement, il existe un voisinage ouvert U de a tel que pour tout $x \in U$, on ait $f(x) > \alpha$. Soit V un ouvert relativement compact contenant a et tel que $\overline{V} \subset U$. Alors d'après le théorème d'Urysohn, il existe une fonction φ continue, à support compact telle que $0 \leq \varphi \leq 1$ telle que $\varphi = 1$ dans V et nulle dans le complémentaire de U. Soit $\psi = \alpha\varphi$. Alors $\psi(a) = \alpha$, $0 \leq \psi \leq \alpha$, et ψ est nulle dans le complémentaire de U. Comme f est $> \alpha$ dans U, il est clair que ψ est inférieure à f, donc $\psi \in \mathcal{C}_f$, ce qui prouve (2.8.9) au point a. ∎

Partition de l'unité.

PROPOSITION 2.8.8. *Soient E un espace localement compact, $(\Omega_i)_{i \in I}$ un recouvrement ouvert de E et K un compact de E. Il existe un système de fonctions* *continues* $\beta_i \geq 0$, *dépendant du même ensemble d'indices* I, *toutes nulles sauf un nombre fini, telles que* β_i *ait un support compact contenu dans* Ω_i, *et que la somme*

$$\sum_{i \in I} \beta_i$$

soit > 0 *sur* K.

DÉMONSTRATION:
Soit ξ un point quelconque de K. Le point ξ appartient peut être à plusieurs des ouverts Ω_i. Choisissons, n'importe comment l'un d'entre eux, et appelons $i(\xi)$ l'indice auquel il correspond, de sorte que $\xi \in \Omega_{i(\xi)}$. Alors en utilisant le théorème d'Uryshon avec le compact K rempacé par le point ξ et l'ouvert Ω par l'ouvert Ω_i, il existe une fonction f_ξ satifaisant aux conditions ce théorème. Appelons ω_ξ l'ensemble des points x où f_ξ est > 0; alors les ω_ξ forment, lorsque ξ décrit K un recouvrement ouvert de K. En effet, d'une part ce sont des ouverts, et d'autre part $\xi \in \omega_\xi$, ce qui prouve bien que ces ouverts recouvrent K tout entier. Comme K est compact, il existe un nombre fini de points $\xi_1, \xi_2, \ldots, \xi_p$, tels que les ω_{ξ_ν}, $\nu = 1, 2, \ldots, p$ forment un recouvrement ouvert de K. Appelons β_i la fonction donnée par

$$\beta_i = \sum_{i(\xi)=i} f_\xi$$

Alors β_i est une fonction continue ≥ 0; son support est contenu dans la réunion des supports des f_{ξ_ν} tel que $i(\xi_\nu) = i$, c'est à dire compact et contenu dans Ω_i. Pour tout x de K, il existe au moins un des points ξ_ν tel que $x \in \omega_{\xi_\nu}$, puisque les ω_{ξ_ν} forment un recouvrement de K. La fonction f_{ξ_ν} correspondante est > 0 au point x, donc la fonction β_i correspondante ($i = i(\xi_\nu)$) est > 0 au point x; donc la fonction

$$\sum_{i \in I} \beta_i \quad \text{est} \quad > 0 \quad \text{sur} \quad K$$

ce qui démontre le théorème. ■

Pour démontrer le théorème de la partition de l'unité dans un espace localement compact dénombrable à l'infini, nous aurons besoin du lemme suivant.

LEMME 2.8.9. *Soit* E *un espace localement compact, dénombrable à l'infini. Il existe une suite de compacts* K_n *et d'ouverts* U_n *d'adhérences compactes, tels que* $K_n \subset U_n$ *et que les* K_n *forment un recouvrement de* E, *et que tout compact ne rencontre qu'un nombre fini des* U_n. *On dit alors que la famille* (U_n) *est* **localement finie**

DÉMONSTRATION:

Puisque E est dénombrable à l'infini (Définition 2.8.1), il existe une suite A_n de compacts, de réunion E. Chaque A_n possède un voisinage compact B_n d'après la proposition 2.8.3; les intérieurs $\overset{\circ}{B}_n \supset A_n$ ont pour réunion E. Posons :

$$C_n = B_0 \cup B_1 \cup \ldots \cup B_n$$

Les C_n forment maintenant une suite croissante de compacts, et les $\overset{\circ}{C}_n \supset A_n$ ont pour réunion E. En outre, pour tout compact K de E, il existe un entier n tel que

$$\overset{\circ}{C}_n \supset K\ .$$

En effet la suite des

$$\overset{\circ}{C}_n \cap K$$

est une suite croissante d'ouverts sur le compact K, de réunion K, donc l'un d'eux est déjà K. Posons :

$$D_n = C_n \setminus \overset{\circ}{C}_{n-1}$$

D_n est un fermé (intersection de deux fermés), contenu dans C_n compact, donc compact. La réunion des D_n est encore E; si en effet, $x \in E$ et si n est le premier entier tel que $x \in C_n$, on a $x \notin C_{n-1}$ donc

$$x \notin \overset{\circ}{C}_{n-1}$$

donc $x \in D_n$. Soit alors $p(n)$ le plus petit entier p tel que

$$\overset{\circ}{C}_p \supset C_n\ ;$$

et soit $q(n)$ le plus grand entier q tel que

$$C_q \subset \overset{\circ}{C}_{n-1};$$

posons :

$$E_n = C_{p(n)} \setminus \overset{\circ}{C}_{q(n)}$$

E_n est compact pour la même raison que D_n plus haut. E_n est un voisinage de D_n; soit en effet $x \in D_n$; alors $x \in \overset{\circ}{C}_{p(n)}$ ensuite

$$x \notin \overset{\circ}{C}_{n-1}$$

donc $x \notin C_{q(n)}$; donc

$$x \in \overset{\circ}{C}_{p(n)} \setminus C_{q(n)}$$

donc

$$\overset{\circ}{C}_{p(n)} \setminus C_{q(n)} = \overset{\circ}{C}_{p(n)} \cap (C_{q(n)})^c$$

est un ouvert contenant D_n, et manifestement contenu dans E_n. Enfin, la suite des E_n est localement finie; car, si K est un compact, il existe q tel que $C_q \supset K$ et même

$$\overset{\circ}{C}_q \supset K ,$$

puis un n tel que

$$\overset{\circ}{C}_{n-1} \supset C_q ;$$

alors $q(n) \geq q$, donc, pour $m \geq n$, $q(m) \geq q$, $\overset{\circ}{C}_{q(m)} \supset C_q \supset K$, donc E_m ne rencontre pas K.

Alors les

$$K_n = D_n \quad \text{et} \quad U_n = \overset{\circ}{E}_n$$

vérifient les conditions du lemme 2.8.9.(*). ∎

THÉORÈME 2.8.10. *Soient E un espace localement compact dénombrable à l'infini et $(\Omega_i)_{i\in I}$ un recouvrement (fini ou non) de E par des ouverts. Il existe un système de fonctions réelles continues (α_i), dépendant du même ensemble d'indices I, tel que $0 \leq \alpha_i \leq 1$, que α_i ait son support dans Ω_i, que tout point de E ait un voisinage sur lequel un nombre fini seulement des fonctions α_i ne soient pas identiquement nulles (on dit que ce système est* **localement fini***), et que la somme*

$$\sum_{i\in I} \alpha_i$$

soit identique à 1 sur E.

Remarque 7 - Apparemment, la somme $\sum_{i\in I} \alpha_i$ pose un problème de convergence, d'autant plus ennuyeux que I n'est peut être pas dénombrable. Mais l'énoncé indique qu'en tout point x de E, et même en tous les points d'un voisinage de x, cette somme est finie, tous les termes étant nuls sauf un nombre fini.

E étant localement compact, il revient au même de dire que, sur tout compact de E, tous les α_i sont identiquement nulles sauf un nombre fini.

Remarque 8 - On voit pourquoi les α_i définissent une partition de l'unité : on a décomposé 1 en somme de fonctions α_i, à supports dans des ouverts donnés Ω_i.

(*)L'exemple d'un espace vectoriel normé E fera mieux comprendre cette construction. Prenons pour A_n la boule $\{x : \|x\| \leq n\}$. Pour B_n, on pourra prendre la boule $\{x : \|x\| \leq n+1\}$. C_n sera B_n. $D_n = K_n$ sera la couronne $\{x : n \leq \|x\| \leq n+1\}$. Pour tout n, $p(n) = n+1$, $q(n) = n-2$. Alors E_n est la couronne $\{x : n-1 < \|x\| < n+2\}$. Toute la construction dans ce cas était évidente.

Si les $\overline{\Omega_i}$ sont compacts, les α_i sont à support compact, donc dans $C_c(X)$. On dit que la partition de l'unité est **subordonnée au recouvrement** $(\Omega_i)_{i\in I}$.

Remarque 9 - Si E est localement compact mais non dénombrable à l'infini, le résultat ne subsiste plus. Mais il subsiste un résultat moins fort, suffisant pour certaines applications, que nous ne donnons pas ici (on se base sur théorème d'Uryshon et la proposition 2.8.4, qui sont toujours vrais pour E localement compact quelconque).

Remarque 10 - Un espace E pour lequel le théorème de la partition de l'unité est vrai est dit **un espace paracompact**. Un espace localement compact E dénombrable à l'infini est **paracompact**. On démontre qu'un espace métrisable est paracompact.

DÉMONSTRATION: (du théorème 2.8.10)

Soit (K_n) la suite de compacts et (U_n) la suite d'ouverts possédant les propriétés données dans le lemme 2.8.9. Pour tout n, considérons le recouvrement du compact K_n de E par les ouverts $\Omega_i \cap K_n$. On peut lui appliquer la proposition 2.8.8 et trouver des fonctions $\beta_{i,n} \geq 0$ continues, toutes nulles sauf un nombre fini, telles que $\beta_{i,n}$ ait son support dans $\Omega_i \cap U_n$ (donc compact puisque $\overline{U}^n$ est compact), et que la somme

$$\sum_{i\in I} \beta_{i,n}$$

soit > 0 sur K_n. Appelons alors β_i la fonction

$$\beta_i = \sum_{n=0}^{\infty} \beta_{i,n}$$

Il y a là une somme infinie, mais localement finie; si en effet K est un compact de E, il n'existe qu'un nombre fini de n tels que K rencontre U_n; pour chacun de ces n il n'y a qu'un nombre fini de $\beta_{i,n}$ non nulles; pour tous les autres n, les fonctions $\beta_{i,n}$ de support dans U_n, sont nulles sur K. Il en résulte que β_i est une fonction continue sur E, puisque la propriété de continuité en un point de E peut se démontrer en considérant seulement ce qui se passe dans un voisinage de ce point, qu'on peut prendre compact, et qu'alors la somme qui donne β_i est finie dans ce voisinage. Le support de β_i est contenu dans l'adhérence des réunions des supports des $\beta_{i,n}$, $n = 0, 1, 2, \ldots$ mais cette réunion est localement finie, c'est à dire que seul un nombre fini de ces supports rencontre n'importe quel compact de E; d'où l'on déduit immédiatement que la réunion de ces supports est déjà fermée(*) et qu'elle est donc le support de β_i.

(*)La réunion F d'une famille infinie (F_n) de fermés n'est pas toujours fermée; mais elle l'est si cette famille est localement finie. Soit en effet $x \in X$ adhérent à la réunion F. Soit $\mathcal{V}$ un

Si maintenant nous posons

$$\beta = \sum_{i\in I} \beta_i = \sum_{i,n} \beta_{i,n}$$

la même démonstration prouve que β est continue. Tout point de E appartient à l'un des K_n et par conséquent en ce point

$$\sum_{i\in I} \beta_{i,n} > 0$$

donc l'une au moins des fonctions $\beta_{i,n}$ est > 0 donc β est > 0 partout. Alors la fonction $\alpha_i = \dfrac{\beta_i}{\beta}$ est continue sur E, et de support dans Ω_i. Le système des $\alpha_i \geq 0$ est localement fini puisqu'il en est ainsi du système des β_i, et on a :

$$\sum_{i\in I} \alpha_i = \sum_{i\in I} \frac{\beta_i}{\beta} = 1$$

ce qui démontre le théorème. ∎

COROLLAIRE 2.8.11. - *Soient E un espace localement compact dénombrable à l'infini, F un fermé de E, Ω un ouvert contenant F. Il existe une fonction réelle α sur E, continue, de support contenu dans Ω, vérifiant $0 \leq \alpha \leq 1$, et égale à 1 sur un voisinage de F.*

DÉMONSTRATION: Il suffit d'appliquer le théorème au recouvrement de E défini par Ω et F^c. Si on appelle α et β les deux fonctions associées à ce recouvrement, on a $\alpha + \beta = 1$; le support de β est dans F^c , son complémentaire est un ouvert contenant F sur lequel β est nulle, donc $\alpha = 1$.

Remarque 11 - Lorsque F est compact, le résultat découle du théorème d'Uryshon, α est à support compact et il n'est pas nécessaire que E soit dénombrable à l'infini. ∎

COROLLAIRE 2.8.12. - *Soient E un espace localement compact dénombrable à l'infini, A et B deux parties fermées de E d'intersection vide. Alors il existe une fonction réelle continue α, égale à 1 sur tout un voisinage de A et à 0 sur tout un voisinage de B.*

DÉMONSTRATION: Il suffit en effet d'appliquer le corollaire 1 à E, à l'ensemble fermé A, et à l'ouvert $\Omega = B^c$; dire que α a son support dans B^c, c'est dire qu'elle est égale à 0 sur tout un voisinage de B. ∎

---

voisinage compact de x. Soit n un entier tel que $F_m \cap \mathcal{V} = \emptyset$ pour $m > n$. Alors x est adhérent à $\bigcup_{k\leq n} F_k$, qui est déjà fermé comme réunion finie de fermés, donc $x \in \bigcup_{k\leq n} F_k \subset F$, et F est bien fermé .

COROLLAIRE 2.8.13. *Soient E un espace localement compact dénombrable à l'infini, et $F_1, F_2, \ldots, F_n$, des ensembles fermés de E, deux à deux sans points communs. Soit F un espace de Banach et $e_1, e_2, \ldots, e_n$ des vecteurs de F. Alors il existe une fonction continue f sur E à valeurs dans l'espace de Banach F, et qui, sur chacun des ensembles fermés F_i prenne la valeur constante e_i. On peut en outre faire en sorte que l'on ait l'égalité :*

$$\|f\|_\infty = \max_{i=1,2,\ldots,n} \|e_i\| \tag{2.8.14}$$

DÉMONSTRATION: Soit $I = \{1, 2, \ldots, n\}$. Appelons F_i' la réunion des F_j pour les $j \neq i$, et Ω_i le complémentaire de F_i'. L'intersection des F_i' est vide donc la réunion est Ω_i est E, ils forment un recouvrement ouvert. Soit α_i une partition de l'unité subordonnée. Alors le support de α_i est dans Ω_i, donc α_i est nulle dans un voisinage de F_i', comme la somme $\sum_{i=1}^n \alpha_i = 1$, il en résulte qu'$\alpha_i$ vaut 1 dans un voisinage de F_i. Alors la fonction f définie par

$$f(x) = \sum_{i=1}^n e_i \alpha_i(x) \iff f = \sum_{i=1}^n e_i \alpha_i \tag{2.8.15}$$

répond à la question. En effet, on a bien l'inégalité

$$\|f(x)\| \leq (\max_{1 \leq i \leq n} \|e_i\|) \sum_{i=1}^n \alpha_i(x) = \max_{1 \leq i \leq n} \|e_i\|$$

donc

$$\|f\|_\infty \leq \max_{1 \leq i \leq n} \|e_i\|$$

Mais on a aussi l'inégalité contraire puisque f vaut e_i sur F_i d'où l'égalité. ∎

COROLLAIRE 2.8.14. *Soient E un espace localement compact dénombrable à l'infini, et F une partie fermée de E. Soit g une fonction définie sur F, continue à valeurs dans un espace de Banach Y. Supposons que tout point a de F posssède un voisinage ouvert $\mathcal{V}_a$ dans E, tel que la restriction de g à $F \cap \mathcal{V}_a$ soit prolongeable à $\mathcal{V}_a$ en une fonction continue G_a. Alors la fonction g, définie sur F, est prolongeable à E en une fonction continue G à valeurs dans Y .*

DÉMONSTRATION: - L'ensemble de tous les $\mathcal{V}_a$ et de F^c est un recouvrement ouvert de E. On peut lui faire correspondre une partition de l'unité subordonnée, formée par des fonctions α_a de support dans $\mathcal{V}_a$ et une fonction α_0 de support dans F^c;

$$\sum_{a \in F} \alpha_a + \alpha_0 = 1$$

Considérons la fonction $\alpha_a G_a$; elle est définie seulement dans $\mathcal{V}_a$, mais on peut la définir dans E tout entier en lui donnant la valeur 0 en dehors de $\mathcal{V}_a$. Elle reste alors continue ; il suffit pour le voir de le vérifier au voisinage de tout point x de E; or si x est dans $\mathcal{V}_a$, cette fonction coïncide avec $\alpha_a G_a$ qui est continue dans l'ouvert $\mathcal{V}_a$, et si $x \notin \mathcal{V}_a$, elle coïncide avec 0 dans l'ouvert complémentaire du support de α_a. Si alors nous considérons la somme

$$G = \sum_{a \in F} \alpha_a G_a$$

comme cette somme est localement finie, elle définit sur E une fonction continue. En tout point x de F, on a pour tout $a \in F$, $G_a(x) = g(x)$, puisque G_a prolonge g; on a donc, pour tout x de F :

$$\sum_{a \in F} \alpha_a G_a(x) = g(x) \sum_{a \in F} \alpha_a(x)$$

comme $\alpha_0(x)$ est nulle sur F, la somme vaut 1, donc $G(x) = g(x)$, de sorte que la fonction G prolonge g. ∎

Remarque 12 - Ce corollaire contient tous les cas précédents comme cas particuliers. Si par exemple nous considérons le corollaire 2.8.13, on voit qu'on a pas fait autre chose que prolonger à E la fonction g définie sur la réunion des F_i égale à la constante e_i sur chaque F_i.

COROLLAIRE 2.8.15. *Soient E un espace localement compact dénombrable à l'infini, $F_1, F_2, \dots, F_n$ des sous-ensembles fermés 2 à 2 disjoints. Il existe des voisinages ouverts de $F_1, F_2, \dots, F_n$, qui sont encore 2 à 2 disjoints*

DÉMONSTRATION: Construisons en effet la fonction f du corollaire 2.8.13, àv a- -leurs réelles, correspondant aux valeurs $e_i = i$. Les voisinages ouverts $\mathcal{V}_i$ des F_i définis par

$$\mathcal{V}_i = \{x \in E \quad : \quad i - \frac{1}{2} < f(x) < i + \frac{1}{2} \quad \}$$

répondent à la question. ∎

Remarque 13 - On vient donc de prouver qu'un espace localement compact dénombrable à l'infini est un espace normal (voir la remarque 5). Plus générale- ment, un espace paracompact est normal; la réciproque n'est pas vraie.

COROLLAIRE 2.8.16. *Soit E un espace localement compact dénombrable à l'infini. Soit $(\Omega_i)_{i \in I}$ un recouvrement ouvert de E. Il existe un autre recouvrement $(\Omega'_i)_{i \in I}$ localement fini, dépendant du même ensemble d'indices, et tel que*

$$\forall i \in I \quad \overline{\Omega'_i} \subset \Omega_i$$

DÉMONSTRATION: Appliquons en effet le théorème 2.8.10 lui-même, il suffit de prendre pour Ω'_i l'ensemble des x tels que $\alpha_i(x) > 0$. Ω'_i est bien ouvert , $\overline{\Omega'_i}$ est le support de α_i, il est donc contenu dans Ω_i; en tout point x de E, la somme

$$\sum_{i \in I} \alpha_i(x)$$

vaut 1, donc l'une des $\alpha_i(x)$ est > 0, et x est dans l ' Ω'_i correspondant: les Ω'_i forment bien un recouvrement, et il est localement fini puisque le système des α_i est localement fini. ■

Avant de donner le corollaire suivant, introduisons une notion nouvelle.

DÉFINITION 2.8.17. *Soient F un espace de Banach, f une fonction continue à support compact sur E, à valeurs dans F. On dit qu'elle est* **décomposable** *si elle s'exprime sous la forme:*

$$f(x) = \sum_{i=1}^{N} g_i \varphi_i(x) \iff f = \sum_{i=1}^{N} g_i \varphi_i \ , \qquad (2.8.16)$$

les g_i sont des vecteurs constants de F, les φ_i sont des fonctions scalaires continues à support compact.

Remarque 14 - L'ensemble des valeurs d'une telle fonction est contenu dans un sous-espace vectoriel de dimension finie de F, celui engendré par les g_i. Réciproquement, soit f une fonction continue à support compact, prenant ses valeurs dans un sous-espace vectoriel G de dimension finie de F. Soit $g_1, g_2, \ldots, g_n$ une base de G. Pour tout $x \in E$, $f(x)$ est un vecteur de G, donc s'écrit de manière unique

$$f(x) = \sum_{i=1}^{N} g_i \varphi_i(x)$$

donc la fonction f est la somme $\sum_{i=1}^{n} g_i \varphi_i$; la fonction $\varphi_i : E \mapsto \mathbf{C}$, est composée de $f : E \mapsto G$ et de l'application continue $G \mapsto \mathbf{C}$, qui, à chaque vecteur de G, fait correspondre sa i-ème coordonnée suivant la base choisie, donc elle est continue; son support est contenu dans celui de f, donc compact, et f est décomposable.

Remarque 15 - On peut donc appeler les fonctions continues à support compact décomposables: fonctions continues à support compact de **rang fini**.
Leur ensemble est un sous-espace de l'espace vectoriel $\mathcal{C}_c(E; F)$ des fonctions continues à support compact à valeurs dans F; on peut montrer qu'il est isomorphe au produit tensoriel (que nous n'avons pas défini) de $\mathcal{C}(X)$ par F, et il est noté couramment $\mathcal{C}(E) \otimes F$. Il est identique à $\mathcal{C}(E; F)$ si F est de dimension finie.

COROLLAIRE 2.8.18. - *Soit f une fonction continue sur E, à valeurs dans un espace de Banach F, à support compact K. Quel que soit $\epsilon > 0$, et quel que soit le voisinage $\mathcal{V}$ de K, il existe une fonction continue f_ϵ, à support compact contenu dans $\mathcal{V}$, décomposable, telle que $\|f - f_\epsilon\|_\infty \leq \epsilon$. On peut même la choisir de la forme :*

$$f_\epsilon = \sum_{i=1}^{N} g_i \varphi_i \tag{2.8.17}$$

où les φ_i sont ≥ 0, et telle que l'on a aussi l'inégalité :

$$\left| \|f\| - \sum_{i=1}^{N} \|g_i\| \varphi_i \right| \leq \epsilon \tag{2.8.18}$$

DÉMONSTRATION: - Pour tout a de K, il existe un voisinage ouvert de a dans X, $\mathcal{V}_a$, contenu dans $\mathcal{V}$ tel que pour tout x de $\mathcal{V}_a$, on ait :

$$\|f(x) - f(a)\| \leq \epsilon$$

Un nombre fini des $\mathcal{V}_a$ recouvre K, soit $\mathcal{V}_{a_1}, \mathcal{V}_{a_2}, \ldots, \mathcal{V}_{a_N}$. Soit $\alpha_1, \alpha_2, \ldots, \alpha_n, \alpha_o$ une partition de l'unité de E subordonnée au recouvrement par les $\mathcal{V}_{a_i}$ et K^c. Alors la fonction décomposable :

$$f_\epsilon = \sum_{i=1}^{N} f(a_i)\alpha_i$$

répond à la question . En effet $f(x)\alpha_0$ est nul quelque soit x, car α_0 n'est $\neq 0$ que dans K^c où $f(x)$ est nul; donc $f(x) = \sum_{i=1}^{N} f(x)\alpha_i(x)$.
On a alors

$$\|f(x) - \sum_{i=1}^{N} f(a_i)\alpha_i(x)\| = \|\sum_{i=1}^{N}(f(x) - f(a_i))\alpha_i(x)\| \leq \sum_{i=1}^{N} \epsilon\alpha_i(x) \leq \epsilon$$

car $\|f(x) - f(a_i)\| \leq \epsilon$ pour $x \in \mathcal{V}_{a_i}$ et $\alpha_i(x) = 0$ pour $x \notin \mathcal{V}_{a_i}$.
De même

$$|\,\|f(x)\| - \sum_{i=1}^{N} \|f(a_i)\|\alpha_i(x)\,| \leq \sum_{i=1}^{N} |\,\|f(x)\| - \|f(a_i)\|\,|\ \alpha_i(x) \leq \sum_{i=1}^{N} \epsilon\, \alpha_i(x) \leq \epsilon$$

Le compactifié d'Alexandroff.

THÉORÈME 2.8.19. - *Soient E un espace localement compact et ω un ensemble $\notin E$. On pose*

$$E_\omega = E \cup \{\omega\} \tag{2.8.19}$$

Soit Θ_ϵ l'ensemble des parties de E_ω qui sont, soit des parties ouvertes de E, soit des complémentaires (dans E_ω) de parties compactes de E. Alors

a) Θ_ω constitue l'ensemble des parties ouvertes d'une topologie sur E_ω.

b) La topologie ainsi définie sur E_ω induit sur E sa propre topologie.

c) E_ω est un espace compact

DÉMONSTRATION: - Il suffit de vérifier que les conditions (2.2.1) sont satisfaites par Θ_ω pour prouver a). Soient U et V deux éléments de Θ_ω et O leur intersection. Distinguons 3 cas :
i) U et V sont des parties ouvertes de E : alors O est une partie ouverte de E et par suite $O \in \Theta_\omega$.
ii) U et V sont respectivement les complémentaires (dans E_ω) de compacts H et K de E. Alors O est le complémentaire (dans E_ω) de la réunion de H et K. Comme cette réunion est une partie compacte, O appartient bien à Θ_ω.
iii) U est une partie ouverte de E et V est le complémentaire (dans E_ω) d'une partie compacte K de E. Alors O est aussi l'intersection de U et de l'ouvert de E, $\widetilde{U}$, complémentaire de K dans E, et par suite $O \in \Theta_\epsilon$.

L'associativité de l'intersection permet de déduire, par récurrence, de passer de la stabilité par intersection de deux éléments à la stabilité pour un nombre fini d'éléments.

Soit $(U_i)_{i \in I}$ une famille d'éléments de Θ_ϵ. Soit J l'ensemble des indices i tel que U_i soit une partie ouverte de E. Alors la réunion des U_i pour $i \in J$ est une partie ouverte U de E. Par suite si $I = J$, la réunion des U_i appartient bien à Θ_ϵ. Supposons $I \neq J$. Alors pour tout $i \notin J$, U_i est le complémentaire d'une partie compacte K_i de E. Alors la réunion V des U_i lorsque $i \in I \setminus J \neq \emptyset$ est le complémentaire de l'intersection K des K_i. Or K est compacte puisque c'est d'une part une intersection de fermés, donc elle est fermée et que cette intersection est contenue dans un compact, elle est donc compacte. Ainsi $V \in \Theta_\omega$. On est ramené à démontrer que $U \cup V \in \Theta_\omega$ où U est une partie ouverte de E et V est le complémentaire d'un compact K. Or

$$U \cup V = (U^c \cap K)^c$$

le complémentaire s'entend par rapport à E_ω. $U^c \cap K$ est aussi l'intersection de K avec le complémentaire F de U par rapport à E. Comme U est une partie ouverte de E, F est fermée et $F \cap K$ est une partie compacte. On voit que $U \cup V$ appartient bien à Θ_ω. $\emptyset$ est une partie ouverte de E donc appartient à Θ_ω et E_ω est le complémentaire de $\emptyset$ qui est une partie compacte de E, donc $E_\omega \in \Theta_\omega$. Ainsi le point a) est complétement démontré.

Cette topologie est séparée. Soient x et y deux points distincts de E_ω. Si ce sont deux points de E, il existe deux ouverts de E, U et V contenant respectivement x et y et tels que $U \cap V = \emptyset$. Comme U et V sont ouverts dans E_ω, cela prouve que la propriété de Hausdorff est vérifiée pour ces deux points. Supposons l'un d'eux, par exemple y, soit égal à ω. Puisque E est localement compact, il existe un voisinage compact V contenant x. Comme V contient un ouvert de E donc un ouvert de E_ω, contenant x, c'est aussi un voisinage de x dans E_ω. Or le complémentaire U de V dans E_ω est un ouvert contenant ω, donc un voisinage de ω. Comme $U \cap V = \emptyset$, la propriété de Hausdorff est encore vérifiée pour ces deux points et ainsi cette topologie est bien séparée.

La définition de la topologie de E_ω rend l'assertion b) triviale.

Prouvons le dernier point. Soit $(U_i)_{i \in I}$ un recouvrement ouvert de E_ω. Soit i_0 un indice tel que $\omega \in U_{i_0}$. Alors il existe une partie compacte de E tel que U_{i_0} soit le complémentaire de K dans E_ω. Pour tout $i \in I$, posons

$$\widetilde{U_i} = U_i \quad \text{si} \quad U_i \quad \text{est une partie ouverte de} \quad E$$
$$\widetilde{U_i} = U_i \setminus \{\omega\} \quad \text{dans le cas contraire.}$$

Alors pour tout i, $\widetilde{U_i}$ est une partie ouverte de E et la famille $(\widetilde{U_i})_{i \neq i_0}$ est un recouvrement ouvert du compact K. On peut donc en extraire un sous-recouvrement fini $\widetilde{U_{i_1}}, \widetilde{U_{i_2}}, \ldots, \widetilde{U_{i_m}}$. Alors il est clair que $U_{i_0}, U_{i_1}, U_{i_2}, \ldots, U_{i_m}$ est un sous-recouvrement du recouvrement donné. Ainsi E_ω est bien un espace compact. ∎

DÉFINITION 2.8.20. - *Soient E un espace localement compact et $E_\omega = E \cup \{\omega\}$ où ω est un objet $\notin E$. On appelle* **compactifié d'Alexandroff** *l'espace compact E_ω dont l'ensemble des parties ouvertes est constitué d'une part par l'ensemble des parties ouvertes de E et d'autre part par l'ensemble des parties de E_ω qui sont des complémentaires (dans E_ω) de parties compactes de E.*

THÉORÈME 2.8.21. - *Soient E un espace localement compact et E_ω le compactifié d'Alexandroff de E. On suppose que E est à base dénombrable. Alors:*

a) E est métrisable et dénombrable à l'infini

b) E_ω est métrisable, à base dénombrable et séparable.

DÉMONSTRATION: Soit $\mathcal{B} = (U_n)_{n \geq 0}$ une base dénombrable de E. Pour tout n, il existe un ouvert relativement compact U_m tel que

$$\overline{U_m} \subset U_n \,. \tag{2.8.20}$$

En effet, si $x \in U_n$, x possède un voisinage compact V contenu dans U_n, et $\mathcal{B}$ étant une base, il existe U_m contenant x et contenu dans V, par suite

$$\overline{U_m} \subset \overline{V} = V \subset U_n \ .$$

Donc U_m est relativement compact, et, ainsi, on voit que les ouverts relativements compacts de $\mathcal{B}$ forment un recouvrement de E, ce qui montre que E est dénombrable à l'infini. L'ensemble des couples (n, m) tels que l'on ait (2.8.20) lorsque U_n parcourt $\mathcal{B}$ est une partie dénombrable que nous rangeons en une suite (n_1, m_1), (n_2, m_2), $\ldots$. Pour tout élément (n_i, m_i) de cette suite, nous pouvons, à l'aide du théorème d'Urysohn, construire une fonction continue à support compact, g_i, satisfaisant:

$$0 \leq g_i(x) \leq 1 \quad , \quad g_i(x) = 1 \quad \text{sur} \quad \overline{U_{m_i}} \quad , \quad g_i(x) = 0 \quad \text{si} \quad x \notin U_{n_i}$$

Pour tout i, soit $f_i = 1 - g_i$ et posons pour tout $(x, y) \in E \times E$

$$d(x,y) = \sum_{i=1}^{\infty} \frac{|f_i(x) - f_i(y)|}{2^i} \tag{2.8.21}$$

d est bien définie, prend des valeurs positives inférieures à 1. Nous allons montrer que d est une distance qui définit la topologie de E. L'inégalité triangulaire et la symétrie sont évidentes. Par contre, il nous faut montrer que $d(x, y)$ ne peut être égale à 0 si $x \neq y$. Ce qui revient à montrer que si $x \neq y$, alors il existe i tel que $f_i(x) \neq f_i(y)$. Or, puisque $x \neq y$, et que E est séparé, il existe deux ouverts U_p et U_q disjoints contenant respectivement x et y. Alors il existe U_m est tel que

$$x \in U_m \subset \overline{U_m} \subset U_p \ .$$

Par conséquent si n est le rang du couple (m, p), $f_n(x) = 0$ et $f_n(y) = 1$ donc $d(x, y) \geq \dfrac{1}{2^n} > 0$. Pour tout i, la fonction $(x, y) \mapsto |f_i(x) - f_i(y)|$ est continue, et la série définissant la fonction d converge uniformément, donc d est continue sur $E \times E$. Cela implique que pour tout (x_0, y_0) et pour tout $\epsilon > 0$, il existe des ouverts U et V de E tels que $(x_0, y_0) \in U \times V$, et pour tout $(x, y) \in U \times V$, on ait $|d(x, y) - d(x_0, y_0)| \leq \epsilon$. Cela implique en particulier (en prenant $x_0 = y_0$) que si B est la boule de centre x_0 et de rayon ϵ il existe un ouvert U contenant x_0 et contenu dans cette boule. Réciproquement, soit U un ouvert de E contenant x_0. On peut trouver, d'après un raisonnement déjà vu, un couple d'entiers m et n tel que

$$x_0 \in U_m \subset \overline{U_m} \subset U_n \subset U$$

Soit p le rang du couple (m, n). Alors $f_p(x_0) = 0$, $f_p(y) = 1$ pour tout $y \notin U_n$ et par conséquent pour tout $y \notin U_n$ $d(x_0, y) \geq \dfrac{1}{2^p}$. Alors la boule de centre x_0 et de rayon $\frac{1}{2^p}$ est contenue dans $U_n \subset V$. Ceci achève de montrer que la topologie de E est bien définie par la métrique d, ce qui démontre le point (a). Pour démontrer (b) il suffit de prouver que E_ω est aussi à base dénombrable. En effet, à ce moment là, (a) implique que E_ω est métrisable. Comme E_ω est compact, il est alors séparable (théorème), ce que nous voulons prouver. Reprenons les suites (U_n) d'ouverts et (K_n) de compacts du lemme 2.8.9; pour toute partie finie $I \subset \mathbf{N}$, posons

$$H_I = \bigcup_{i \in I} K_i \quad , \quad U_I = \bigcup_{i \in I} U_i \tag{2.8.22}$$

Soient $\mathcal{B}$ une base dénombrable de la topologie de E, et $\mathcal{B}'$ l'ensemble des complé--mentaires (dans E_ω) des H_I lorsque I parcourt l'ensemble des parties finies de $\mathbf{N}$. Montrons que

$$\mathcal{B}_\omega = \mathcal{B} \cup \mathcal{B}' \tag{2.8.23}$$

constitue une base de la topologie de E_ω. Soit $U \in \Theta_\omega$. Si U est une partie ouverte de E, il est bien réunion d'éléments de $\mathcal{B}$. Supposons que U soit le complémentaire d'une partie compacte K de E. Comme les K_n forment un recouvrement de E, on a

$$K \subset \bigcup_n K_n \subset \bigcup_n U_n \, . \tag{2.8.24}$$

Mais comme K ne rencontre qu'un nombre fini de U_n, il existe une partie finie I de $\mathbf{N}$ telle que

$$K \subset \bigcup_{i \in I} K_i \subset \bigcup_{i \in I} U_i \, . \tag{2.8.25}$$

Soit O l'ouvert de E égal à l'intersection du complémentaire(dans E) de K avec l'ouvert U_I de E. Alors U est égal à la réunion de O et du complémentaire de H_I. O est réunion d'éléments de $\mathcal{B}$ et H_I appartient à $\mathcal{B}'$, ce qui prouve bien que $\mathcal{B}_\omega$ constitue une base de E_ω. Comme c'est une famille dénombrable, E_ω est bien à base dénombrable, et ainsi s'achève la démonstration du théorème. ∎

COROLLAIRE 2.8.22. - *Soit E un espace localement compact à base dénombra--ble. Alors tout ouvert (resp. fermé) de E est un K_σ (resp. G_δ) c'est-à-dire réunion (resp. intersection) dénombrable de compacts (resp. d'ouverts).*

DÉMONSTRATION: En effet E est métrisable et dénombrable à l'infini. Du fait que E est métrisable, tout fermé est un G_δ et tout ouvert est un F_σ (Proposition 2.4.6). Soit (K_n) une suite de compacts dont E est la réunion et soit U un ouvert réunion d'une suite de fermés (F_n). Alors pour tout (n, m), $F_n \cap K_m$ est un compact et U est la réunion des ensembles $F_n \cap K_m$ qui forment une famille dénombrable et ainsi s'achève la démonstration ∎

Application continue propre.

DÉFINITION 2.8.23. - *On dit qu'une application continue H d'un espace localement compact X dans un espace localement compact Y est* **propre**, *ou* **continue à l'infini**, *si l'image réciproque par H de tout compact de Y est un compact de X*

Exemple 1 - Si X est compact, toute application continue H de X dans Y est propre. Car tout compact de Y est fermé, donc son image réciproque par H est fermée dans X, et comme X est compact, elle est compacte (Théorèmes 2.5.12).

Exemple 2 - Si X n'est pas compact, une application constante n'est jamais propre. Dans le plan $\mathbf{R} \times \mathbf{R}$ la projection sur l'un des espaces facteurs $\mathbf{R}$ n'est pas une application propre.

THÉORÈME 2.8.24. - *Si X et Y sont des espaces métriques, dans lesquelles les boules fermées sont compactes, alors une application continue H est propre, si et seulement si l'image réciproque par H de toute partie bornée de Y est une partie bornée de X.*

DÉMONSTRATION: On sait en effet que l'image réciproque d'un fermé est fermée, puisque H est continue, et que d'autre part les compacts sont les fermés bornés, puisque les boules fermées sont compactes (théorème 2.5.21). ∎

DÉFINITION 2.8.25. - *Dans un espace métrique, on dit qu'une suite de points x_n s'éloignent indéfiniment si la distance de x_n à un point fixe a tend vers $+\infty$ Dans un espace localement compact on dit qu'une suite de points x_n s'éloignent indéfiniment pour n infini, si pour tout compact K, tous les points de la suite sauf peut-être un nombre fini d'entre eux sont dans le complémentaire de K*

Remarque 17 - Il résulte de la définition que si b est un point quelconque , on a aussi $d(x_n, b)$ tend vers $+\infty$ puisque $d(x_n, b) \geq d(x_n, a) - d(a, b)$.

Remarque 18 - Observons que si E est localement compact, et E_ω son compactifié d'Alexandroff, il revient au même de dire que x_n tend vers ω.

COROLLAIRE 2.8.26. - *Si X et Y sont des espaces métriques où les boules fermées sont compactes, une application continue H de X dans Y est propre, si et seulement si l'image par H de toute suite de points s'éloignant indéfiniment dans X est une suite de points s'éloignant indéfiniment dans Y.*

DÉMONSTRATION: 1°/ Supposons H propre. Alors si une suite de points x_n s'éloignent indéfiniment sur X, les $H(x_n)$ s'éloignent indéfiniment sur Y; sans quoi, on pourrait en trouver une suite partielle qui resterait contenue dans une boule, c'est à dire dans une partie bornée de Y, alors H étant propre, la suite partielle correspondante des x_n devrait rester bornée, d'après le théorème, ce qui est contraire à l'hypothèse, puisque les x_n s'éloignent indéfiniment.

2°/ Inversement, si cette propriété est réalisée, c'est à dire si H transforme toute suite s'éloignant indéfiniment dans X en une suite s'éloignant indéfiniment dans Y, alors nécessairement H est propre. En effet, si B est une partie bornée de Y, son image réciproque est nécessairement bornée; sans quoi on pourrait en extraire une suite de points séloignant indéfiniment, ce qui est contraire à l'hypothèse puisque ses images sont dans B. Donc H est propre, d'après le théorème. ∎

Exemple 3 - Les applications $x \mapsto x^n$, n entier ≥ 1 quelconque, sont des applications propres de la droite réelle $\mathbf{R}$ dans elle-même.

C'est à cause de ce corollaire qu'une application propre peut s'appeler " continue à l'infini ". Si on ajoute à l'espace X un " point à l'infini ", de même qu'à l'espace Y, et qu'on prolonge H en disant que l'image par H du point à l'infini de X est le point à l'infini de Y, alors H est propre si et seulement si l'application ainsi prolongée est continue au point à l'infini(*).

THÉORÈME 2.8.27. - *Si H est une application propre d'un espace localement compact X dans un espace localement compact Y, l'image directe par H de toute partie fermée de X est une partie fermée de Y(**).*

DÉMONSTRATION: Soit A une partie fermée de X, posons $B = H(A)$; nous voulons montrer que H est fermée. Soit donc b un point de Y adhérent à B, et nous allons montrer que $b \in B$. Appelons β une voisinage compact de b. Comme b est adhérent à B, ce voisinage rencontre nécessairement B, et en outre b est adhérent à l'intersection $\beta \cap B$(***). Mais comme H est supposée propre, l'image réciproque de β, $H^{-1}(\beta)$ est une partie compacte de X; elle coupe donc A suivant une partie compacte K. Alors, si $x \in K$, son image appartient à la fois à B et à β, donc à $\beta \cap B$. Inversement, si un point $y \in \beta \cap B$, comme il appartient à B, il est l'image d'au moins un point x_0 de A, et comme il appartient à β, x_0 appartient à $H^{-1}(\beta)$ donc à K. Donc l'image de K est exactement $\beta \cap B$. Mais comme H est continue et que K est compact , on en déduit que $\beta \cap B$ est un compact, donc c'est un fermé. Alors b qui lui est adhérent, lui appartient nécessairement, et b appartient à B, ce qu'il fallait démontrer. ∎

(*)Cela implique qu'en plus de l'introduction du point à l'infini, on a aussi défini un système fondamental de voisinages pour ce point à l'infini. On peut prendre évidemment pour un tel système, l'ensemble des complémentaires de toutes les boules fermées si cet espace est métrique et les complémentaires des parties compactes si cet espace est localement compact (c'est exactement que nous avons fait pour définir le compactifié d'Alexandroff).

(**)Si H est continue, l'image réciproque d'un fermé est fermée et l'image directe d'un compact est compacte. Si en outre H est propre, l'image réciproque d'un compact est compacte et l'image directe d'un fermé est fermée.

(***)Rappelons que b est adhérent à un ensemble si tout voisinage de b rencontre l'ensemble (proposition 2.2.18).

Un théorème de densité.

E et F deux espaces localement compacts, H et K des compacts de E et F respectivement. Considérons d'abord toutes les fonctions de la forme $u \otimes v$, où u appartient à $\mathcal{C}_H(E)$ et v à $\mathcal{C}_K(F)$ autrement dit u (resp. v) est une fonction définie dans E (resp. F) continue sur E (resp. F) à valeurs scalaires, à support contenu dans H (resp. K). Considérons ensuite toutes les fonctions φ qui sont sommes d'un nombre fini (mais non limité à l'avance) de fonctions de cette forme. Une telle fonction φ peut s'écrire :

$$\varphi(x,y) = \sum_{i \in I} u_i(x)\, v_i(y) \quad , \quad u_i \in \mathcal{C}_H(E) \quad , \quad v_i \in \mathcal{C}_K(F) \tag{2.8.26}$$

L'ensemble de toutes ces fonctions φ est un sous-espace vectoriel de $\mathcal{C}_c(E \times F)$, que nous appellerons $\Gamma_{H \times K}$. On a alors le théorème suivant:

THÉORÈME 2.8.26. *Soient E et F deux espaces localement compacts, H_0 et K_0 des compacts de E et F respectivement, H et K des voisinages compacts de H_0 et K_0. Alors, dans l'espace $\mathcal{C}_{H \times K}(E \times F)$, l'adhérence du sous-espace vectoriel $\Gamma_{H \times K}$ contient le sous-espace $\mathcal{C}_{H_0 \times K_0}(E \times F)$.*

Remarque 19 - Ce théorème signifie que toute fonction Φ, continue sur $E \times F$, de support dans $H_0 \times K_0$, est limite uniforme d'une suite de fonctions, qui peuvent chacune s'écrire sous la forme (2.8.26), avec des fonctions u_i de support dans H et des fonctions v_i de support dans K.

DÉMONSTRATION: - Nous nous bornerons à donner la démonstration lorsque E et F sont des espaces métriques. Soit φ un élément de $\mathcal{C}_{H_0 \times K_0}(E \times F)$. Elle est alors uniformément continue (théorème 2.7.12) : quel que soit $\epsilon > 0$, il existe $\eta > 0$ tel que

$$d(x',x'') \leq \eta \quad , \quad d(y',y'') \leq \eta \quad \text{entraîne} \quad |\varphi(x',y') - \varphi(x'',,y'')| \leq \epsilon \,.$$

Chaque point de H_0 est alors centre d'une boule ouverte contenue dans H, et dont on peut supposer le rayon $\leq \frac{\eta}{2}$. L'ensemble de ces boules ouvertes est un recouvrement de H_0, et on peut donc en extraire un sous-recouvrement fini, formé des boules U_i, $i \in I$, de rayons $\leq \frac{\eta}{2}$, et toutes contenues dans H. De même on peut former un recouvrement fini de K_0 par des boules V_j, $j \in J$, toutes de rayon $\leq \frac{\eta}{2}$ et toutes contenues dans K. Alors les $U_i \times V_j$ forment un recouvrement fini de $H_0 \times K_0$, et sont en outre toutes contenues dans $H \times K$. Par ailleurs, on a :

$$(x' \in U_i) \;,\; (x'' \in U_i)\; (y' \in V_j) \;,\; (y'' \in V_j)$$

entraîne

$$d(x',x'') \leq \eta \text{ et } d(y',y'') \leq \eta \;,$$

d'où l'on déduit l'inégalité :

$$|\varphi(x',y') - \varphi(x'',y'')| \leq \epsilon \, .$$

Posons $I' = I \cup \{0\}$, $J' = J \cup \{0\}$, et considérons les recouvrements ouverts $(U_i)_{i\in I'}$ de E et $(V_j)_{j\in J'}$ de F, avec $U_0 = (H_0)^c$, $V_0 = (K_0)^c$. Soient alors $(\alpha_i)_{i\in I'}$, $(\beta_j)_{j\in J'}$ des partitions de l'unité associées à ces recouvrements (cela suppose E et F dénombrables à l'infini; on peut s'affranchir de cette hypothèse, mais nous ne le ferons pas). Choisissons dans chaque U_i un point x_i, dans chaque V_j un point y_j, et formons la fonction Φ sur $E \times F$, définie par

$$\Phi(x,y) = \sum_{\substack{i\in I'\\ j\in J'}} \alpha_i(x)\beta_j(y)\varphi(x_i,y_j) \tag{2.8.27}$$

Comme $\varphi(x,y) = 0$ si i ou j est 0, elle peut écrire aussi

$$\Phi(x,y) = \sum_{\substack{i\in I\\ j\in J}} \alpha_i(x)\beta_j(y)\varphi(x_i,y_j) \tag{2.8.28}$$

Elle est de la forme (2.8.26), relativement à l'ensemble d'indices $I \times J$, avec, par exemple, $u_{i,j}(x) = \alpha_i(x)$, $v_{i,j}(y) = \varphi(x_i,y_j)\ \beta_j(y)$. Alors $u_{i,j}$ a son support dans H, et $v_{i,j}$ dans K, dés que i et j sont $\neq 0$. Remarquons que les $\alpha_i \otimes \beta_j$, $(i,j) \in I' \times J'$, forment une partition de l'unité de $E \times F$, subordonnée au recouvrement par les $U_i \times V_j$, $(i,j) \in I' \times J'$. On a donc

$$\varphi(x,y) = \sum_{\substack{i\in I'\\ j\in J'}} \alpha_i(x)\beta_j(y)\varphi(x,y) = \sum_{\substack{i\in I\\ j\in J}} \alpha_i(x)\beta_j(y)\varphi(x,y) \tag{2.8.29}$$

On a l'inégalité :

$$|\Phi(x,y) - \varphi(x,y)| \leq \sum_{\substack{i\in I\\ j\in J}} \alpha_i(x)\beta_j(y)|\varphi(x_i,y_j) - \varphi(x,y)| \tag{2.8.30}$$

Le terme d'indice (i,j) du deuxième membre n'est $\neq 0$ que pour $i \neq 0$, $j \neq 0$, $(x,y) \in U_i \times V_j$; mais alors $|\varphi(x_i,y_j) - \varphi(x,y)| \leq \epsilon$; le second membre est donc majoré par

$$\epsilon \sum_{\substack{i\in I'\\ j\in J'}} \alpha_i(x)\beta_j(y) = \epsilon \, ,$$

et le théorème est démontré. ■

§9. ESPACES CONNEXES ET CONNEXES PAR ARCS ESPACES LOCALEMENT CONNEXES

Espaces connexes.

On voit intuitivement que certains espaces topologiques peuvent être considérés comme d'un seul tenant, par exemple une sphère, une boule, dans un espace $\mathbf{R}^n$, alors que d'autres sont composés de plusieurs " morceaux "distincts, par exemple l'espace formé par la réunion de deux sphères sans point commun, ou le complémentaire d'une sphère dans $\mathbf{R}^n$. Il s'agit de préciser cette idée intuitive.

DÉFINITION 2.9.1. *On dit qu'un espace topologique E est connexe, s'il n'admet pas de partition formée de deux parties ouvertes, ou encore s'il n'admet pas de partition(*) formée de deux parties fermées, ou encore s'il n'existe pasdans E d'autres parties qui soient à la fois ouvertes et fermées que E et $\emptyset$.*

Remarque 1 - Ces trois définitions sont manifestement équivalentes d'après la définition des fermés comme des complémentaires des ouverts. Comme la compacité, la connexité est une propriété de l'espace topologique lui même; cependant, si F est une partie de E, on dira que F **est une partie connexe, si en tant qu'espace muni de la topologie induite,** F **est connexe.**

THÉORÈME 2.9.2. *Pour qu'une partie E de la droite réelle achevée $\overline{\mathbf{R}}$ soit un espace topologique connexe,il faut et il suffit qu'elle soit un intervalle ouvert, semi-ouvert ou fermé.*

DÉMONSTRATION: Soit donc E un partie connexe de $\overline{\mathbf{R}}$. Soit x et y deux points distincts de E; montrons que tout l'intervalle fermé $[x,y]$ est contenu dans E. S'il n'en était pas ainsi, il existerait au moins un point z de cet intervalle, qui n'appartiendrait pas à E. Alors, sur $\overline{\mathbf{R}}$, les deux ensembles $[-\infty, z[$ et $]z, +\infty]$ sont tous les deux ouverts, et leur intersection avec E définirait sur ce dernier une partition (car $z \notin E$) formée de deux parties ouvertes. Ainsi E ne serait pas connexe. Si alors nous appelons a (resp. b) la borne inférieure (resp. supérieure) des points de E, ce que nous venons de voir montre que E est nécessairement identique à l'un des quatre intervalles $[a,b]$, $[a,b[$, $]a,b]$, $]a,b[$.

Réciproquement, soit E un intervalle de $\overline{\mathbf{R}}$ d'extrémités a et b. Soit A une partie non vide de E, à la fois ouverte et fermée dans E; montrons que $A = E$, ce qui prouvera que E est connexe. Soit c un élément de A. Considérons l'ensemble H de tous les x de E tel que $[c,x] \subset A$; soit γ la borne supérieure de H dans $\overline{\mathbf{R}}$. Pour tout γ' tel que $c \leq \gamma' < \gamma$, il existe un élément de H qui majore γ', donc $\gamma' \in A$ et $[c,\gamma'] \subset A$; comme A est fermé, on en déduit que $\gamma \in A$ et que $[c,\gamma] \subset A$, sauf si $\gamma = b$ et $b \notin E$. Si on avait $\gamma < b$, alors, A étant aussi ouvert, il existerait un $\gamma'' > \gamma$ tel que $[\gamma,\gamma''] \subset A$ donc $[c,\gamma''] \subset A$ et $\gamma'' \in H$, ce qui est

(*)Définition (1.5.3).

absurde puisque γ est la borne supérieure de H. On a donc $\gamma = b$, $[c, b[\subset A$, et en outre $b \in A$ si $b \in E$.

En faisant à gauche de c le raisonnement que nous venons de faire à droite, on voit de même que $]a, c] \subset A$ et $a \in A$ si $a \in E$; donc $A = E$, et E est bien connexe. ∎

COROLLAIRE 2.9.3. *L'ensemble* **Q** *des nombres rationnels n'est pas connexe.*

THÉORÈME 2.9.4. *L'image directe par une applications continue d'un espace topologique connexe est connexe*

DÉMONSTRATION: Soit f une application continue de E dans F, nous supposons E connexe. Naturellement, il n'est pas question de dire que F est connexe, mais nous allons montrer que l'image directe $f(E)$ de E est connexe. Si en effet il n'en était pas ainsi, il existerait sur $f(E)$ une partition formée de deux parties ouvertes A et B; alors leurs images réciproques formeraient une partition de E (d'après les relations (1.3.5), leur intersection est vide; si $x \in E$, $f(x)$ appartient à A ou à B, donc $x \in f^{-1}(A)$ ou $f^{-1}(B)$, donc leur réunion est E; aucun n'est vide, car A, par exemple n'est pas vide, et comme il est contenu dans $f(E)$, son image réciproque n'est pas vide) et seraient des ouverts d'après le théorème 2.3.7, ce qui serait contradictoire avec l'hypothèse que E est connexe. ∎

COROLLAIRE 2.9.5. *Si f est une fonction continue sur un espace connexe E, à valeurs dans $\overline{\mathbf{R}}$, l'ensemble de ses valeurs est un intervalle ouvert, semi-ouvert ou fermé.*

DÉMONSTRATION: En effet, ce doit être une partie connexe de $\overline{\mathbf{R}}$, il suffit d'appliquer le théorème 2.9.4. ∎

Remarque 2 - On exprime souvent ce corollaire en prenant le cas particulier où E lui-même est un intervalle ouvert, semi-ouvert ou fermé de $\overline{\mathbf{R}}$. Enfin, on dit souvent simplement qu'**une fonction réelle continue sur un espace connexe ne peut prendre deux valeurs sans prendre toutes les valeurs intermédiaires.** Cette propriété s'appelle **la propriété des valeurs intermédiaires.**

Remarque 3 - Il est bon de noter que cette propriété ne caractérise pas les fonctions continues, il existe des fonctions discontinues sur un espace connexe et qui possèdent la même propriété. Par exemple, la fonction définie par

$$f(x) = \sin(\frac{1}{x}) \quad \text{pour} \quad x \neq 0 \quad , \quad f(0) = 0$$

définie sur la droite réelle, est discontinue à l'origine, et pourtant possède cette propriété que l'ensemble de ses valeurs est l'intervalle fermé [-1 , +1] ; dans tout intervalle $|a, b|$, elle ne peut prendre deux valeurs sans prendre toutes les valeurs intermédiaires.

Par contre, on peut donner du théorème la réciproque suivante:

THÉORÈME 2.9.6. *Si un espace topologique E est tel que toute fonction réelle continue sur E ne puisse puisse prendre deux valeurs sans prendre aussi toutes les valeurs intermédiaires, alors E est connexe.*

DÉMONSTRATION: Si en effet E n'etait pas connexe, il possèderait une partition formée de deux parties ouvertes A et B ; alors la fonction réelle prenant lav aleur 0 sur A et la valeur 1 sur B serait continue, parce que l'image réciproque de tout ouvert de $\mathbf{R}$ serait l'une des quatre parties ouvertes $\emptyset, A, B, E$; elle prendrait les valeurs 0 et 1 sans prendre aucune des valeurs intermédiaires, ce qui serait contraire à l'hypotèse. Donc E est connexe. ∎

Espaces connexes par arcs.

Il est utile d'avoir des critères pour reconnaître qu'un espace est connexe. c'est pourquoi nous introduisons la notion **d'espace connexe par arcs**.

DÉFINITION 2.9.7. *On appelle* **arc ou chemin** *joignant un point a à un point b d'un espace topologique E, toute application continue f d'un intervalle $[\alpha, \beta]$ de la droite réelle $\mathbf{R}$ dans E, telle que $f(\alpha) = a$ et $f(\beta) = b$. On dit aussi que a et b sont* **l'origine et l'extrémité** *du chemin.*

Remarque 4 - Il est bon de ne pas confondre cette application, qui constitue la définition même du chemin, avec l'image par f de l'intervalle $[\alpha, \beta]$, qu'on appelle **l'image du chemin**. Par exemple, si f est constante, cette image se réduit à un point, on pourra dire d'ailleurs dans ce cas que le chemin se réduit à un point, mais le chemin n'en est pas moins l'application elle-même.

De la même manière, si nous considérons une lemniscate de Bernoulli, elle peut être " parcourue " de deux manières différentes, alors que la lemniscate en tant qu'ensemble est la même dans les deux cas ; les deux manières de la parcourir correspondent à deux chemins différents, c'est à dire à deux applications différentes d'un intervalle de $\mathbf{R}$ dans le plan.

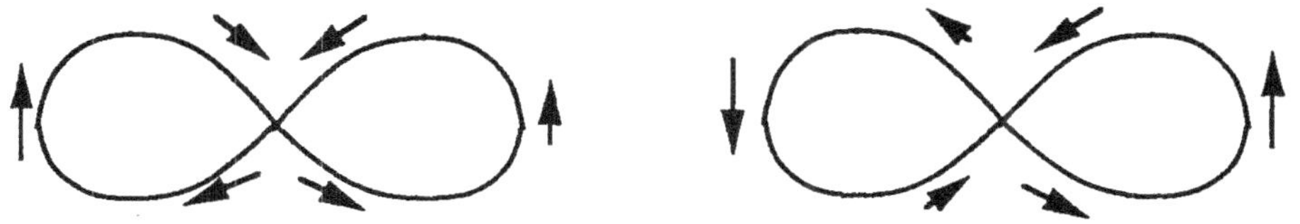

On dira qu'un chemin **passe** passe par c de E si l'image $f([\alpha,\beta])$ contient c; on dira que le chemin **rencontre** une partie A de E si $f([\alpha,\beta]) \cap A \neq \emptyset$. On voit immédiatement que si les deux points a et b et si les deux points b et c peuvent également être joints par un chemin alors les deux points a et c peuvent encore être joints par un chemin.

THÉORÈME 2.9.8. *Si E est un espace topologique tel que deux points quelconques de ses points puissent être joints par un chemin, alors E est connexe.*

DÉMONSTRATION: Supposons qu'il n'en soit pas ainsi. Alors il existerait une partition de E formée de deux ensembles ouverts A et B. Soit a et b des éléments respectifs de A et B. Par hypothèse, il serait possible de joindre par un chemin a et b; soit K l'image de ce chemin. Alors $K \cap A$ et $K \cap B$ seraient deux parties ouvertes complémentaires de K (théorème 2.2.25) et aucune d'elles ne serait vide puisque a et b seraient respectivement dans l'une et dans l'autre.

On aurait ainsi obtenu une partition de K formée de deux parties ouvertes, ce qui est contraire au théorème qui dit que K, image par une application continue de l'espace connexe $[\alpha,\beta]$, est connexe. Nous aboutissons donc bien à une contradiction, et E est connexe.

Remarque 5 - La réciproque de ce théorème est inexacte. Si par exemple, nous considérons, dans le plan euclidien $\mathbf{R}^2$ muni de deux axes de coordonnées, l'ensemble E formé de la réunion de la courbe représentative de la fonction $y = sin\ \frac{1}{x}$;, $x \neq 0$, et du segment vertical $x = 0$, $|y| \leq 1$, on vérifie que E est connexe, et que cependant les deux points $(0,0)$, $(a, sin\ \frac{1}{a})$ ne peuvent être joints par un chemin.

Ce qui nous amène à la définition suivante.

DÉFINITION 2.9.9. *Soit E un espace topologique. On dit que E est* **connexe par arcs**, *si deux quelconques de ses points peuvent être joints par un arc ou chemin.*

Remarque 6 - Il résulte du théorème 2.9.8 et de l'exemple cité plus haut que la connexité par arcs est plus forte que la connexité.

Exemple 1 - Tout espace vectoriel normé est connexe par arcs. En effet deux quelconques de ses points peuvent être joints par un chemin, défini exactement par le segment qui les a comme origine et comme extrémité.

Exemple 2 - On vérifie qu'une boule, une sphère dans un espace vectoriel normé sont connexes par arcs.

THÉORÈME 2.9.10. *(du passage des douanes) - Si E est un espace topologique, A une partie de E, tout chemin joignant un point de l'intérieur de A à un point de l'extérieur de A rencontre nécessairement la frontière de A.*

DÉMONSTRATION: Comme l'image K du chemin est connexe, d'après les théorèmes 2.9.2 et 2.9.4, le présent théorème est un cas particulier du suivant. ∎

THÉORÈME 2.9.11. *Soit E un espace topologique. Toute partie B connexe de E, rencontrant à la fois l'intérieur et l'extérieur d'une partie A de E, rencontre nécessairement la frontière de A.*

DÉMONSTRATION: Cette propriété est évidente car, s'il n'en était pas ainsi, B serait contenu dans la réunion de l'intérieur et de l'extérieur de A, et les intersections de B avec ces deux parties définiraient une partition de B formée de deux parties ouvertes, non vides, ce qui serait impossible. ∎

THÉORÈME 2.9.12. *Tout ensemble de parties connexes d'un espace topologique E, ayant deux à deux des intersections non vides, a une réunion A qui est encore connexe.*

DÉMONSTRATION: Si en effet il n'en était pas ainsi, A pourrait être considérée comme réunion de deux parties B' et B'', disjointes, et toutes les deux ouvertes relativement à A. Si alors nous considértons chaque partie A_i, les intersections $A_i \cap B'$ et $A_i \cap B''$ sont ouvertes relativement à A_i, disjointes, et de réunion A_i; comme A_i est supposée connexe, l'une de ces parties est nécessairement vide, et l'autre est A_i; A_i est toute entière contenue dans B' ou toute entière contenue dans B''. Comme alors l'intersection de deux parties quelconques A_i et A_j est non vide, elles sont nécessairement contenues toutes les deux dans B' ou toutes les deux contenues dans B''; de sorte que, finalement, les parties A_i sont toutes contenues dans B' ou toutes contenues dans B''; donc $A \subset B'$ ou $A \subset B''$. Ceci est contraire à l'hypothèse suivant laquelle A est réunion des parties disjointes non vides B' et B''. Nous avons abouti à une contradiction, et il est ainsi démontré que A est connexe. ∎

THÉORÈME 2.9.13. *Si E est un espace topologique, A une partie connexe de E, l'adhérence $\overline{A}$ de A dans E est encore connexe.*

DÉMONSTRATION: Supposons en effet qu'il n'en soit pas ainsi, et que $\overline{A}$ soit réunion de deux parties B' et B'' disjointes, non vides, et toutes deux fermées relativement à $\overline{A}$. Comme $\overline{A}$ est fermée, elles sont aussi fermées relativement à E (proposition 2.2.28 (*b*)). Nécessairement A est alors la réunion des deux parties $A \cap B'$ et $A \cap B''$ qui sont disjointes et fermées relativement à A. Comme A est supposée connexe, l'une des deux est vide, et l'on a par exemple $A \cap B' = \emptyset$ et $A = A \cap B''$: $A \subset B''$. On en déduit, puisque B'' est fermée dans E, que $\overline{A} \subset B''$, et ceci est contraire à l'hypothèse suivant la quelle $\overline{A}$ est réunion de deux parties disjointes B' et B'' non vides. Nous avons abouti à une contradiction, et $\overline{A}$ est bien connexe. ∎

Composantes connexes.

DÉFINITION 2.9.14. *On dit que deux points d'un espace topologique E sont* **connectés,** *s'il existe une partie connexe de E contenant à la fois x et y. Deux points qui peuvent être joints par un chemin sont connectés, puisque l'image du chemin est une partie connexe.*

THÉORÈME 2.9.15. *La relation " x et y sont connectés dans E " est une relation d'équivalence dans E.*

DÉMONSTRATION: Cette relation est évidemment réflexive et symétrique, il suffit de montrer qu'elle est transitive. Or, si x et y sont connectés , et si d'autre part, y et z sont connectés, il existe d'une part, une partie connexe contenant x et y, et, d'autre part, une partie connexe contenant y et z. La réunion de ces deux parties est nécessairement connexe, puisqu'elles sont toutes les deux connexes et que leur intersection, contenant y, n'est pas vide (théorème 2.9.12); par conséquent x et z sont contenus dans une même partie connexe, et, par conséquent, connectés, ce qui démontre le théorème. ∎

DÉFINITION 2.9.16. *Une classe d'équivalence de E par rapport à la relation d'équivalence " x et y sont connectés dans E " s'appelle* **une composante connexe de** E. *E est alors la réunion de ces composantes connexes, qui sont deux à deux disjointes. On appelle* **composante connexe** *d'un point x la composante connexe qui le contient.*

THÉORÈME 2.9.17. *La composante connexe d'un point x de E, identique à l'ensemble des points de E qui sont connectés à x, est la plus grande partie connexe de E contenant x. Les composantes connexes de E sont fermées.*

DÉMONSTRATION:

1°/ Par définition même des classes d'équivalence, la composante connexe E_x de x dans E est l'ensemble des points de E connectés à x. Toute partie connexe de E contenant x est nécessairement toute entière dans E_x, puisque tous ses points sont connectés à x. Inversement , si un point y est dans E_x, il est connecté à x, donc contenu dans au moins une partie connexe de E contenant x. Ainsi, E_x est exactement la réunion de toutes les parties connexes de E contenant x. Comme ces parties connexes ont deux à deux une intersection non vide, puisque toutes contiennent x, il résulte du théorème 2.9.12 que cette réunion est nécessairement connexe, donc $E_x$est bien connexe. C'est donc une partie connexe de E, contenant x et contenant toute partie connexe contenant x; c'est donc bien la plus grande partie connexe de E contenant x.

2°/ D'après le théorème 2.9.13, l'adhérence $\overline{E_x}$ de E_x dans E est encore connexe; comme alors E_x est la plus grande partie connexe de E contenant x, on a nécessairement $E_x = \overline{E_x}$, et par suite E_x est fermée. ∎

Espaces localement connexes.

DÉFINITION 2.9.18. *On dit qu'un espace E est* **localement connexe**, *si, quel que soit le point a de E et le voisinage V de a, il existe un voisinage V' de a, contenu dans V, et qui soit connexe. Autrement dit, tout point de E possède un système fondamental de voisinages connexes.*

Remarque 7 - Comme l'indique son nom, le fait pour un espace d'être localement connexe, est une propriété locale, alors que le fait d'être connexe est une propriété globale. Ces deux propriétés n'ont donc aucun rapport l'une avec l'autre(*)

Exemple 3 - Considérons dans le plan $\mathbf{R}^2$, l'ensemble E formé des deux droites d'équation $y = 0$ et $y = 1$, c'est une partie non connexe de $\mathbf{R}$; elle est cependant localement connexe, car si V est un voisinage d'un point a de E, ce voisinage contient un intervalle horizontal de centre a, qui est une partie connexe. Cet exemple montre qu'un espace peut être localement connexe, sans être connexe.

Exemple 4 - Appelons E l'ensemble du plan $\mathbf{R}^2$ constitué par toutes les parallèles à l'axe des x **d'ordonnées rationnelles et de l'axe des y tout entier**. On voit que cet espace topologique E n'est pas localement connexe : si l'on considère un point quelconque de E de coordonnées a et b, avec $a \neq 0$, et une boule ayant pour centre ce point et de rayon $< |a|$, ce voisinage ne contient aucun voisinage connexe. Par contre E est connexe, et même connexe par arcs; on peut joindre deux quelconques de ses points par un chemin, composé de la sucession de 3 segments de droite, le premier et le troisième étant des segments parallèles à l'axe des x, et le deuxième étant un segment de l'axe des y. Ainsi cet espace E est connexe sans être localement connexe.

THÉORÈME 2.9.19. *Si E est un espace topologique localement connexe, alors toute composante connexe est à la fois ouverte et fermée dans E.*

DÉMONSTRATION: Soit E_x la composante connexe de x dans E. Supposons que y appartienne à E_x; comme alors y possède un voisinage connexe, tous les points z de ce voisinage sont connectés à y, et par conséquent aussi à x, donc E_x contient tout ce voisinage; ainsi E_x ne peut contenir un point y sans contenir tout un voisinage de y, donc E_x est ouverte; elle est fermée d'après le théorème 2.9.17. ∎

Remarque 8 - La réciproque n'est pas exacte. Ainsi, dans l'exemple donné plus haut, où E est connexe sans être localement connexe, il n'y a qu'une composante connexe E; elle est ouverte et fermée, cependant E n'est pas localement connexe.

Remarque 9 - Supposons que E soit un ouvert d'un espace vectoriel normé E_0; alors bien évidemment E est localement connexe . En effet tout voisinage d'un

(*)Ce n'est pas la même chose que pour la compacité: tout espace compact est localement compact (la réciproque n'étant pas vraie), alors qu'un espace connexe n'est pas nécessairement localement connexe.

point a de E contient nécessairement une boule de centre a dans E_0, et nous savons qu'une boule est connexe, et même connexe par arcs. On pourra dans ce cas, appliquer le théorème. Les composantes connexes de E sont nécessairement ouvertes et fermées. Elles sont aussi ouvertes dans E_0.

Remarque 10 - Il existe un autre cas remarquable où les composantes connexes sont à la fois ouvertes et fermées: c'est celui où E n'a qu'un nombre fini de composantes connexes. Alors chacune de ces composantes, qui est déjà fermée, est complémentaire de la réunion des autres composantes ; or une réunion finie de parties fermées est elle-même fermée; et par conséquent cette composante est nécessairement ouverte.

COROLLAIRE 2.9.20. *Tout ensemble ouvert non vide de la droite réelle est la réunion d'une famille* **dénombrable d'intervalles ouverts** *2 à 2 disjoints*

DÉMONSTRATION: - Soient U un ouvert non vide de $\mathbf{R}$, $(U_x)_{x\in A}$ la famille de ses composantes connexes; elles sont non vides, 2 à 2 disjointes et leur réunion est égale à U. D'après le théorème 2.9.19, chaque composante connexe est ouverte dans U mais alors, comme U est ouvert, elle est ouverte dans $\mathbf{R}$ (proposition 2.2.33). Le théorème 2.9.2 dit que toute partie connexe de $\mathbf{R}$ est un intervalle, et par suite pour tout $x \in A$, U_x est un intervalle. Enfin, comme $\mathbf{Q}$ est dense dans $\mathbf{R}$, et que pour tout $x \in A$, U_x est un intervalle ouvert non vide , il existe au moins un nombre rationnel $q(x) \in U_x$ (Proposition 2.2.29). On peut donc construire, à l'aide de l'axiome du choix, une application injective (puisque les U_x sont deux à deux disjoints) de A dans $\mathbf{Q}$, ce qui montre donc que A est dénombrable et ainsi s'achève la démonstration. ∎

DÉFINITION 2.9.21. *On dit qu'un espace topologique est* **localement connexe par arcs**, *si, quel que soit le point a et le voisinage V de a, il existe un autre voisinage V' de a contenu dans V, qui soit connexe par arcs.*

Remarque 11 - Puisqu'un espace connexe par arcs est connexe, un espace localement connexe par arcs est localement connexe. Un ouvert d'un espace vectoriel normé est localement connexe par arcs.

THÉORÈME 2.9.22. *Soit E un espace topologique localement connexe par arcs. S'il est connexe, il est connexe par arcs; s'il n'est pas connexe, chacune de ses composantes connexes est ouverte, fermée, et connexe par arcs.*

DÉMONSTRATION: Soit x un point de E, et appelons F_x l'ensemble des points de E qui peuvent être joints à x par des chemins. Si y est un tel point, il existe tout un voisinage de y, dont tous les points z peuvent être joints à y par un chemin; mais alors comme y peut être joint à x par un chemin, z peut aussi être joint à x par un chemin; autrement dit F_x ne peut contenir un point y, sans contenir tout un voisinage de y, F_x est nécessairement ouvert.

Montrons maintenant que F_x est fermé, et, pour cela, montrons que son complémentaire est ouvert. Supposons que y appartienne à ce complémentaire, c'est à dire n'appartienne pas à F_x. Il existe alors un voisinage V de y, dont tous les points peuvent être joints à y par un chemin; alors aucun point z de V ne peut appartenir à F_x; sans quoi on pourrait par un chemin joindre z à x, puis z à y donc x à y, ce qui est contraire à l'hypothèse. Ainsi le complémentaire de F_x ne peut contenir un point sans contenir un voisinage de ce point, et par suite il est ouvert, F_x est donc bien fermé.

Si alors E est connexe, F_x est à la fois ouvert et fermé, et non vide, puisqu'il contient x, donc $F_x = E$ et on voit bien que E est connexe par arcs.

De toute façon, même si E n'est pas connexe, soit E_x la composante connexe de x dans E; comme F_x, connexe par arcs, est connexe on a $F_x \subset E_x$; mais E_x est connexe, et F_x est à la fois ouvert et fermé dans E donc dans E_x, donc $E_x = F_x$. Il en résulte bien que E_x est ouvert et fermé, et connexe par arcs. ∎

Remarques 12 - Les deux théorèmes précédents s'appliqueront en particulier si E est une variété (voir plus loin, chapitre 3 §9). En effet, tout voisinage d'un point de E contient un voisinage homéomorphe à une boule, et par conséquent connexe par arcs.

Remarques 13 - On pourra démontrer facilement d'autres théorèmes du même genre. Supposons par exemple que E soit un ouvert d'un espace vectoriel normé. Il est alors **localement connexe par lignes polygonales**, en ce sens que tout voisinage V d'un point a contient un autre voisinage V' (à savoir une boule de centre a), dont deux points quelconques peuvent être joints par une ligne polygonale (c'est à dire un chemin formé de la succession d'un nombre fini de segments de droite: pour une boule, un seul segment suffit). Alors la même démonstration que ci-dessus(*) montrera que si E est connexe, il est connexe par lignes polygonales, et que, même s'il n'est pas connexe, toute composante connexe de E est connexe par lignes polygonales.

Exemple 4 - Si E est un ouvert d'un espace vectoriel normé de dimension finie muni d'un référentiel, on démontrera de même que toute composante connexe de E est connexe " par lignes polygonales à segments parallèles aux axes ", autrement dit que deux quelconques des points d'une composante connexe de E peuvent être joints par un chemin, formé de la succession d'un nombre fini de segments, parallèles à des axes de coordonnées.

(*)En considérant l'ensemble F_x des points qu'on peut joindre à x par une ligne polygonale

Quelques applications de la notion de connexité
Critères de non homéomorphismes.

De même que la notion de compacité nous a déjà fourni des moyens de reconnaître que deux espaces topologiques donnés ne sont pas homéomorphes, la notion de connexité nous donne d'autres exemples; car, si deux espaces sont homéomorphes, et si l'un d'eux est connexe, l'autre l'est aussi. Considérons par exemple la droite réelle $\mathbf{R}$ et le plan $\mathbf{R}^2$. Nous avons que ce sont deux ensembles équipotents, donc il existe des bijections de l'un sur l'autre. Il est facile de voir qu'il existe des applications continues surjectives du plan sur la droite: c'est le cas de la projection $(x, y) \mapsto x$ de $\mathbf{R}^2$ sur $\mathbf{R}$. Peano a montré, nous donnerons cet exemple au § 13, qu'il existe aussi des applications continues surjectives de la droite $\mathbf{R}$ sur le plan $\mathbf{R}^2$; mais ces applications, si paradoxal que cela paraisse, ne sont jamais bijectives, et il existe toujours des points du plan qui ont alors plusieurs images réciproques! On peut montrer très simplement qu'il n'existe pas d'homéomorphisme de la droite sur le plan. La droite possède en effet, d'après le théorème 2.9.2, la propriété suivante: si on lui retire un point, la partie complémen--taire, en tant qu'espace topologique, n'est pas connexe.
Par contre, le plan ne possède pas cette propriété: le complémentaire d'un point est manifestement connexe et même connexe par arcs(*). Il en résulte bien que la droite et le plan ne peuvent pas être homéomorphes. De la même manière, un intervalle $[a, b]$ de la droite $\mathbf{R}$ et une circonférence du plan $\mathbf{R}^2$, bien qu'étant tous deux compacts, ne sont pas homéomorphes; en effet, si on retire à l'intervalle $[a, b]$ son milieu, le complémentaire n'est pas connexe, alors que, si l'on retire de la circonférence un point quelconque, le complémentaire est toujours connexe.

On démontre(mais c'est difficile !) que deux espaces vectoriels normés de dimensions finies différentes ne sont jamais homéomorphes. Une sphère de $\mathbf{R}^m$ et une sphère de $\mathbf{R}^n$, $n \neq m$, ne sont jamais homéomorphes.

Existence et Continuité de la fonction réciproque
d'une fonction strictement monotone continue.

THÉORÈME 2.9.23. *Si f est une application continue strictement croissante d'un intervalle $|a, b|$ (ouvert, semi-ouvert ou fermé) de $\overline{\mathbf{R}}$ dans $\overline{\mathbf{R}}$, l'image $f(|a, b|)$ est un intervalle de même nature $|\alpha, \beta|$, et f est un homéomorphisme de $|a, b|$ sur $|\alpha, \beta|$. Le prolongment $\hat{f}$ de f, défini par $\hat{f}(a) = \alpha$ et $\hat{f}(b) = \beta$, est un homéomorphisme de $[a, b]$ sur $[\alpha, \beta]$.*

DÉMONSTRATION: Que l'image soit un intervalle $|\alpha, \beta|$ résulte du corollaire 2.9.5. Que f soit injective résulte de ce qu'elle est strictement croissante; donc f est une

(*)Deux points quelconques peuvent être joints par un chemin formé de la succession de deux segments rectilignes au plus bijection continue de $|a,b|$ sur $|\alpha,\beta|$. Comme f conserve la relation d'ordre, et que $a = \inf_{x\in|a,b|} x$, $\alpha = \inf_{u\in|\alpha,\beta|} u$, on voit que α appartient à l'image si et seulement si l'intervalle $|a,b|$ contient a. De même pour b et β; ainsi l'intervalle $|\alpha,\beta|$ est de même nature (ouvert,semi-ouvert ou fermé) que $|a,b|$. L'image d'un intervalle $|c,d|$ de $|a,b|$, ouvert dans $|a,b|$, est un intervalle de même nature, donc un ouvert de $|\alpha,\beta|$; alors l'image par f de tout ouvert de $|a,b|$ est un ouvert de $|\alpha,\beta|$, donc f est un homéomorphisme de $|a,b|$ sur $|\alpha,\beta|$ (théorème 2.3.18). L'application réciproque f^{-1}, qui est trivialement elle aussi strictement croissante, est donc aussi bijective et continue, de $|\alpha,\beta|$ sur $|a,b|$.

Lorsque x tend vers a par valeurs strictement supérieures, $f(x)$ tend vers α (voir exemples après la définition 2.6.5). En effet, quel que soit $\alpha' > \alpha$, l'image réciproque de l'intervalle $]\alpha,\alpha'[$ est l'intervalle $]f^{-1}(\alpha), f^{-1}(\alpha')[$, intersection avec $|a,b|$ d'un voisinage de a dans $\overline{\mathbf{R}}$. Donc, si l'on pose $\hat{f}(a) = \alpha$, et de même $\hat{f}(b) = \beta$, $\hat{f}$ est un prolongement de f, qui est une application strictement croissante et continue, donc un homéomorphisme de $[a,b]$ sur $[\alpha,\beta]$. Si $a = -\infty$, $b = +\infty$, α et β finis, $\hat{f}$ définira un homéomorphisme de $\overline{\mathbf{R}}$ sur un intervalle fermé borné de $\mathbf{R}$. ∎

Remarque 14. Il était naturel de supposer f strictement monotone: une application f d'un intervalle $|a,b|$ de $\overline{\mathbf{R}}$ dans $\overline{\mathbf{R}}$ continue et injective, est nécessairement strictement monotone. Supposons en effet qu'elle ne le soit pas. Il existerait alors x_1, x_2, x_3 dans $|a,b|$, $x_1 < x_2 < x_3$ tels que $f(x_1) < f(x_2)$, $f(x_2) > f(x_3)$, ou tels que $f(x_1) > f(x_2)$ et $f(x_2) < f(x_3)$. Prenons par exemple le premier cas. Soit y un point commun aux intervalles $]f(x_1), f(x_2)[$, $]f(x_3), f(x_2)[$. D'après le théorème des valeurs intermédiaires (corollaire 2.9.4), il existerait un point $x' \in]x_1, x_2[$ et un point $x'' \in]x_2, x_3[$ où f prendrait la même valeur y; alors f ne serait pas injective, contrairement à l'hypothèse.

Application : métriques définissant la topologie de $\overline{\mathbf{R}}$. .

THÉORÈME 2.9.24. *$\overline{\mathbf{R}}$ est un espace métrisable; si f est une application strictement croissante, continue et bornée de $\mathbf{R}$ dans $\mathbf{R}$, la métrique ayant pour distance:*

$$d(x,y) = |\hat{f}(x) - \hat{f}(y)| \quad x \in \overline{\mathbf{R}} \quad , \quad y \in \overline{\mathbf{R}} \tag{2.9.1}$$

où $\hat{f}$ est le prolongement de f en une application de $\overline{\mathbf{R}}$ dans $\overline{\mathbf{R}}$ définie par :

$$\hat{f}(-\infty) = \inf_{x\in\mathbf{R}} f(x) \qquad \hat{f}(+\infty) = \sup_{x\in\mathbf{R}} f(x)$$

définit précisément la topologie de $\overline{\mathbf{R}}$.

DÉMONSTRATION: D'après le théorème 2.9.22, f est un homéomorphisme de $\mathbf{R}$ sur un intervalle $]\alpha,\beta[$ de $\overline{\mathbf{R}}$, comme f est bornée, $\alpha > -\infty$ et $\beta < +\infty$; en outre :

$$\alpha = \inf_{x\in\mathbf{R}} f(x) \qquad \beta = \sup_{x\in\mathbf{R}} f(x)$$

et le prolongement $\hat{f}$ de f défini par $\hat{f}(-\infty) = \alpha$ et $\hat{f}(+\infty) = \beta$ est un homéomorphisme de $\overline{\mathbf{R}}$ sur $[\alpha,\beta] \subset \mathbf{R}$.

Comme alors la topologie de $[\alpha, \beta] \subset \mathbf{R}$ est définie par la métrique naturelle de $\mathbf{R}$, celle de $\overline{\mathbf{R}}$ est définie par la **métrique transportée** de la métrique naturelle de $[\alpha, \beta]$ par $\hat{f}^{-1}$ c'est à dire celle dont la distance de $x \in \overline{\mathbf{R}}$ et $y \in \overline{\mathbf{R}}$ est la distance naturelle de $\hat{f}(x)$ et $\hat{f}(y)$, soit $|\hat{f}(x) - \hat{f}(y)|$ ou (2.9.2). Ce qu'il fallait démontrer.

Exemple 5 - On peut prendre :

(2.9.2) $$f(x) = Arctan\ x, \qquad \text{avec} \quad \hat{f}(-\infty) = -\frac{\pi}{2}, \quad , \quad \hat{f}(+\infty) = +\frac{\pi}{2}$$

Ce qui revient à poser :

(2.9.3) $$d(x, y) = \left| \int_x^y \frac{d\xi}{1 + \xi^2} \right|$$

Plus généralement, si h est une fonction continue > 0 intégrable sur $\mathbf{R}$, on pourra prendre

(2.9.4) $$d(x, y) = \left| \int_x^y h(\xi) d\xi \right|$$

On peut prendre

(2.9.5) $$f(x) = thx, \qquad \text{avec} \quad \hat{f}(-\infty) = -1 \quad , \quad \hat{f}(+\infty) = +1$$

On peut prendre

(2.9.6) $$f(x) = \frac{x}{1 + |x|} \qquad \text{avec} \hat{f}(-\infty) = -1 \quad , \quad \hat{f}(+\infty) = +1$$

etc . Toutes ces métriques, trés différentes, sont équivalentes sur $\overline{\mathbf{R}}$ (donc aussi sur $\mathbf{R}$ puisqu'elles définissent la même topologie).

§10. ESPACES MÉTRIQUES COMPLETS

Suites de Cauchy dans un espace métrique.

DÉFINITION 2.10.1. *Soit E un espace métrique et soit: $x_0, x_1, x_2, \ldots, x_n, \ldots$, une suite d'éléments de E. On dit que cette suite est une* **suite de Cauchy** *de E si*

$$(2.10.1) \quad (\forall \epsilon > 0) \quad (\exists p \in \mathbf{N}) \quad (\forall m \in \mathbf{N}, \forall n \in \mathbf{N}, m \geq p, n \geq p) : d(x_m, x_n) \leq \epsilon$$

ou encore

$$(2.10.2) \qquad d(x_n, x_m) \quad \textit{tend vers 0 quand } m \textit{ et } n \textit{ tendent vers} \quad +\infty$$

Remarque 1 - On observera que toute suite convergente est une suite de Cauchy. En effet, si la suite $x_0, x_1, x_2, \ldots, x_n, \ldots$ converge vers un point a, il exite p tel que pour tout $n \geq p$, $d(x_n, a) \leq \epsilon/2$ et par suite, on a (2.10.1) puisque, si $m \geq p$ et $n \geq p$, alors

$$d(x_m, x_n) \leq d(x_m, a) + d(a, x_n) \leq \epsilon/2 + \epsilon/2 = \epsilon.$$

On dit aussi que cette suite satisfait le **critère de Cauchy**.

Réciproquement, on sait que, si $x_0, x_1, x_2, \ldots, x_n, \ldots$, est une suite de Cauchy sur le corps des nombres réels ou celui des nombres complexes, alors cette suite est convergente.

C'est là une propriété fondamentale, car elle permet de reconnaître si une suite est convergente **sans avoir besoin de connaître à l'avance la limite de cette suite**, alors que la définition générale de la convergence ne le permet pas. C'est en particulier cette propriété qui aboutit finalement aux différents critères de convergence des séries, et qui permet de reconnaitre si une série de nombres réels ou complexes est convergente, sans avoir besoin de connaitre à l'avance la somme de la série, ce qui est absolument essentiel en analyse. Il est bien évident que cette propriété, vérifiée sur le corps des nombres réels, n'est pas vraie sur tout espace métrique; c'est précisément cette question qui va faire l'objet du présent paragraphe. Nous allons d'abord donner quelques propriétés générales des suites de Cauchy.

THÉORÈME 2.10.2. - *Toute suite partielle d'une suite de Cauchy est encore une suite de Cauchy. Toute suite de Cauchy est bornée.*

DÉMONSTRATION: : La première propriété est évidente. Démontrons la seconde: il existe un entier p tel que

$$m \geq p, \quad n \geq p, \quad \text{entraîne} \quad d(x_n, x_m) \leq 1$$

alors, pour $n \geq p$, tous les x_n sont dans la boule $B(x_p, 1)$, et par conséquent toute la suite est contenue dans la boule $B(x_p, R)$, où R est donné par

$$R = Max \; \{d(x_p, x_0), d(x_p, x_1), \ldots, d(x_p, x_{p-1}), 1 \},$$

d'où la propriété. ∎

THÉORÈME 2.10.3. - *Si, dans un espace métrique E, une suite de Cauchy $x_0, x_1, x_2, \ldots, x_n, \ldots$ admet un point d'accumulation a, cette suite est convergente vers a.*

DÉMONSTRATION: Etant donné $\epsilon > 0$, il existe p tel que

$$m \geq p, \quad n \geq p \quad \text{entraîne} \quad d(x_m, x_n) \leq \epsilon/2$$

mais il existe une infinité de m, donc au moins un, tel que : $m \geq p$, $d(x_m, a) \leq \epsilon/2$; on en déduit alors que $n \geq p$ entraîne $d(x_n, a) \leq d(x_n, x_m) + d(x_m, a) \leq \epsilon$. ∎

COROLLAIRE 2.10.4. *Toute suite de Cauchy, ou bien est convergente, auquel cas elle n'a qu'un point d'accumulation, ou bien n'a aucun point d'accumulation.*

COROLLAIRE 2.10.5. *Si une suite de Cauchy est telle qu'une de ses sous-suites partielles est, convergente, alors cette suite elle-même est convergente.*

DÉMONSTRATION: En effet l'hypothèse entraîne que la suite donnée admet un point d'accumulation. ∎

DÉFINITION 2.10.6. *On dit qu'un espace métrique est* **complet** *si toute suite de Cauchy de E est convergente.*

Nous avons vu au début l'utilité de la notion d'espace complet; nous aurons donc besoin de critères permettant de reconnaitre qu'un espace métriquedonn é est complet.

Remarque 2 - La notion d'espace complet n'a aucun sens pour un espace topologique le plus général. D'ailleurs, il est facile de voir que deux métriques équivalentes, n'ont pas nécessairement les mêmes suites de Cauchy et que pour l'une d'entre elles, l'espace peut être complet sans être nécessairement complet pour l'autre.

La notion d'espace complet est une notion métrique et non topologique. Considérons par exemple la droite réelle $\mathbf{R}$; si nous la munissons de la métrique naturelle, nous verrons plus loin qu'elle est complète. La suite $1, 2, \ldots, n, \ldots$ des entiers n'est pas une suite de Cauchy pour cet espace métrique. Si au contraire nous considérons sur la droite achevée $\overline{\mathbf{R}}$, l'une quelconque des métriques (2.9.1) définies par (2.9.2), (2.9.3), (2.9.4), elle induit sur la droite réelle $\mathbf{R}$ une métrique, qui est équivalente à la métrique naturelle. Cependant, pour cette métrique, $\mathbf{R}$ n'est pas complète; si, en effet nous considérons la suite des entiers naturels , elle est une suite de Cauchy sur $\overline{\mathbf{R}}$ puisqu'elle converge vers $+\infty$, donc elle est une suite de Cauchy sur $\mathbf{R}$; or elle ne converge pas dans $\mathbf{R}$.

THÉORÈME 2.10.7. - *Tout espace métrique, dans lequel toutes les boules fermées sont compactes, est complet. En particulier, tout espace métrique compact est complet, et tout espace vectoriel normé de dimension finie est complet.*

DÉMONSTRATION : : Soit $x_0, x_1, x_2, \ldots, x_n, \ldots$, une suite de Cauchy. Cette suite est bornée d'après le théorème 2.10.2, donc contenue dans une boule fermée convenable B, c'est-à-dire dans un compact. Alors, d'après le théorème de Weierstrass-Bolzano, elle possède au moins un point d'accumulation; donc, d'après le théorème 2.10.3, elle est convergente et E est bien complet. ■

Remarque 3 - Les hypothèses du théorème impliquent que E est localement compact. Mais, un espace métrique localement compact n'a pas nécessairement toutes ses boules fermées compactes.(*) Par exemple: si nous considérons $\overline{\mathbf{R}}$ muni de l'une quelconque des métriques (2.9.1) définies par (2.9.2),(2.9.3),(2.9.4), le sous-espace $\mathbf{R}$, muni de cette métrique est localement compact puisque c'est $\mathbf{R}$ muni de sa topologie naturelle; cependant, comme nous l'avons vu, il n'est pas complet. Il est facile de vérifier en effet que toutes ses boules fermées ne sont pas compactes. Car pour ρ suffisamment grand, une boule de rayon ρ dans $\overline{\mathbf{R}}$ est $\overline{\mathbf{R}}$ toute entière, puisque $\overline{\mathbf{R}}$, compacte, est bornée; alors une boule de rayon ρ dans $\mathbf{R}$ est $\mathbf{R}$ toute entière, qui n'est pas compacte.

Remarque 4 - Les espaces vectoriels normés de dimension infinie peuvent être complets ou non complets, nous donnerons ultérieurement des exemples des deux cas. Naturellement, les cas intéressants sont ceux où l'espace est complet.

Remarque 5 - Il existe des espaces métriques non localement compacts qui sont quand même complets, et c'est précisément ce qu'indique la remarque 2.

Remarque 6 - De même que la propriété de compacité, le fait pour un espace métrique d'être complet est une propriété relative à l'espace lui-même. Cependant, si F est une partie d'un espace métrique E, on dira que F **est complet si, en tant qu'espace métrique muni de la métrique induite, il est complet.**

Parties fermées et parties complètes.

THÉORÈME 2.10.8. *Soient E un espace métrique, F une partie de E. Si F est complet, il est fermé dans E.*

DÉMONSTRATION: Soit a un point de E adhérent à F. D'après le théorème 2.6.7, il existe une suite $x_0, x_1, x_2, \ldots, x_n$ de F, qui converge vers a; c'est donc une suite de Cauchy dans E, donc dans F. Comme F est complet, elle a une limite a' dans F, donc dans E, donc $a = a'$, ce qui prouve que a appartient à F et que F est bien fermé. ■

COROLLAIRE 2.10.9. - *Si E est un espace métrique, F une partie dense dans E, distincte de E, F n'est sûrement pas complète.*

DÉMONSTRATION: - En effet l'adhérence de F est $E \neq F$, donc F n'est pas fermée. ■

(*)Le fait, pour un espace métrique E, d'être localement compact est une propriété topologique; le fait d'avoir d'avoir ses boules fermées compactes est une propriété métrique

Ceci prouve que le corps **Q** des nombres rationnels, muni de sa métrique naturelle, n'est pas complet. On forme d'ailleurs très simplement une suite de Cauchy de **Q** qui n'est pas convergente; il suffit de prendre une suite de **Q** qui converge dans **R** vers un nombre irrationnel. Ce qui fait précisément la nécessité d'introduire le corps des nombres réels et de ne pas se contenter du corps des rationnels, ce sont les deux propriétés possédées par les réels et non possédées par les rationnels, à savoir d'une part que toute partie majorée non vide admet une borne supérieure, et d'autre part que toute suite de Cauchy est convergente.

COROLLAIRE 2.10.10. *Si E est un espace vectoriel normé, F un sous-espace vectoriel de dimension finie, F est fermé dans E.*

DÉMONSTRATION: En effet, il résulte du théorème 2.10.6 que F est complet. Il est donc fermé d'après le théorème 2.10.7. ∎

Remarque 7 - On démontre que ce résultat subsiste si E est seulement un espace vectoriel topologique.

it Remarque 8 - Naturellement la réciproque du théorème précédent est inexacte. Par exemple $F = E$ est toujours fermé dans E, et il n'est pas nécessairement complet. Mais :

THÉORÈME 2.10.11. - *Si E est un espace métrique complet toute partie fermée F de E est complète.*

DÉMONSTRATION: : Soit $x_0, x_1, x_2, \ldots, x_n \ldots$ une suite de Cauchy de F; c'est aussi une suite de Cauchy de E, et comme E est supposé complet, elle converge vers un point a de E. Mais comme tous les x_n sont dans F, a est nécessairement adhérent à F (théorème 2.6.7), donc dans F supposé fermé et la suite de Cauchy converge vers un élément de F, qui par conséquent est bien complet. ∎

Remarque 9 - L'ensemble des théorèmes 2.10.8 et 2.10.11, montre que si E est complet, il y a identité entre les parties complètes et les parties fermées de E. On notera la ressemblance entre ces propriétés et les propriétés correspondantes des ensembles compacts.

Espaces précompacts.

DÉFINITION 2.10.12. *Soit E un espace métrique. On dit que E est précompact si, pour tout $\epsilon > 0$, on peut recouvrir E par un nombre fini de boules ouvertes de rayon ϵ.*

THÉORÈME 2.10.13. *Soit E un espace métrique. Les propriétés suivantes sont équivalentes .*

a) E est un espace compact

b) E est un espace précompact et complet

DÉMONSTRATION: Soient E un espace compact et $\epsilon > 0$. E est contenu dans la réunion des boules ouvertes de centres tous les points de E et de rayon ϵ. Comme E est compact, un nombre fini de ces boules suffit à le recouvrir. Comme ϵ est arbitraire, E est bien un espace précompact.

Considérons une suite de Cauchy (x_n) de points de E. On peut donc extraire de cette suite une sous-suite convergente (théorème 2.6.12). Mais alors le théorème 2.10.3 implique que la suite elle-même est convergente, donc E est un espace complet.

Réciproquement supposons E précompact et complet et soit (x_n) une suite d'éléments de A. En prenant $\epsilon = 1$, il existe un nombre fini de boules de rayon 1 dont la réunion contient toute la suite. Par conséquent une au moins de ces boules, que nous nous appelons B_0, contient une infinité de points de la suite. Soit x_0 un point arbitraire de B_0. En prenant $\epsilon = \frac{1}{2}$, on peut touver un nombre fini de boules de rayon $\frac{1}{2}$ dont la réunion contient tous les points de la suite appartenant à la boule B_0, et comme ces points sont en nombre infini, une au moins de ces boules, que nous appelons B_1, contient une infinité d'entre eux. Soit x_1 un point arbitraire de B_1. Supposons que nous ayons construit $x_0, x_1, x_2, ..., x_n$ telle que:

(2.10.3) $$||x_i - x_{i+1}|| \leq \frac{1}{2^i}, \quad 0 \leq i \leq n-1$$

et telle qu'il existe une boule , B_n, de rayon $\frac{1}{2^n}$ qui contient x_n et une infinité de points de la suite initiale. Alors, en prenant $\epsilon = \frac{1}{2^{n+1}}$, il existe un nombre fini de boules de rayon ϵ qui dont la réunion contient tous les points de la boule B_n. Par conséquent l'une de ces boules, que nous notons par B_{n+1} en contient une infinité. Soit x_{n+1} un élément quelconque de cette boule. On a bien

(2.10.4) $$||x_n - x_{n+1}|| \leq \frac{1}{2^n}$$

et on voit qu'on peut poursuivre le processus. On obtient ainsi une suite (x_n) et cette suite est une suite de Cauchy. En effet, si $n \geq m \geq 1$:

(2.10.5)

$$||x_n - x_m|| \leq ||x_n - x_{n-1}|| + ||x_{n-1} - x_{n-2}|| + \ldots + ||x_{m+1} - x_m|| \leq \sum_{i=m}^{n} \frac{1}{2^i} \leq \frac{1}{2^{m-1}}$$

Comme E est complet, cette suite est convergente. Nous avons donc montré que la suite donnée possède une sous-suite convergente, ce qui prouve que E est compacte (théorème 2.6.12). ∎

COROLLAIRE 2.10.14. - *Soit E un espace métrique complet. Pour qu'une partie A de E soit relativement compacte, il faut et il suffit qu'elle soit précompacte.*

DÉMONSTRATION: Cela résulte du théorème 2.10.13 et du fait qu'une partie A de E est précompacte si et seulement son adhérence est précompacte. Prouvons donc cette dernière équivalence. Si l'adhérence de A est précompacte, il est trivial que A l'est aussi. Inversement supposons A précompacte et soit $\epsilon > 0$. On peut trouver une famille finie de boules centrées en les points $x_1, \ldots, x_n$ de rayon $\frac{\epsilon}{2}$ telle que A soit recouvert par la réunion de ces boules. Soit x un point adhérent à A. Alors la boule de centre x et de rayon $\frac{\epsilon}{2}$ rencontre A donc rencontre une des boules précédentes, par exemple, la boule de centre x_k, en un point y. Alors, comme

$$d(x_k, x) \leq d(x_k, y) + d(y, x) \leq \frac{\epsilon}{2} + \frac{\epsilon}{2} = \epsilon$$

x appartient bien à boule de centre x_k et de rayon ϵ. Ainsi l'adhérence de A est recouverte par la réunion des boules centrées aux points $(x_i)_{i=1}^n$ et de rayon ϵ. Cette adhérence est donc bien précompacte. ∎

Produit d'espaces métriques complets.

THÉORÈME 2.10.15. *Soient E_1 et E_2 deux espaces métriques complets. Alors le produit $E = E_1 \times E_2$ pour l'une quelconque des métriques définies par (2.2.10), est lui aussi complet.*

DÉMONSTRATION: Plus généralement, appelons d_1 et d_2 les distances sur E_1 et E_2, et δ une distance sur le produit $E_1 \times E_2$, possédant les deux propriétés suivantes:

1°/ Elle définit sur $E_1 \times E_2$ la topologie produit des topologies définies par d_1 et d_2 sur E_1 et E_2.

2°/ Il existe un nombre k tel que, pour tout couple (x_1, x_2), (y_1, y_2) d'éléments de $E_1 \times E_2$, on ait les inégalités:

(2.10.6) $$k\,\delta((x_1, x_2), (y_1, y_2)) \geq d_1(x_1, y_1) \text{ et } \geq d_2(x_2, y_2)$$

Nous allons démontrer que, pour une telle métrique, $E_1 \times E_2$ est complet. Soit en effet $((x_1)_n, (x_2)_n)$ une suite de Cauchy de ce produit. D'après l'hypothèse 2°) relative à la métrique, la suite des $(x_1)_n$ est une suite de Cauchy sur E_1 et la suite des $(x_2)_n$ est une suite de Cauchy sur E_2. Comme ces espaces sont complets, ces suites convergent respectivement vers des éléments a_1 de E_1 et a_2 de E_2; mais alors, pour la topologie produit, c'est à dire pour la métrique δ considérée, la suite des $((x_1)_n, (x_2)_n)$ converge vers (a_1, a_2) dans $E_1 \times E_2$ qui est bien complet. ∎

Espaces polonais.

DÉFINITION 2.10.16. -*Soit E un espace topologique séparable. On dit que c'est un* **espace polonais** *s'il existe une métrique qui redonne sa topologie et qui en fait un espace complet.*

THÉORÈME 2.10.17. - *Soit E un espace polonais. Alors tout ouvert de E est un espace polonais (pour la topologie induite par E)*

DÉMONSTRATION: $\mathbf{R}$ la droite réelle munie de la métrique naturelle est un espace polonais. Le produit $E\times\mathbf{R}$ est un espace métrique complet pour l'une quelconque des métriques définies par (2.2.10) si d_1 (resp. d_2) est une métrique (resp. la métrique naturelle sur $\mathbf{R}$) sur E qui en fait un espace complet. Comme E et $\mathbf{R}$ sont à base dénombrable, il est facile de voir que $E\times\mathbf{R}$ est à base dénombrable. Alors cet espace est séparable. $E\times\mathbf{R}$ est donc un espace polonais. Soit U un ouvert de E. L'application

$$(x,\lambda) \longrightarrow \lambda\, d(x,U^c) \tag{2.10.7}$$

est une application continue. Alors le sous-ensemble F de $E\times\mathbf{R}$ défini par

$$F = \{(x,\lambda) : \quad \lambda\, d(x,U^c) = 1 \quad \} \tag{2.10.8}$$

est alors un ensemble fermé puisqu'il est l'image réciproque d'une partie fermée par une application continue. Il est facile de voir que F est alors un espace polonais. Sa topologie induite est donnée par la métrique induite; il est complet puisqu'il est fermé; et il est séparable comme tout sous-espace d'un espace métrisable séparable. Observons

$$(x,\lambda) \in F \iff d(x,U^c) \neq 0 \quad \text{et} \quad \lambda = \frac{1}{d(x,U^c)} \tag{2.10.9}$$

Comme

$$d(x,U^c) = 0 \iff x \in U^c$$

puisque U est ouvert donc U^c est fermé, on voit que l'application de F sur U, $(x,\lambda) \longrightarrow x$ est une bijection. On vérifie facilement que c'est un homéomorphisme, et par conséquent U est bien un espace polonais. ∎

COROLLAIRE 2.10.18. - *Tout espace localement compact à base dénombrable est un espace polonais*

DÉMONSTRATION: - Soit E un espace localement compact à base dénombrable. Nous avons vu que son compactifié d'Alexandroff E_ω est alors un compact métrisable séparable (théorème 2.8.20). Le théorème 2.10.13 permet d'affirmer que E_ω est complet pour une métrique compatible avec la topologie de E_ω. Comme E est un ouvert de E_ω et que la topoologie induite par E_ω est la topologie de E, E est bien un espace polonais et ceci achève la preuve du corollaire. ∎

Le Théorème de Baire.

THÉORÈME 2.10.19. *(théorème de Baire)- Soient E un espace métrique complet, et $\mathcal{O}_1, \mathcal{O}_2, \mathcal{O}_3, \ldots, \mathcal{O}_n, \ldots$, une suite d'ouverts denses de E. Alors l'intersection*

$$A = \bigcap_{0 \leq n \leq \infty} \mathcal{O}_n$$

(qui n'a plus de raison d'être ouverte) est encore dense dans E

DÉMONSTRATION: - Soit Ω un ouvert non vide quelconque de E; nous voulons démontrer que $\Omega \cap A$ n'est pas vide. Comme $\mathcal{O}_0$ est dense, il existe au moins un point de $\Omega \cap \mathcal{O}_0$, et comme c'est un ensemble ouvert il existe même une boule fermée $B_0 = B(a_0, \delta_0)$ entièrement contenue dans $\Omega \cap \mathcal{O}_0$. Répétons maintenant l'opération en remplaçant $\mathcal{O}_0$ par $\mathcal{O}_1$ et Ω par la boule ouverte $\overset{\circ}{B}_0$. Il existe alors une boule fermée $B_1 = B(a_1, \delta_1)$ entièrement contenue dans $\overset{\circ}{B}_0 \cap \mathcal{O}_1$, nous choisirons $\delta_1 \leq 1$. Et ainsi de suite; de proche en proche, nous pouvons trouver une suite de points a_n et une suite de nombres $\delta_n \leq \frac{1}{n}$ telles que chaque boule fermée $B_n = B(a_n, \delta_n)$ soit contenue dans la boule ouverte $\overset{\circ}{B}_{n-1} = \overset{\circ}{B}(a_{n-1}, \delta_{n-1})$ et de $\mathcal{O}_n$; toutes ces boules fermées sont donc elle-mêmes contenues dans Ω.

La suite des centres a_n des boules est une suite de Cauchy. En effet tous les points a_{n+p} pour $p \geq 0$ sont contenus dans la boule fermée B_n, on a donc

$$d(a_n, a_{n+p}) \leq \frac{1}{n}$$

Comme E est complet, la suite des a_n converge vers un point limite a. Comme tous les a_{n+p} pour $p \geq 0$ sont contenus dans la boule B_n fermée, a est nécessairement contenu dans B_n donc dans $\Omega \cap \mathcal{O}_n$; ceci étant vrai pour tout n, a appartient à $\Omega \cap A$, ce qui démontre le théorème. ∎

Il est commode d'utiliser ce théorème en utilisant le passage aux parties complémentaires; le complémentaire d'un ouvert est fermé, et le complémentaire d'un ensemble dense c'est à dire d'extérieur vide, est donc un ensemble d'intérieur vide; on a alors:

THÉORÈME 2.10.20. - *Soit E un espace métrique complet, et soit $F_1, F_2, F_3, \ldots, F_n, \ldots$, une suite d'ensembles fermés de E d'intérieur vide. Alors la réunion*

$$B = \bigcup_{0 \leq n \leq \infty} F_n$$

(qui n'a plus de raison d'être fermée) a encore un intérieur vide

Remarque 10 - On obtient le même théorème lorsqu'au lieu de supposer l'espace E « métrique complet », on le suppose « localement compact ». La démonstration est sensiblement la même. Les boules fermées B_n sont remplacées par des voisinages compacts.

Prolongement des applications uniformément continues.

THÉORÈME 2.10.21. - *Soient E et F des espaces métriques, E_1 un sous-espace dense de E, f_1 une application de E_1 dans F; on suppose f_1 uniformément continue sur E_1 et F complet. Alors il existe une application f et une seule de E dans F, qui soit continue et qui prolonge f_1; en outre, cette application est uniformément continue.*

DÉMONSTRATION: 1°) Même si f_1 est seulement continue et si F n'est pas complet, il ne peut exister plus d'une application f ayant les propriétés indiquées. Supposons en effet qu'il en existe une. Soit x un point de E; comme E_1 est dense, il existe d'après le théorème 2.6.7, une suite $x_0, x_1, x_2, \ldots, x_n, \ldots$ de E_1 convergeant vers x; alors si f est continue, d'après le théorème 2.6.8, la suite des $f(x_n) = f_1(x_n)$ converge vers $f(x)$ dans F. Ainsi $f(x)$ est entièrement connu, puisqu'il est la limite des $f_1(x_n)$, ce qui prouve l'unicité de f.

2°) Pour montrer l'existence de f, nous sommes obligés de supposer plus, nous avons supposé la continuité uniforme de f_1, et nous avons supposé F complet. Soit alors à nouveau x un point de E, choisissons une suite $x_0, x_1, x_2, \ldots, x_n, \ldots$ de E_1, convergeant vers x. Alors c'est une suite de Cauchy dans E; il en résulte immédiatement que la suite des $f_1(x_n)$ est une suite de Cauchy dans F. En effet, si $\epsilon > 0$ est donné, il existe, d'après l'hypothèse de continuité uniforme, un nombre $\eta > 0$ tel que $x' \in E_1$, $x'' \in E_1$, $d(x', x'') \leq \eta$ entraîne $d(f_1(x'), f_1(x'')) \leq \epsilon$. Comme $x_0, x_1, x_2, \ldots, x_n, \ldots$ est une suite de Cauchy, il existe un entier p tel que $m \geq p$, $n \geq p$, entraîne $d(x_m, x_n) \leq \eta$ et par suite $d(f_1(x_m), f_1(x_n)) \leq \epsilon$, ce qui prouve bien ce que nous affirmions.

Comme alors F est supposé complet, la suite des $f_1(x_n)$ admet une limite dans F; appelons la $f(x)$. Il faut d'abord montrer que $f(x)$ est bien déterminé quand x est connu, c'est à dire, ne dépend pas du choix de la suite des x_n. Or, si nous considérons deux quelconques de ces suites : x'_n et x''_n, toutes les deux convergentes vers x, la suite "mélangée", x'_0, x''_0, x'_1 , x''_1, x'_2, x''_2, $\ldots$, x'_n, x''_n, $\ldots$, est encore une suite de E_1 convergeant vers x, alors la suite : $f_1(x'_0)$, $f_1(x''_0)$, $f_1(x'_1)$, $f_1(x''_1)$, $f_1(x'_2)$, $f_1(x''_2)$, $\ldots$, $f_1(x'_n)$, $f_1(x''_n)$, $\ldots$ doit converger vers un élément de F, ce qui prouve bien que les deux suites $f_1(x'_n)$, $f_1(x''_n)$, ont la même limite dans F.

Ayant démontré cela, nous venons bien de définir une application f de E dans F. Cette application prolonge trivialement f_1, car, si x appartient à E_1, nous pourrons considérer la suite $x, x, x, \ldots, x, \ldots$ convergeant vers x, l'image $f(x)$ est alors la limite de la suite $f_1(x), f_1(x), f_1(x), \ldots, f_1(x), \ldots$ c'est à dire $f_1(x)$. Il nous reste donc à prouver la continuité uniforme de l'application f. Soit alors $\epsilon > 0$ donné, η le nombre qui est associé comme il est dit ci-dessus, par la continuité uniforme de f_1. Soient x et y des points quelconques de E tel que $d(x, y) \leq \frac{\eta}{2}$. Nous allons démontrer que l'on a $d(f(x), f(y)) \leq \epsilon$, ce qui prouvera bien la continuité uniforme. Soient x_n et y_n des suites de E_1, convergeant respectivement vers x et y. Alors d'après la continuité de la fonction distance (théorème 2.3.13), il existe un entier p tel que, pour $n \geq p$, on ait $d(x_n, y_n) \leq d(x, y) + \frac{\eta}{2}$. On en déduira, pour $n \geq p$, $d(x_n, y_n) \leq \eta$, et par suite $d(f_1(x_n), f_1(y_n)) \leq \epsilon$. Comme, dans F aussi, la fonction distance est continue, et que les suites $f_1(x_n)$ et $f_1(y_n)$ sont convergentes respectivement vers $f(x)$ et $f(y)$, alors $d(f_1(x_n), f_1(y_n))$ converge vers $d(f(x), f(y))$; on a donc aussi $d(f(x), f(y) \leq \epsilon$, et ceci achève la démonstration de ce théorème. ■

Remarque 12 - Il est essentiel de supposer l'espace F complet. Si par exemple nous prenons $F = E_1$ lui-même, et pour f_1 l'application identique de E_1, elle ne peut pas se prolonger en une application continue f de E dans E_1.

Soit en effet x un point de E n'appartenant pas à E_1. Soit x_n une suite de E_1 convergeant vers x. Alors, s'il existait un tel prolongement f, la suite des $f_1(x_n) = x_n$ convergerait vers $f(x)$ dans E_1, donc dans E; donc on aurait $f(x) = x$, ce qui est absurde, puisque $x \notin E_1$.

Remarque 12 - Il n'est pas non plus suffisant de supposer f_1 continue. Prenons par exemple $E = \overline{\mathbf{R}}$, muni de l'une quelconque des métriques (2.9.1) définies par (2.9.2) (2.9.3) ou (2.9.4) et $E_1 = \mathbf{R}$; prenons pour F, la droite $\mathbf{R}$ muni de sa métrique naturelle; alors F est complet, et on voit facilement que l'application identique f_1 de E_1 dans F est continue, mais elle n'est pas uniformément continue. Or elle ne peut manifestement pas se prolonger en une application continue f de $E = \overline{\mathbf{R}}$ dans $F = \mathbf{R}$. Considérons le point $x = +\infty$ de $E = \overline{\mathbf{R}}$, il est limite dans E de la suite des entiers naturels $1, \ldots, n, \ldots$ Mais l'image de cette suite, c'est à dire elle-même, n'est pas convergente dans $\mathbf{R}$, alors qu'elle devrait converger vers $f(+\infty)$ si f existait.

Théorème du point fixe.

DÉFINITION 2.10.22. *Soit E un espace métrique, f une application de E dans E. On dit que f est une* **contraction,** *s'il existe une constante $k < 1$, telle que l'on ait, pour tout couple d'éléments $(x, y) \in E \times E$, l'inégalité*

$$d(f(x), f(y)) \leq kd(x, y) \tag{2.10.10}$$

On dit que a est un **un point fixe** *pour une application f si l'on a $f(a) = a$*

La définition entraîne que si f est une contraction, f est en particulier lipschitzienne, et par conséquent uniformément continue.

THÉORÈME 2.10.23. *Toute contraction d'un espace métrique complet E dans lui-même admet un point fixe et un seul.*

DÉMONSTRATION: L'unicité du point fixe est évidente, même si E n'est pas complet. Si en effet a et b sont deux points fixes, on doit avoir

$$d(f(a), f(b)) = d(a, b) \leq kd(a, b) < d(a, b) \quad \text{si} \quad d(a, b) \neq 0 \tag{2.10.11}$$

On a donc nécessairement $d(a,b) = 0$, a et b sont confondus. Démontrons donc l'existence du point fixe. On va utiliser la méthode dite des **approximations successives**. Soit x_0 un point quelconque de E, posons

(2.10.24) $$x_1 = f(x_0) \quad , \quad x_2 = f(x_1) \quad , \quad \ldots x_n = f(x_{n-1}), \ldots$$

Nous formons ainsi une suite infinie $x_0, x_1, x_2, \ldots, x_n, \ldots$ d'éléments de E. Nous allons montrer que c'est une suite de Cauchy. Comme f est une contraction, on a la suite d'inégalités

(2.10.12) $$\begin{cases} d(x_2, x_1) \leq k\ d(x_1, x_0) \\ d(x_2, x_3) \leq k\ d(x_1, x_2) \leq k^2\ d(x_1, x_0) \\ \ldots\ldots\ldots\ldots\ldots\ldots\ldots\ldots\ldots\ldots \\ d(x_{n+1}, x_n) \leq k\ d(x_n, x_{n-1}) \leq \ldots \leq k^n d(x_1, x_0) \end{cases}$$

Mais alors,

(2.10.13) $$\begin{aligned} d(x_{n+p}, x_n) &\leq d(x_{n+p}, x_{n+p-1}) + d(x_{n+p-1}, x_{n+p-2}) + \ldots d(x_{n+1}, x_n) \\ &\leq (k^{p-1} + k^{p-2} + \ldots + k + 1)k^n d(x_1, x_0) \leq \frac{k^n}{1-k} d(x_1, x_0) \end{aligned}$$

On en déduit bien que $d(x_{n+p}, x_n)$ tend vers 0 quand n tend vers $+\infty$, donc que la suite des x_n est une suite de Cauchy; par suite, elle admet une limite a, puisque E est supposé complet. Comme alors x_n tend vers a, on voit que $x_{n+1} = f(x_n)$ tend vers $f(a)$ d'après la continuité de f, et, comme x_{n+1} tend aussi vers a, on a bien $f(a) = a$, et a est un point fixe. ∎

Remarque 13 - Le procédé précédent donne non seulement l'existence du point fixe, mais une méthode pratique pour le trouver. Remarquons que la suite des x_n est rapidement convergente. On a en effet :

(2.10.14) $$d(x_n, a) \leq \frac{k^n}{1-k}\ d(x_1, x_0)$$

Remarque 14 - L'hypothèse $k < 1$ est absolument indispensable, la condition $k \leq 1$ n'est pas suffisante pour entraîner ni l'existence ni l'unicité du point fixe.

L'application identique d'un espace métrique dans lui-même vérifie toujours l'inégalité (2.10.10) avec $k = 1$, et tous les points sont des points fixes. Par ailleurs, une translation $x \mapsto x + 1$ vérifie aussi l'inégalité (2.10.10) avec $k = 1$, mais ne possède aucun point fixe.

Remarque 15 - Soit f une application de E dans E qui ne soit nécessairement une contraction. Si l'une de ses **itérées** f_p est une contraction, alors l'application f a encore un point fixe et un seul.

Rappelons que les applications itérées d'une application f d'un ensemble E dans lui-même, sont définies par la formule :

(2.10.15) $$f_2 = fof \quad , \quad f_3 = fofof \quad , \quad f_p = fof_{p-1} = f_{p-1}of$$

Soit alors a un point fixe de f; il est aussi un point fixe pour l'une quelconque de ses itérées, mais, si l'une d'elles, f_p est une contraction, elle ne possède pas plus d'un point fixe, ce qui prouve que f elle-même n'a pas plus d'un point fixe.

Pour montrer l'existence, supposons, réciproquement, que a soit le point fixe unique de f_p, alors l'élément $f_{p+1}(a)$ peut s'écrire de deux manières, soit $f(f_p(a)) = f(a)$, soit $f_p(f(a))$, ce qui prouve que $f(a)$ est un autre point fixe pour f_p. Comme f_p est une contraction, elle n'a qu'un point fixe, on a nécessairement $f(a) = a$, et a est un point fixe de f. Ainsi f a bien le point fixe unique a. En outre on peut toujours l'obtenir par les mêmes approximations successives: la suite $x_0, x_1, x_2, \ldots, x_n, \ldots$ définie par (2.10.12) converge vers a. En effet chacune des p suites partielles

$$x_0, x_p, x_{2p}, \ldots x_{np}, \ldots \quad , \quad x_1, x_{p+1}, x_{2p+1}, \ldots x_{np+1}, \ldots$$
$$x_{p-1}, x_{2p-1}, x_{3p-1}, \ldots x_{np+p-1}, \ldots$$

converge vers a puisque c'est une suite d'approximations successives pour l'itérée f_p, ce qui signifie exactement que la suite toute entière $x_0, x_1, x_2, \ldots, x_n, \ldots$ converge vers a. (Remarquons que l'hypothèse que l'application f_p soit une contraction, n'implique pas nécessairement que f soit continue).

Supposons maintenant que la contraction f dépende de façon suffisamment régulière d'un paramètre λ. Alors, pour toute valeur de λ, elle possède un point fixe et un seul a_λ. Nous nous proposons de chercher si le point fixe a_λ dépend de manière continue du paramètre λ.

THÉORÈME 2.10.24. *Soit E un espace métrique complet, Λ un espace topologique, f une application de $E \times \Lambda$ dans E. Supposons que, pour tout x fixé dans E, l'application partielle*

$$\lambda \longrightarrow f(x, \lambda)$$

soit continue de Λ dans E, et que, pour tout $\lambda \in \Lambda$, l'application

$$f_\lambda : x \mapsto f(x, \lambda)$$

soit une contraction de E dans E, correspondant à un nombre $k < 1$ (formule (2.10.10)) indépendant de λ. Alors, si on appelle a_λ l'unique point fixe de f_λ, il dépend continuement du paramètre λ, autrement dit l'application $\lambda \mapsto a_\lambda$ de Λ dans E est continue.

DÉMONSTRATION: Appelons λ_0 un point de Λ. Soit $\epsilon > 0$ donné. On a alors les inégalités:

$$\begin{aligned} d(a_\lambda, a_{\lambda_0}) &= d(f_\lambda(a_\lambda), f_{\lambda_0}(a_{\lambda_0})) \leq d(f_\lambda(a_\lambda), f_\lambda(a_{\lambda_0})) + d(f_\lambda(a_{\lambda_0}), f_{\lambda_0}(a_{\lambda_0})) \\ &\leq k\, d(a_\lambda, a_{\lambda_0}) + d(f(a_{\lambda_0}, \lambda), f(a_{\lambda_0}, \lambda_0)) \\ &\text{d'où} \end{aligned}$$

$$(1-k)\, d(a_\lambda, a_{\lambda_0}) \leq d(f(a_{\lambda_0}, \lambda), f(a_{\lambda_0}, \lambda_0))$$

D'après la continuité partielle de f par rapport à λ pour x fixé en a_{λ_0}, il existe un voisinage V de λ_0 dans Λ tel que $\lambda \in V$ entraîne : $d(f(a_{\lambda_0}, \lambda), f(a_{\lambda_0}, \lambda_0)) \leq \epsilon\,(1-k)$. Alors $\lambda \in V$ entrainera aussi $d(a_\lambda, a_{\lambda_0}) \leq \epsilon$, ce qui prouve bien la continuité de l'application considérée, au point λ_0 de Λ. ∎

Propriétés particulières aux espaces vectoriels topologiques de dimension finie.

Nous avons déjà vu de telles propriétés: le théorème 2.5.16, le théorème 2.5.17, le corollaire 2.10.10. Il nous reste à démontrer la propriété suivante:

THÉORÈME 2.10.25. *(Frédéric Riesz) Pour qu'un espace vectoriel topologique soit localement compact, il faut et il suffit qu'il soit de dimension finie.*

DÉMONSTRATION: - Pour simplifier, nous supposerons que E est un espace vectoriel normé; des modifications infimes donneraient le résultat général. Nous savons déjà que s'il est de dimension finie, il est localement compact; c'est la réciproque qu'il nous faut montrer. Supposons donc que E ait un voisinage compact V de 0. Nous prendre alors pour V une boule, en effet puisque E est normé, V contient une boule fermée qui est alors compacte puisque V est compact. Nous emploierons les notations suivantes: si A est une partie de E , $\lambda\, A$, λ scalaire, est l'ensemble $\{ \lambda\, x \;:\; x \in A\}$; si A et B sont deux parties de E, $A + B$ est l'ensemble $\{x+y \;:\; x \in A, y \in B\}$ (attention $2\,A$ est contenu dans $A+A$, mais en général distinct). Un sous-espace vectoriel M de E est alors caractérisé par $M + M = M$ et $\lambda M \subset M$ pour tout λ. Alors $2\,\mathring{V}$ est encore un voisinage de 0; et, pour tout $a \in E$, $a + V$ est un voisinage de a ; $a + \mathring{V}$ est un voisinage ouvert de a. Lorsque a varie dans $2\,V$, les $a + \mathring{V}$ forment un recouvrement ouvert de $2\,V$; d'après l'hypothèse de compacité, il en existe un nombre fini $a_1, a_2, \ldots, a_n$, tels que les $a_i + V$ recouvrent $2\,V$. Soit M le sous-espace vectoriel engendré par les a_i; il est de dimension finie, et $M + V$ recouvre $2\,V$.

Alors

$$M + V = M + M + V \supset M + 2V.$$

En multipliant par 2,

$$M + V \supset M + 2V = 2M + 2V = 2(M+V) \supset 2(M + 2\,V) = 2\,M + 4V = M + 4\,V.$$

Et ainsi de suite: pour tout n,

$$M + V \supset M + 2^n\, V \supset 2^n\, V.$$

Mais la réunion des $2^n\ V$ est l'espace entier , donc $M+V$ est l'espace entier. Nous allons en déduire que M est déjà l'espace entier, qui sera donc bien de dimension finie. Si ce n'était pas vrai, il existerait un point $a \notin M$. Mais M est fermé (corollaire 2.10.10). Donc il existerait une boule de centre a qui ne rencontrerait pas M; cette boule peut s'écrire $a+B$, B boule de centre origine. Alors $M+B$ ne contiendrait pas a. Pour $\rho > 0$ quelconque, $M + \rho\ B = \rho\ M + \rho B$ ne contiendrait pas $\rho\ a$: on aurait $\rho a \notin M + \rho B$. Mais V, étant lui même une boule de centre origine, est égal à ρB pour un ρ assez grand; alors on aurait $\rho a \notin M + V$, ce qui serait contraire au résultat antérieurement obtenu : $M + V = E$.

Comme nous l'avons dit la démonstration précédente est trés proche de la démonstration générale car les boules ne jouent pas un rôle essentiel. Voici une autre démonstration qui s'appuie, tout au contraire, sur la norme de E.

Supposons que E soit de dimension infinie, soit $y_0 \in E$ de norme 1 et supposons alors qu'on ait pu choisir $y_1, y_2, \ldots, y_n$ dans E de telle façon que l'on ait

$$||y_k|| = 1 \quad , \quad ||y_k - y_l|| \geq \frac{1}{2} \tag{2.10.16}$$

pour tous les entiers k et l inférieurs à n, $k \neq l$. Comme E est de dimension infinie, il existe certainement un point $z \in E$ qui n'appartient pas au sous-espace M de dimension finie engendré par les $y_0, y_1, \ldots, y_n$. Comme M est fermé (Corollaire 2.10.10), $d(z, M) = \alpha > 0$ (Corollaire 2.2.24), il existe $u \in M$ tel que $||z-u|| \leq 2\alpha$. Posons

$$y_{n+1} = \frac{z-u}{||z-u||}$$

alors on a bien $||y_{n+1}|| = 1$ et d'autre part, pour tout $y \in M$, on a

$$||y_{n+1} - y|| = ||\frac{z-u}{||z-u||} - y|| = \frac{||(z-u) - ||z-u||\, y||}{||z-u||} \geq \frac{\alpha}{2\alpha} = \frac{1}{2}$$

car d'une part $||z-u|| \leq 2\alpha$ et d'autre part, $u + ||z-u||\ y = v \in M$ donc $||z-v|| \geq \alpha$. On a démontré l'existence de y_{n+1} et le théorème de récurrence montre qu'on peut construire ainsi toute une suite (y_n) satisfaisant les relations (2.10.16). Il est clair que cette suite n'a aucune sous-suite convergente, donc la boule unité (et par suite toutes les boules) de E ne sont compactes. ∎

§11. THÉORIE ÉLÉMENTAIRE DES ESPACES VECTORIELS NORMES ET DES ESPACES DE BANACH

Norme d'une application linéaire continue.

Soient E et F deux espaces vectoriels normés sur le même corps $\mathbf{K}$, que nous supposerons toujours être ou le corps des nombres réels ou le corps des nombres complexes(*). Soit u une application de E dans F. Rappelons que l'on dit que u est une application linéaire , si l'on a :

(2.11.1) $\quad u(x+y) = u(x) + u(y) \quad , \quad u(\lambda x) = \lambda x \quad ; \quad \lambda \in K\ , x \in E\ , y \in E.$

THÉORÈME 2.11.1. *Si E est de dimension finie, une application linéaire de E dans F est nécessairement continue, et même lipschitzienne, donc uniformément continue.*

DÉMONSTRATION: En effet, comme toutes les normes sur E sont équivalentes (théorème 2.5.19), il suffira, pour la continuité aussi bien que pour la continuité uniforme(**) de supposer que E est muni d'une base $e_1, e_2, \ldots, e_n$, et que, pour tout vecteur x de coordonnées $x_1, x_2, \ldots, x_n$, la norme est définie par

$$||\mathrm{x}|| = \max_{1 \leq i \leq n} |x_i|$$

On a alors,

$$||u(x) - u(x')|| = ||u(x - x')|| = ||u(\sum_{i=1}^{n}(x_i - x'_i)e_i)|| = ||\sum_{i=1}^{n}(x_i - x'_i)u(e_i))||$$
$$\leq \sum_{i=1}^{n} ||u(e_i)|| \max_{1 \leq i \leq n} |x_i - x'_i| \leq k\ ||x - x'||$$

Ce qui prouve notre théorème.

(*)Tout espace vectoriel sur le corps des nombres complexes est a fortiori un espace vectoriel sur le corps des nombres réels. Si alors, E et F sont des espaces vectoriels, l'un sur les réels, l'autre sur les complexes, on les considérera tous deux comme espaces vectoriels sur les réels. On convient de noter par le même symbole 0, les éléments neutres(généralement distincts) de E et de F. On a alôrs $u(0) = 0$. On note aussi généralement par le même symbole $||\ ||$ les normes dans E et dans F.

(**)La continuité est une propriété topologique et non métrique. Il n'en est pas de même de la continuité uniforme; mais le théorème assure, que pour la continuité uniforme d'une application d'un espace vectoriel normé dans un autre on peut remplacer les normes par des normes équivalentes

Remarque 1 - Si au contraire E est de dimension infinie, il n'en est plus du tout ainsi; si paradoxal que cela paraisse a priori, il existe des applications linéaires discontinues. Donnons un exemple: Prenons pour E l'espace vectoriel sur le corps des nombres réels, des fonctions polynômiales à coefficients réels.(*). Prenons la norme suivante:

$$||P|| = \max_{0 \leq x \leq 1} |P(x)| \tag{2.11.2}$$

Il s'agit bien d'une norme, car toutes les inégalités voulues sont trivialement vérifiées (l'existence du maximum considéré résulte de la continuité de P, et du corollaire 2.7.4 ; on a trivialement $||\lambda\ P|| = |\lambda|||P||$, si λ est un nombre réel, et $||P+Q|| \leq ||P|| + ||Q||$, si P et Q sont deux fonctions polynômiales; d'autre part le fait que pour $P \not\equiv 0$, on ait :$||P|| > 0$ résulte de ce que, si $||P|| = 0$, alors, la fonction polynôme, nulle sur [0,1] est identiquement nulle.)

Prenons pour u l'application à valeurs réelles sur E, qui, à chaque fonction polynômiale P, fait correspondre sa valeur au point $x = 3$: $u(P) = P(3)$. C'est manifestement une forme linéaire sur E; montrons que cette forme linéaire est discontinue. Pour cela il nous suffit de considérer la suite des fonctions polynômiales définie par

$$P_n(x) = (\frac{x}{2})^n \tag{2.11.3}$$

On a bien évidemment $||P_n|| = \frac{1}{2^n}$, donc cette suite converge vers 0 dans E; cependant $P_n(3) = (\frac{3}{2})^n$, donc la suite des valeurs $u(P_n)$ tend vers $+\infty$, ce qui prouve bien la discontinuité de u.

THÉORÈME 2.11.2. *Toute application linéaire d'un espace vectoriel normé E dans un espace vectoriel normé F, continue à l'origine, est continue partout; elle est même lipschitzienne, donc uniformément continue. Pour qu'il en soit ainsi, il faut et il suffit qu'il existe une constante $k \geq 0$ telle que l'on ait :*

$$||u(x)|| \leq k\ ||x|| \quad , \quad \textit{pour tout} \quad x \in E \tag{2.11.4}$$

DÉMONSTRATION: Démontrons d'abord que, si u est continue à l'origine, il existe un nombre k tel que l'on ait (2.11.4). La continuité de u à l'origine entraine l'existence d'un nombre $\eta > 0$ tel que

$$||x|| \leq \eta \quad \text{entraîne} \quad ||u(x)|| \leq 1$$

(*)L'addition et la multiplication par les réels sont l'addition usuelle des fonctions et leur multiplication par les réels; E est bien un espace vectoriel dont l'élément0 est la fonction $\equiv 0$. L'espace vectoriel des fonctions polynômiales de degré $\leq m$ a la dimension $m+1$; une de ses bases est constituées par les fonctions $x \mapsto 1; x \mapsto x; x \mapsto x^2; \ldots x \mapsto x^m$; l'espace vectoriel de toutes les fonctions polynômiales a donc une dimension infinie.

Alors, par une homothétie de rapport λ, u étant linéaire,

$$||x|| \leq \lambda\, \eta \quad \text{entraîne} \quad ||u(x)|| \leq \lambda$$

Mais la première de ces inégalités est toujours vérifiée si l'on prend $\lambda = \dfrac{||x||}{\eta}$, on en déduit que l'on a toujours l'inégalité

$$||u(x)|| \leq k\; ||x||$$

ce qui est bien l'inégalité cherchée si l'on prend $k = \frac{1}{\eta}$.

Inversement, supposons qu'il existe un nombre k tel que l'on ait l'inégalité 2.11.4. Alors, non seulement u est continue à l'origine, mais partout continue, et lipschitzienne, car en vertu de la linéarité de u, on a :

$$||u(x) - u(x')|| = ||u(x - x')|| \leq k||\, x - x'|| \,, \tag{2.11.5}$$

ce qui prouve notre assertion. ∎

Remarque 2 - Ce théorème contient le théorème 2.4.2 comme cas particulier. En effet, écrire que deux normes sur un espace vectoriel sont équivalentes, c'est écrire que l'application identique de E, muni de l'une quelconque de ces deux normes, sur E, muni de l'autre norme, est continue; alors (2.11.4) donne (2.4.1).

Noyau et Image d'une application linéaire continue.

DÉFINITION 2.11.5. *Soient E et F, des espaces vectoriels sur un corps K, u une application linéaire de E dans F. On appelle* **noyau** *de u, l'ensemble des x de E tel que $u(x) = 0$. C'est encore l'image réciproque $u^{-1}(\{0\})$. On appelle* **image** *de u l'image $u(E)$ de E par u.*

THÉORÈME 2.11.6. *Soient E et F, des espaces vectoriels sur un corps K, u une application linéaire de E dans F. Le noyau et l'image de u sont des sous-espaces vectoriels de E et F respectivement. Si E et F sont des espaces vectoriels normés, et si u est continue, le noyau est un sous-espace fermé.*

Si E est de dimension finie, la dimension de l'image - appelée **rang** *de u - est égale à la différence de la dimension de E et de la dimension du noyau de u : $dim\ u(E) = dim\ E - dim\ ker\ u$.*

DÉMONSTRATION: Il est facile de vérifier que le noyau et l'image sont des sous-espaces vectoriels de E et F respectivement. Si E et F sont normés et u continue, le noyau est fermé puisqu'il est l'image réciproque d'une partie réduite à un point, qui est une partie fermée, par une application continue (théorème 2.3.9). Le sous-espace vectoriel $u(E)$ est isomorphe à l'espace vectoriel quotient de E par le noyau de u, qui est lui même isomorphe au supplémentaire du noyau. Par suite, si E est de dimension finie, on a la relation cherchée entre les dimensions de E, du noyau de u et de l'image de u. ∎

Rappelons que, si E et F sont de dimension finie, et si l'on y a choisi des bases, u s'exprime par une matrice; le rang de u est alors le rang le plus élevé des mineurs $\neq 0$ de cette matrice.

L'image de u n'est pas nécessairement fermée, même lorsque u est continue.(*)

DÉFINITION 2.11.7. *La borne inférieure des nombres k tels que l'on ait l'inégalité (2.11.4) s'appelle* **la norme de l'application linéaire** *u(**). Cette norme se note $||u||$ et se définit encore par les relations suivantes(***)*

$$(2.11.6) \qquad ||u|| = \sup_{x\neq 0} \frac{||u(x)||}{||x||} = \sup_{||x||\leq 1, x\neq 0} ||u(x)|| = \sup_{||x||=1} ||u(x)||$$

Notons en particulier que l'on a toujours :

$$(2.11.7) \qquad ||u(x)|| \leq ||u|| \, ||x||$$

THÉORÈME 2.11.8. *L'ensemble $\mathcal{L}(E\,;F)$ des applications linéaires continues d'un espace vectoriel normé E dans un espace vectoriel normé F, admet lui-même une structure d'espace vectoriel normé, avec la norme définie par (2.11.6).En outre, si G est un troisième espace vectoriel normé, si $u \in \mathcal{L}(E;F)$ et si $v \in \mathcal{L}(F;G)$, on sait que $vou \in \mathcal{L}(E;G)$, et on a l'inégalité*

$$(2.11.8) \qquad ||v \circ u|| \leq ||u|| \, ||v||$$

DÉMONSTRATION: - Montrons d'abord que $\mathcal{L}(E;F)$ possède une structure d'es- -pace vectoriel sur K. Soient u_1 et u_2 deux applications linéaires continues de E dans F, nous définirons $u_1 + u_2$ par la relation

$$(2.11.9) \qquad (u_1 + u_2)(x) = u_1(x) + u_2(x)$$

On vérifie que nous venons bien de définir une nouvelle application linéaire de E dans F; d'autre par l'inégalité (déduite de 2.11.7)

$$(2.11.10) \qquad ||(u_1 + u_2)(x)|| \leq ||u_1(x)|| + ||u_2(x)|| \leq (||u_1|| + ||u_2||) \, ||x||$$

montre qu'elle est continue, autrement dit que $u_1 + u_2 \in \mathcal{L}(E;F)$ et en outre, d'après (2.11.6) que :

$$(2.11.11) \qquad ||u_1 + u_2|| \leq ||u_1|| + ||u_2||$$

Nous voyons donc bien que nous avons mis sur $\mathcal{L}(E;F)$ une structure d'addition. Cette addition fait de $\mathcal{L}(E;F)$ un groupe abélien. L'élément neutre de ce groupe est ce qu'on appelle l'aplication nulle ou application 0, c'est à dire celle qui fait correspondre à tout élément de E, la valeur 0 dans F.

(*)L'image directe d'une partie fermée par une application continue n'a pas de raison d'être fermée !

(**)On peut aussi convenir, si u est une application linéaire discontinue, de poser $||u|| = +\infty$. Noter qu'en fait cette borne inférieure est un minimum.

(***)Il faut observer que si $E = \{0\}$, alors $\sup \emptyset = 0$.

Soit maintenant λ un scalaire; pour $u \in \mathcal{L}(E;F)$, nous définissons λu par

$$(\lambda\, u)(x) = \lambda\, u(x) \tag{2.11.12}$$

On vérifie que nous définissons bien là une application linéaire λu; en outre cette application est continue, autrement dit $\lambda u \in \mathcal{L}(E;F)$, car

$$\|\lambda u(x)\| = |\lambda| \|u(x)\| \leq |\lambda|\, \|u\|\, \|x\| \tag{2.11.13}$$

de plus , on a

$$\|\lambda u\| = \sup_{\|x\|=1} \|(\lambda\, u)(x)\| = |\lambda| \sup_{\|x\|=1} \|u(x)\| \tag{2.11.14}$$

Autrement dit, on a

$$\|\lambda u\| = |\lambda|\, \|u\| \tag{2.11.15}$$

Nous avons ainsi défini sur $\mathcal{L}(E;F)$ une multiplication par les scalaires; et il est facile de voir que cette multiplication possède par rapport à l'addition des éléments de $\mathcal{L}(E;F)$, toutes les propriétés requises pour faire de $\mathcal{L}(E;F)$ un espace vectoriel sur K. En outre (2.11.11) et (2.11.15) montrent que l'application $u \mapsto \|u\|$ est bien une norme (le fait que $\|u\| = 0$ entraîne $u = 0$ est évident, à cause de l'inégalité (2.11.7)); ainsi $\mathcal{L}(E;F)$ est un espace vectoriel normé.

Si maintenant $u \in \mathcal{L}(E;F)$ et $v \in \mathcal{L}(F;G)$, alors $vou \in \mathcal{L}(E;G)$(*); d'autre part

$$\|(vou)(x)\| \leq \|v\|\, \|u(x)\| \leq \|v\|\, \|u\|\, \|x\| \tag{2.11.16}$$

Donc d'après (2.11.5), on a bien l'inégalité (2.11.8) annoncée. ∎

En particulier, si F est le corps des scalaires, une application de E dans K, s'appelle aussi une forme linéaire sur E; l'espace des formes linéaires continues se note aussi E', et s'appelle le **dual** de E, il est lui même un espace vectoriel normé(**).

(*)La composée de deux applications linéaires est linéaire et la composée de deux applications continues est continue (théorème 2.3.10).

(**)On appelle dual algébrique d'un espace vectoriel E, l'espace vectoriel des formes linéaires sur E. Il est noté E^*. Cette définition coïncide avec la nôtre si E est de dimension finie car alors, pour toute norme sur E, toute forme linéaire est continue (théorème 2.11.1). Mais, si E est de dimension infinie, et normé, les formes linéaires discontinues ne sont pas intéressantes et on préfère réserver le nom de dual (ou dual topologique) à l'espace des formes linéaires continues.

Notation - Si $u \in \mathcal{L}(E;F)$ et $x \in E$, il est assez commode de noter $u.x$ (ou même ux) l'image $u(x)$ de x par u. Si maintenant $v \in \mathcal{L}(F;G)$, on note souvent $v.u$ ou vu la composée vou. Alors $(vou)(x) = v(u(x))$ peut se noter $(v.u).x$ ou $v.(u.x)$ ou $v.u.x$ ou vux. Si $F = E$, et $u \in \mathcal{L}(E;E)$, l'itérée $u \circ u$ se nota alors u^2, l'itérée $u \circ u o u$ se note u^3, etc ....

THÉORÈME 2.11.9. *Soient E et F des espaces vectoriels normés, E_1 un sous-espace vectoriel dense de E, et u_1 une application linéaire continue de E_1 dans F. Si F est complet, il existe une application et une seule, u, de E dans F, qui prolonge u_1 et qui soit continue; cette application est linéaire, et la norme de u dans $\mathcal{L}(E;F)$ est égale à la norme de u_1 dans $\mathcal{L}(E_1;F)$.*

DÉMONSTRATION: Comme u_1 est linéaire et continue, elle est uniformément continue (théorème 2.11.1); donc, d'après le théorème 2.10.21, il existe une application continue u et une seule de E dans F, prolongeant u_1. Montrons d'abord que u est linéaire. Soit x et y deux éléments de E, et λ un scalaire; soit $x_0, x_1, x_2, \ldots, x_n, \ldots$ et $y_0, y_1, y_2, \ldots, y_n, \ldots$ des suites d'éléments de E_1 convergeant vers x et y respectivement; alors, comme E est un espace vectoriel topologique (définition 2.3.13), la suite des $x_n + y_n$ converge vers $x + y$ et la suite des λx_n converge vers λx.

On a alors

$$(2.11.17) \qquad \begin{cases} u(x+y) = \lim\limits_{n\to\infty} u_1(x_n + y_n) \qquad = \lim\limits_{n\to\infty}[u_1(x_n) + u_1(y_n)] \\ = \lim\limits_{n\to\infty} u_1(x_n) + \lim\limits_{n\to\infty} u_1(y_n) = u(x) + u(y) \\ u(\lambda x) = \lim\limits_{n\to\infty} u_1(\lambda x_n) = \lim\limits_{n\to\infty} \lambda u_1(x_n) \\ = \lambda \lim\limits_{n\to\infty} u_1(x_n) = \lambda u(x) \end{cases}$$

1 Ce qui prouve bien que u est linéaire. Montrons que la norme de u dans $\mathcal{L}(E;F)$ est égale à la norme de u_1 dans $\mathcal{L}(E_1;F)$; d'après la définition de la norme ((2.11.6)) on a trivialement $||u_1|| \leq ||u||$; par ailleurs, si $x \in E$ est la limite des $x_n \in E_1$ alors $u(x)$ est la limite des $u_1(x_n)$. De l'inégalité

$$||u_1(x_n)|| \leq ||u_1|| \, ||x_n||$$

et de la continuité de la norme (théorème 2.3.8), on en déduit alors, par passage à la limite,

$$||u(x)|| \leq ||u_1|| \, ||x||$$

ce qui prouve que $||u|| \leq ||u_1||$ donc $= ||u_1||$. ∎

THÉORÈME 2.11.10. *Dans les conditions de l'énoncé du théorème 2.11.9, c'est à dire si E_1 est dense dans E, et F est complet, on peut identifier les espaces vectoriels normés $\mathcal{L}(E;F)$ et $\mathcal{L}(E_1;F)$.*

DÉMONSTRATION: En effet, à toute application linéaire continue u de E dans F, faisons correspondre sa restriction u_1 à E_1; le théorème nous dit précisément que la correspondance ainsi définie $u \mapsto u_1$ de $\mathcal{L}(E;F)$ dans $\mathcal{L}(E_1;F)$, est une bijection, conservant la structure vectorielle et conservant les normes.

Cela signifie bien que les deux espaces vectoriels normés $\mathcal{L}(E;F)$ et $\mathcal{L}(E_1;F)$ peuvent être identifiés.

Espaces de Banach- Algèbres de Banach.

DÉFINITION 2.11.11. *On appelle espace de Banach un espace vectoriel normé complet, sur le corps K des réels ou des complexes.*

Il résulte du théorème 2.11.7 que tout espace vectoriel normé de dimension finie est un espace de Banach.

THÉORÈME 2.11.12. *Si E et F sont des espaces vectoriels normés, et si F est un espace de Banach, alors $\mathcal{L}(E;F)$ est un espace de Banach. En particulier, le dual E' de E est un espace de Banach.*

DÉMONSTRATION: Il nous suffit naturellement de démontrer la première affirmation; comme le corps des scalaires K est un Banach, la seconde affirmation en résultera immédiatement ($E' = \mathcal{L}(E;K)$). Soit donc $u_0, u_1, u_2, \dots, u_n, \dots$ une suite de Cauchy dans $\mathcal{L}(E;F)$. Cela signifie que, lorsque m et n tendent vers $+\infty$, $||u_m - u_n||$ tend vers 0. Pour tout x fixé dans E, on a

$$||u_m(x) - u_n(x)|| \leq ||u_m - u_n|| \; ||x||$$

ce qui prouve que la suite des $u_n(x)$ est une suite de Cauchy dans F. Comme F est supposé complet, cette suite converge vers un élément de F, que nous appelons $u(x)$. Nous venons donc de définir une application u: $x \mapsto u(x)$ de E dans F. Montrons que u est linéaire. Soient x et y des éléments de E et λ un scalaire; on a

$$(2.11.18) \qquad \begin{cases} u(x+y) = \lim\limits_{n\to\infty} u_n(x+y) = \lim\limits_{n\to\infty} (u_n(x) + u_n(y)) \\ \qquad = \lim\limits_{n\to\infty} u_n(x) + \lim\limits_{n\to\infty} u_n(y) = u(x) + u(y); \\ u(\lambda x) = \lim\limits_{n\to\infty} u_n(\lambda x) = \lim\limits_{n\to\infty} \lambda\, u_n(x) \\ \qquad = \lambda \lim\limits_{n\to\infty} u_n(x) = \lambda\, u(x) \end{cases}$$

Ce qui prouve la linéarité de u.

Montrons maintenant que u est continue. D'après le critère de Cauchy, pour tout $\epsilon > 0$ donné,il existe un entier p tel que pour $m \geq p$ et $n \geq p$, entraîne $||u_m - u_n|| \leq \epsilon$. On en déduit que, pour $m \geq p$ et $n \geq p$, on a $||u_m|| \leq ||u_n|| + \epsilon$. On a donc aussi :

$$(2.11.19) \qquad ||u_m(x) - u_n(x)|| \leq \epsilon ||x||$$

$$(2.11.20) \qquad ||u_m(x)|| \leq (||u_n|| + \epsilon)||x||$$

Fixons $n \geq p$ et x, et faisons tendre m vers $+\infty$ dans (2.11.20); on obtient

$$||u(x)|| \leq (||u_n|| + \epsilon)||x|| \tag{2.11.21}$$

donc u est bien continue, c'est bien un élément de $\mathcal{L}(E;F)$. Si maintenant, toujours pour $n \geq p$ et x fixés, nous faisons tendre m vers $+\infty$ dans (2.11.19), nous obtenons

$$||u(x) - u_n(x)|| \leq \epsilon||x|| \tag{2.11.22}$$

donc

$$||u - u_n|| \leq \epsilon \tag{2.11.23}$$

Cela montre que u_n tend vers u dans l'espace normé $\mathcal{L}(E;F)$, pour n tendant vers $+\infty$, donc $\mathcal{L}(E;F)$ est bien complet. ∎

DÉFINITION 2.11.13. *Une* **algèbre** $\mathcal{A}$ *sur le corps* K *est un espace vectoriel sur* K *muni en outre d'une application bilinéaire de* $\mathcal{A} \times \mathcal{A}$ *dans* $\mathcal{A}$*, appelée multiplication, notée* $(x, y) \mapsto xy$*, associative(*) :* $(xy)z = x(yz)$ *et ayant une unité* $e \neq 0$ $(ex = x$ *pour tout* $x \in \mathcal{A})$.

Une **algèbre normée**, *est une algèbre, qui est aussi un espace vectoriel normé, tel que*

$$||e|| = 1 \quad , \quad ||x\, y|| \leq ||x||\, ||y|| \tag{2.11.24}$$

Une **algèbre de Banach** *est une algèbre normée complète.*

Le corps **K** lui-même est une algèbre de Banach

THÉORÈME 2.11.14. - *Soient* E *un espace vectoriel normé,* $\mathcal{L}(E;E)$ *est une algèbre normée pour l'opération interne*

$$(u, v) \mapsto vou\ .$$

C'est une algèbre de Banach si E *est un espace de Banach.*

DÉMONSTRATION: - C'est une conséquence des théorèmes 2.11.8 et 2.11.12.

(*)Pour certains auteurs, une algèbre n'est pas nécessairement associative. Les seules algèbres que nous considérons dans le cadre de cet ouvrage sont associatives.

Le théorème de Banach -Steinhauss.

THÉORÈME 2.11.15. *(Banach-Steinhauss) Soient u_n des applications linéaires continues d'un espace de Banach E dans un espace vectoriel normé F. Si les fonctions u_n, définies sur E à valeurs dans F, convergent simplement pour n infini vers la fonction u, alors les $||u_n||$ sont bornées par un nombre fixe M, u est linéaire et continue, et les u_n convergent vers u uniformément sur toute partie $\mathcal{A}$ compacte de E.*

DÉMONSTRATION: - C'est essentiellement une conséquence du théorème 2.10.20 (Théorème de Baire). Démontrons d'abord la première partie du théorème, à savoir que les $||u_n||$ sont bornées. Appelons F_k l'ensemble des points x de E où tous les $||u_n(x)||$ sont majorés par k. L'ensemble

$$F_{n,k} = \{x \in E : ||u_n(x)|| \leq k\}$$

est fermé puisque u_n est continue, donc $F_k = \bigcap_{n=0}^{\infty} F_{n,k}$ est aussi fermé. La réunion des F_k, pour $k = 0, 1, 2, \ldots$, est l'espace E tout entier; en effet, pour tout $x \in E$, les $u_n(x)$ sont supposés avoir une limite, donc leurs normes sont bornées, donc il existe un k (dépendant de x) tel que tous les $||u_n(x)||$ soient $\leq k$, ou $x \in F_k$.

Comme E est métrique complet (Banach), le théorème de Baire (théorème 2.10.20) nous dit qu'il est impossible que tous les F_k aient un intérieur vide. Donc il existe un k tel que F_k ait un intérieur non vide, donc une une boule $B(a, \rho)$ contenue dans F_k. Alors, pour $||x|| \leq \rho$, on a, pour tout n,

$$||u_n(x)|| \leq ||u_n(x + a)|| + ||u_n(a)|| \leq 2k$$

donc

$$||u_n|| \leq \frac{2k}{\rho} ,$$

ce qui démontre notre affirmation [Remarquons que ce résultat ne suppose nullement que les u_n convergent simplement, mais seulement que, pour tout x de E, les $||u_n(x)||$ soient bornées; la borne dépend de x de manière a priori arbitraire, mais la démonstration précédente nous apprend que les $||u_n||$ sont bornées autrement dit qu'il existe M tel que la borne des $||u_n(x)||$ soit $\leq M\ ||x||$].

Il est évident que u est linéaire; car de $u_n(x + y) = u_n(x) + u_n(y)$, on en déduit immédiatement, par passage à la limite, que $u(x + y) = u(x) + u(y)$; de même $u(kx) = ku(x)$. Il est aussi évident que u est continue et de norme $\leq M$; car de $||u_n(x)|| \leq M\ ||x||$, on déduit par passage à la limite, $||u(x)|| \leq M\ ||x||$.

Soient $\mathcal{A}$ un compact de E, $\epsilon > 0$ est donné; il existe un nombre fini de boules ouvertes de même rayon $\frac{\epsilon}{3M}$, de centres $(a_i)_{i \in J}$, qui recouvrent $\mathcal{A}$. D'après l'hypothèse de convergence simple, pour chacun de ces centres, on peut trouver un entier p_i tel que $n \geq p_i$ entraîne

$$\|u_n(a_i) - u(a_i)\| \leq \frac{\epsilon}{3}. \tag{2.11.25}$$

Si alors on appelle p le plus grand des p_i, on voit que, pour $n \geq p$ et x situé à une distance $\leq \dfrac{\epsilon}{3M}$ de a_i, on a nécessairement:

$$\begin{aligned}\|u_n(x) - u(x)\| &\leq \|u_n(x) - u_n(a_i)\| + \|u_n(a_i) - u(a_i)\| + \|u(a_i) - u(x)\| \\ &\leq M\,\frac{\epsilon}{3M} + \frac{\epsilon}{3} + M\,\frac{\epsilon}{3M} = \epsilon\end{aligned}$$

Mais, comme tout point de $\mathcal{A}$ est à une distance $\leq \dfrac{\epsilon}{3M}$ de l'un des a_i, finalement on a, pour tout x de $\mathcal{A}$, et $n \geq p$, l'inégalité $\|u_n(x) - u(x)\| \leq \epsilon$, donc les u_n convergent vers u uniformément sur $\mathcal{A}$, et ceci achève la démonstration du théorème. ∎

THÉORÈME 2.11.16. *Soient E_1 et E_2 deux espaces vectoriels normés. Toute application linéaire continue u de $E_1 \times E_2$ dans un espace vectoriel normé F s'exprime, d'une manière et d'une seule, sous la forme*

$$u(x_1, x_2) = u_1(x_1) + u_2(x_2) \tag{2.11.26}$$

où u_1 (resp. u_2) est une application linéaire continue de E_1 (resp. E_2) dans F. Réciproquement, si u_1 (resp. u_2) est une application linéaire continue de E_1 (resp. E_2) dans F, l'application u définie par (2.11.26) est linéaire et continue de $E_1 \times E_2$ dans F.

DÉMONSTRATION: Etant donné u, nous définirons u_1 comme suit: la valeur de u_1 sur un élément x_1 de E_1 est la valeur de u sur l'élément $(x_1, 0)$ de $E_1 \times E_2$: $u_1(x_1) = u(x_1, 0)$. Nous définirons de la même manière l'application u_2 de E_2 dans F; u_1 et u_2 sont manifestement des applications linéaires. Elles sont d'autre part continues si l'on met sur $E_1 \times E_2$ l'une quelconque des normes équivalentes de la formule (2.2.22), c'est à dire si l'on met sur $E_1 \times E_2$ la topologie produit.

En effet on a alors l'inégalité :

$$\|u_1(x_1)\| = \|u(x_1, 0)\| \leq \|u\|\,\|(x_1, 0)\| = \|u\|\|x_1\| \tag{2.11.27}$$

ce qui prouve notre affirmation, et montre en même temps que l'on a les inégalités

$$\|u_1\| \leq \|u\| \quad , \quad \|u_2\| \leq \|u\| \tag{2.11.28}$$

On voit alors immédiatement que l'on a

$$u(x_1, x_2) = u(x_1, 0) + u(0, x_2) = u_1(x_1) + u_2(x_2)(*) \tag{2.11.29}$$

ce qui prouve bien que u a l'expression indiquée.

(*)A cause de la linéarité de u, et parce que $(x_1, x_2) = (x_1, 0) + (0, x_2)$.

On voit d'ailleurs immédiatement qu'il n'existe pas d'autres applications u_1 et u_2 possédant la même propriété, parce que, si v_1 et v_2 sont des applications linéaires telles que $u(x_1,x_2) = v_1(x_1) + v_2(x_2)$, on a bien $u(x_1,0) = v_1(x_1)$, donc $v_1 = u_1$, et de même $v_2 = u_2$.

Inversement, si u_1 (resp. u_2) est une application linéaire continue de E_1 (resp. E_2) dans F, l'application u définie par (2.11.24) est manifestement linéaire et d'autre part elle est continue, car

$$\begin{aligned} &\|u(x_1,x_2)\| \leq \|u_1(x_1)\| + \|u_2(x_2\| \leq \|u_1\|\,\|x_1\| + \|u_2\|\,\|x_2\| \\ (2.11.30)\quad &\leq (\|u_1\| + \|u_2\|)\ \max(\|x_1\|, \|x_2\|) \leq (\|u_1\| + \|u_2\|)\|(x_1,x_2)\| \end{aligned}$$

On en déduit en même temps qu'elle vérifie l'inégalité :

$$(2.11.31) \qquad \|u\| \leq \|u_1\| + \|u_2\|\,,$$

ce qui achève la démonstration. ∎

Nous laissons le soin au lecteur d'étendre le théorème 2.11.16 aux applications linéaires continues de $E_1 \times E_2 \times \ldots \times E_n$ dans F.

Applications bilinéaires continues d'un produit d'espace vectoriel normé dans un espace vectoriel normé.

Soient E, F, G des espaces vectoriels sur un corps K. Nous avons vu ce qu'étaient les applications linéaires de l'espace vectoriel produit $E \times F$ dans G ; nous allons considérer maintenant une notion tout à fait différente, celle d'application bilinéaire de $E \times F$ dans G.

DÉFINITION 2.11.17. *Soient E, F, G des espaces vectoriels sur un corps K. Une application u de $E \times F$ dans G est dite* **bilinéaire** *si, lorsqu'on fixe chacune des variables, elle est linéaire par rapport à l'autre, autrement dit l'on a, pour tout x fixé de E*

$$(2.11.32) \quad \begin{cases} \forall (y_1,y_2) \in F \times F, & \textit{on a} : \quad u(x, y_1 + y_2) = u(x,y_1) + u(x,y_2) \\ \forall y \in F, \forall \lambda \in K, & \textit{on a} \quad u(x, \lambda y) = \lambda u(x,y) \end{cases}$$

et pour tout y fixé dans F

$$(2.11.33) \quad \begin{cases} \forall (x_1,x_2) \in E \times E, & \textit{on a} : \quad u(x_1 + x_2, y) = u(x_1,y) + u(x_2,y) \\ \forall x \in E, \forall \lambda \in K, & \textit{on a} \quad u(\lambda x, y) = \lambda u(x,y) \end{cases}$$

On convient de noter les applications partielles $y \mapsto u(x,y)$ et $x \mapsto u(x,y)$ par u_x et u_y respectivement. Il est aussi commode d'utiliser les notations $u(x,.)$ et $u(.,y)$ en omettant la variable y et x respectivement(*).

(*)Si E et F sont différents, la notation u_x, pour un x donné de E, n'est pas douteuse. Mais si $E = F$, et si u est une application bilinéaire de $E \times F$ dans G, alors u_x, pour un élément x de E, ne signifie rien, car on ne sait pas si c'est la première fonction partielle ou la deuxième, et il faut écrire $u(x,.)$ ou $u(.,x)$.

Les relations concernant l'addition s'expriment souvent en disant que u est distributive relativement à l'addition. Des deux formules précédentes on tire(*). :

$$\begin{cases} u(x_1 + x_2, y_1 + y_2) = u(x_1, y_1) + u(x_1, y_2) + u(x_2, y_1) + u(x_2, y_2) \\ u(\lambda x, \mu y) = \lambda \mu \, u(x, y) \end{cases} \tag{2.11.34}$$

Par exemple le produit scalaire des vecteurs est une application bilinéaire de $\mathbf{R}^3 \times \mathbf{R}^3$ dans $\mathbf{R}$, le produit vectoriel une application bilinéaire de $\mathbf{R}^3 \times \mathbf{R}^3$ dans $\mathbf{R}^3$. Le prototype des applications bilinéaires est le produit usuel des nombres réels ou complexes, application bilinéaire de $\mathbf{R} \times \mathbf{R}$ dans $\mathbf{R}$ ou de $\mathbf{C} \times \mathbf{C}$ dans $\mathbf{C}$. D'ailleurs toute application bilinéaire de $\mathbf{R} \times \mathbf{R}$ dans $\mathbf{R}$ est de la forme $(x, y) \mapsto cxy$ où c est une constante réelle; alors qu'une application linéaire de $\mathbf{R} \times \mathbf{R}$ dans $\mathbf{R}$ est de la forme $(x, y) \mapsto ax + by$, où a et b sont des constantes réelles.

THÉORÈME 2.11.17. *Toute application bilinéaire d'un produit d'espaces vectoriels normés $E \times F$ dans un espace vectoriel normé G, continue à l'origine, est continue partout (mais non uniformément continue); pour qu'il en soit ainsi, il faut et il suffit qu'il existe une constante $k \geq 0$ telle que l'on ait pour tout x de E et tout y de F ** :*

$$||u(x, y)|| \leq k \, ||x|| \, ||y|| \tag{2.11.35}$$

DÉMONSTRATION: Soient E, F, G des espaces vectoriels normés, u une application bilinéaire de $E \times F$ dans G continue à l'origine. Alors, d'après la définition de la topologie produit, il doit exister un nombre $\eta > 0$ tel que

$$||x|| \leq \eta \quad , \quad ||y|| \leq \eta \quad \text{entraîne} \quad ||u(x, y)|| \leq 1$$

Alors, si nous faisons des homothéties de rapport λ et $\mu \geq 0$, la formule (2.11.34) montre que

$$||x|| \leq \lambda \, \eta \quad , \quad ||y|| \leq \mu \, \eta \quad \text{entraîne} \quad ||u(x, y)|| \leq \lambda \, \mu$$

Mais les premières inégalités sont toujours vérifiées si l'on prend

$$\lambda = \frac{||x||}{\eta} \quad , \quad \mu = \frac{||y||}{\eta}$$

il en résulte que l'on a toujours

$$||u(x, y)|| \leq \frac{1}{\eta^2} \, ||x|| \, ||y||$$

(*)Alors que, si u était linéaire, on aurait au 2ème membre: $u(x_1, y_1) + u(x_2, y_2)$ ou $u((x_1, y_2) + u(x_2, y_1)$

** Pour une application linéaire, on aurait au 2ème membre, par exemple $k(||x|| + ||y||)$.

ce qui est bien la formule (2.11.35) avec $k = \dfrac{1}{\eta^2}$. Réciproquement, si u est une application bilinéaire vérifiant une inégalité du type (2.11.35), montrons qu'elle est continue partout. Soit donc (a, b) un point de $E \times F$, et soit $\epsilon > 0$. On a la formule

$$u(x, y) - u(a, b) = u(x - a, y) + u(a, y - b) \tag{12.2.36}$$

d'où l'on déduit la majoration

$$\begin{aligned} ||u(x, y) - u(a, b)|| &\leq ||u(x - a, y)|| + ||u(a, y - b)|| \\ &\leq k||x - a|| \; ||y|| + k \; ||a|| \; ||y - b|| \end{aligned} \tag{12.2.37}$$

Choisissons alors le nombre η_2 égal à

$$\eta_2 = \frac{\epsilon}{2k \; ||a||}$$

On voit que :

$$||y - b|| \leq \eta_2 \quad \text{entraîne} \quad k \; ||a|| \; ||y - b|| \leq \frac{\epsilon}{2}$$

Choisissons alors le nombre η_1 égal à

$$\eta_1 = \frac{\epsilon}{2k \; (||b|| + \eta_2)}$$

On voit que :

$$||y - b|| \leq \eta_2, \quad \text{entraîne} \quad ||y|| \leq ||b|| + \eta_2$$

D'où l'on déduit que $||x - a|| \leq \eta_1$ entraîne la majoration

$$k \; ||x - a|| \; ||y|| \leq \frac{\epsilon}{2}$$

L'ensemble des majorations obtenues montre que

$$||x - a|| \leq \eta_1 \quad , \quad ||y - b|| \leq \eta_2 \qquad \text{entraîne} \qquad ||u(x, y) - u(a, b)|| \leq \epsilon$$

ce qui est précisément la définition de la continuité de u au point (a, b). ∎

Notons par contre que, si une application bilinéaire u n'est pas identiquement nulle, elle n'est jamais uniformément continue. Supposons en effet qu'il existe au moins un couple (a, b) tel que $u(a, b) \neq 0$. Considérons alors dans $E \times F$ les deux suites de points (X_n) et (Y_n)

$$X_n = (na, nb) \quad , \quad Y_n = ((n + \frac{1}{n})a, (n + \frac{1}{n})b)$$

On a manifestement la majoration

$$||X_n - Y_n|| \leq \frac{1}{n}(||a|| + ||b||)$$

Ce qui prouve que cette distance converge vers 0 lors que n tend vers $+\infty$. Néanmoins la différence

$$u(X_n) - (Y_n) = (n^2 - (n + \frac{1}{n})^2)\ u(a, b)$$

s'écrit aussi $-(2 + \frac{1}{n_2})\ u(a, b)$ et par conséquent, lorsque n tend vers $+\ \infty$, sa norme tend vers 2 $||u(a, b)|| \neq 0$, ce qui est contradictoire avec la possibilité d'une continuité uniforme(*). ∎

Définition 2.11.19. *La borne inférieure des nombres k tels que l'on ait l'inégalité (2.11.33) s'appelle la* **norme** *de l'application bilinéaire u et se note* $||u||$. *On a donc(*)*

$$(2.11.38) \qquad ||u|| = \sup_{x \neq 0, y \neq 0} \frac{||u(x, y)||}{||x||\ ||y||} = \sup_{||x|| \leq 1, ||y|| \leq 1} ||u(x, y)||$$

Notons qu'on a toujours

$$(2.11.39) \qquad ||u(x, y)|| \leq ||u||\ ||x||\ ||y||$$

Théorème 2.11.19. *L'ensemble* $\mathcal{L}_2$ *(E, F; G) des applications bilinéaires continues d'un produit d'espaces vectoriels normés E × F dans un espace vectoriel normé G, admet lui-même une structure d'espace vectoriel normé, si l'ond éfinit la norme par la formule (2.11.38). Si en outre G est un espace de Banach, il est lui aussi un espace de Banach; en particulier en prenant pour G le corps des scalaires, l'espace vectoriel des formes bilinéaires continues sur un produit d'espaces vectoriels normés est un espace de Banach.*

Démonstration: La démonstration est identique à celle des théorèmes 2.11.8 et 2.11.12 .

(*)D'ailleurs on sait bien que la produit $(x, y) \mapsto xy$ n'est pas une application uniformément continue de $\mathbf{R} \times \mathbf{R}$ dans $\mathbf{R}$ et que la fonction $x \mapsto x^2$ n'est pas uniformément continue de $\mathbf{R}$ dans $\mathbf{R}$.

(*)Il faut observer que si $E = \{0\}$, alors sup $\emptyset = 0$.

Considérons maintenant une application bilinéaire continue u de $E \times F$ dans G; nous avons vu qu'elle définit, pour x fixé, une application linéaire u_x de F dans G; cette application est trivialement continue et de norme $\leq \|x\|\|u\|$, en vertu de (2.11.39), de sorte que u_x appartient à $\mathcal{L}(F;G)$. Nous voyons donc que nous venons de d'établir une correspondance qui, à chaque élément x de E, fait correspondre un élément u_x de $\mathcal{L}(F;G)$, autrement dit nous venons de définir une application U de E dans $\mathcal{L}(F;G)$. Mais E et $\mathcal{L}(F;G)$ sont tous les deux des espaces vectoriels normés; nous allons montrer que U est une application linéaire continue de E dans $\mathcal{L}(F;G)$, et que la norme $\|U\|$ de cette application linéaire n'est autre que la norme $\|u\|$ de l'application bilinéaire u considérée.

Démontrons d'abord que U est linéaire, et ceci naturellement ne fait pas intervenir les topologies. Nous devons démontrer que l'on a :

(2.11.40) $$u_{x_1+x_2} = u_{x_1} + u_{x_2} \quad , \quad u_{\lambda x} = \lambda u_x$$

Or toutes les quantités écrites sont des éléments de $\mathcal{L}(F;G)$, des applications linéaires de F dans G; d'après la définition de la somme de deux applications linéaires, ou du produit d'une application linéaire par un scalaire, ces égalités reviennent à écrire que, pour tout élément y de F, on a :

(2.11.41) $$u(x_1 + x_2, y) = u(x_1, y) + u(x_2, y) \quad , \quad u(\lambda x, y) = \lambda u(x, y)$$

Mais ces égalités sont vraies, elles traduisent le fait que pour y fixé l'application u_y est linéaire.

Démontrons maintenant la continuité de U. La norme de $U(x) = u_x$, application linéaire continue de F dans G est majorée par $\|u\|\,\|x\|$; cela prouve que U est une application linéaire continue de E dans $\mathcal{L}(F;G)$ et que $\|U\| \leq \|u\|$. Mais on a aussi $\|U(x)\| \leq \|U\|\,\|x\|$ car

$$\|u(x,y)\| = \|U(x).y\| \leq \|U(x)\|\,\|y\| \leq \|U\|\,\|x\|\,\|y\|$$

de sorte que l'on a aussi $\|u\| \leq \|U\|$, et par suite $\|u\| = \|U\|$.

Inversement, partons d'une application linéaire continue U de E dans $\mathcal{L}(F;G)$. Alors, pour tout x de E, $U(x)$ est un élément de $\mathcal{L}(F;G)$ c'est à dire une application linéaire continue de F dans G, et par conséquent, pour tout élément y de F, $U(x).y$ est un élément de G. Si nous posons $u(x,y) = U(x).y$, on voit que $u : (x,y) \mapsto u(x,y)$, est une application de $E \times F$ dans G; on démontre sans dificulté que cette application est bilinéaire, et elle est trivialement continue car $\|u(x,y)\| \leq \|U(x)\|\,\|y\| \leq \|U\|\,\|x\|\,\|y\|$ et $\|u\| \leq \|U\|$. L'application partielle u_x associée à u, pour x fixé dans E, n'est autre précisément que $U(x)$, et l'application linéaire continue de E dans $\mathcal{L}(F;G)$ asociée à u, n'est autre que l'application U de départ. Nous avons donc démontré le théorème suivant :

THÉORÈME 2.11.21. *Soient E, F, G trois espaces vectoriels normés sur le corps K, $\mathcal{L}_2(E,F;G)$ l'espace vectoriel normé des applications bilinéaires continues de $E \times F$ dans G, $\mathcal{L}(F;G)$ l'espace vectoriel normé des applications linéaires continues de F dans G. L'application qui associe à tout élément $u \in \mathcal{L}_2(E,F;G)$ l'application linéaire continue U de E dans $\mathcal{L}(F;G)$ telle que $U(x).y = u(x,y)$ est une bijection de $\mathcal{L}_2(E,F;G)$ sur $\mathcal{L}(E,\mathcal{L}(F;G))$ des applications linéaires continues de E dans $\mathcal{L}(F;G)$, et cette bijection conserve les structures vectorielles et les normes, autrement dit c'est un isomorphisme.*

Il existe naturellement une bijection analogue de $\mathcal{L}_2(E,F;G)$ sur $\mathcal{L}(E,\mathcal{L}(F;G))$

THÉORÈME 2.11.22. *Si E et F sont des espaces vectoriels normés, l'application $(u,x) \mapsto u.x$ de $\mathcal{L}(E;F) \times E$ dans F est bilinéaire continue et de norme 1 (sauf si E ou F est réduits à l'origine).*

Si E, F, G, sont trois espaces vectoriels normés, l'application $(u,v) \mapsto v o u$ de $\mathcal{L}(E;F) \times \mathcal{L}(F;G)$ dans $\mathcal{L}(E;G)$ est bilinéaire continue de norme 1 (sauf si E, F, ou G est réduit à l'origine).

DÉMONSTRATION: Le fait que les applications considérées soient bilinéaires est trivial, et résulte toujours des définitions de la somme de deux applications linéaires et du produit d'une application linéaire par un scalaire(*). Le fait que ces applications bilinéaires soient continues et de norme ≤ 1, résulte trivialement de la majoration

$$||u.x|| \leq ||u||\,||x|| \quad , \quad ||v \; o \; u|| \leq ||v||\,||u||$$

(formules (2.11.7) et (2.11.8)). Par ailleurs, u étant quelconque et $\epsilon > 0$ étant donné, il existe d'après la définition de la norme de u, au moins un élément $x \neq 0$ de E tel que l'on ait $||u(x)|| \geq (1-\epsilon)||u||||x||$, ce qui prouve que la norme de la première application bilinéaire est $\geq 1-\epsilon$, comme ϵ est aussi petit qu'on veut,cette norme est ≥ 1, et par conséquent elle est égale à 1. Quant au fait que la norme de la deuxième application bilinéaire soit aussi égale à 1, nous l'admettrons sans démonstration. ■

Applications multilinéaires continues.

Nous allons énoncer sans démonstrations les théorèmes qui généralisent les définitions et les théorèmes précédents pour n strictemnt plus grand que 2.

DÉFINITION 2.11.23. *Soient $E_1, E_2, \ldots, E_n$, F, des espaces vectoriels normés sur le même corps K (corps des nombres réels ou corps des complexes). Une application u de $E_1 \times E_2 \times \ldots \times E_n$ dans F est dite* **multilinéaire** *ou* **n-linéaire** *si*

(*)C'est la bilinéarité de ces applications qui permet d'introduire les notations multiplicatives $u.x$ et vu et u^n .

quand on fixe $n-1$ des variables dans $n-1$ quelconques des espaces vectoriels E_i, elle est linéaire par rapport à la n-ème.

Par exemple, le produit $(x_1, x_2, \ldots, x_n) \mapsto x_1 x_2 \ldots x_n$ est une application n-linéaire de $\mathbf{K}^n$ dans $\mathbf{K}$; dans $\mathbf{R}^3$ le produit mixte de 3 vecteurs est une application trilinéaire $\mathbf{R}^3 \times \mathbf{R}^3 \times \mathbf{R}^3$ dans $\mathbf{R}$.

THÉORÈME 2.11.24. *Toute application n- linéaire d'un produit de n espaces vectoriels normés $E_1 \times E_2 \times \ldots \times E_n$ dans un espace vectoriel normé G, continue à l'origine, est continue partout ; pour qu'il en soit ainsi, il faut et il suffit qu'il existe une constante $k \geq 0$ telle que l'on ait pour tout système de n vecteurs $x_1, x_2, \ldots, x_n$ tel que pour tout i , $x_i \in E_i$:*

$$||u(x_1, x_2, \ldots, x_n)|| \leq k \; ||x_1|| \; ||x_2|| \ldots ||x_n|| \tag{2.11.43}$$

DÉFINITION 2.11.25. *La borne inférieure des nombres k tels que l'on ait l'inéga- -lité (2.11.43) s'appelle la* **norme** *de l'application n- linéaire u et se note $||u||$. On a donc*

(2.11.42)

$$||u|| = \sup_{x_1 \neq 0, \ldots, x_n \neq 0} \frac{||u(x_1, x_2, \ldots, x_n)||}{||x_1|| \cdots ||x_n||} = \sup_{||x_1|| \leq 1, \ldots, ||x_n|| \leq 1} ||u(x_1, x_2, \ldots, x_n)||$$

THÉORÈME 2.11.26. *L'ensemble $\mathcal{L}_n(E_1, E_2, \ldots, E_n; G)$ des applications n-linéaires continues d'un produit de n espaces vectoriels normés $E_1 \times E_2 \times \ldots \times E_n$ dans un espace vectoriel normé G, admet lui-même une structure d'espace vectoriel normé, si l'on définit la norme par la formule (2.11.42). Si en outre G est un espace de Banach, il est lui aussi un espace de Banach ; en particulier en prenant pour G le corps des scalaires, l'espace vectoriel des formes n- linéaires continues sur un produit d'espaces vectoriels normés $E_1 \times E_2 \times \ldots E_n$ est un espace de Banach*

THÉORÈME 2.11.27. *Il existe des bijections, conservant la structure vectorielle et la norme , entre les espaces ;*

$$\mathcal{L}_n(E_1, E_2, \ldots, E_n; F) \;,\; \mathcal{L}_1(E_1; \mathcal{L}_{n-1}(E_2, E_3, \ldots, E_n; F)),$$
$$\mathcal{L}_2(E_1, E_2; \mathcal{L}_{n-2}(E_3, \ldots, E_n; F)) \;,\; \mathcal{L}_{n-1}(E_1, E_2, \ldots, E_{n-1}; \mathcal{L}(E_n, F) \;,$$

et ceux qu'on obtient en permutant les indices.

Si $u \in \mathcal{L}_n(E_1, E_2, \ldots, E_n; F)$, l'élément U qui lui est associé dans $\mathcal{L}_p(E_1, E_2, \ldots, E_p; \mathcal{L}_{n-p}(E_{p+1}, \ldots, E_n; F))$ est donné par

$$U(x_1, x_2, \ldots, x_p)(x_{p+1}, \ldots, x_n) = u(x_1, x_2, \ldots x_p, x_{p+1}, \ldots, x_n) \tag{2.11.46}$$

§12 - SERIES DANS LES ESPACES VECTORIELS NORMES

Série convergente - Série normalement convergente.

DÉFINITION 2.12.1. *Soit* $u_0, u_1, u_2, \ldots, u_n, \ldots$ *une suite d'éléments d'un espace vectoriel normé E. On appelle* **somme partielle d'ordre** n *de la série de terme général* u_n*, la somme*

$$S_n = u_0 + u_1 + u_2 + \ldots + u_n = \sum_{p=0}^{n} u_p \tag{2.12.1}$$

qui est un élément de E.

On dit que la série $\sum_{n=0}^{\infty} u_n$ *est convergente et de somme* S *si la suite des* S_n *est convergente et de limite* S*(*).*

Remarque 1 - La notion de série se ramène ainsi à celle de suite; réciproquement d'ailleurs, dans un espace vectoriel normé la notion de suite se ramène à celle de série. Une suite $x_0, x_1, x_2, \ldots, x_n, \ldots$ est convergente, et de limite a si seulement si la série $x_0 + (x_1 - x_0) + (x_2 - x_1) + \ldots + (x_n - x_{n-1}) + \ldots$ est convergente et de somme a.

D'après ce que nous avons vu sur les suites, si E est de dimension finie, et si l'on en a choisi une base, la série $\sum_{n=0}^{\infty} u_n$ est convergente et de somme S, si et seulement si chacune des séries de composantes

$$\sum_{n=0}^{\infty} (u_n)_i$$

est convergente et de somme S_i, où $(u_n)_i$ est la i-ème coordonnée de u_n et S_i la i-ème coordonnée de S.

L'intérêt des espaces de Banach est que, dans de tels espaces comme dans le corps des nombres complexes lui-même, on peut reconnaitre qu'une série est convergente sans connaitre à l'avance la somme de la série.

THÉORÈME 2.12.2. *Soit* E *un espace de Banach. Pour qu'une série de vecteurs de* E *soit convergente il faut et il suffit qu'elle vérifie le critère de Cauchy : lorsque* m *et* n *tendent vers* $+\infty$*, la quantité* $||S_n - S_m||$ *tend vers 0; ou encore*

$$(\forall \epsilon > 0)(\exists n \in \mathbb{N})(\forall m \geq n)(\forall k \in \mathbb{N}) \ : \ ||u_m + u_{m+1} + \ldots + u_{m+k}|| \leq \epsilon \tag{2.12.2}$$

(*)La convergence ou la divergence d'une série subsiste si on remplace la norme de E par une norme équivalente; car la convergence est une propriété topologique.

On en déduit le théorème fondamental suivant, qui donne le critère le plus important pour la convergence des séries de vecteurs:

THÉORÈME 2.12.3. *Soit E un espace de Banach, et $\sum_{n=0}^{\infty} u_n$ une série; si la série des normes $\sum_{n=0}^{\infty} ||u_n||$ est convergente, alors la série elle-même est convergente, et en outre on a :*

$$||\sum_{n=0}^{\infty} u_n|| \leq \sum_{n=0}^{\infty} ||u_n|| \tag{2.12.3}$$

DÉMONSTRATION: Vérifions en effet que l'on a le critère de Cauchy. Etant donné le nombre $\epsilon > 0$, on peut déterminer un entier n tel que $m \geq n$ entraîne, quel que soit k,

$$||u_m|| + ||u_{m+1}|| + \ldots + ||u_{m+k}|| \leq \epsilon$$

car la série des normes, étant une série (à termes positifs) convergente, vérifie le critère de Cauchy; on en déduit a fortiori, pour $m \geq n$

$$||u_m + u_{m+1} + \ldots + u_{m+k}|| \leq \epsilon$$

autrement dit la série donnée dans E satisfait le critère de Cauchy; et comme E est supposé complet, elle est convergente. En outre, pour un nombre fini de termes, on a l'inégalité

$$||S_n|| \leq \sum_{m=0}^{n} ||u_m||$$

d'où l'on déduit alors, en passant à la limite pour n tendant vers $+\infty$ et en tenant compte de ce que la convergence de S_n vers S entraîne la convergence de $||S_n||$ vers $||S||$ (théorème 2.3.10), l'inégalité cherchée 2.12.3. ∎

DÉFINITION 2.12.4. *On dit qu'une série d'éléments d'un espace de Banach est* **normalement**, *convergente ou* **absolument convergente**(*), *si la série des normes, série numérique à termes positifs, est convergente.*

On dit qu'une série est **semi-convergente**, *si elle est convergente, sans être normalement convergente.*

Le fait que E soit complet est absolument essentiel. On peut d'ailleurs démontrer la réciproque suivante:

(*)A cause du théorème 2.4.2, la convergence normale subsiste si on remplace la norme de E par une norme équivalente.

THÉORÈME 2.12.5. *Soit E un espace vectoriel normé. Si toute série* $\sum_{n=0}^{\infty} u_n$ *d'éléments de E, dont la série des normes* $\sum_{n=0}^{\infty} ||u_n||$ *est convergente, est ausssi convergente, alors E est complet.*

DÉMONSTRATION: Nous devons démontrer que toute suite de Cauchy de E est convergente.

Soit $x_0, x_1, x_2, \ldots, x_n, \ldots$ une suite de Cauchy. Quel que soit l'entier $k \geq 0$, on peut trouver un entier p_k, tel que $m \geq p_k$, $n \geq p_k$ entraîne $||x_m - x_n|| \leq 1/2^k$. Nous choisissons les entiers p_k les uns après les autres de façon que la suite des p_k soit strictement croissante.

Dans ces conditions, considérons la série :

$$x_{p_0} + (x_{p_1} - x_{p_0}) + (x_{p_2} - x_{p_1}) + \ldots$$

la série des ses normes est majorée par la série

$$||x_{p_0}|| + 1 + \frac{1}{2} + \frac{1}{4} + \ldots$$

et elle est par conséquent convergente en vertu des propriétés connues des séries numériques à termes positifs. Alors, d'après les hypothèses faites sur E, la série est elle-même convergente, ce qui signifie que la suite partielle des x_{p_n} est convergente. Or la suite des x_n est une suite de Cauchy, admettant une suite partielle convergente; d'après le corollaire 2.10.5, elle est convergente, et E est bien complet.

On peut donner déjà une application du théorème 2.12.3.

THÉORÈME 2.12.6. *Soient E un espace vectoriel normé complet. F un sous-espace fermé de E, E/F, l'espace vectoriel quotient de E par F normé par*

$$||\dot{x}|| = \inf_{z \in \dot{x}} ||z||$$

Alors E/F est complet

DÉMONSTRATION: - Soit $(\xi_n)_{n \geq 0}$ une suite de Cauchy de E/F. On va montrer que cette suite possède un point adhérent ξ, alors le théorème 2.10.3 nous assure que la suite elle-même converge vers ξ. Par hypothèse, pour tout $\epsilon > 0$, il existe $N(\epsilon)$ tel que

$$\text{(2.12.4)} \qquad \forall n \geq N(\epsilon) \quad , \quad \forall p \geq 0, \quad \text{on a : } ||\xi_{n+p} - \xi_n|| < \epsilon$$

Pour $k = 0, 1, \ldots$, prenons $\epsilon = \epsilon_k = \dfrac{1}{2^k}$ et déterminons ainsi une suite $N(\epsilon_k)$.

Posons $n_0 = N(\epsilon_0)$ puis $n_1 > max(n_0, N(\epsilon_1))$ et de façon générale, par récurrence sur k,

$$n_k > max(n_{k-1}, N(\epsilon_k)) \, .$$

Puisque $n_k \geq N(\epsilon_k)$ la relation(2.12.4) permet d'écrire

(2.12.5) $$\forall p \geq 0, \quad \text{on a : } \|\xi_{n_k+p} - \xi_{n_k}\| < \epsilon_k$$

et comme $n_{k+1} \geq n_k$, on a, pour tout $k \geq 0$

$$\|\xi_{n_{k+1}} - \xi_{n_k}\| < \epsilon_k$$

On va montrer que la suite $(\xi_{n_k})_{k\geq 0}$ est convergente. Pour cela, on va construire une suite de cauchy d'éléments de E, (x_k) de façon que $x_k \in \xi_{n_k}$. Observons que si ξ et η sont deux classes d'équivalence et si u est un élément fixé dans ξ, alors

$$\|\xi + \eta\| = \inf_{z\in\eta} \|u + z\|$$

En effet, tout élément de la classe $\xi + \eta$ peut s'écrire sous la forme $u + z$ avec $z \in \eta$. Prenons x_0 arbitraire dans ξ_{n_0}. Ce choix fait, on a donc

(2.12.6) $$\|\xi_{n_1} - \xi_{n_0}\| = \inf_{u\in\xi_{n_1}} \|u - x_0\| < 1$$

On voit qu'on peut choisir $x_1 \in \xi_{n_1}$ tel que

(2.12.7) $$\|x_1 - x_0\| < 1$$

Supposons qu'on ait ainsi choisi $x_0, \ldots x_k$ tels que pour tout i tel que $0 \leq i \leq k-1$,, on ait :

(2.12.8) $$\|x_{i+1} - x_i\| < \frac{1}{2^{i-1}}$$

Alors, partant de la relation

$$\|\xi_{n_{k+1}} - \xi_{n_k}\| = \inf_{u\in\xi_{n_{k+1}}} \|u - x_k\| < \epsilon_k$$

on voit qu'on peut choisir $x_{k+1} \in \xi_{n_{k+1}}$ de telle sorte que (2.12.8) soit vrai pour $i = k+1$. La série de terme général $x_{k+1} - x_k)$ est donc normalement convergente grâce à la majoration (2.12.8). Comme E est complet, cette série converge (théorème 2.12.3) et alors la suite converge vers un point x dans E. Appelons ξ la classe de x. On a

$$\|\xi_{n_k} - \xi\| \leq \|x_k - x\| \longrightarrow 0$$

lorsque k tend vers l'infini. Ainsi la suite $(\xi_n)_{n\geq 0}$ a bien un point adhérent et la démonstration du théorème est ainsi achevée. ■

Changement d'ordre des termes d'une série.

Soit

$$u_0 + u_1 + u_2 + \ldots + u_n + \ldots$$

une série de vecteurs de E. Changer l'ordre des termes de la série, c'est considérer une bijection $n \mapsto p_n$ de $\mathbf{N}$ sur $\mathbf{N}$, et remplacer la série donnée par la nouvelle série

$$x_{p_0} + x_{p_1} + x_{p_2} + \ldots + x_{p_n} + \ldots$$

THÉORÈME 2.12.7. *Si la série*

$$u_0 + u_1 + u_2 + \ldots + u_n + \ldots$$

dans l'espace vectoriel normé E, est convergente ainsi que la série des normes

$$||u_0|| + ||u_1|| + ||u_2|| + \ldots + ||u_n|| + \ldots$$

alors un changement d'ordre des termes de la série n'altère pas la convergence de la série et n'altère pas non plus sa somme.

DÉMONSTRATION: Soit S la somme de la série donnée. Etant donné $\epsilon > 0$, il existe un entier m tel que

$$\sum_{n>m} ||u_n|| \leq \frac{\epsilon}{2}$$

Il existe ensuite un entier m' tel que l'ensemble d'entiers $\{p_0, p_1, p_2, \ldots, p_{m'}\}$ contienne l'ensemble $\{0, 1, 2, \ldots, m\}$. Alors, pour $n' \geq m'$, la somme partielle

$$u_{p_0} + u_{p_1} + u_{p_2} + \ldots + u_{p_{m'}}$$

de la série modifiée est égale à la somme partielle $u_0 + u_1 + u_2 + \ldots + u_n + \ldots$ augmenté d'un nombre fini de termes, dont les indices sont tous $> m$. Alors la somme de ces termes résiduels a une norme majorée par

$$\sum_{m<n\leq p} ||u_n||$$

où p est le plus grand des entiers $p_0, p_1, p_2, \ldots, p_{n'}$ donc par

$$\sum_{n>m} ||u_n||$$

donc par $\epsilon/2$. On a donc, pour $n' \geq m'$:

$$(2.12.9) \quad ||(u_{p_0} + u_{p_1} + u_{p_2} + \ldots + u_{p_{n'}}) - (u_0 + u_1 + u_2 + \ldots + u_n + \ldots)|| \leq \frac{\epsilon}{2}$$

Comme par ailleurs

$$(2.12.10) \quad ||(u_0 + u_1 + u_2 + \ldots + u_n + \ldots) - S|| = ||\sum_{n>m} u_n|| \leq \sum_{n>m} ||u_n|| \leq \frac{\epsilon}{2}$$

on a finalement, pour $n' \geq m'$:

$$(2.12.11) \quad ||(u_{p_0} + u_{p_1} + u_{p_2} + \ldots + u_{p_{n'}}) - S|| \leq \epsilon$$

Ce qui prouve bien que la série modifiée est convergente et de même somme S. ∎

COROLLAIRE 2.12.8. *Si une série à termes positifs est convergente, elle reste convergente et garde la même somme quand on modifie l'ordre de ses termes.*

DÉFINITION 2.12.9. *Soit I un ensemble d'indices dénombrable et $(u_i)_{i\in I}$ une famille de vecteurs d'un espace vectoriel normé E, indexés par I. On dit que la série $\sum_{i\in I} u_i$ est* **commutativement** *convergente et de somme S, si, quelque soit la bijection, $n \mapsto p_n$ de* **N** *sur I, la série usuelle*

$$\sum_{n=0}^{\infty} u_{p_n}$$

est convergente, et si sa somme est S, indépendante de la bijection considérée.

THÉORÈME 2.12.10. *On suppose que tous les u_i sont réels ≥ 0, et on désigne par S la borne supérieure dans $\overline{\mathbf{R}}$ (donc finie ou égale à $+\infty$), des sommes $S_J = \sum_{i\in J} u_i$, correspondant à tous les sous-ensembles finis J de l'ensemble d'indices I, alors*

a) Si S est finie, la série est commutativement convergente et de somme S

b) Si S est $+\infty$, la série $\sum_{n=0}^{\infty} u_{p_n}$ est divergente pour toute bijection $n \mapsto p_n$ de **N** *sur I. On a toujours, pour toute partie finie J*

$$S_J = \sum_{i\in J} u_i \leq S = \sum_{i\in I} u_i$$

DÉMONSTRATION: Prouvons le a). Soit $n \mapsto p_n$ une bijection de **N** sur I. Alors

$$u_{p_0} + u_{p_1} + u_{p_2} + \ldots + u_{p_n} \leq S$$

D'autre part, si $\epsilon > 0$ est donné, il existe un sous-ensemble fini J de I tel que $S_J \geq S - \epsilon$. Alors si m est le plus petit entier tel que l'ensemble $\{p_0, p_1, p_2, \ldots, p_m\}$ contiennne l'ensemble J, on a, pour tout $n \geq m$

$$u_{p_0} + u_{p_1} + u_{p_2} + \ldots + u_{p_n} \geq S_J \geq S - \epsilon$$

Donc la série

$$u_{p_0} + u_{p_1} + u_{p_2} + \ldots + u_{p_n}$$

est bien convergente et de somme S, ce qui prouve a). Observons que si l'assertion b) n'était pas vraie, cela signifie qu'il existerait une bijection particulière telle que la série correspondante serait convergente et de somme σ. On aurait donc $S_J \leq \sigma$ pour tout J et S $\leq \sigma$, ce qui serait contraire à l'hypothèse. ∎

Remarque 2 - Pour une série à termes positifs, on n'aura pas besoin de parler de convergence commutative, ce sera automatique, on parlera simplement de convergence. Observons aussi qu'on peut énoncer la propriété b) en disant, dans ce cas, que la série est commutativement divergente.

Remarque 3 - Le théorème 2.12.3 montre que si, $\sum_{i\in I} u_i$ est une série de vecteurs d'un espace de Banach E, et si la série des normes $\sum_{i\in I} \|u_i\|$ est convergente, alors la série elle-même est commutativement convergente. On peut ajouter à ce résultat les deux théorèmes suivants :

THÉORÈME 2.12.11. *Une série de nombres réels ne peut être commutativement convergente que si elle est absolument convergente c'est-à-dire si la série* $\sum_{i\in I} |u_i|$ *est convergente.*

DÉMONSTRATION: Considérons en effet une série de nombres réels. Supposons choisie une bijection particulière de $\mathbf{N}$ sur I, ou, ce qui revient au même, supposons que $I = \mathbf{N}$. Prenons alors les termes de la série dans l'ordre modifié suivant :

Nous prenons d'abord autant de termes positifs qu'il en faut, dans l'ordre où ils sont indiqués initialement, pour dépasser sûrement 1, puis nous prendrons le premier terme strictement négatif; nous prendrons ensuite, parmi ceux qui n'ont pas encore été pris, autant de termes positifs qu'il faut, dans l'ordre où ils sont donnés, pour dépasser sûrement 2, puis nous prendrons le deuxième terme strictement négatif; nous prendrons ensuite, parmi ceux qui n'ont encore été pris, autant de termes positifs qu'il faut dans l'ordre où ils sont donnés, pour dépasser sûrement 3, puis nous prendrons le troisième terme strictement négatif; et ainsi de suite ... Cette opération est toujours posssible si **la série partielle des termes positifs est divergente.** On aura dans ce cas trouvé un ordre pour lequel la série de nombres réels considérée est aussi divergente puisque, pour tout entier $n \geq 0$, il existera des sommes partielles qui dépasseront n. Il en résulte bien qu'une série de nombres réels ne peut être commutativement convergente que si la série partielle des termes positifs est convergente, et de même la série partielle des termes négatifs. Mais alors, la série donnée est absolument convergente, ce qui est la réciproque énoncée. ∎

THÉORÈME 2.12.12. *Soit E un espace vectoriel normé de dimension finie. Une série d'éléments de E ne peut être commutativement convergente que si elle est normalement convergente c'est-à-dire si la série*

$$\sum_{i\in I} \|u_i\|$$

est convergente.

DÉMONSTRATION: Comme un espace vectoriel de dimension k sur $\mathbf{C}$ est de dimension $2k$ sur $\mathbf{R}$, on peut supposer qu'il s'agit d'un espace vectoriel sur le corps des nombres réels. Comme d'autre part le résultat est indépendant de la norme choisie puisque toutes les normes sont équivalentes (Théorème 2.5.16), on peut supposer que l'on a choisi une base, ce qui identifie E à un espace $\mathbf{R}^m$, et dans ce cas là, nous choisirons la norme

$$||(x_1, x_2, \ldots, x_m|| = \sum_{i=1}^{m} |x_i|$$

Si alors la série est commutativement convergente, on voit immédiatement que chacune des composantes de la série doit être une série commutativement convergente de nombres réels, et par conséquent, d'après ce que nous venons de voir sur les séries à termes réels, chacune des composantes de la série doit être absolument convergente. Il en résulte bien, par définition même de la norme choisie que la série donnée est normalement convergente. ∎

Remarque 4 - On peut au contraire démontrer, par un raisonnement très délicat, que si E est n'importe quel espace vectoriel normé de dimension infinie, on peut trouver dans E une série commutativement convergente mais non normalement convergente(*).

Remarque 5 - Lorsqu'une série est commutativement convergente, sa propriété de convergence et sa somme sont donc en fait indépendantes de tout choix d'un ordre des termes; il est donc naturel d'imaginer que, comme dans le cas des séries à termes positifs, on puisse donner la définition d'une série commutativement convergente et de sa somme, sans même choisir une seule bijection de $\mathbf{N}$ sur I.

On démontre en effet ce qui suit

THÉORÈME 2.12.13. *La série $\sum_{i \in I} u_i$ est commutativement convergente et de somme S, si et seulement si, quel que soit $\epsilon > 0$, il existe un sous-ensemble fini J de l'ensemble d'indices I, tel que, pour tout sous-ensemble K fini de I, contenant J, on ait l'inégalité :*

$$||S_K - S|| = ||\sum_{i \in K} u_i - S|| \le \epsilon \tag{2.12.12}$$

(*)Si donc $\sum_{n=0}^{\infty} u_n$ est une série de vecteurs d'un espace de Banach, on peut avoir les diverses circonstances suivantes:

a) Elle est normalement convergente donc commutativement convergente.

b) Elle est commutativement convergente, mais non normalement (seulement si E est de dimension infinie)

c) Elle est convergente, mais non commutativement

d) Elle est divergente.

DÉMONSTRATION: Le lecteur pourra démontrer ce théorème à titre d'exercice. ■

Sommation par paquets d'une série commutativement convergente.

THÉORÈME 2.12.14. *Supposons que l'ensemble dénombrable I soit donné comme réunion d'une famille(*) $(I_\alpha)_{\alpha\in A}$ de sous-ensembles non vides disjoints.*

$$I_\alpha \quad , \quad \alpha \in A \quad : \quad I = \bigcup_{\alpha\in A} I_\alpha \quad , \quad I_\alpha \cap I_\beta = \emptyset \quad \text{pour} \quad \alpha \neq \beta \tag{2.12.13}$$

Si alors la série $\sum_{i\in I} u_i$ de vecteurs d'un espace de Banach E est commutativement convergente, chacune des séries partielles $\sum_{i\in I_\alpha} u_i$ est commutativement convergente, et si nous désignons par S_α sa somme, la série $\sum_{\alpha\in A} S_\alpha$ est commutativement convergente et de somme S, autrement dit on a la formule de sommation par paquets

$$\sum_{i\in I} u_i = \sum_{\alpha\in A}\Big(\sum_{i\in I_\alpha} u_i\Big) \tag{2.12.14}$$

DÉMONSTRATION: Nous nous bornerons à démontrer ce théorème lorsque la série donnée est absolument convergente. Posons

$$M = \sum_{i\in I} ||u_i||$$

On a bien évidemment que pour tout α,

$$\sum_{i\in I_\alpha} ||u_i|| \leq M$$

ce qui montre que chaque série partielle est commutativement convergente (théorème 2.12.3) et (théorème 2.12.5), en outre sa somme S_α vérifie l'inégalité

$$||S_\alpha|| \leq \sum_{i\in I_\alpha} ||u_i||$$

Par conséquent si l'on considère un sous-ensemble fini quelconque B d'éléments de l'ensemble d'indices A, on a l'inégalité

$$\sum_{\alpha\in B} ||S_\alpha|| \leq \sum_{i\in\bigcup_{\alpha\in B} I_\alpha} ||u_i|| \leq M$$

(*)A est fini ou dénombrable, et chaque I_α est fini ou dénombrable ce qui prouve que la série $\sum_{\alpha\in A} S_\alpha$ est elle aussi commutativement convergente. Il reste à prouver la formule

(2.12.15) $$S = \sum_{\alpha\in A} S_\alpha$$

Tout d'abord, étant donné $\epsilon > 0$, on peut trouver un sous-ensemble fini J de l'ensemble d'indices I, tel que l'on ait la majoration

(2.12.16) $$\sum_{i\in I\setminus J} \|u_i\| \leq \frac{\epsilon}{2} \quad \text{donc} \quad \|S - S_J\| \leq \frac{\epsilon}{2}$$

Soit alors $n \mapsto p_n$ une bijection de $\mathbf{N}$ sur A, si A est dénombrable, ou d'un sous-ensemble $\{0, 1, \ldots, m\}$ de $\mathbf{N}$ sur A si A est fini. Dans tous les cas, il existe un entier m tel que la réunion des ensembles $I_{p_0}, I_{p_1}, \ldots, I_{p_m}$, contienne J. Alors, pour $n \geq m$, la somme partielle

$$S_{p_0} + S_{p_1} + \ldots + S_{p_m}$$

est la somme de S_J et d'une série commutativement convergente, formée des termes u_i, pour i dans le complémentaire de J. On a donc l'inégalité

(2.12.17) $$\|(S_{p_0} + S_{p_1} + \ldots + S_{p_m}) - S_J\| \leq \frac{\epsilon}{2}$$

d'où l'on déduit l'inégalité

(2.12.18) $$\|(S_{p_0} + S_{p_1} + \ldots + S_{p_m}) - S\| \leq \epsilon$$

ce qui prouve bien la formule (2.12.14). ∎

Remarque 6 - Si $I = \mathbf{N}$, et si la série donnée $\sum_{n=0}^{\infty} u_n$ est convergente mais non commutativement convergente, le même énoncé serait évidemment faux. Par exemple, si les u_n sont des nombres réels, et si la série $\sum_{n=0}^{\infty} u_n$ est semi-convergente la série partielle des termes positifs et la série partielle des termes strictement négatifs sont toutes deux divergentes !

Remarque 7 - Etudions la réciproque de ce théorème. Soit $(I_\alpha)_{\alpha\in A}$ une partition de l'ensemble d'indices I; supposons que pour tout $\alpha \in A$, la série $\sum_{i\in I_\alpha} u_i$ soit commutativement convergente et de somme S_α, et supposons d'autre part que la série $\sum_{\alpha\in A} S_\alpha$ soit commutativement convergente et de somme S; peut-on affirmer que la série initiale $\sum_{i\in I} u_i$ soit commutativement convergente et de somme S ?

Si elle est commutativement convergente, il résulte du théorème que nécessairement sa somme est S; mais rien ne prouve que cette série soit commutativement convergente. Il suffit en effet de considérer l'exemple suivant, dans lequel I est égal à l'ensemble $\mathbf{Z}$ de tous les entiers, A à l'ensemble $\mathbf{N}$ de tous les entiers positifs, et dans lequel, pour tout α, c'est-à-dire pour tout entier $n \geq 0$, I_α se compose de l'ensemble $\{-n, +n\}$(*). Alors, si nous considérons la série dans laquelle $u_i = i$, on voit que le processus

$$\sum_{\alpha \in A} (\sum_{i \in I_\alpha} u_i) = \sum_{n=0}^{\infty} (n - n)$$

donne des séries commutativement convergentes avec la somme finale égale à 0, alors que manifestement la série $\sum_{i \in \mathbf{Z}} i$ n'est pas commutativement convergente $(\sum_{i \in \mathbf{Z}} |i| = +\infty)$

Remarque 8 - Par contre, si tous les u_i sont des nombres réels positifs, alors si le processus

$$\sum_{\alpha \in A} (\sum_{i \in I_\alpha} u_i)$$

donne un résultat S, certainement la série $\sum_{i \in I} u_i$ est convergente (parce que toutes ses sommes partielles d'un nombre fini de termes sont bornées), et par conséquent de même somme S.

Donc, dans le cas des séries à termes positifs, si l'on convient, comme nous l'avons dit plus haut, d'appeler $+\infty$ la somme d'une série divergente, on voit que l'on a toujours, sans aucune hypothèse, l'égalité (2.12.14), les deux membres étant des nombres positifs finis ou infinis.

Remarque 9 - On en déduit enfin que, si E est un espace de Banach, et si la série

$$\sum_{\alpha \in A} (\sum_{i \in I_\alpha} ||u_i||)$$

est convergente, alors on peut affirmer que la série $\sum_{i \in I} ||u_i||$ est convergente, et que par conséquent la série $\sum_{i \in I} u_i$ est commmutativement convergente, donc le théorème 2.12.14 est encore applicable et la formule (2.12.8) valable.

(*)Réduit à un élément si $n = 0$

Effet, sur une série, d'une application linéaire continue.

THÉORÈME 2.12.15. *Soient E et F deux espaces vectoriels normés, et L une application linéaire continue de E dans F. Si $\sum_{n=0}^{\infty} u_n$ est une série convergente dans E, alors la série*

$$\sum_{n=0}^{\infty} L.u_n$$

est convergente dans F, et en outre on a :

$$\sum_{n=0}^{\infty} L.u_n = L.\sum_{n=0}^{\infty} u_n \tag{2.12.19}$$

Même énoncé avec la convergence commutative, et la convergence normale si E et F sont des Banach, avec en outre

$$\sum_{n=0}^{\infty} ||L.u_n|| \leq ||L|| \sum_{n=0}^{\infty} ||u_n|| \tag{2.12.20}$$

DÉMONSTRATION: L étant linéaire, on a

$$L.\sum_{n=0}^{m} u_n = \sum_{n=0}^{m} L.u_n \tag{2.12.21}$$

Lorsque m tend vers $+\infty$, $\sum_{n=0}^{m} u_n$ tend vers la somme S, donc le premier membre de (2.12.15) tend vers $L.S$, à cause de la continuité de L; donc aussi le deuxième, ce qui signifie que la série $\sum_{n=0}^{\infty} L.u_n$ est bien convergente et a bien pour somme $L.S$ d'où (2.12.19). De (2.11.7) on déduit

$$\sum_{n=0}^{m} ||L.u_n|| \leq ||L|| \sum_{n=0}^{m} ||u_n|| \tag{2.12.22}$$

D'où (2.12.20) par passage à la limite pour m tendant vers $+\infty$ (que les expressions écrites soient finies ou égales à $+\infty$). Si donc $\sum_{n=0}^{\infty} u_n$ est absolument convergente, il en est bien de même de la série $\sum_{n=0}^{\infty} L.u_n$. ∎

Produit de deux series numériques. Effet d'une application bilinéaire continue sur deux séries.

Rappelons que la plus simple des applications bilinéaires continues est le produit, application bilinéaire continue de $\mathbf{R} \times \mathbf{R}$ dans $\mathbf{R}$. Il est connu que, pour calculer le produit de deux séries, sous forme d'une série, il fallait faire des hypothèses de convergence absolue. C'est pourquoi ici il n'existera pas de théorème relatif seulement à des séries convergentes.

THÉORÈME 2.12.16. *Soit B une application bilinéaire continue d'un produit $E \times F$ d'espaces de Banach dans un espace de Banach G. Soient*

$$\sum_{i \in I} u_i \quad , \quad \sum_{j \in J} v_j$$

deux séries commutativement convergentes d'éléments de E et F, alors si la série

$$\sum_{(i,j) \in I \times J} B(u_i, v_j) \tag{2.12.23}$$

est commutativement convergente dans G, et on a la formule

$$\sum_{(i,j) \in I \times J} B(u_i, v_j) = B(\sum_{i \in I} u_i, \sum_{j \in J} v_j) \tag{2.12.24}$$

la série (2.12.23) est commutativement convergente et même absolument convergente si les deux séries sont absolument convergentes.

DÉMONSTRATION: Appelons U et V les sommes $\sum_{i \in I} u_i$ et $\sum_{j \in J} v_j$. Puisque la série (2.12.23) est commutativement convergente, nous pouvons alors lui appliquer le théorème de la sommation par paquets (Théorème 2.12.14). Le produit $I \times J$ admet en effet une partition remarquable, il est la réunion des ensembles $\{i\} \times J$ lorsque i parcourt I. Donc

$$\sum_{(i,j) \in I \times J} B(u_i, v_j) = \sum_{i \in I} (\sum_{j \in J} B(u_i, v_j))$$

Considérons donc d'abord la somme

$$\sum_{j \in J} B(u_i, v_j)$$

pour i fixé. L'application $v \mapsto B(u_i, v)$ est linéaire continue de F dans G. Nous pouvons donc appliquer à la série $\sum_{j \in J} v_j$ absolument convergente dans F, et à cette application linéaire continue, le théorème 2.12.15 et écrire la formule

$$\sum_{j \in J} B(u_i, v_j) = B(u_i, \sum_{j \in J} v_j) = B(u_i, V) \tag{2.12.19}$$

mais nous pouvons de même considérer ensuite l'application $u \mapsto B(u, V)$, linéaire continue de E dans G, et appliquer à la série $\sum_{i \in I} u_i$ et à cette application, le théorème 2.12.15. On en déduira cette fois-ci :

$$\sum_{i \in I} B(u_i, V) = B(\sum_{i \in I} u_i, V) = B(U, V)$$

$$\text{donc} \quad \sum_{(i,j) \in I \times J} B(u_i, v_j) = B(U, V)$$

ce qui est la formule (2.12.24). Supposons maintenant que les deux séries soient absolument convergentes. Soit K une partie finie de $I \times J$; il existe des parties L de I et M de J, telles que $L \times M$ contienne K, on a alors la majoration:

$$\sum_{(i,j) \in K} \|B(u_i, v_j)\| \leq \sum_{(i,j) \in L \times M} \|B\| \, \|u_i\| \, \|v_j\| \tag{2.12.25}$$

$$= \|B\| \, (\sum_{i \in L} \|u_i\|) \, (\sum_{j \in M} \|v_j\|) \leq \|B\| \, (\sum_{i \in I} \|u_i\|) \, (\sum_{j \in J} \|v_j\|)$$

Ceci prouve que toutes les sommes partielles d'un nombre fini déléments de la série

$$\sum_{(i,j) \in I \times J} \|B(u_i, v_j)\|$$

sont bornées et que par conséquent la série

$$\sum_{(i,j) \in I \times J} B(u_i, v_j)$$

est bien absolument convergente. ∎

Remarque 9 - Dans le cas où I et J sont tous deux l'ensemble **N** des entiers positifs, il est assez courant, dans la théorie des séries de Taylor, de ranger dans un ordre bien déterminé, la série

$$\sum_{(i,j) \in \mathbf{N} \times \mathbf{N}} B(u_i, v_j)$$

en posant

$$w_n = B(u_n, v_0) + B(u_{n-1}, v_1) + \ldots + B(u_0, v_n) \tag{2.12.27}$$

et en considérant la série produit comme étant la série $\sum_{n=0}^{\infty} w_n$.

Application linéaire inversible d'un espace de Banach dans un autre.

DÉFINITION 2.12.17. *Soit u une application linéaire continue d'un espace vectoriel normé E dans un espace vectoriel normé F; on dit que u est inversible si c'est une bijection, et si la bijection réciproque u^{-1}, qui est manifestement linéaire est aussi continue. Si $E = F$, cela signifie que, dans l'algèbre $\mathcal{L}(E;E)$, l'élément u possède un inverse.*

On a entre les normes de ces deux bijections réciproques, compte tenu de la relation $u \circ u^{-1} =$ identité, et de la formule (2.11.8) la relation

$$1 = \|\text{identité}\| \leq \|u\| \, \|u^{-1}\| \quad , \quad \text{ou} \quad \|u^{-1}\|^{-1} \leq \|u\| \tag{2.12.28}$$

Les propriétés des séries dans les espaces de Banach vont alors nous permettre de démontrer qu'une application suffisamment voisine d'une application linéaire inversible est elle aussi inversible; plus précisément:

THÉORÈME 2.12.18. *Soit u une application linéaire inversible d'un espace de Banach E dans un espace de Banach F, et soit v une application linéaire continue de E dans F vérifiant la majoration:*

$$\|v\| < \|u^{-1}\|^{-1} \tag{2.12.29}$$

Alors l'application linéaire continue $u + v$ de E dans F est elle aussi inversible; en outre.

$$\|(u+v)^{-1}\| \leq \frac{1}{\|u^{-1}\|^{-1} - \|v\|} \tag{2.12.30}$$

$$\|(u+v)^{-1} - u^{-1}\| \leq \frac{\|u^{-}\| \, \|u^{-1}v\|}{1 - \|u^{-1}v\|} \, . \tag{2.12.31}$$

DÉMONSTRATION: Prenons le cas où $F = E$, et $u = I$, application identique de E dans E. Alors v est une application linéaire continue de E dans E, astreinte à vérifier la majoration $\|v\| < 1$. Le $<$ ne peut être replacé par $\leq$, car pour $v = -I$, $I - I = 0$ n'est pas inversible.

Faisons d'abord un calcul purement formel. Nous calculerons $(I+v)^{-1}$ comme on calcule

$$(1+z)^{-1} = \frac{1}{1+z} \, ,$$

par un developpement en série géométrique $1 - z + z^2 - \ldots$. Ecrivons

$$(\text{I+v})^{-1} = I - v + v^2 - v^3 + \ldots + (-1)^n v^n + \ldots \tag{2.12.32}$$

Dans cette formule v^n est l'itéré $v \circ v \circ \ldots \circ v$, composé de n applications identiques à v. Justifions maintenant ce calcul.

La série du deuxième membre est normalement convergente dans l'espace de Banach $\mathcal{L}(E;E)$ (Théorème 2.11.12), car

$$||v^2|| = ||v \circ v|| \leq ||v||\,||v|| = ||v||^2 \quad \text{,et de même} \quad ||v^n|| \leq ||v||^n$$

et par hypothèse $||v|| < 1$. Donc, d'après le théorème 2.12.3, elle est convergente et représente un élément w de $\mathcal{L}(E;E)$.

D'après le théorème 2.11.19, $u \mapsto uv$ est une application linéaire continue de $\mathcal{L}(E;E)$ dans $\mathcal{L}(E;E)$; on peut alors appliquer le théorème 2.12.15 à la série du deuxième membre de (2.12.31) et à cette application, ce qui donne, par un calcul terme à terme:

(2.12.26) $$w(I+v) = wI + wv = (I - v + v^2 - v^3 + \ldots) + (v - v^2 + v^3 - \ldots) = I$$

Le même raisonnement montre que $(I+v)w = I$. Alors, d'après le théorème 1.3.8, $I+v$ est une bijection, et w est sa bijection réciproque; comme $w \in \mathcal{L}(E;E)$, $I+v$ est bien inversible, et le théorème est démontré dans ce cas. On a en outre la majoration:

(2.12.34) $$||w|| = ||(I+v)^{-1}|| \leq 1 + ||v|| + ||v||^2 + \ldots + ||v||^n + \ldots = \frac{1}{1 - ||v||}$$

Prenons maintenant le cas général, E et F quelconques, u inversible, et $||v|| < ||u^{-1}||^{-1}$. Comme u est inversible, on peut écrire :

(2.12.35) $$u + v = u(I + u^{-1}\,v)$$

Ici, $u^{-1}\,v$ et $I + u^{-1}\,v$ sont des applications linéaires continues de E dans E ;

$$||u^{-1}\,v|| \leq ||u^{-1}||\,||v|| < 1$$

en vertu de l'hypothèse faite sur v. Alors d'après le cas particulier que nous venons de démontrer, $I + u^{-1}\,v$ est inversible, et son inverse est donné par

(2.12.36) $$(I + u^{-1}v)^{-1} = I - u^{-1}\,v + u^{-1}\,v\,u^{-1}\,v - u^{-1}\,v\,u^{-1}v\,u^{-1}\,v + \ldots$$

Alors $u + v$ apparait, d'après (2.12.28) comme composée de deux applications inversibles, donc elle est aussi inversible, et son application réciproque est la composée des réciproques, avec inversion de l'ordre:

$$\begin{aligned}(u+v)^{-1} &= (I + u^{-1}v)^{-1}u^{-1} \\ &= u^{-1} - u^{-1}\,v\,u^{-1} + u^{-1}\,v\,u^{-1}\,v\,u^{-1} - u^{-1}v\,u^{-1}vu^{-1}\,v\,u^{-1} + \ldots\end{aligned}$$

On a en outre la majoration :

$$\|(u+v)^{-1}\| \leq \|(I+u^{-1}v)^{-1}\| \|u^{-1}\| \leq \frac{\|u^{-1}\|}{1-\|u^{-1}\,v\|}$$

$$(2.12.37) \qquad \leq \frac{\|u^{-1}\|}{1-\|u^{-1}\|\,\|v\|} = \frac{1}{\|u^{-1}\|^{-1}-\|v\|}$$

qui est bien la formule (2.12.30). Par ailleurs, on a aussi

$$(u+v)^{-1} - u^{-1} = \left[(I+u^{-1}v)^{-1} - I\right] u^{-1}$$

et par conséquent, on a:

$$\|(u+v)^{-1} - u^{-1}\| \leq= \|(I+u^{-1}v)^{-1} - I\|\,\|u^{-1}\| \leq \|u^{-1}\| \frac{\|u^{-1}v\|}{1-\|u^{-1}v\|}$$

qui est la relation (2.12.31). La démonstration est achevée. ∎

Remarque 11 - L'inversibilité de $I+v$ résulte aussi du théorème du point fixe. Soit y un élément de E. Existe-t-il un point x de E tel que $(I+v)x = y$ où $x+vx=y$ ou $x = -vx+y$?

Considérons l'application $f : x \mapsto -vx+y$ de E dans E. C'est une contraction, car

$$\|-v(x_1-x_2)\| \leq \|v\|\,\|x_1-x_2\|$$

avec $\|v\| < 1$. Donc il existe un x et un seul tel que $x = f(x)$ ou $((I+v)x = y$, parce que E est complet (Théorème 2.10.2). Donc $I+v$ est une bijection; comme elle est linéaire, sa bijection réciproque est linéaire. En outre le théorème 2.10.3 montre que la solution x dépend continuement de y, donc $(I+v)^{-1}$ est continue, et $I+v$ est inversible. Remarquons que l'expression de x à partir de y par la méthode des approximations successives, en partant de $x_0 = 0$, donne

$$x_1 = y \quad , \quad x_2 = -v.x_1 + y$$
$$x_3 = -v.x_2 + y = y - v.y + v^2.y, \ldots,$$

et donne, à là limite,

$$x = y - v.y + v^2.y - v^3.y + \ldots ;$$

c'est une nouvelle manière d'écrire $(I+v)^{-1} = I - v + v^2 - v^3 + \ldots$

Remarque 12 - Soit $\mathcal{U}$ l'ensemble des éléments inversibles de $\mathcal{L}(E;F)$, $\mathcal{U}^{-1}$ l'ensemble des éléments inversibles de $\mathcal{L}(F;E)$. Si $u_0 \in \mathcal{U}$, tout élément de $\mathcal{L}(E;F)$ appartenant à la boule ouverte de centre u_0 et de rayon $||u^{-1}||^{-1}$ est donc encore dans $\mathcal{U}$: donc $\mathcal{U}$ est un ouvert de $\mathcal{L}(E;F)$ et aussi $\mathcal{U}^{-1}$ par échange des rôles de E et F. Les inégalités précédentes montrent alors que l'application

$$u \mapsto u^{-1}$$

est un homéomorphisme de $\mathcal{U}$ sur $\mathcal{U}^{-1}$. On pourra le faire à titre d'exercice. Nous le reverrons au théorème 3.8.3.

Remarque 13 - Si $\mathcal{A}$ est une algèbre de Banach, la même démonstration prouve que si $x \in \mathcal{A}$ est inversible, c'est-à-dire admet un élément inverse dans l'algèbre, et si y est un élément de $\mathcal{A}$ tel que $||y|| < ||x^{-1}||^{-1}$, $x+y$ est inversible et que son inverse est donné par

(2.12.38)

$$(x+y)^{-1} = x^{-1} - x^{-1}\, y\, x^{-1} + x^{-1}\, y\, x^{-1}\, y\, x^{-1} - x^{-1}\, y\, x^{-1}\, y\, x^{-1}\, y\, x^{-1} + \ldots$$

Si $\mathcal{U}$ est l'ensemble des éléments inversibles de $\mathcal{A}$, $\mathcal{U}$ est ouvert dans $\mathcal{A}$, et $x \mapsto x^{-1}$ est un homéomorphisme de $\mathcal{U}$ sur lui-même.

Critère de semi-convergence.

DÉFINITION 2.12.19. *Soit $u_0, u_1, u_2, \ldots, u_n, \ldots$ une suite déléments d'un espace de Banach E; on dit que cette suite est à* **variation bornée** *si la série*

$$||u_1 - u_0|| + ||u_2 - u_1|| + \ldots + ||u_n - u_{n-1}|| + \ldots \tag{2.12.39}$$

est convergente. La somme (2.12.39) s'appelle **la variation totale** *de la suite.*

Remarque 14 - Si la suite $u_0, u_1, u_2, \ldots, u_n, \ldots$ est à variation bornée cela entraine naturellement que la suite considérée soit convergente; on sait en effet que sa convergence est équivalente à la convergence de la série

$$u_0 + (u_1 - u_0) + (u_2 - u_1) + \ldots + (u_n - u_{n-1}) + \ldots$$

or l'hypothèse que nous avons faite est équivalente à la convergence absolue de cette série. On voit même en fait qu'une suite à variation bornée est à une suite convergente, ce qu'est une série absolument convergente à une série convergente.

Remarque 15 - Si les u_n sont des nombres réels, et si la suite des u_n est **monotone et bornée**, elle est à variation bornée. En effet, on a exactement, si par exemple ele est croissante et bornée :

(2.12.40)

$$|u_1 - u_0| + |u_2 - u_1| + \ldots = (u_1 - u_0) + (u_2 - u_1) + \ldots = -u_0 + \lim_{n\to\infty} u_n < +\infty$$

Jordan a d'ailleurs démontré qu'inversement, si une suite de nombres réels est à variation bornée, elle peut s'écrire sous la forme $u_n = a_n - b_n$, dans laquelle $a_0, a_1, a_2, \ldots, a_n \ldots$ et $b_0, b_1, b_2, \ldots b_n \ldots$ sont deux suites croissantes et bornées(*). Nous allons maintenant donner le plus important critère de semi-convergence des séries, auquel tous les critères usuels peuvent pratiquement se ramener (notamment le théorèmes des séries alternées).

THÉORÈME 2.12.20. *(Abel) Soient E, F, G trois espaces de Banach. Soit u_n une suite de vecteurs de E, à variation bornée et tendant vers 0 pour $n \longrightarrow +\infty$, et v_n une suite de vecteurs de F à sommes partielles bornées, c'est-à-dire que toutes les quantités*

(2.12.41) $$\sigma_{m,n} = v_m + v_{m+1} + \ldots + v_n \quad , \quad n \geq m$$

aient leurs normes bornées. Alors si B est une application bilinéaire continue de $E \times F$ dans G, la série de terme général $w_n = B(u_n, v_n)$ est convergente.

En outre, si on pose

(2.12.42)
$$U_m = ||u_{m+1} - u_m|| + ||u_{m+2} - u_{m+1}|| + \ldots \quad , \quad \text{et} \quad V_m = \sup_{n \geq m} ||\sigma_{m,n}||$$

la somme S et le reste $R_m = w_{m+1} + w_{m+2} + \ldots$ admettent les majorations(**)

(2.12.43) $$||S|| \leq ||B||\, U_0\, V_0 \quad , \quad ||R_m|| \leq ||B||\, U_{m+1} V_{m+1}$$

Remarque 16 - Dans la plupart des applications, $E = F = G = \mathbf{C}$, corps des nombres complexes, et B est le produit. Les $\sigma_{m,n}$ sont sûrement bornées si la série $\sum_{n=0}^{\infty} v_n$ est convergente.

DÉMONSTRATION: On a :

$$\begin{aligned} S_n &= B(u_0, v_0) + B(u_1, v_1) + \ldots + B(u_n, v_n) \\ &= B(u_0, \sigma_{0,0}) + B(u_1, \sigma_{0,1} - \sigma_{0,0}) + \ldots + B(u_n, \sigma_{0,n} - \sigma_{0,n-1}) \\ &= B(u_0, \sigma_{0,0}) + [B(u_1, \sigma_{0,1}) - B(u_1, \sigma_{0,0})] + \ldots + [B(u_n, \sigma_{0,n} - B(u_n, \sigma_{0,n-1})] \\ &= B(u_0 - u_1, \sigma_{0,0}) + B(u_1 - u_2, \sigma_{0,1}) + \ldots + B(u_{n-1} - u_n, \sigma_{0,n-1}) + B(u_n, \sigma_{0,n}). \end{aligned}$$

Le terme différent des autres, $B(u_n, \sigma_{0,n})$, est majoré en norme par $||B||\ ||u_n|| V_0$, donc il tend vers 0 pour n tendant vers $+\infty$, puisque u_n tend vers 0.

(*)C'est à peu près évident. Il suffit de poser $a_0 = (u_0)^+, a_1 = ((u_0)^+ + (u_1 - u_0)^+, a_2 = ((u_0)^+ + (u_1 - u_0)^+ + (u_2 - u_1)^+, \ldots$ où $x^+ = x$ si $x \geq 0$ et 0 si $x < 0$. Ensuite $b_0 = (u_0)^-, b_1 = ((u_0)^- + (u_1 - u_0)^-, b_2 = ((u_0)^- + (u_1 - u_0)^- + (u_2 - u_1)^-, \ldots$ où $x^- = 0$ si $x > 0$ et $|x|$ si $x \geq 0$. On a $x = x^+ - x^-$ et $|x| = x^+ + x^-$

(**)$||R_m||$ tend bien vers 0 pour m tendant vers $+\infty$ parce que V_{m+1} reste borné, et que U_{m+1} tend vers 0 comme reste d'une série à termes ≥ 0 convergente.

Il reste donc à montrer que:

$$B(u_0 - u_1, \sigma_{0,0}) + B(u_1 - u_2, \sigma_{0,1}) + \ldots + B(u_{n-1} - u_n, \sigma_{0,n-1}) \tag{2.12.44}$$

a une limite pour n tendant vers $+\infty$. Cela revient à montrer que la série de terme général:

$$W_n = B(u_n - u_{n+1}, \sigma_{0,n}) \tag{2.12.45}$$

converge. Or la série des normes converge, puisque :

$$||W_n|| \leq ||B||\ ||u_n - u_{n+1}||\ V_0 \tag{2.12.46}$$

et que la suite des u_n est supposée à variation bornée.

Cela démontre le convergence de la série donnée, en vertu du théorème 2.12.3, puisque G est supposé complet. Une fois la convergence démontrée, on a la majoration

$$||S_n|| \leq ||B||\ ||u_n||\ V_0 + ||B||\ U_0\ V_0 \tag{2.12.47}$$

donc, en passant à la limite pour n tendant vers l'infini, on obtient pour la somme

$$S = w_0 + w_1 + \ldots + w_n + \ldots$$

la majoration

$$||S|| \leq ||B||\ U_0\ V_0 \tag{2.12.48}$$

Le même calcul, commencé au terme w_{m+1} et compte tenu de ce que $R_m = w_{m+1} + w_{m+2} + \ldots$ donne la majoration du reste (2.12.43). ∎

Exemple 1 - Théorème des séries alternées.

Considérons la série réelle $\sum_{n=0}^{\infty}(-1)^n u_n$, dans laquelle la suite $u_0, u_1, u_2, \ldots, u_n, \ldots$ est ≥ 0, décroissante et converge vers 0 pour n tendant vers $+\infty$.

Dans ce cas, le théorème est applicable, avec $v_n = (-1)^n, U_m = u_m, V_m = 1$; il donne l'inégalité

$$|R_m| \leq u_{m+1} \tag{2.12.49}$$

On voit même aussitôt que dans ce cas, le reste est du signe du premier terme négligé.

Exemple 2 - Cas des séries trigonométriques.

Considérons la série $\sum_{n=0}^{\infty} u_n e^{in\theta}$ dans laquelle on suppose que la suite complexe $u_0, u_1, u_2, \ldots, u_n, \ldots$ est à variation bornée et converge vers 0 pour n tendant vers $+\infty$, et que θ est réel(*). Prenons $v_n = e^{i\,n\,\theta}$.

On sait alors, d'après la formule de sommation donnant la somme partielle d'ordre n de la série géométrique, que l'on a, si $\theta \neq 2k\pi$,

(2.12.50) $$e^{im\theta} + e^{i(m+1)\theta} + \ldots + e^{in\theta} = \frac{e^{i(n+1)\theta} - e^{im\theta}}{e^{i\theta} - 1}$$

et par conséquent la majoration :

(2.12.51) $$|\sigma_{m,n}| \leq \frac{2}{|e^{i\theta} - 1|}$$

Par contre si $\theta = 2k\pi$, alors $e^{im\theta} + e^{i(m+1)\theta} + \ldots + e^{in\theta} = n - m + 1$, qui n'est pas bornée. On en déduit la conclusion que, pour $\theta \neq 2k\pi$, la série $\sum_{n=0}^{\infty} u_n e^{in\theta}$ est bien convergente. On a les majorations :

(2.12.52) $$|S| \leq U_0 \frac{2}{|e^{i\theta} - 1|} \quad , \quad |R_m| \leq U_{m+1} \frac{2}{|e^{i\theta} - 1|}$$

La convergence est uniforme tant que $|\theta - 2k\,\pi| \geq \epsilon > 0$ pour tout k. Bien entendu on a un résultat analogue pour les séries

$$\sum_{n=0}^{\infty} u_n cos\; n\;\theta \quad , \quad \sum_{n=0}^{\infty} u_n sin\; n\;\theta$$

En outre, pour cette dernière, la convergence a lieu même pour $\theta = 2k\pi$, car alors tous les termes de la série sont nuls. Mais néanmoins la convergence n'est uniforme que dans les mêmes conditions $|\theta - 2k\,\pi| \geq \epsilon > 0$ pour tout k (sa somme est discontinue aux points $2k\,\pi$ pour $u_n = \frac{1}{n}$) .

(*)Si les u_n sont réels ≥ 0, vont en décroissant et tendent vers 0, et si $\theta = \pi$, on retrouve le théorème des séries alternées.

§13. ESPACES FONCTIONNELS
CONVERGENCE SIMPLE ET UNIFORME

Distance de la convergence uniforme.

On entend par **espace fonctionnel** un espace dont les éléments sont des fonctions, c'est-à-dire des applications d'un ensemble dans un autre.

Soit E et F deux ensembles. Nous avons vu au chapitre 1, qu'on désigne par F^E l'ensemble des applications de E dans F. S'il se trouve que F possède certaines structures (espace vectoriel, espace métrique, etc) alors il est en général possible d'introduire sur F^E une structure analogue.

1° / Supposons que F soit un espace vectoriel sur un corps K; alors bien évidemment F^E admet aussi une structure d'espace vectoriel sur K. En effet si f et g sont deux applications de E dans F, et λ un scalaire, on peut définir la somme $f+g$ et le produit λf comme de nouvelles applications de E dans F par

(2.13.1) pour tout $x \in E \quad (f+g)(x) = f(x) + g(x)$,

(2.13.2) pour tout $x \in E \quad (\lambda f)(x) = \lambda f(x)$.

Ainsi nous avons défini sur F^E une loi d'addition, et une loi de multiplication par les scalaires de K ; on vérifie sans peine que ces lois satisfont à tous les axiomes qui font de F^E un espace vectoriel sur K(*)

Par exemple si F est le corps des scalaires $\mathbf{K}$, et si celui-ci est le corps des réels ou le corps des complexes, on voit que l'ensemble $\mathbf{K}^E$ des fonctions réelles ou complexes définies sur E est un espace vectoriel sur le corps des réels ou des complexes.

2° / Supposons maintenant que F soit un espace métrique. Si f et g sont deux applications de E dans F, on appellera **distance de ces deux fonctions** et on notera $d(f,g)$ la quantité définie par

(2.13.3) $$d(f,g) = \sup_{x \in E} d\left(f(x), g(x)\right)$$

Mais cette distance n'est pas nécessairement finie, la borne supérieure doit être prise dans $\overline{\mathbf{R}}$. Il en résulte qu'il n'est pas directement possible de mettre sur F^E une structure naturelle d'espace métrique. C'est pourquoi nous nous contenterons de considérer le sous-espace $\mathcal{B}(E;F)$ de F^E constitué par les **applications bornées** de E dans F.

(*)Si E a deux éléments, F^E peut être identifié à $F^2 = F \times F$; la structure vectorielle ainsi obtenue sur $F \times F$ est celle d'espace vectoriel produit, formule (2.2.19) et (2.2.20).

On dit qu'une application f de E dans F **est bornée**, si l'image $f(E)$ de E est une partie bornée de F.

Si alors f et g sont deux applications bornées de E dans F, leur distance est nécessairement finie. En effet, si par exemple f(E) est contenue dans la boule de centre a et de rayon α de F, et si $g(E)$ est contenue dans la boule de centre b et de rayon β de F, donc a fortiori dans la boule de centre a et de rayon $\beta + d(a,b)$ de F, on voit que l'on a, pour tout x de E, l'inégalité

$$d\left(f(x), g(x)\right) \leq \alpha + \beta + d(a,b) ,$$

et que par conséquent $d(f,g)$ est bien fini.

Vérifions que l'application $d\,:\,(f,g) \mapsto d(f,g)$ est bien une distance sur $\mathcal{B}(E;F)$(*) Nous devons vérifier les 3 propriétés (2.1.1). La symétrie est évidente. La positivité l'est également, car d'une part $d(f(x),g(x)) \geq 0$, et d'autre part, si f et g sont distinctes, il existe au moins un point x de E tel que $d\left(f(x),g(x)\right) > 0$, et alors on a bien $d(f,g) > 0$.

Reste à vérifier l'inégalité triangulaire.

Soient donc f, g, h trois applications de E dans F, alors pour tout x de E, on a

$$d(f(x),h(x)) \leq d(f(x),g(x)) + d(g(x),h(x)) \leq d(f,g) + d(g,h)$$

Comme ceci est vrai pour tout x, on a

$$d(f,h) \leq d(f,g) + d(g,h) \tag{2.13.4}$$

ce qui est bien l'inégalité cherchée.

La distance donnée par (2.13.3) est appelée la distance (généralisée) de la **convergence uniforme**.

Remarque 1 - Les notions que nous venons d'introduire sont **métriques et non topologiques**. On démontre que, si on remplace sur F la métrique donnée par une métrique équivalente, on change d'abord complétement l'espace $\mathcal{B}(E,F)$, car le fait pour une fonction d'être bornée dépend de la métrique et non de la topologie (voir la remarque 2.4.1) et en outre même si cet espace ne change pas, la nouvelle métrique que l'on place sur $\mathcal{B}(E,F)$ n'est pas équivalente à la première.

(*)Si E a deux éléments, F^E peut s'identifier à $F \times F$; la distance que nous venons de placer sur $\mathcal{B}(E;F)$(qui est alors F^E lui-même) est l'une des distances que nous avons choisies pour le produit, formule (2.2.10)(a)

$$d(x_1,x_2),(y_1,y_2)) = \max\ [\, d(x_1,y_1), d(x_2,y_2)\,]$$

Remarque 2 - Supposons maintenant que F ait une structure d'espace vectoriel normé; alors on peut mettre sur l'espace $\mathcal{B}(E, F)$ une structure d'espace vectoriel normé en posant(*)

$$(2.13.5) \qquad ||f||_\infty = \sup_{x\in E} ||f(x)||$$

Les mêmes méthodes que précédemment montrent que nous venons de définir là une norme; en outre la métrique associée à cette norme est la métrique que nous avions définie au 2°/:

$$(2.13.6) \qquad d(f,g) = ||f - g||_\infty \,.$$

Par exemple, si F est le corps des réels ou le corps des complexes lui-même, on voit que l'espace des fonctions réelles ou complexes bornées définiess ur un ensemble E est un espace vectoriel normé(**) . Les espaces vectoriels obtenus dans 1°/ et dans 3°/ sont pratiquement toujours de dimension infinie. Supposons en effet que E soit un ensemble à n éléments, et que pour simplifier nommons $1, 2, \ldots, n$, ces éléments. Alors F^E, dans le cas particulier où $F = \mathbf{R}$, n'est autre que l'espace produit $\mathbf{R}^n$, et la norme introduite dans 3°/ n'est autre que

$$||(x_1, x_2, \ldots, x_n|| = \max(|x_1|, |x_2|, \ldots, |x_n|)$$

Toutes les fois que E contient une infinité d'éléments, (et les cas pratiques les plus importants sont ceux où E est la droite réelle ou un intervalle de la droite réelle) alors l'espace F^E antérieurement considéré est de dimension infinie.

THÉORÈME 2.13.1. *Si F est un espace métrique complet, l'espace métrique $\mathcal{B}(E, F)$ des applications bornées de E dans F est lui aussi complet(***).*

DÉMONSTRATION: : Soit $f_0, f_1, f_2, \ldots, f_n, \ldots$ une suite de Cauchy de $\mathcal{B}(E, F)$. D'aprés la définition même de la distance $d(f_m(x), f_n(x)) \leq d(f_m, f_n)$, on voit donc que, pour tout x de E, la suite des points $f_n(x)$ est une suite de Cauchy dans F. Comme F est supposé complet, cette suite est convergente vers un point de F, que nous appellerons $f(x)$. Nous venons donc de définir une application f de E dans F.

(*)Nous noterons par $|| \; ||$ la norme d'un élément de F , et par $|| \; ||_\infty$ la norme d'une application bornée de E dans F, pour éviter toute confusion entre les espaces vectoriels normés F et $\mathcal{B}(E; F)$. Alors $||f||$ désignera la fonction ≥ 0 : $x \mapsto ||f(x)||$ tandis que $||f||_\infty$ désignera la borne supérieure de cette fonction, un nombre ≥ 0.

(**)Sur le corps des scalaires $\mathbf{K}$, la norme est le module, noté $| \; |$. Alors si $f \in \mathcal{B}(E, \mathbf{K})$, $|f|$ est la fonction ≥ 0: $x \mapsto |f(x)|$. Ici il n'y aura pas d'inconvénient à noter par $||f||$ la borne supérieure de cette fonction, ou norme de f dans $\mathcal{B}(E; \mathbf{K})$

(***)Ce théorème contient comme cas particulier le théorème 2.10.9.

Montrons que cette application est bornée. Soit $\epsilon > 0$. Il existe un entier p tel que $m \geq p$, $n \geq p$, entraîne $d(f_m, f_n) \leq \epsilon$, donc $d(f_m(x), f_n(x)) \leq \epsilon$, pour tout x de E. Alors, pour x fixé dans E, on peut dans l'inégalité précédente passer à la limite pour m tendant vers $+\infty$, et, étant donné la continuité de la fonction distance sur F, on a l'inégalité $d(f(x), f_n(x)) \leq \epsilon$, pour $n \geq p$. Il en résulte que, f_p étant bornée, l'ensemble $f_p(E)$ est contenu dans une boule de centre a_p et de rayon R_p; l'inégalité

$$d(a_p, f(x)) \leq d(a_p, f_p(x)) + d(f_p(x), f(x))$$

montre que l'ensemble $f(E)$ est contenue dans la boule de centre a_p et de rayon $R_p + \epsilon$, ce qui prouve bien que f est bornée. Alors f est elle aussi un élément de $\mathcal{B}(E; F)$; il nous reste à voir que f_n converge vers f pour n tendant vers $+\infty$. Or, $\epsilon > 0$ étant donné, l'entier p étant choisi comme précédemment, l'inégalité $d(f(x), f_n(x)) \leq \epsilon$ pour tout x de E, pour $n \geq p$, montre que $d(f, f_n) \leq \epsilon$ pour $n \geq p$ ce qui montre bien cette convergence. Il en résulte que $\mathcal{B}(E; F)$ est un espace métrique complet. ∎

Corollaire 2.13.2. *Si F est un espace de Banach, l'espace vectoriel normé $\mathcal{B}(E; F)$ est lui aussi un espace de Banach. En particulier l'espace $\mathcal{B}(E,\mathbf{K})$ des fonctions, à valeurs réelles ou complexes, bornées, sur un ensemble E, est un espace de Banach.*

Convergence simple et uniforme.

Il serait utile de pouvoir utiliser les résultats précédents dans l'étude de la convergence des suites de fonctions, et de pouvoir dire qu'une suite de fonctions f_n converge vers une fonction limite f, lorsque les points f_n d'un certain espace topologique convergent, dans cet espace, vers le point f.

Définition 2.13.3. *On dit qu'une suite de fonctions f_n, c'est-à-dire d'applications d'un ensemble E dans un espace métrique F, converge* **simplement**, *pour n tendant vers $+\infty$, vers une fonction limite f, si, pour tout x de E, la suite des points $f_n(x)$ de F converge, pour n tendant vers $+\infty$, vers le point $f(x)$ de F, ou encore*

$$(\forall x \in E)(\forall \epsilon > 0)(\exists m \in \mathbf{N})(\forall n \geq m) : d(f_n(x), f(x)) \leq \epsilon \tag{2.13.7}$$

On notera, comme nous l'avons vu (remarque 1.1.4), que l'entier m, que nous venons de déterminer, dépend en fait à la fois de ϵ et de x.

Remarque 3 - Peut-on construire sur l'ensemble F^E des applications de E dans F une structure topologique, de telle manière que les éléments f_n de cet espace topologique convergent vers l'élément f, si et seulement si les fonctions f_n convergent simplement vers la fonction f au sens que nous venons d'indiquer ? C'est en effet possible. Il s'agit de l'espace topologique produit tel qu'il a été défini par (2.2.32) avec $I = E$ et $E_i = F$ pour tout i.

DÉFINITION 2.13.4. *On dit que la suite des fonctions f_n converge* **uniformément** *vers la fonction f, pour n tendant vers $+\infty$, si l'entier m déterminé dans (2.13.7) peut être choisi indépendamment de x; c'est-à-dire seulement en fonction de ϵ, autrement dit, si*

$$(2.13.8) \qquad (\forall\epsilon > 0)(\exists m \in \mathbf{N})(\forall x \in E)(\forall n \geq m) : d(f_n(x), f(x)) \leq \epsilon$$

Cela s'écrit encore

$$(2.13.9) \qquad (\forall\epsilon > 0)(\exists m \in \mathbf{N})(\forall n \geq m) : d(f_n, f) \leq \epsilon$$

Cela veut simplement dire que la distance de f_n à f tend vers 0 pour n tendant vers $+\infty$.

Il est bien évident que la convergence uniforme entraîne la convergence simple, mais, comme nous allons le voir, la réciproque n'est pas vraie dans le cas général; la convergence uniforme est une propriété beaucoup plus forte que la convergence simple.

Exemple 1 - Considérons la fonction réelle g d'une variable réelle définie par

$$(2.13.10) \qquad g(x) = \frac{1}{1+x^2}$$

On appelle **translatée de cette fonction, par la translation h**, celle que l'on obtient en translatant le graphique de cette fonction parallèlement à l'axe des x, de la translation h, c'est à dire par l'application

$$(x, y) \mapsto (x + h, y)$$

Autrement dit, cette nouvelle fonction $\tau_h g$ est telle que sa valeur en un point x soit la valeur de la fonction ancienne g au point $x - h$:

$$(2.13.11) \qquad (\tau_h g)(x) = g(x - h)$$

On a donc

$$(\tau_h g)(x) = \frac{1}{1 + (x - h)^2}$$

Considérons alors la suite des translatées $\tau_n g, n \in \mathbf{N}$.

On voit immédiatement que cette suite de fonctions converge simplement vers la fonction identiquement nulle, pour n tendant vers $+\infty$. On a en effet, pour x fixé :

$$\lim_{n\to\infty} \frac{1}{1 + (x - n)^2} = 0$$

D'ailleurs cela revient à dire que la suite des valeurs de g aux points $x - n$ tend vers 0 pour n tendant vers $+\infty$, ce qui est évident.

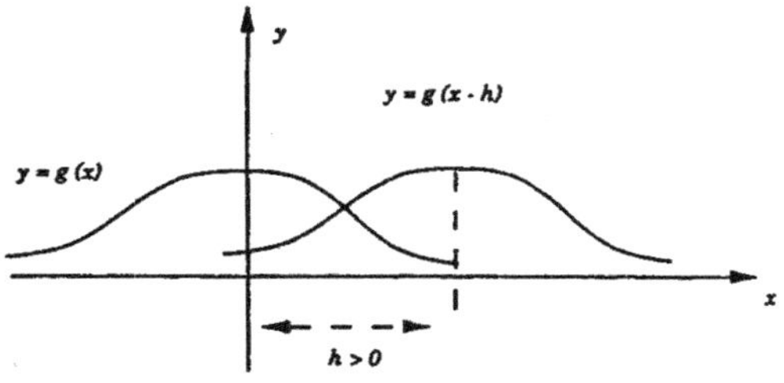

Figure 1

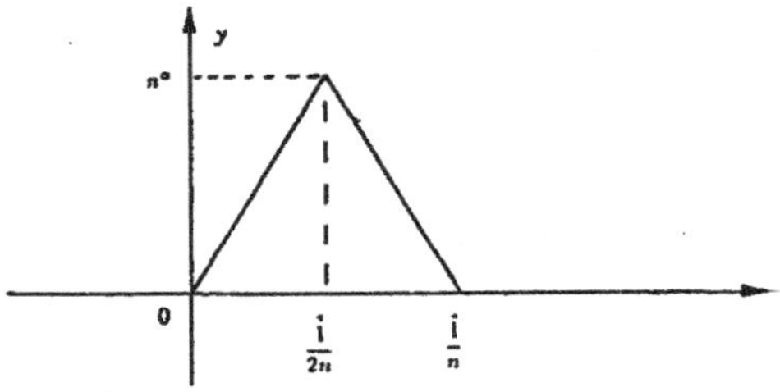

Figure 2

Cependant la suite des fonctions $\tau_n g$ ne converge pas uniformément vers 0, lorsque n tend vers $+\infty$, car la distance de $\tau_n g$ et de 0 est indépendante de n, elle est toujours égale à 1. Le graphe de $\tau_h g$ est donné dans la figure 1.

Exemple 2 - Considérons la fonction $f_n, (n \geq 1)$ réelle, d'une variable réelle, définie comme suit : elle est égale à 0, pour $x \leq 0$ et pour $x \geq \frac{1}{n}$, elle est égale à n^α, $\alpha > 0$ pour $x = \frac{1}{2n}$, et dans chacun des intervalles $[0, \frac{1}{2n}]$ et $[\frac{1}{2n}, \frac{1}{n}]$, elle est affine.(*) Elle est représentée par le graphique de la figure 2. Malgré les apparences, la suite des fonctions f_n converge **simplement** vers la fonction 0 pour n tendant vers $+\infty$. En effet, quelque soit $x > 0$, pour n suffisamment grand, on a $\frac{1}{n} < x$ et par conséquent pour n suffisamment grand, on a $f_n(x) = 0$; par ailleurs, pour $x \leq 0$, on a toujours $f_n(x) = 0$, d'où résulte bien ce que nous avons annoncé. Cependant, la distance de f_n et de 0 est égale à n^α, qui tend vers l'infini, donc f_n ne converge pas uniformément vers 0 pour n tendant vers $+\infty$.

Remarque 4 - On voit que la notion de convergence simple, n'est pas en réalité aussi naturelle qu'elle le semblait a priori, car il parait assez paradoxal de dire que les deux suites de fonctions précédentes convergent vers 0 pour n tendant vers $+\infty$. L'idée que l'on se fait de la convergence d'une suite de fonctions est plutôt celle de la convergence uniforme que celle de la convergence simple.

Remarque 5 - D'après ce que nous avons dit plus haut sur la relation entre la convergence uniforme et distance des fonctions, on voit que l'espace topologique adapté à la convergence uniforme est l'espace métrique $\mathcal{B}(E;F)$. Dire qu'une suite d'applications bornées f_n de E dans F **converge uniformément** vers

(*)La fonction $y = ax + b$ est dite linéaire affine, ou tout simplement affine, le mot linéaire devant être réservé conformément aux définitions générales relatives aux espaces vectoriels, à la fonction $y = ax$.

l'application bornée f de E dans F, c'est dire que la **suite des points f_n de l'espace métrique $\mathcal{B}(E;F)$ converge vers le point** f de cet espace métrique.

Il faut noter que tout ce que nous venons de dire sur la convergence simple ou uniforme d'une **suite** de fonctions s'étend à la convergence d'un ensemble filtré de fonctions. Par exemple, si, pour tout $t \in \mathbf{R}$, f_t est une application de E dans un espace métrique $F : x \mapsto f_t(x)$, on pourra parler de la convergence simple ou uniforme de f_t vers une application f de E dans F, lorsque t tend vers 0 par valeurs > 0, ou vers $+\infty$, etc ...

Il y a une situation exceptionnelle où la convergence simple entraîne, sous certaines conditions, la convergence uniforme, c'est celle décrite par le théorème suivant.

Le théorème de Dini.

THÉORÈME 2.13.5. *(Dini) Soit E un espace compact et H un ensemble filtrant croissant(*) de fonctions définies et continues dans E à valeurs réelles. On suppose que l'enveloppe supérieure de H est une fonction* **à valeurs réelles et continue**. *Dans ces conditions, le filtre des sections de H converge vers f uniformément. Autrement dit, pour tout $\epsilon > 0$, il existe g dans H telle que, pour tout x de E et pour tout h de H, $h \geq g$, on ait:*

$$0 \leq f(x) - h(x) \leq \epsilon \tag{2.13.12}$$

En particulier, si (f_n) est une suite croissante de fonctions à valeurs réelles, continues dans E, convergeant simplement vers une fonction f **continue** *dans E; elle converge uniformément vers f.*

DÉMONSTRATION: Soit $\epsilon > 0$. Par définition de l'enveloppe supérieure, pour tout x de E, il existe $h_x \in H$ tel que $h_x(x) > f(x) - \epsilon$. Comme h_x et f sont continues, il existe un ouvert de E, U_x contenant x tel que $h_x(y) > f(y) - \epsilon$ pour tout $y \in U_x$. U_x est simplement l'image réciproque par l'application continue $h_x - f$ de l'intervalle ouvert de $\mathbf{R}$, $]-\epsilon, +\infty[$. Lorsque x parcourt E, on a ainsi un recouvrement ouvert de E. Comme E est compact, un nombre fini de ces ouverts suffit pour recouvrir E. Soit $U_{x_1}, U_{x_2}, \dots, U_{x_n}$ cette famille finie. Comme H est filtrant croissant, il existe $g \in H$ tel que

$$g \geq max\ (h_{x_1}, h_{x_2}, \dots, h_{x_n})$$

Soit x un élément quelconque de E. Il existe un ouvert U_{x_i} contenant x, donc par définition de cet ouvert et de h_{x_i}, on a

$$h_{x_i}(x) > f(x) - \epsilon$$

(*)Voir l'exemple 2.6.4. On rappelle que cela signifie que pour tout $(f,g) \in H \times H$, il existe $h \in H$ tel que $h \geq \max(f,g)$.

donc a fortiori

$$g(x) \geq h_{x_i}(x) > f(x) - \epsilon$$

Mais alors, on a aussi, pour tout $h \geq g$

$$h(x) \geq g(x) > f(x) - \epsilon$$

Comme en outre f est l'enveloppe supérieure de H, $h \leq f$, donc pour tout x de E, on a

$$0 \leq \mathrm{f}(x) - h(x) < \epsilon$$

Si la suite est croissante, c'est un cas particulier d'ensemble fitrant; la limite de la suite f est aussi l'enveloppe supérieure de l'ensemble des éléments de cette suite. La démonstration du théorème est achevée. ∎

COROLLAIRE 2.13.6. *Soit E un espace localement compact et H un ensemble filtrant décroissant de fonctions continues à support compact à valeurs réelles positives. On suppose que l'enveloppe inférieure de H est la fonction nulle. Alors le filtre des sections de H converge uniformément vers la fonction nulle, autrement dit, pour tout $\epsilon > 0$ il existe $g \in H$ tel que, pour tout $h \leq g$ et pour tout $x \in E$, on ait*

$$0 \leq h(x) \leq \epsilon$$

DÉMONSTRATION: Soit f_0 un élément arbitraire de H. Posons

$$G = \{f_0 - f : \quad f \in H \quad , \quad f \leq f_0 \quad \}$$

Alors G est un ensemble filtrant croissant de fonctions continues à valeurs réelles, ayant toutes leur support contenu dans le support compact de f_0 et pour enveloppe supérieure la fonction continue f_0. Alors on peut appliquer le théorème et on obtient la conclusion désirée. ∎

COROLLAIRE 2.13.7. *Soit E un espace localement compact et (f_n) une suite décroissante de fonctions continues dans E, à valeurs réelles positives. On suppose que cette suite converge simplement vers 0.*

Dans ces conditions, la suite (f_n) converge uniformément vers 0.

DÉMONSTRATION: Comme la suite est décroissante, f est aussi l'enveloppe inférieure de l'ensemble des éléments de cette suite. Il suffit donc d'appliquer le corollaire 2.13.8. ∎

Voici une application du théorème de Dini qui nous sera utile dans la suite.

THÉORÈME 2.13.8. *Il existe une suite de polynômes d'une variable réelle qui convergent uniformément dans l'intervalle* $[0, 1]$ *vers la fonction* $x \mapsto \sqrt{x}$

DÉMONSTRATION: - Pour tout $x \in [0, 1]$, définissons par récurrence la suite de nombres réels $p_n(x)$, en posant :

$$(2.13.12) \qquad \begin{cases} p_0(x) = 0 \\ p_{n+1}(x) = p_n(x) + \frac{1}{2}\left(x - p_n^2(x)\right) \end{cases}$$

Alors

$$(2.13.13) \qquad \begin{cases} (i) & \forall n \quad , \quad p_n \text{ est un polynôme} \\ (ii) & \forall n \ , \ \forall x \in [0,1] : 0 \leq p_0(x) \leq p_1(x) \leq \ldots \leq p_n(x) \leq \sqrt{x} \end{cases}$$

Nous allons prouver (2.13.13) par récurrence. Ces assertions sont vraies si $n = 0$. Supposons qu'elles sont vraies à l'ordre n, et prouvons qu'elles restent vraies à l'ordre $n+1$. Il est trivial que p_{n+1} est un polynôme puisque p_n est un polynôme donc aussi p_n^2. D'autre part, il est clair que $p_{n+1}(x) \geq p_n(x)$ puisque $x - p_n^2(x)$ est ≥ 0 d'après l'hypothèse de récurrence. Il faut calculer $p_{n+1}(x) - \sqrt{x}$. Cela donne

$$p_{n+1}(x) - \sqrt{x} = p_n(x) - \sqrt{x} + \frac{1}{2}(x - p_n^2(x)) = (p_n(x) - \sqrt{x})\left(1 - \frac{1}{2}(p_n(x) + \sqrt{x})\right)$$

Or $\left(1 - \frac{1}{2}(p_n(x) + \sqrt{x})\right) \geq 1 - \sqrt{x}$, alors, comme $1 - \sqrt{x} \geq 0$ dans $[0, 1]$, $p_{n+1} - \sqrt{x}$ est du même signe que $p_n(x) - \sqrt{x}$ qui est négatif d'après l'hypothèse de récurrence. Donc on a bien $p_{n+1}(x) \leq \sqrt{x}$ et (2.13.0) est donc vrai pour tout n d'après le théorème de récurrence.

Pour tout $x \in [0, 1]$, la suite $p_n(x)$ est une suite croissante majorée par $\sqrt{x}$, elle est donc convergente vers un nombre réel $l(x) \in [0, 1]$. En passant à limite dans la relation de récurrence, on voit que $l^2(x) = x$ donc $l(x) = \sqrt{x}$. Cette fonction de x est continue dans $[0, 1]$, et la suite croissante des polynômes p_n converge simplement vers l. Alors le théorème de Dini entraîne que la convergence est uniforme et le théorème est ainsi prouvé. ∎

Autres emplois de l'expression : convergence uniforme.

DÉFINITION 2.13.9. *Soit* F *un espace métrique et* $x_n(\lambda)$ *une suite d'éléments de* F*, dépendant d'un paramétre* λ *parcourant un ensemble* Λ*. On dit que cette suite d'éléments converge vers une limite* $x(\lambda)$ *de* F *(dépendant évidemment elle aussi du paramétre* λ*),* **uniformément** *quand* λ *parcourt* Λ *si*

$$(2.13.15) \qquad (\forall \epsilon > 0)(\exists m \in \mathbf{N})(\forall \lambda \in \Lambda)(\forall n \geq m)(d(x_n(\lambda), x(\lambda)) \leq \epsilon)$$

Cela revient exactement à écrire que la suite de fonctions $\lambda \mapsto x_n(\lambda)$ définies dans Λ, à valeurs dans F, converge uniformément vers la fonction $\lambda \mapsto x(\lambda)$. Cette notion se ramène exactement à la précédente, mais, psychologiquement, on ne se place pas exactement dans la même situation, en considérant une suite de fonctions ou en considérant une suite de points dépendant d'un paramètre λ.

DÉFINITION 2.13.10. *Soit (f_n) une suite d'applications de la droite réelle* **R** *dans un espace métrique F. On dit que la suite f_n converge, pour n tendant vers $+\infty$, vers la fonction limite f,* **uniformément sur tout intervalle borné de R**, *si, quelque soit l'intervalle borné $[a,b]$ de* **R**, *la suite des restrictions des f_n à cet intervalle converge uniformément vers la restriction de f; autrement dit :*

$$\text{(2.13.16)} \quad \begin{cases} (\forall a \in \mathbf{R})(\forall b \in \mathbf{R}, b \geq a)(\forall \epsilon > 0)(\exists m \in \mathbf{N})(\forall x \in [a,b]) \\ \qquad (\forall n \geq m)(d(f_n(x), f(x)) \leq \epsilon) \end{cases}$$

Remarque 6 - Le nombre m qui intervient ici n'est alors pas fonction de x, mais il est fonction d'une part de ϵ et d'autre part de l'intervalle $[a,b]$. On peut naturellement ici remplacer **R** et les intervalles bornés par $\mathbf{R}^n$ et les parties bornées de $\mathbf{R}^n$; plus généralement, étant donné un ensemble E, un espace métrique F, et une famille $(A_i)_{i\in I}$ de parties de E, on pourra parler d'une **suite d'applications** f_n de E dans F, qui, pour n tendant vers $+\infty$, **converge** vers l'application f, **uniformément sur toute partie** A_i de la famille.

Si nous reprenons l'exemple des $\tau_n g$ de la formule (2.13.13), on voit que la suite des $\tau_n g$ converge bien vers 0, uniformément sur tout intervalle borné de **R**, et même uniformément sur toute demi-droite $]-\infty, b[$. En effet, pour $n \geq b$, on a, pour tout $x \leq b$

$$\frac{1}{1+(x-n)^2} \leq \frac{1}{1+(b-n)^2}$$

et le second terme de cette inégalité tend vers 0 pour n tendant vers $+\infty$.

Si nous reprenons maintenant le 2ème exemple, on voit que la suite des fonctions f_n converge vers 0 uniformément sur le complémentaire de tout intervalle $]-\delta, +\delta[, \delta > 0$, ayant pour centre l'origine. Elle ne converge uniformément sur aucun intervalle $]0, \delta[$.

DÉFINITION 2.13.11. *Soit E un espace topologique. On dit que la suite de fonctions f_n définies sur E dans l'espace métrique F, converge vers f* **localement uniformément** *sur E, si tout point a de E admet un voisinage V_a sur lequel les f_n convergent uniformément vers f. Cela peut se traduire par la formule suivante:*

$$\text{(1.14.17)} \quad \begin{cases} (\forall a \in E)(\exists V, \text{ voisinage de } a)(\forall \epsilon > 0)(\exists m \in \mathbf{N}) \\ \qquad (\forall n \geq m)(d(f_m(x), f(x)) \leq \epsilon) \end{cases}$$

Si E est localement compact, la convergence uniforme locale est équivalente à la convergence uniforme sur tout compact de E. Si en effet les f_n convergent vers f uniformément sur tout compact, tout point a de E admet un voisinage compact, sur lequel les f_n convergent uniformément, et la convergence est uniforme locale. Soit K un compact de E. Pour tout a de K, il existe un voisinage ouvert V_a sur lequel la convergence est uniforme. K est recouvert par un nombre fini de V_a, d'où l'on déduit immédiatement que la convergence est uniforme sur K. Cette convergence n'est pas associée à une topologie.

Espaces faisant intervenir à la fois la structure de E et la structure de F.

Remarque 7 - Jusqu'à présent, nous n'avons introduit d'espaces fonctionnels qu'à partir de structures algébriques ou topologiques sur F. Mais si à la fois E et F ont de telles structures, on peut introduire de nouveaux espaces; par exemple, si E et F sont tous les deux des espaces vectoriels sur le même corps $\mathbf{K}$, on peut considérer l'espace des applications **linéaires** de E dans F. C'est un sous-espace vectoriel de l'espace vectoriel F^E de toutes les applications de E dans F. Si maintenant E et F sont des espaces topologiques, on peut introduire l'espace $\mathcal{C}(E;F)$ des applications **continues** de E dans F. Si F est métrique, cet espace n'est pas un sous-espace de $\mathcal{B}(E;F)$, car une application continue n'est pas nécessairement bornée; mais on pourra considérer le sous-espace $\mathcal{C}_b(E;F)$ de $\mathcal{B}(E;F)$ formé des applications **continues bornées** de E dans F.

Supposons enfin que E et F soient tous les deux des espaces vectoriels normés; il est alors possible d'introduire, comme nous l'avons fait (Théorème 2.11.8), l'espace $\mathcal{L}(E;F)$ des applications **linéaires continues** de E dans F. Il n'est pas un sous-espace de $\mathcal{C}_b(E;F)$, parce qu'une application linéaire, à moins d'être identiquement nulle, n'est jamais bornée(*). Mais appelons E_0 la boule unité de E; si une application linéaire de E dans F est connue dans E_0, elle est connue partout, à cause de la formule d'homothétie, $u(\lambda x) = \lambda u(x)$. D'ailleurs, étant une application de E_0 dans F, on peut reconnaitre si elle est ou non la restriction d'une application **linéaire** de E dans F; il suffit en effet de la prolonger sur E, en posant:

$$u(x) = \|x\|\, u\left(\frac{x}{\|x\|}\right) \quad \text{pour} \quad \|x\| > 1$$

et de vérifier si l'application obtenue est linéaire. D'aprés le théorème 2.12.2, pourqu'une application linéaire soit continue de E dans F, il faut et il suffit que l'image par u de la boule unité E_0 soit bornée dans F. Par suite, on voit qu'on peut identifier l'espace des applications linéaires de E dans F à un sous-espace de l'espace de toutes les applications de E_0 dans F, à savoir le sous-espace des applications qui sont des restrictions d'applications linéaires de E dans F, et l'espace des applications linéaires continues de E dans F c'est-à-dire $\mathcal{L}(E;F)$, à un sous-espace de l'espace $\mathcal{B}(E_0;F)$ des applications bornées de E_0 dans F; et d'aprés la définition que nous avons donnée pour la norme d'une application linéaire continue de E dans F, et pour la norme d'une application bornée de E_0 dans F, on voit que $\mathcal{L}(E;F)$ est ainsi exactement identifié à un sous-espace vectoriel normé de l'espace vectoriel normé $\mathcal{B}(E_0;F)$.

(*)Si en effet a est un vecteur de E tel que $u(a) \neq 0$, alors la suite $u(na) = nu(a)$ n'est pas bornée car $\|n\, u(a)\| = n\, \|u(a)\|$ tend vers $+\infty$ avec n

On voit même sans grande difficulté que $\mathcal{L}(E;F)$ est ainsi identifié à un sous-espace fermé de $\mathcal{B}(E_0 : F)$; si F est complet , $\mathcal{B}(E_0;F)$ est complet, d'après le théorème 2.13.1; alors $\mathcal{L}(E;F)$, sous-espace fermé d'un espace complet, est complet (théorème 2.10.8), ce qui redonne une démonstration du théorème 2.12.12.

Continuité de la limite uniforme locale d'une suite de fonctions continues.

THÉORÈME 2.13.12. *Soient E un espace topologique et F un espace métrique, $f_0, f_1, f_2, \ldots, f_n, \ldots$ une suite d'applications de E dans F, qui converge localement uniformément vers f. On suppose en outre que toutes les f_n sont continues en un point a de E; alors la limite f est elle aussi continue en a. Si toutes les f_n sont partout continues, alors f est partout continue; si E est un espace métrique, que la convergence est uniforme sur E, et si toutes les les fonctions f_n sont uniformément continues sur E, alors f est uniformément continue sur E.*

DÉMONSTRATION: Soit V_a un voisinage de a, sur lequel la convergence est uniforme. D'aprés l'hypothèse de convergence uniforme, $\epsilon > 0$ étant donné, il existe un entier m tel que l'on ait, pour tout $x \in V_a$, l'inégalité:

$$d(f_m(x), f(x)) \leq \frac{\epsilon}{3} \tag{2.13.18}$$

Le nombre m étant choisi, la fonction f_m est supposée continue au point a; il existe donc un voisinage $V \subset V_a$ de a tel que, pour tout $x \in V$, on ait :

$$d(f_m(x), f_m(a)) \leq \frac{\epsilon}{3} \tag{2.13.19}$$

Dans ces conditions, pour tout $x \in V$, on aura

$$d(f(x), f(a)) \leq d(f(x), f_m(x)) + d(f_m(x), f_m(a)) + d(f_m(a), f(a)) \leq \epsilon \tag{2.13.20}$$

ce qui prouve bien la continuité de f au point a. Si les f_n sont partout continues, alors cette démonstration montre que f est partout continue .

Supposons maintenant les f_n uniformément continues, et la convergence uniforme sur E. Alors, $\epsilon > 0$ étant donné, et l'entier m étant choisi de manière que (2.13.18) soit vrai pour tout x de E, la fonction f_m est uniformément continue; il existe alors un nombre $\eta > 0$ tel que

$$d(x', x'') \leq \eta \quad \text{entraîne} \quad d(f_m(x'), f_m(x'')) \leq \frac{\epsilon}{3}$$

On aura alors, pour $d(x', x'') \leq \eta$,

$$\begin{cases} d\left(f(x'), f(x'')\right) \\ \leq d\left(f(x'), f_m(x')\right) + d\left(f_m(x'), f_m(x'')\right) + d\left(f_m(x''), f(x'')\right) \\ \leq \epsilon \end{cases} \tag{2.13.21}$$

ce qui prouve l'uniforme continuité de f. ∎

Remarque 8 - Au contraire, une suite de fonctions continues f_n peut très bien converger **simplement** vers une fonction **discontinue** f. Ainsi si nous posons $f_n(x) = x^n$, pour $0 \leq x \leq 1$, f_n est continue pour tout n, et converge simplement, pour n tendant ver $+\infty$, vers la fonction discontinue f égale à 0, pour $0 \leq x < 1$, à 1 pour $x = 1$.

COROLLAIRE 2.13.13. *Dans l'espace $\mathcal{B}(E;F)$ des applications bornées de E dans F, muni de la métrique définie par (2.13.3), le sous-espace $\mathcal{C}_b(E;F)$ des applications continues bornées de E dans F est fermé.*

DÉMONSTRATION: Ceci n'est pas autre chose qu'une autre forme de l'énoncé du théorème. ■

COROLLAIRE 2.13.14. *Si F est complet, l'espace $\mathcal{C}_b(E;F)$ des applications continues bornées de E dans F, muni de la métrique (2.13.3) est un espace métrique complet.*

DÉMONSTRATION: En effet il est fermé dans l'espace métrique complet $\mathcal{B}(E;F)$ (théorème 2.13.1) et il suffit d'appliquer alors le théorème 2.10.8. ■

COROLLAIRE 2.13.15. *Si F est un espace de Banach, l'espace $\mathcal{C}_b(E;F)$ des applications continues bornées de E dans F, muni de la métrique définie par la formule (2.13.6), est un espace de Banach.*

Exemple 3 - Un cas particulièrement important est le suivant: Prenons pour F le corps des scalaires $\mathbf{K}$, alors l'espace des fonctions réelles ou complexes, continues et bornées sur un espace topologique E, est un espace de Banach.

En particulier, l'espace des fonctions réelles ou complexes continues et bornées, d'une variable réelle, est un espace de Banach.

Si E est un espace compact (qui, dans de nombreuses applications pratiques, sera un intervalle fermé, borné, de la droite réelle), on sait, d'aprés le théorème 2.7.3 que toute fonction vectorielle, continue sur E, est nécessairement bornée(*). On a donc:

COROLLAIRE 2.13.16. *L'espace $\mathcal{C}(E;F)$ des fonctions continues sur un espace compact E, à valeurs dans l'espace de Banach F, muni de la norme (2.13.6) est un espace de Banach.*

Applications : quelques contre-exemples.

Nous sommes maintenant en mesure de donner des contre-exemples annoncés dans les paragraphes précédents.

(*)Nous l'avons dit seulement pour une fonction réelle; mais, si f est fonction continue vectorielle, $||f||$ est une fonction réelle donc bornée.

Exemple 4 - Appelons $\mathcal{C}([a,b])$ l'espace vectoriel (de dimension infinie) des fonctions réelles ou complexes continues sur l'intervalle fermé borné $[a,b]$, $a < b$ de $\mathbf{R}$. Nous allons montrer comment, sur cet espace, il est possible de définir plusieurs normes qui ne sont pas équivalentes les unes aux autres; c'est ce que nous avions annoncé aprés le théorème 2.5.16. Une première norme est celle qui a été définie par (2.13.6).

En voici maintenant une deuxième(*), utilisant la notion d'intégrale :

(2.13.22) $$N(f) = \int_a^b |f(t)|\, dt$$

Ces deux normes ne sont pas équivalentes. On a la majoration

(2.13.23) $$N(f) \leq (b-a)\, \|f\|_\infty$$

Par contre, il n'existe évidemment aucune majoration du type

$$\|f\|_\infty \leq k\, N(f)$$

où k serait une constante, indépendante de la fonction continue f. Considérons en effet le cas $[a,b] = [0,1]$, et la suite des fonctions f_n indiquée dans l'exemple 2. Pour ces fonctions, on a les normes suivantes :

(2.13.24) $$\|f_n\|_\infty = n^\alpha \quad , \quad N(f_n) = \frac{1}{2}\, n^{\alpha-1} \quad , \quad \frac{\|f_n\|_\infty}{N(f_n)} = 2n$$

ce qui prouve notre assertion.

Si, par exemple, $0 < \alpha < 1$, f_n tend vers 0 pour n tendant vers $+\infty$, pour la norme N, mais non pour la norme $\| \ \|_\infty$. On démontre facilement qu'il existe, sur l'espace vectoriel $\mathcal{C}([a,b])$, une infinité d'autres normes deux à deux non équivalentes (Chapitre 4, §8).

Exemple 5 - Montrons maintenant que, sur l'espace $\mathcal{C}([a,b])$ muni de la norme $\| \ \|_\infty$, **la boule unité n'est pas compacte**. Il suffit pour cela de considérer la suite de fonctions f_n définies par $f_n(x) = x^n$. On a $\|f_n\| = 1$ pour tout N ≥ 0. Nous avons vu que cette suite converge simplement vers la fonction égale à 0 pour $0 \leq x < 1$, à 1 pour $x = 1$, une suite partielle qui serait uniformément convergente ne pourrait converger uniformément que vers cette limite; comme cette limite est discontinue, cela ne peut se produire. Nous avons donc bientrouv é une suite appartenant à la boule unité de $\mathcal{C}([0,1])$, et dont aucune suite partielle n'est convergente, donc cette boule unité n'est pas compacte, d'aprés le théorème de Weierstrass-Bolzano (Théorème 2.6.12). Ainsi $\mathcal{C}([0,1])$ n'est pas localement compact. Ceci est vrai, comme nous l'avons vu, pour tout espace vectoriel normé de dimension infinie (Théorème 2.10.11).

(*)C'est bien un nombre ≥ 0. L'inégalité triangulaire et la relation $N(\lambda f) = |\lambda|\, N(f)$ sont évidentes. Si f est $\neq 0$, il existe au moins un point c de $[a,b]$ tel que $f(c) \neq 0$. Il existe alors, à cause de la continuité de f, un intervalle entourant c où $|f(x)| > 0$, alors $N(f) > 0$.

Le chemin de Peano.

THÉORÈME 2.13.17. - *Soit I l'intervalle $[0,1]$ de la droite réelle et Q le carré $[0,1] \times [0,1]$ du plan $\mathbf{R}^2$. Il existe une application γ définie dans I à valeurs dans Q, continue et surjective.*

DÉMONSTRATION: - Nous allons construire γ comme une limite uniforme d'une suite γ_n de fonctions définies dans I à valeurs dans Q, continues, de la façon suivante. Pour définir γ_1, on partage simultanément l'intervalle I et le carré Q en 9 intervalles et 9 carrés respectivement, de longueur et d'aires égales respectivement. Nous notons $(I_k)_{0 \leq k \leq 8}$ ces intervalles et $(Q_k)_{0 \leq k \leq 8}$ ces carrés. On ordonne ces 9 carrés de la façon suivante: on choisit arbitrairement 2 sommets opposés du carré Q, que nous appelons A_0 et A_9. A partir de A_0 qui est un sommet d'un des petits carrés, on appelle A_1 le sommet opposé de A_0 dans ce petit carré, et ainsi de suite. Cette opération, que nous appelons T, détermine ainsi dix points $\{A_0, A_1, \ldots, A_8, A_9\}$ qui sont des sommets des nouveaux petits carrés. Nous désignons par Q_k le carré dont deux sommets opposés sont A_k et A_{k+1} pour tout k, $0 \leq k \leq 8$. On définit alors la fonction γ_1 de I dans Q de la façon suivante:

$$\left\{ \begin{array}{ll} \gamma_1(\frac{i}{9}) = A_i & 0 \leq i \leq 9 \\ \gamma_1(t) = \lambda\, A_k + (1-\lambda)\, A_{k+1} & 0 < k < 8 \\ \quad \text{si} \quad t = \lambda\, \dfrac{k}{9} + (1-\lambda)\, \dfrac{k+1}{9} & \end{array} \right. \tag{2.13.25}$$

On voit que l'image par γ_1 de l'intervalle $I_k = [\frac{k}{9}, \frac{k+1}{9}]$ est le segment $[A_k, A_{k+1}]$.

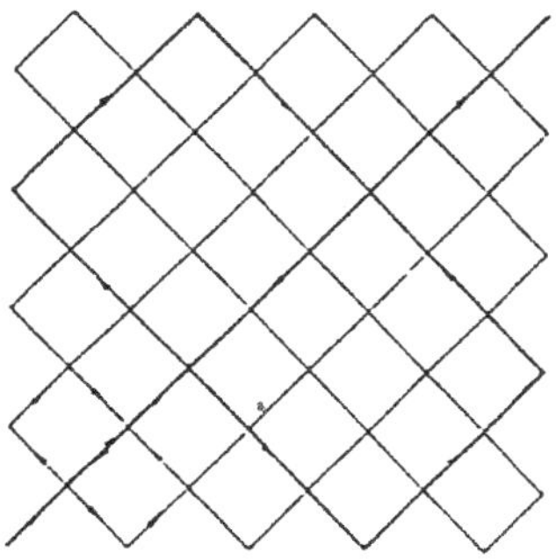

1er et 2e étapes.

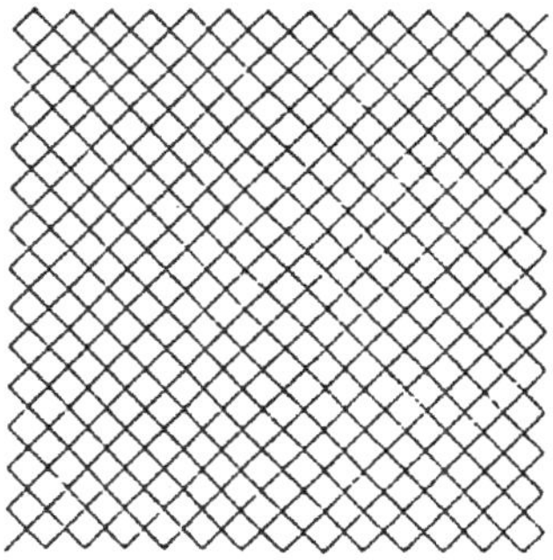

3e étape.

4e étape

La figure 1 représente les sommets $(A_k)_{0\leq k\leq 9}$ et l'image de γ_1. Dans cette figure, on a indiqué le sens de parcours de ce chemin correspondant au sens des t croissants. γ_1 est une fonction affine par morceaux continue dans I. On répete cette opération T sur chacun des couples (I_k, Q_k), $0 \leq k \leq 8$. A la n-ème étape, I est partagé en 9^n intervalles $(I_{k_1,k_2,\ldots,k_n})$ de longueurs égales et le carré Q est lui partagé en 9^n carrés d'aires égales $(Q_{k_1,k_2,\ldots,k_n})$ où $(k_1, k_2, \ldots, k_n)$ est un élément de $\{0,1,\ldots,8\}^n$. Chacun des carrés $Q_{k_1,k_2,\ldots,k_n}$ a deux sommets opposés notés $A_{k_1,k_2,\ldots,k_n}$ et $A_{k_1,k_2,\ldots,k_n+1}$. On appelle γ_n l'unique fonction affine par morceaux, continue, satisfaisant les relations suivantes:

$$
\begin{cases} \gamma_n(\frac{k_1}{9} + \frac{k_2}{9^2} + \ldots \frac{k_{n-1}}{9^{n-1}} + \frac{i}{9^n}) = A_{k_1,k_2,\ldots,k_{n-1},i} & 0 \leq i \leq 9 \\ \gamma_n(I_{k_1,k_2,\ldots,k_n}) = [A_{k_1,k_2,\ldots,k_n}, A_{k_1,k_2,\ldots,k_n+1}] \end{cases} \tag{2.13.26}
$$

La figure 2 (resp. 3) représente l'image $\gamma_2(I)$ (resp. $\gamma_4(I)$). Montrons que la suite (γ_n) , ainsi construite par récurrence, est une suite de Cauchy pour la métrique de la convergence uniforme. Soit $\epsilon > 0$ et m un entier tel que

$$
\frac{1}{3^{m-1}} \leq \frac{\epsilon}{\sqrt{2}} .
$$

Soit $n \geq m$ et $I_{k_1,k_2,\ldots,k_n}$ un intervalle de I issu de la n-ème opération. D'après 2.13.26, on a

$$
\gamma_n(I_{k_1,k_2,\ldots,k_n+1}) \subset Q_{k_1,k_2,\ldots,k_n} \quad , \quad \gamma_{n+1}(I_{k_1,k_2,\ldots,k_n}) \subset Q_{k_1,k_2,\ldots,k_n}
$$

Or, pour tout $t \in I$, il existe $(k_1, k_2, \ldots, k_n) \in \{0,1,2,\ldots,8\}^n$ tel que $t \in I_{k_1,k_2,\ldots,k_n}$ et par conséquent

$$
||\gamma_{n+1}(t) - \gamma_n(t)|| \leq \delta(Q_{k_1,k_2,\ldots,k_n}) \leq \frac{\sqrt{2}}{3^n}
$$

La série de terme général $\gamma_{n+1} - \gamma_n$ est donc une série normalement convergente dans l'espace de Banach $\mathcal{C}([0,1])$, elle est donc convergente, ce qui implique que la suite (γ_n) est convergente dans $\mathcal{C}([0,1])$. Appelons γ cette limite qui est donc une fonction continue dans I. Il faut montrer que γ est surjective. Puisque γ est continue, que I es compact et Q un espace séparé, $f(I)$ est compact et par suite fermé. Or il est facile de voir que tous les points de tous les réseaux construits appartiennent à l'image de γ et que l'ensemble des ces points est dense dans Q donc leur adhérence est égale à Q, et la démonstration est achevée. ∎

Interversion des passages à la limite.

THÉORÈME 2.13.18. *Soient E un espace topologique, F un espace métrique, A une partie de E, et $f_0, f_1, f_2, \ldots, f_n, \ldots$ une suite d'applications de A dans F, convergeant uniformément vers f. Soit a un point adhérent à A(*). Si, pour chaque n, $f_n(x)$ a une limite quand x tend vers a par valeurs dans A, et si F est complet, alors $f(x)$ a une limite quand x tend vers a par valeurs dans A, et en outre, on a*

$$\lim_{\substack{x \longrightarrow a \\ x \in A}} f(x) = \lim_{n \to \infty} \left(\lim_{\substack{x \longrightarrow a \\ x \in A}} f_n(x) \right) \tag{2.13.27}$$

DÉMONSTRATION: Considérons, pour tout n, la fonction $\tilde{f}_n$ définie sur $A \cup \{a\}$ par la formule

$$\tilde{f}_n(x) = f_n(x) \quad \text{pour } x \neq a \quad , \quad \tilde{f}_n(a) = \lim_{\substack{x \to a \\ x \in A}} f_n(x)$$

D'aprés sa définition même $\tilde{f}_n$ est continue au point a. D'autre part, quelque soit $\epsilon > 0$, il existe un entier p tel que $m \geq p$, $n \geq p$, entraîne

$$d(f_m(x), f_n(x)) \leq \epsilon \quad , \quad \text{et aussi} \quad d(f(x), f_n(x)) \leq \epsilon \quad , \quad \text{pour } x \in A \text{ , } x \neq a$$

En faisant tendre x vers a, on a à la limite

$$d(\tilde{f}_m(a), \tilde{f}_n(a)) \leq \epsilon$$

Cela prouve que les $\tilde{f}_n(a)$ forment une suite de Cauchy dans F; comme F est supposé complet, ils ont une limite que nous appellerons $\tilde{f}(a)$. Alors $\tilde{f}$, définie par $\tilde{f}(x) = f(x)$ pour $x \in A$, $x \neq a$ et prenant la valeur $\tilde{f}(a)$, que nous venons de définir, au point a, est une fonction sur $A \cup \{a\}$, à valeurs dans F.

Lorsque n tend vers $+ \infty$, $f_n(x)$ tend vers $f(x)$ pour $x \neq a$, mais $\tilde{f}_n(a)$ tend vers $\tilde{f}(a)$, par définition de $\tilde{f}(a)$; donc $\tilde{f}_n$ converge simplement vers $\tilde{f}$. Mais elle converge en outre uniformément; car, pour $m \geq p$, $n \geq p$, on a pour $x \neq a$

$$d(\tilde{f}(x), \tilde{f}_n(x)) = d(f(x), f_n(x)) \leq \epsilon$$

mais aussi

$$d(\tilde{f}_m(a), \tilde{f}_n(a)) \leq \epsilon$$

donc, en faisant tendre m vers $+ \infty$ et en passant à limite $d(\tilde{f}(a), \tilde{f}_n(a)) \leq \epsilon$, donc finalement $d(\tilde{f}, \tilde{f}_n) \leq \epsilon$.

(*)Aucune hypothèse n'est faite relativement à l'appartenance de a à A.

Comme les $\tilde{f}_n$ sont continues au point a, le théorème 2.13.12 montre que $\tilde{f}$ est aussi continue au point a, c'est-à-dire que $f(x)$ a une limite quand x tend vers a, en restant dans A , et que cette limite est

$$\tilde{f}(a) = \lim_{n\to\infty} \tilde{f}_n(a) = \lim_{n\to\infty} \left(\lim_{\substack{x\to a \\ x\in A}} f_n(x) \right) .$$

Ceci prouve le théorème énoncé. ∎

Exemple 6 - Si les f_n et f sont des fonctions réelles continues sur la droite réelle **R**, et si les f_n convergent uniformément vers f pour n tendant vers $+\infty$, et si, pour tout n, $\lim\limits_{x\to\infty} f_n(x) = l_n$ existe, alors $\lim\limits_{x\to+\infty} f(x) = l$ existe aussi, et les l_n convergent vers l.

Séries de fonctions à valeurs dans un espace vectoriel normé.

DÉFINITION 2.13.19. *Soient $u_0, u_1, u_2, \ldots, u_n, \ldots$ des applications d'un ensemble E dans un espace vectoriel normé F. Considérons la série $\sum\limits_{n=0}^{\infty} u_n$.On dit que cette série est* **simplement convergente** *et de somme S, application de E dans F, si, pour tout x de E, la série des vecteurs de F*

$$\sum_{n=0}^{\infty} u_n(x)$$

est convergente dans l'espace vectoriel normé F, et de somme $S(x)$.

Cela revient aussi à dire que la suite des sommes partielles

$$S_n = u_o + u_1 + u_2 + \ldots + u_n$$

est une suite de fonctions sur E, à valeurs dans F, convergeant simplement vers S.

On dit que la série est **uniformément convergente** *si la suite des sommes partielles S_n est uniformément convergente.*

Remarque 9 - Lorsque F est un espace de Banach, en ce qui concerne la notion de convergence absolue ou de convergence normale, il peut y avoir une certaine ambiguité dans les termes. Quand il s'agissait de vecteurs d'un espace vectoriel normé, nous avons employé indifféremment les termes “ **série absolument convergente** ”ou “ **série normalement convergente** ”. On fait une distinction lorsqu'il s'agit d'une série de fonctions.

DÉFINITION 2.13.20. *Soient* $u_0, u_1, u_2, \ldots, u_n, \ldots$ *des applications d'un ensemble* E *dans un espace de Banach* F. *Considérons la série* $\sum_{n=0}^{\infty} u_n$. *On dit que cette série est* **simplement absolument convergente si, pour tout** x *de* E, *la série des normes dans l'espace de Banach* F, *c'est-à-dire :*

$$\sum_{n=0}^{\infty} ||u_n(x)||$$

est convergente; cela signifie que la série des fonctions $\sum_{n=0}^{\infty} ||u_n||$*(*) définies sur* E, *à valeurs réelles positives, est une série simplement convergente.*

On dit que la série est **normalement convergente,** *si la série des normes dans l'espace vectoriel normé* $\mathcal{B}(E;F)$, *à savoir* $\sum_{n=0}^{\infty} ||u_n||_\infty$ *est une série à termes positifs convergente.*

Remarque 10 - La convergence normale ainsi définie est la notion la plus forte. Toute série normalement convergente est simplement absolument convergente, sans que la réciproque soit nécessairement vraie. Et, dans l'un quelconque de ces cas, la série est simplement convergente (F est supposé complet). En outre une série normalement convergente est uniformément convergente. La convergence normale est même le critère le plus important de convergence uniforme d'une série de fonctions vectorielles. On l'exprime souvent de la manière suivante(**):

Si l'on a une série de fonctions $\sum_{n=0}^{\infty} u_n$, définies dans E, à valeurs dans un Banach, et s'il existe une suite de constantes réelles $a_n \geq 0$ telles que $||u_n(x)|| \leq a_n$ pour tout x de E, et $\sum_{n=0}^{\infty} a_n < +\infty$, alors cette série est normalement, donc uniformément convergente.

Il peut être utile de posséder aussi des critères de semi-convergence uniforme. De façon générale, quand on a une série de fonctions $\sum_{n=0}^{\infty} u_n$ pour démontrer que cette série est uniformément convergente, on pourra commencer par montrer que, pour tout x de E, elle est convergente. On calculera ensuite le reste

(*)Rappelons que $||u_n||$ est la fonction $x \mapsto ||u_n(x)||$, et que $||u_n||_\infty = \sup_{x \in E} ||u_n(x)||$.

(**)Critère de Weierstrass.

$R_m = u_{m+1} + u_{m+2} + \dots$ de la série et on montrera que la suite de fonctions R_m converge uniformément vers 0 lorsque m tend vers $+\infty$. On utilisera à cet effet des majorations convenables du reste. Donnons un exemple particulièrement intéressant dans la théorie des séries de Taylor.

THÉORÈME 2.13.21. *Si une série de Taylor (à coefficients complexes)*

$$\sum_{n=0}^{\infty} a_n x^n$$

est convergente au point $x = R$ de son cercle de convergence, alors dans tout l'intervalle $[0, R]$, elle est uniformément convergente. En particulier sa somme est une fonction continue sur l'intervalle $[0, R]$.

DÉMONSTRATION: On a en effet la formule

$$a_n x^n = (a_n R^n)(\frac{x}{R})^n$$

Nous pouvons alors, pour tout x de $[0, R]$ appliquer le critère de convergence d'Abel(*). Si en effet, nous posons

$$u_n = (\frac{x}{R})^n \quad , \quad v_n = a_n R^n$$

l'application bilinéaire B étant le produit, on voit que ces quantités satisfont bien aux conditions d'Abel, et la formule (2.13.36), donne une majoration du reste:

$$\text{(2.13.28)} \qquad U_{m+1}(x) = \left|(\frac{x}{R})^{m+1} - (\frac{x}{R})^{m+2}\right| + \left|(\frac{x}{R})^{m+2} - (\frac{x}{R})^{m+3}\right| + \dots$$
$$= \left((\frac{x}{R})^{m+1}(1 - (\frac{x}{R})\right)(1 + \frac{x}{R} + (\frac{x}{R})^2 + \dots) = (\frac{x}{R})^{m+1}$$
$$V_{m+1}(x) = V_{m+1} = \sup_{n \geq m+1} \left|a_{m+1}R^{m+1} + \dots a_n R^n\right|$$
$$\text{(2.13.29)} \qquad R_{m+1}(x) \leq (\frac{x}{R})^{m+1} \sup_{n \geq m+1} \left|a_{m+1}R^{m+1} + \dots a_n R^n\right|$$

On ne peut plus appliquer le critère d'Abel pour $x = R$, parce que la suite des $(\frac{x}{R})^n = 1$, qui est toujours à variation bornée puisque constante, ne converge pas vers 0, mais de toute façon la série est supposée convergente et la majoration du reste est encore valable, par définition même du reste. Il en résulte que cette

(*)Il peut paraitre absurde d'appliquer un critère adapté aux séries semi-convergentes dans la région où la série est absolument convergente, majorée par une série géométrique ! Mais nous voulons démontrer une convergence uniforme, et comme la série n'est pas supposée absolument convergente pour x =R, il n' y aura pas d'autre moyen.

majoration est valable pour tout x de l'intervalle $[0, R]$; comme alors, lorsque m tend vers $+\infty$, la quantité V_{m+1} tend vers 0 (critère de Cauchy relatif à la série numérique convergente $\sum_{n=0}^{\infty} a_n R^n$), et que $U_{m+1} \leq 1$, on voit bien que le reste R_{m+1} converge uniformément vers 0 lorsque m tend vers $+\infty$, et ceci démontre la convergence uniforme de la série de Taylor.

La continuité de la somme de la série résulte alors du théorème 2.13.12. ∎

Exemple 7 - On sait qu'on a le développement de Taylor

$$Log(1+x) = x - \frac{x^2}{2} + \ldots + (-1)^{n-1}\frac{x^n}{n} + \ldots \quad , \quad \text{pour} \quad |x| < 1 \tag{2.13.30}$$

Or, pour $x = 1$, le théorème des séries alternées montre que la série est encore convergente; elle représente donc une fonction continue dans l'intervalle $[0, 1]$, et sa somme est

$$\lim_{\substack{x \to 1 \\ x < 1}} Log(1+x) = Log\, 2$$

pour $x = 1$, on en déduit la formule(*)

$$Log\, 2 = 1 - \frac{1}{2} + \ldots + (-1)^{n-1}\frac{1}{n} + \ldots \tag{2.13.31}$$

De la même manière, en considérant le developpement de la fonction

$$Arctg\,(x) = \frac{x}{1} - \frac{x^3}{3} + \ldots + (-1)^n\frac{x^{2n+1}}{2n+1} + \ldots \tag{2.13.32}$$

et en faisant le même raisonnement pour $x = 1$, on en déduit la formule

$$\frac{\pi}{4} = 1 - \frac{1}{3} + \ldots + (-1)^n\frac{1}{2n+1} + \ldots \tag{2.13.33}$$

(*)Dans ce cas particulier on peut appliquer directement le théorème des séries alternées. Pour tout x de $[0, 1]$, ce théorème est applicable, donc le reste $R_{m+1}(x)$ est majoré en module par le premier terme négligé $\frac{x^{m+1}}{m+1} \leq \frac{1}{m+1}$, donc converge bien uniformément.

Le théorème de Stone - Weierstrass.

THÉORÈME 2.13.22. - *(Stone-Weierstrass) - Soient E un espace compact, $\mathcal{C}(E)$ l'algèbre formée par l'ensemble des fonctions définies et continues dans E à valeurs réelles, $\mathcal{B}$ une sous-algèbre de $\mathcal{C}(E)$. On suppose que*

1) $\mathcal{B}$ contient les fonctions constantes,

2) $\mathcal{B}$ sépare les points de E c'est-à-dire que, pour tout couple de points de E, x_1 et x_2 distincts, il existe une fonction $f \in \mathcal{B}$ telle que $f(x_1) \neq f(x_2)$,

Dans ces conditions tout élément de $\mathcal{C}(E)$ est limite d'une suite d'éléments de $\mathcal{B}$ pour la norme de la convergence uniforme. Autrement dit $\mathcal{B}$ est dense dans $\mathcal{C}(E)$.

DÉMONSTRATION: - Notons par $\overline{\mathcal{B}}$ l'adhérence de $\mathcal{B}$ dans $\mathcal{C}(E)$ pour la norme de la convergence uniforme. Observons que $\overline{\mathcal{B}}$ est aussi une sous-algèbre. En effet soient f, g et deux éléments de $\overline{\mathcal{B}}$ et α un scalaire. Il existe donc une suite (f_n) (resp. (g_n)) d'éléments de $\mathcal{B}$ convergeant vers f (resp. g). Alors la suite $(f_n + g_n)$ (resp. $\alpha\ f_n$, resp. $f_n\ g_n$) converge vers $f + g$ (resp. αf, resp. fg) grâce aux inégalités :

$$||(f_n + g_n) - (f + g)|| \leq (||f_n - f| + ||g_n - g||)$$
$$||\alpha\ f_n - \alpha\ f|| \leq |\alpha|\ ||f_n - f|$$
$$||(f_n\ g_n) - (fg)|| \leq (\ ||g_n||\ ||f_n - f| + ||f||\ ||g_n - g||)$$

Dans la troisième inégalité les quantités $||g_n||$ son bornées puisque la suite (g_n) donc $(||g_n||)$ est bornée.

a) Soit f un élément de $\overline{\mathcal{B}}$, alors $|f| \in \overline{\mathcal{B}}$. En effet désignons par M la norme de f, alors la fonction u définie dans E par

$$u(x) = \frac{f^2(x)}{M^2}$$

appartient à $\mathcal{B}$, est à valeurs dans $[0, 1]$ et comme f est à valeurs réelles, on a $|f(x)| = \sqrt{f(x)^2} = M\sqrt{u(x)}$ Soit p_n la suite de polynômes qui converge uniformément vers la fonction $x \mapsto \sqrt{x}$. Alors pour tout n, la fonction $M\ (p_n\, o\, u)$ appartient à $\mathcal{B}$. Or cette suite de fonctions converge uniformément vers $|f|$, et notre assertion est ainsi prouvée.

b) Soient $f_1, f_2, \ldots, f_n$ des fonctions appartenant à $\mathcal{B}$, alors l'enveloppe supérieure (resp. inférieure) de ces fonctions appartient à $\overline{\mathcal{B}}$. Supposons d'abord que $n = 2$. Alors

$$max\ (f_1, f_2) = \frac{1}{2}(\ f_1 + f_2 + |f_1 - f_2|\ ) \quad , \quad min\ (f_1, f_2) = \frac{1}{2}(\ f_1 + f_2 - |f_1 - f_2|\ )$$

Par suite notre assertion résulte de la démonstration qui précède. On passe au cas général par récurrence sur n sachant que

$$max\ (f_1, f_2, \ldots, f_n) = max\ (\max(f_1, f_2, \ldots, f_{n-1})\ , f_n)\,.$$

c) Soient x_1 et x_2 deux points distincts de X. Il existe une fonction $f \in \overline{\mathcal{B}}$ telle que

$$\text{(2.13.34)} \qquad \begin{cases} \forall x \in E \quad , \quad 0 \leq f(x) \leq 1 \quad , \quad f(x_1) = 1 \quad , \\ \qquad f(x) = 0 \quad \text{dans un voisinage de} \quad x_2 \end{cases}$$

En effet par 2) on peut trouver une fonction $f \in \mathcal{B}$ séparant x_1 et x_2. Posons

$$\forall x \in E \quad , \quad g(x) = \frac{f(x) - f(x_2)}{f(x_1) - f(x_2)}$$

Alors g est dans $\mathcal{B}$, vaut 1 en x_1 et 0 en x_2. Comme elle est continue, on peut trouver un voisinage $V(x_2)$ de x_2 dans lequel $|g|$ ne dépasse pas $\frac{1}{2}$. Alors définissons la fonction h par:

$$\forall x \in E \quad , \quad h(x) = sup \left(2\ (g(x) - \frac{1}{2})\ , \ 0\right)\ .$$

La fonction h appartient à $\overline{\mathcal{B}}$, vaut 1 en x_1 , 0 dans $V(x_2)$ et elle est ≥ 0 partout. Alors la fonction k définie par :

$$\forall x \in E \quad , \quad k(x) = inf\ (h, 1)$$

répond à la question.

d) Soit F une partie fermée de E, et $x_0 \notin F$. Montrons qu'il existe une fonction $f \in \overline{\mathcal{B}}$ telle que

$$\text{(2.13.35)} \quad \forall x \in E \quad , \quad 0 \leq f(x) \leq 1 \quad ; \quad f(x_0) = 1 \quad ; \quad \forall x \in F \quad , \quad f(x) = 0\,.$$

En effet pour tout $x \in F$ il existe $f_x \in \overline{\mathcal{B}}$ telle que $f_x(x_0) = 1$ et $f_x(y) = 0$ dans un voisinage ouvert $V(x)$ de x. Comme F est une partie fermée donc compacte, un nombre fini de ces voisinages suffit pour recouvrir F. Soit $f_1, f_2, \ldots, f_n$ les fonctions associées à ces voisinages. La fonction définie par

$$f = inf\ (f_1, f_2, \ldots, f_n)$$

est bien dans $\overline{\mathcal{B}}$ et satisfait (2.13.35).

e) Soient F_1 et F_2 deux parties fermées disjointes de E. Il existe $f \in \overline{\mathcal{B}}$ telle que

(2.13.36) $$\forall x \in F_1 \quad (\text{ resp. } F_2) \quad f(x) = 1 \quad (\text{resp.} f(x) = 0)$$

En effet d'après d) pour tout $x \in F_1$, il existe $f_x \in \overline{\mathcal{B}}$ valant 1 en x et nulle dans F_2. En particulier, il existe un voisinage ouvert $V(x)$ de x dans lequel f_x est supérieure à $\frac{1}{2}$. Associons à la fonction f_x la fonction g_x définie par

$$\forall y \in E \quad , \quad g_x(y) = 2\, min\, (f_x(y), \frac{1}{2})$$

Il est bien évident que g_x vaut 1 dans $V(x)$ et 0 dans F_2. Lorsque x parcourt F_2, les $V(x)$ recouvrent F_2 et comme F_2 est une partie compacte, un nombre fini de ces voisinages, soit $V(x_1), V(x_2), \ldots, V(x_m)$ suffit pour la recouvrir. Alors la fonction

$$h = max\, (f_{x_1}, f_{x_2}, \ldots, f_{x_m})\ ,$$

satisfait bien à (2.13.36).

f) Soit f une fonction continue dans E, non constante. On peut supposer qu'elle est à valeurs dans $[0,1]$ quitte à la remplacer par

$$\frac{f-m}{M-m} \quad , \quad m = \inf_{x \in E} f(x) \quad , \quad M = \sup_{x \in X} f(x)$$

Soit N un entier ≥ 1. Pour tout entier $k = 0, 1, \ldots, N-1$, considérons les parties fermées disjointes de E, P_k et Q_k déterminées par

(2.13.37) $$P_k = \{x \in E : f(x) \leq \frac{k}{N}\} \quad , \quad Q_k = \{x \in E : f(x) \geq \frac{k+1}{N}$$

On a les inclusions suivantes entre ces ensembles ;

(2.13.38) $$P_0 \subset P_1 \subset P_2 \subset \ldots \subset P_{N-1} \quad , \quad Q_0 \supset Q_1 \supset Q_2 \subset \ldots \supset Q_{N-1}$$

D'après e) on peut trouver des fonctions $\psi_k \in \overline{\mathcal{B}}$ prenant la valeur 1 dans P_k et la valeur 0 dans Q_k. Soit

$$\psi_N = \frac{1}{N} \sum_{k=0}^{N-1} \psi_k$$

Alors $\psi_N \in \overline{\mathcal{B}}$ et on a

$$\forall x \in E \quad , \quad |f(x) - \psi_N(x)| \leq \frac{1}{N}\ .$$

En effet, soit $x \in E$. Comme $0 \leq f(x) \leq 1$, il existe k tel que $0 \leq k \leq N-1$ et $\frac{k}{N} \leq f(x) \leq \frac{k+1}{N}$. Donc

$$x \in Q_{k-1} \cap P_{k+1} \, .$$

Grâce aux relations (2.13.38), il s'ensuit que

$$\begin{aligned} x \in P_{k+2} \ldots x \in P_{N-1} &\Longrightarrow \psi_{k+1}(x) = 0 \ldots \psi_{N-1}(x) = 0 \\ x \in Q_{k-1} \ldots x \in Q_0 &\Longrightarrow \psi_{k-1}(x) = 1 \ldots \psi_0(x) = 1 \end{aligned}$$

et par suite $\psi_N(x) = \frac{k}{N}$. Ceci prouve que f est dans $\overline{\mathcal{B}}$ et le théorème est démontré. ∎

COROLLAIRE 2.13.23. *Soit K un compact de $\mathbf{R}^n$. Toute fonction définie dans K à valeurs réelles, continue dans K est limite uniforme d'une suite de fontions polynômes à n variables : pour tout $\epsilon > 0$, il existe une fonction polynôme à n variables $x_1, x_2, \ldots, x_n$ telle que :*

$$\text{(2.13.39)} \quad p(x_1, x_2, \ldots, x_n) = \sum_{|\alpha| \leq m} a_\alpha \, x_1^{\alpha_1} \, x_2^{\alpha_2} \ldots x_n^{\alpha_n} \quad , \quad \sup_{x \in K} |f(x) - p(x)| \leq \epsilon$$

où $\alpha = (\alpha_1, \alpha_2, \ldots, \alpha_n) \in \mathbf{N}^n$ et $|\alpha| = \alpha_1 + \alpha_2 + \ldots + \alpha_n$.

DÉMONSTRATION : - L'ensemble des fonctions polynômes à n variables est une sous-algèbre de $\mathcal{C}(K)$, qui contient les constantes puisque ce sont les polynômes constants. Elle est séparante, car si $x \neq x'$, il existe i tel que $x_i \neq x'_i$, alors la fonction polynôme $x \mapsto x_i$ sépare bien ces deux points. Il suffit donc d'appliquer le théorème. ∎

THÉORÈME 2.13.24. - *(Stone-Weierstrass) - Soient E un espace compact, $\mathcal{C}(E)$ l'algèbre formée par l'ensemble des fonctions définies et continues dans E à valeurs complexes, $\mathcal{B}$ une sous-algèbre de $\mathcal{C}(E)$. On suppose que*

1) $\mathcal{B}$ contient les fonctions constantes,

2) $\mathcal{B}$ sépare les points de E c'est-à-dire que, pour tout couple de points de E, x_1 et x_2 distincts, il existe une fonction $f \in \mathcal{B}$ telle que $f(x_1) \neq f(x_2)$,

3) $\mathcal{B}$ est stable par conjugaison c'est-à-dire si $f \in \mathcal{B}$ alors la fonction conjuguée $\bar{f}$ définie pour tout $x \in E$ par $\bar{f}(x) = \overline{f(x)}$ appartient à $\mathcal{B}$.

Dans ces conditions tout élément de $\mathcal{C}(E)$ est limite d'une suite d'éléments de $\mathcal{B}$ pour la norme de la convergence uniforme.

DÉMONSTRATION : - Soit $\mathcal{A}'$ l'ensemble des fonctions appartenant à $\mathcal{A}$ qui sont à valeurs réelles. C'est un ensemble riche puisque pour toute fonction $f \in \mathcal{A}$, on a $\Re e\, f$ et $\Im m\, f$ appartiennent à $\mathcal{A}$ grâce à l'hypothèse 3, donc appartiennent aussi à $\mathcal{A}'$. Il est immédiat que $\mathcal{A}'$ est une algèbre qui contient les fonctions constantes (réelles). Soient x_1 et x_2 deux points distincts de E, f une fonction $\in \mathcal{A}$ telle que $f(x_1) \neq f(x_2)$. Alors si $\Re e\, f(x_1) \neq \Re e\, f(x_2$, la fonction $\Re e\, f$ sépare ces deux points et appartient à $\mathcal{A}'$ sinon c'est $\Im m\, f$ qu'il faut prendre puisqu'alors nécessairement $\Im m\, f(x_1) \neq \Im m\, f(x_2)$. Donc $\mathcal{A}'$ satisfait toutes les hypothèses du théorème. Pour toute fonction $f \in \mathcal{C}(E)$, il existe une suite (u_n) (resp. (v_n)) d'éléments de $\mathcal{A}'$ qui converge uniformément vers la fonction $\Re e\, f$ (resp. $\Im m\, f$), alors la suite $(u_n + i\, v_n)$ est une suite d'éléments de $\mathcal{A}$ qui converge uniformément vers f et le théorème est démontré. ■

COROLLAIRE 2.13.25. *Soit f une fonction d'une variable réelle à valeurs complexes, continue, périodique de période 2π. Alors il existe une suite de polynômes trigonométriques (p_n) qui converge uniformément vers f: pour tout $\epsilon > 0$, il existe un polynôme trigonométrique p tel que:*

(2.13.40)
$$p(x) = \sum_{-N}^{+N} a_n\, e^{i n x} \quad , \quad \sup_{x \in \mathbf{R}} |f(x) - p(x)| \leq \epsilon$$

où les a_n sont des coefficients complexes.

DÉMONSTRATION: - Soit E l'ensemble des nombres complexes de module 1. C'est un compact du plan complexe. Toute fonction continue sur $\mathbf{R}$ périodique et de période 2π est associée à une fonction $\tilde{f}$ unique définie dans E, continue, à l'aide de la formule $\tilde{f}(e^{ix}) = f(x)$. Soit $\mathcal{A}$ l'ensemble des fonctions définies sur E de la forme(*)

$$g \in \mathcal{A} \iff \forall z \in E \ , \ g(z) = \sum_{-N}^{+N} a_n z^n$$

On montre facilement que c'est une algèbre de fonctions sur E, qui satisfait les hypothèses du théorème 2.13.24. $\mathcal{A}$ est l'image par l'application $f \mapsto \tilde{f}$ de l'ensemble des polynômes trigonométriques. Comme on a

$$\sup_{z \in E} |\tilde{f}(z) - \tilde{p}(z)| = \sup_{x \in R} |f(x) - p(x)|$$

notre conclusion découle immédiatement du théorème ■

COROLLAIRE 2.13.26. *Soient X et Y deux espaces compacts, $\mathcal{C}(X \times Y)$ l'espace des fonctions définies et continues dans $X \times Y$ à valeurs scalaires. Soit $\mathcal{A}$ le sous-espace formé par les fonctions décomposables c'est-à-dire les fonctions φ qui s'écrivent sous la forme:*

(2.13.41)
$$\varphi(x, y) = \sum_{i \in I} f_i(x) g_i(y)$$

(*)Il faut observer que $\mathcal{A}$ n'est pas un ensemble de fonctions polynômiales de la variable complexe z.

où I est un ensemble d'indices fini, f_i et g_i sont des fonctions scalaires définies et continues dans X et Y respectivement. Alors $\mathcal{A}$ est dense dans $\mathcal{C}(X \times Y)$ pour la topologie de la convergence uniforme.

DÉMONSTRATION: - En effet $\mathcal{A}$ est une algèbre de fonctions continues sur $X \times Y$. En particulier, si (a,b) et (u,v) sont distincts, alors $u \neq a$ ou $v \neq b$. Supposons par exemple $u \neq a$, alors il existe une fonction définie et continue sur X telle que $f(a) = 1$ et $f(u) = 0$ (par exemple par le théorème d'Urysohn), alors si $\varphi(x,y) = f(x)$, on voit bien que $\varphi(a,b) = 1$ et $\varphi(u,v) = 0$, en outre φ est bien continue dans $X \times Y$. Donc $\mathcal{A}$ sépare bien les points. Les autres conditions du théorème 2.13.22 si $K = \mathbf{R}$ ou du théorème 2.13.24 si $K = \mathbf{C}$, sont trivialement satisfaites. Alors la conclusion découle de ces théorèmes. ■

COROLLAIRE 2.13.27. - *Soient X un espace localement compact, $\mathcal{C}_0(X, \mathbf{C})$ l'algèbre formée par les fonctions f définies dans $\mathbf{C}$, continues dans X, et tendant vers 0 à l'infini, c'est-à-dire telles que pour tout $\epsilon > 0$, il existe un compact K (dépendant de la fonction f) en dehors duquel $|f|$ est majorée par ϵ.*

Soit $\mathcal{A}$ une sous-algèbre de $\mathcal{C}_0(X, \mathbf{C})$ possédant les propriétés suivantes :

a) $\mathcal{A}$ sépare les points de X

b)$\mathcal{A}$ est auto-adjointe c'est-à-dire que pour tout $f \in \mathcal{A}$, la fonction conjuguée $\bar{f}$ appartient aussi à $\mathcal{A}$.

Alors $\mathcal{A}$ est dense dans $\mathcal{C}_0(X, \mathbf{C})$ pour la norme de la convergence uniforme.

DÉMONSTRATION: Soit X_ω le compactifié d'Alexandroff de X. Toute fonction de $\mathcal{C}_0(X, \mathbf{C})$ se prolonge de façon unique en une fonction continue f dans X_ω, nulle au point ω. Réciproquement si G est une fonction définie et continue dans X_ω, et si $G(\omega) = \alpha$ alors la restriction f à X de la fonction $G - \alpha$ appartient à $\mathcal{C}_0(X, \mathbf{C})$ et $f_\omega + \alpha = G$. Soit $\mathcal{B}$ l'ensemble des fonctions de $\mathcal{C}(X_\omega, \mathbf{C})$ donné par :

$$\mathcal{B} = \{f_\omega + \alpha : \quad f \in \mathcal{A} \quad , \quad \alpha \in \mathbf{C}\} \tag{2.13.}$$

Il est facile de vérifier que $\mathcal{B}$ est une sous-algèbre de $\mathcal{C}(X_\omega, \mathbf{C})$. D'autre part, $\mathcal{B}$ sépare les points de X puisqu'elle contient les prolongements des fonctions de $\mathcal{A}$ qui séparent par hypothèse les points de X. Si $x \neq \omega$ et s'il existe une fonction de $\mathcal{A}$ telle que $f(x) \neq 0$, alors comme $f_\omega(\omega) = 0$, cette fonction sépare x et ω ; sinon pour α est non nul, $f_\omega + \alpha$ sépare ces deux points. Il est évident que si $f \in \mathcal{B}$, la conjuguée est aussi dans $\mathcal{B}$. On peut donc appliquer le théorème 2.13.24. $\mathcal{B}$ est dense dans $\mathcal{C}(X_\omega, \mathbf{C})$. Soit $\epsilon > 0$ et $f \in \mathcal{C}_0(X, \mathbf{C})$. Alors il existe $H = h_\omega + \alpha \in \mathcal{B}$ avec $h \in \mathcal{A}$ telle que pour tout $x \in X_\omega$

$$|f_\omega(x) - h_\omega(x) - \alpha| \leq ||f_\omega - H||_\infty \leq \frac{\epsilon}{2}$$

En particulier, lorsque $x = \omega$, on voit que $|\alpha| \leq \frac{\epsilon}{2}$ et par conséquent pour tout $x \in X$

$$|f(x) - h(x)| = |f(x) - (h(x) - \alpha)| + |\alpha| \leq \|f_\omega - H\|_\infty + \frac{\epsilon}{2} \leq \epsilon$$

En d'autres termes , $\mathcal{A}$ est dense dans $\mathcal{C}_0(X, \mathbf{C})$ et c'est bien ce que nous voulions démontrer. ■

Ensemble équicontinu - le théorème d'Ascoli.

DÉFINITION 2.13.28. - *Soient E un espace topologique, F un espace métrique, M un ensemble d'applications de E dans F. On dit que M est* **équicontinu** *en $x_0 \in E$ si :*

(2.13.42) $(\forall \epsilon > 0)(\exists V \text{ voisinage de } x_0)(\forall x \in V)(\forall f \in M)(d(f(x), f(x_0)) \leq \epsilon)$

On doit que M est équicontinu dans E si M est équicontinu en tout point x de E.

Remarque 11 - Il est évident qu'un ensemble équicontinu d'applications est formé d'applications continues.

Exemple 8 - Supposons que E et F soient des espaces métriques et que M soit un ensemble de fonctions uniformément holdérien d'ordre α, c'est à dire qu'il existe $\alpha \in]0, 1]$ et une constante $k > 0$ telles que

$$(\forall f \in M)(\forall (x_1, x_2) \in E \times E)\,(d\,(f(x_1), f(x_2)) \leq k\; d(x_1, x_2)^\alpha)\ .$$

Alors M est un ensemble équicontinu.

En particulier, soient Ω un ouvert d'un espace vectoriel normé E, et M un ensemble de fonctions définies dans Ω, à valeurs dans un espace vectoriel normé F, dérivables en tout point de Ω. Supposons que les dérivées des fonctions de M soient **bornées uniformément dans leur ensemble**, c'est-à-dire qu'il existe $k \geq 0$ tel que

$$\forall f \in M \qquad \forall x \in \Omega \quad , \quad \text{on a} \quad \|f'(x)\|_{\mathcal{L}(E,F)} \leq k$$

Alors M est un ensemble équicontinu dans Ω.

En effet, soient $x_0 \in \Omega$, B une boule de centre x_0 et de rayon $\eta > 0$ contenue dans Ω. Le théorème des accroissements finis donne (chapitre 3, théorème 3.5.2):

$$\begin{cases} \forall x \in B\ ,\ \forall y \in B \quad , \quad \text{on a} \\ \|f(x) - f(y)\| \leq |x - y\| \ \sup_{\theta \in]0,1[} \|f'(\theta x + (1 - \theta y))\| \ \leq \ k\ \|x - y\|\ , \end{cases}$$

ce qui implique bien l'équicontinuité puisque k ne dépend pas de f.

Nous avons besoin pour le théorème d'Ascoli du lemme qui suit (qui possède cependant son intérêt propre).

LEMME 2.13.29. *Soient E un espace compact, F un espace métrique, $\mathcal{C}(E;F)$ l'espace des fonctions définies et continues dans E à valeurs dans F. Soit $M \subset \mathcal{C}(E;F)$ une partie équicontinue; alors sur M les deux topologies de la convergence simple et uniforme coïncident.*

DÉMONSTRATION: Soit $\mathcal{F}$ un filtre sur M convergeant vers $g \in M$ pour la topologie de la convergence simple. Cela signifie que pour tout $x_0 \in E$ et pour tout $\epsilon > 0$, il existe $A \in \mathcal{F}$ tel que pour tout $f \in A$, on a

$$d(f(x_0), g(x_0)) \leq \frac{\epsilon}{3}$$

Comme M est équicontinue en x_0, il existe un voisinage ouvert $V(x_0)$ de x_0 tel que

$$(\forall f \in M)\left(x \in V(x_0) \Longrightarrow d(f(x), f(x_0)) \leq \frac{\epsilon}{3}\right)$$

On voit alors, que pour tout $f \in A$ et tout $x \in V(x_0)$, on a

$$d(f(x), g(x)) \leq \epsilon\ .$$

Lorsque x_0 varie dans E, on obtient ainsi un recouvrement de E par tous les ouverts $V(x_0)$, et un nombre fini d'entre eux suffisent, puisque E est compact, pour le recouvrir, soient $V(x_1), V(x_2), \ldots, V(x_m)$ ces ouverts. Pour $i = 1, 2, \ldots, m$, il existe donc une partie $A_i \in \mathcal{F}$ telle que

$$(\forall f \in A_i)(\forall x \in V(x_i))(d(f(x), g(x)) \leq \epsilon)$$

Soit A est l'intersection des A_i. Pour tout $x \in E$, il existe i tel que $x \in V(x_i)$ donc, puisque $A \subset A_i$, pour tout $f \in A$ on a aussi $d(f(x), g(x)) \leq \epsilon$ autrement dit, pour tout $f \in A$, on a $d(f, g) \leq \epsilon$ donc $\mathcal{F}$ converge aussi vers g pour la topologie de la convergence uniforme. La réciproque étant triviale, le lemme est démontré. ∎

THÉORÈME 2.13.30. *(Ascoli) - Soient E un espace compact, F un espace métri--que, $\mathcal{C}(E;F)$ l'espace métrique des applications continues de E dans F muni de la distance (de la convergence uniforme)*

$$d(f, g) = \sup_{x \in E} d\left(f(x), g(x)\right)) \tag{2.13.3}$$

et $M \subset \mathcal{C}(E;F)$. On suppose que les deux conditions suivantes sont satisfaites :

a) Pour tout $x \in E$, le sous-ensemble de F , noté $M(x)$, donné par

(2.13.43) $$M(x) = \{f(x) \ : \ f \in M\}$$

est une partie relativement compacte de F

b) M est équicontinu.

Dans ces conditions M est une partie relativement compacte de $\mathcal{C}(E;F)$. Si F est en outre complet, la réciproque est aussi vraie, c'est-à-dire que toute partie M relativement compacte de $\mathcal{C}(E;F)$ possède les propriétés a) et b).

DÉMONSTRATION: - Pour tout $x \in E$, l'adhérence $\overline{M(x)}$ de $M(x)$ dans F étant compacte, le sous-espace Π de F^E produit des $\overline{M(x)}$, $x \in E$, est un sous-espace compact d'après le théorème de Tychonoff. On peut identifier M, muni de la topologie de la convergence simple à un sous-espace de Π. Montrons que l'adhérence de M pour la topologie de la convergence simple est encore un ensemble équicontinu. Soit g un point adhérent à M. Soit $x_0 \in E$ et $\epsilon > 0$. D'après l'équicontinuité de M, il existe un voisinage V de x_0 tel que

$$(\forall x \in V)(\forall f \in M) \left(d\left(f(x), f(x_0)\right) \leq \frac{\epsilon}{3}\right)$$

Pour tout $z \in V$, comme g est adhérent à M, il existe $f \in M$ (dépendant de z et de x_0) tel que

$$d\left(f(x_0), g(x_0)\right) \leq \frac{\epsilon}{3} \quad , \quad d\left(f(z), g(z)\right) \leq \frac{\epsilon}{3}$$

$$d\left(g(z), g(x_0)\right) \leq d\left(g(z), f(z)\right) + d\left(f(z), f(x_0)\right) + d\left(f(x_0), g(x_0)\right) \leq \frac{\epsilon}{3} + \frac{\epsilon}{3} + \frac{\epsilon}{3} = \epsilon$$

ce qui prouve que l'adhérence $\overline{M}$ est encore équicontinue et elle est bien contenue dans Π. Soit $\mathcal{F}$ un ultrafiltre sur M, puisque Π est compact, cet ultrafiltre vers g dans Π, mais g appartient nécessairement à l'adhérence de M, donc g est continue. Alors d'après le lemme 2.13.25, $\mathcal{F}$ converge vers g pour la topologie de la convergence uniforme et ceci achève la démonstration de la partie directe. Supposons F complet, alors $M(x)$ est relativement compacte si et seulement si elle est précompacte. Or M est précompacte, donc, pour tout $\epsilon > 0$, il existe $f_1, f_2, \ldots, f_m$ tels que M soit contenue dans la réunion des boules de centre f_i et de rayon $\frac{\epsilon}{3}$ i.e pour tout $f \in M$, il existe $i, 1 \leq i \leq m$ tel que

(2.13.44) $$(\forall x \in X) \left(d\left(f(x), f_i(x)\right) \leq \frac{\epsilon}{3}\right)$$

Il est alors évident que $M(x)$ est contenu dans la réunion des boules de Y de centre $f_i(x)$ et de rayon ϵ. Donc $M(x)$ est précompacte .

Soit $x_0 \in E$. Comme les fonctions $f_1, f_2, \ldots, f_m$ sont continues, il existe un voisinage V de x_0 tel que pour tout $x \in V$ et tout $i = 1, 2, \ldots, m$, on ait

$$d(f_i(x), f_i(x_0)) \leq \frac{\epsilon}{3}$$

Alors en tenant compte de (2.13.44), on a, pour tout $x \in V$

$$\begin{aligned} d(f(x), f(x_0)) &\leq d(f(x), f_i(x)) + d(f_i(x), f_i(x_0)) + d(f_i(x_0), f(x_0)) \\ &\leq \frac{\epsilon}{3} + \frac{\epsilon}{3} + \frac{\epsilon}{3} = \epsilon\,. \end{aligned}$$

Ainsi M est bien équicontinue en x_0 et la démonstration du théorème est ainsi achevée. ■

COROLLAIRE 2.14.31. - *Soient E un espace compact, $\mathcal{C}(E)$ l'espace de Banach des fonctions continues dans E, à valeurs réelles ou complexes. Alors tout ensemble $M \subset \mathcal{C}(E)$,* **fermé, borné** *et* **équicontinu** *est une partie compacte de $\mathcal{C}(E)$.*

DÉMONSTRATION: - L'hypothèse b) du théorème est satisfaite, montrons qu'il en est de même de l'hypothèse a). Puisque M est un ensemble borné dans $\mathcal{C}(E)$, il existe une boule B, de centre $g \in \mathcal{C}(E)$ et de rayon fini $\rho > 0$, contenant M. Donc,

$$\forall f \in M \quad , \quad \forall x \in E \quad \text{on a} \quad d(f(x), g(x)) \leq \rho\ ;$$

mais alors $M(x)$ est contenu dans la boule de centre $g(x)$ et de rayon ρ, boule qui est compacte. M est donc relativement compact mais comme il est fermé, il est donc compact. ■

Remarque 12 - Nous avons vu que la boule unité de $\mathcal{C}([0,1])$ n'est pas compacte. C'est bien un ensemble fermé borné mais non équicontinu. De façon plus précise, montrons que la suite des $f_n(x) = x^n$ sur $[0,1]$ n'est pas équicontinue au point $x = 1$. Si elle l'était, on aurait pour tout $\epsilon > 0$, l'existence d'un $\eta(\epsilon) > 0$ tel que

$$\forall x \in [0,1], \forall n \geq 0 \quad [\,(0 \leq 1 - x \leq \eta) \Longrightarrow 0 \leq 1 - x^n \leq \epsilon\,]$$

Prenons

$$\epsilon = \frac{e-1}{2e}$$

et soit N un entier satisfaisant

$$\frac{1}{N} \leq \eta(\epsilon)\,.$$

Alors pour tout $n \geq N$, le point $x = 1 - \dfrac{1}{n}$ satisfait $0 \leq 1 - x \leq \eta$, et on devrait donc avoir

$$\forall n \geq N \quad , \quad 0 \leq 1 - (1 - \frac{1}{n})^n \leq \frac{e-1}{2e}$$

et à la limite, on obtiendrait l'inégalité

$$\frac{e-1}{e} \leq \frac{e-1}{2e}$$

qui est fausse. Cette suite de fonctions n'est donc pas un ensemble équicontinu.

Exemple 9 - Voici un autre exemple d'ensemble borné de $\mathcal{C}([0,1])$ qui n'est pas équicontinu. Pour tout $\lambda \in \mathbf{R}$, soit f_λ la fonction définie dans $[0,1]$ par:

$$f_\lambda : x \mapsto \sin \lambda\, x \tag{2.13.45}$$

Soit M l'ensemble de ces fonctions lorsque λ parcourt $\mathbf{R}$. Il est clair que M est contenu dans la boule unité de $\mathcal{C}([0,1])$. Pour tout λ, on a $f_\lambda(0) = 0$, alors si l'ensemble M est équicontinu en 0, il existerait $\eta > 0$ tel que :

$$(\forall\lambda \in \mathbf{R})(\forall x \in [0,1])(0 \leq x \leq \eta \Longrightarrow |f_\lambda(x)| \leq \frac{1}{2} \tag{2.13.46}$$

Or, si N est assez grand (plus grand que $\frac{1}{\eta}$), $\frac{1}{N} \leq \eta$ et si $\lambda = N\frac{\pi}{2}$, on a $f_\lambda(x) = 1$!

Topologie $*$-faible du dual d'un espace vectoriel normé.

DÉFINITION 2.13.32. *Soient E un espace vectoriel normé, $E' = \mathcal{L}(E;K)$ son dual (topologique). On appelle topologie* **$*$-faible** *sur E la topologie de la convergence simple sur E.*

Un système fondamental de voisinages de $\varphi \in E'$ est l'ensemble des $V_{(x_i)_{i=1}^m,\epsilon}(\varphi)$ où $(x_i)_{i=1}^m$ est une famille finie de points de E et $\epsilon > 0$, donnés par :

$$V_{(x_i)_{i=1}^m,\epsilon}(\varphi) = \{\psi \in E' : \forall i = 1,2,\ldots,m \quad , \quad |\varphi(x_i) - \psi(x_i)| \leq \epsilon\ \} \tag{2.13.47}$$

Remarque 13 - Nous avons déjà observé que si on identifie l'ensemble des fonctions de E dans F, lorsque F est un espace topologique, à l'ensemble F^E, la topologie de la convergence simple coïncide avec la topologie produit.

E' est déjà un espace vectoriel normé, on dit que cette topologie est la topologie **forte**. Nous savons que la boule unité n'est pas compacte pour la topologie forte sauf si E' est de dimension finie. Il en est tout autrement si cette boule unité est munie de la topologie $*$-faible.

THÉORÈME 2.13.33. *Soient E' le dual d'un espace vectoriel normé, B la boule unité de E'. Alors B est $*$-faiblement compacte.*

DÉMONSTRATION: - Nous identifions E' à une partie de K^E au moyen de l'application $\varphi \mapsto (\varphi(x))_{x\in E}$, c'est alors, lorsque E' est muni de la topologie faible, un sous-espace topologique de l'espace topologique K^E. La boule unité B de E' est contenue dans le sous-espace Π de K^E qui est le produit des boules de rayon $||x||$ dans K. En effet, si $\varphi \in B$, on a $|\varphi(x)| \leq ||x||$ puisque $||\varphi|| \leq 1$. Or d'après le théorème de Tychonoff ce produit est compact puisque c'est le produit de boules fermées de K donc compactes. Soit $\mathcal{F}$ un filtre sur B, puisque $B \subset \Pi$, ce filtre a au moins un point adhérent g. Montrons que $g \in B$. Il suffit de montrer que g est linéaire (cela signifie qu'elle est l'image d'une application linéaire par notre identification). En effet, puisque $g \in \Pi$, on a, pour tout $x \in E$, $|g(x)| \leq ||x||$. Donc si elle est linéaire, elle est nécessairement dans B. Soient x, y dans E, $\lambda \neq 0$ dans K, et ϵ réel > 0. Puisque g est adhérent à $\mathcal{F}$, on peut trouver $f \in B$ tel que

$$|f(x) - g(x)| \leq \min\left(\frac{\epsilon}{3}, \frac{\epsilon}{2|\lambda|}\right) \quad , \quad |f(y) - g(y)| \leq \frac{\epsilon}{3}$$

$$|f(x+y) - g(x+y)| \leq \frac{\epsilon}{3} \quad , \quad |f(\lambda x) - g(\lambda x)| \leq \frac{\epsilon}{3} \quad , \quad |f(x) - g(x)| \leq \frac{\epsilon}{3}$$

Alors

$$|g(x+y) - g(x) - g(y)| \leq |g(x+y) - f(x+y)| + |g(x) - f(x)| + |g(y) - f(y)| \leq \epsilon$$

$$|g(\lambda x) - \lambda g(x)| \leq |g(\lambda x) - f(\lambda x)| + |\lambda (g(x) - f(x))| \leq \epsilon$$

Comme ϵ est arbitraire, on voit bien que g est linéaire et la démonstration achevée. ■

Les parties compactes de $\mathcal{C}_c(E)$, E localement compact.

THÉORÈME 2.13.34. - *Soient X, Y, Z, trois espaces topologiques, X compact, Z métrique. Soit f une application continue de $X \times Y$ dans Z. Alors, pour tout y de Y, on peut définir une application partielle*

$$f_y : x \mapsto f(x, y),$$

de X dans Z, $f_y \in \mathcal{C}(X, Z)$. Si y converge vers b, la fonction f_y converge vers f_b, uniformément sur A; ou encore, l'application $y \mapsto f_y$, qui, à tout élément y de Y, fait correspondre la fonction partielle f_y, est une application continue de Y dans $\mathcal{C}(X; Z)$.

Réciproquement si f_y est continue, et si f_x est continue, uniformémemt pour $x \in X$, alors f est continue dans $X \times Y$.

DÉMONSTRATION: - Fixons b dans Y, et donnons-nous $\epsilon > 0$. Quelque soit a, la fonction f est continue au point (a, b); il existe donc un voisinage ouvert U_a de a et un voisinage V_a de b, dans A et B respectivement, tels que, pour $x \in U_a$ et $y \in V_a$, on ait l'inégalité

$$d(f(x,y), f(a,b)) \leq \frac{\epsilon}{2} \, .$$

On aura naturellement a fortiori l'inégalité :

$$d(f(x,b), f(a,b)) \leq \frac{\epsilon}{2} \, .$$

On en déduit l'inégalité, valable pour $x \in U_a$, $y \in V_a$:

(2.13.42) $$d(f(x,y),f(x,b)) \leq d(f(x,y),f(a,b)) + d(f(a,b)),f(x,b)) \leq \epsilon \,.$$

Lorsque a varie, les U_a forment un recouvrement ouvert du compact X donc il existe un nombre fini d'entre eux, $(U_{a_i})_{i\in I}$, qui forment un recouvrement de X. A ces U_{a_i} correspondent des V_{a_i}; soit V l'intersection de ces ensembles V_{a_i}, c'est encore un voisinage de b dans Y.

Alors, pour x dans U_{a_i} et y dans V, on a l'inégalité (2.13.42). Comme les U_{a_i} forment un recouvrement de X, on a l'inégalité précédente pour tout x de X et tout y de V, ce qui s'écrit encore

$$d(f_y,f_b) \leq \epsilon$$

pour $y \in V$. Réciproquement, soient $(x_0,y_0) \in X \times Y$, et $\epsilon > 0$. Puisque f_{y_0} est continue, il existe un voisinage $V(x_0)$ tel que pour tout $x \in V(x_0)$, on ait $d\left(f(x,y_0),f(x_0,y_0)\right) \leq \frac{\epsilon}{2}$. Puisque f_x est continue en y_0 , uniformément pour $x \in X$, il existe un voisinage $W(y_0)$ tel que pour tout $y \in W(y_0)$ et tout $x \in A$, on ait $d\left(f(x,y),f(x,y_0)\right) \leq \frac{\epsilon}{2}$. Alors pour tout $(x,y) \in X \times Y$, on a

$$d\left(f(x,y),f(x_0,y_0)\right) \leq d\left(f(x,y),f(x,y_0)\right) + d\left(f(x,y_0),f(x_0,y_0)\right) \leq \frac{\epsilon}{2} + \frac{\epsilon}{2} = \epsilon$$

ce qui démontre le théorème. ∎

Remarque 14 - Si les espaces X et Y sont tous les deux métriques et compacts, la démonstration est beaucoup plus élémentaire. En effet, dans ce cas f est uniformément continue, d'après le théorème 2. Etant donné $\epsilon > 0$, il existe donc $\eta > 0$ tel que $d(x';y'') \leq \eta$, $d(y',y'') \leq \eta$ entraîne $d(f(x',y'),f(x'',y'')) \leq \epsilon$. En particulier $d(y,b) \leq \eta$ entraîne, quelque soit x, l'inégalité $d(f(x,y),f(x,b)) \leq \epsilon$, et par conséquent $d(f_y,f_b) \leq \epsilon$, ce qui démontre le théorème. ∎

COROLLAIRE 2.13.35. - *Soient X et Y des espaces compacts, C un espace métri--que, f une application continue de $X \times Y$ dans Z. Alors, lorsque y parcourt Y, l'ensemble des applications partielles f_y de X dans Z est une partie compacte de l'espace $\mathcal{C}(X;Z)$*

DÉMONSTRATION: En effet c'est l'image directe d'un compact Y par une application continue, $y \mapsto f_y$. ∎

COROLLAIRE 2.13.36. - *Soient E un espace localement compact, T un espace compact, φ une fonction à valeurs réelles ou complexes, continue sur $E \times T$. Alors, quel que soit $t \in T$, on a une application partielle φ_t, qui est une fonction réelle ou complexe, continue sur E. Supposons que, lorsque t parcourt T, cette fonction φ_t ait toujours son support dans le même compact K de E. Alors, lorsque t parcourt T, l'ensemble des fonctions φ_t est une partie compacte de l'espace $\mathcal{C}_K(E)$.*

DÉMONSTRATION: - Il suffit d'appliquer le corollaire 2.13.29 à $f = \varphi$, $X = K$, $Y = T$, $Z = \mathbf{R}$ ou $\mathbf{C}$. ∎

Espaces métrisables séparables.

THÉORÈME 2.13.37. - *Soit X un espace localement compact à base dénombrable, F un espace de Banach séparable, $\mathcal{C}_0(X;F)$ l'espace des fonctions définies et continues dans E, à valeurs dans F et tendant vers 0 à l'infini, c'est à direque pour f donné, et $\epsilon > 0$ donné, il existe un compact $K \subset X$ tel que $||f(x)|| \leq \epsilon$ pour tout $x \notin K$.*

Dans ces conditions $\mathcal{C}_0(X;F)$ muni de la topologie de la convergence uniforme est un espace métrisable séparable.

DÉMONSTRATION: Soit X_ω le compactifié d'Alexandroff de l'espace localement compact X. Toute fonction $f \in \mathcal{C}_0(X;F)$ se prolonge de façon unique en une fonction $\tilde{f}$, continue sur X_ω en posant $\tilde{f}(\omega) = 0$ et réciproquement la restriction à X de toute fonction continue sur X_ω, nulle au point ω est dans $\mathcal{C}_0(X;F)$. On peut identifier $\mathcal{C}_0(X;F)$ à un sous-espace de l'espace métrisable $\mathcal{C}(X_\omega, F)$, celui-ci munit de la distance de la convergence uniforme (distance qui est définie dès que la métrique, d, compatible avec la topologie de E a été choisie). Il suffit donc de montrer que $\mathcal{C}(X_\omega, ; F)$ est séparable puisque tout sous-espace d'un espace métrisable séparable est séparable (corollaire 2.4.8). Dans la suite, on désigne par E l'espace compact X_ω.

Soient $\epsilon > 0$ et f une fonction continue dans E à valeurs dans F. E étant compact, f est uniformément continue (théorème 2.7.19), il existe donc $\eta > 0$ tel que $d(x,x') \leq \eta$ entraîne $||f(x) - f(x')|| \leq \epsilon$. Si, pour tout entier $m > 0$, nous désignons par $\mathcal{C}_{m,\epsilon}$ l'ensemble des fonctions continues dans E telles que

$$(2.13.47) \quad (\forall x \in E) \quad (\forall x' \in E) \quad d(x,x') \leq \frac{1}{m} \quad \text{entraîne} \quad ||f(x) - f(x')|| \leq \epsilon$$

on voit en choisissant m tel que $\frac{1}{m} \leq \eta$ que $f \in \mathcal{C}_{m,\epsilon}$. Autrement dit la réunion des $\mathcal{C}_{m,\epsilon}$, lorsque $m \geq 1$ varie, est tout l'espace $\mathcal{C}(E;F)$.

Pour tout $m \geq 1$, on peut recouvrir le compact E par un nombre fini de boules de rayon $\frac{1}{m}$, centrées en l'un des points $\{a_1^m, a_2^m, \dots, a_{p(m)}^m\}$. Puisque F est séparable, donnons-nous une famille dénombrable D dense dans F. Soit $\mathcal{H}_m$ l'ensemble des parties de D ayant $p(m)$ éléments, et pour tout $H \in \mathcal{H}_m$, $H = \{y_1, y_2, \dots, y_{p(m)}\}$, nous désignons par $\mathcal{C}_{m,\epsilon,H}$ les éléments de $\mathcal{C}_{m,\epsilon}$ qui vérifient :

$$\forall\, i \in \{1, 2, \dots, p(m)\} \quad , \quad ||f(x_i^m) - y_i|| \leq \epsilon$$

Si $f \in \mathcal{C}_{m,\epsilon}$, alors pour tout $i = 1, 2, \dots, p(m)$ on peut trouver $z_i \in D$ tel que $||(f(x_i^m), z_i)|| \leq \epsilon$, donc si $K = \{z_1, z_2, \dots, z_{p(m)}\}$, alors $K \in \mathcal{H}_m$ et $f \in \mathcal{C}_{m,\epsilon,K}$. D'autre part si g est un élément quelconque de $\mathcal{C}_{m,\epsilon,K}$, on a $\delta(f,g) \leq 4\epsilon$. En effet, pour tout $x \in E$, il exite i tel que x appartient à la boule de centre l'un des x_i^m et de rayon $\frac{1}{m}$. Alors

$$\begin{aligned}\|f(x)-g(x)\| &\leq \|f(x)-f(x_i^m)\|+\|f(x_i^m)-z_i)\|+\|z_i-g(x_i^m)\|+\|g(x_i^m)-g(x)\| \\ &\leq 4\,\epsilon\end{aligned}$$

Pour toute partie $H \in \mathcal{H}_m$ telle que $\mathcal{C}_{m,\epsilon,H} \neq \emptyset$, choisissons un élément g_H et désignons par $G_{m,\epsilon}$ l'ensemble des g_H ainsi choisi lorsque H parcourt l'ensemble dénombrable $\mathcal{H}_m$. $G_{m,\epsilon}$ est donc dénombrable et pour tout $f \in \mathcal{C}_{m,\epsilon}$ il existe au moins un g_H tel que $\delta(f, g_H) \leq \epsilon$. Alors on voit bien que si on pose $\epsilon = \frac{1}{n}$ avec $n \geq 1$, et on désigne par $\mathcal{D}$ la réunion des $G_{m,1/n}$ lorsque m et n varient dans l'ensemble des entiers non nuls, $\mathcal{D}$ est dénombrable et dense dans $\mathcal{C}(E,;F)$ et cet espace est donc bien séparable. ∎

COROLLAIRE 2.13.38. - *Soit E un espace localement compact à base dénombrable, F un espace métrisable séparable. L'espace $\mathcal{C}_c(E;F)$ des fonctions définies dans E, à valeurs dans F, continues dans E et à support compact, muni de la topologie de la convergence uniforme(*), est un espace métrisable, séparable.*

DÉMONSTRATION: : C'est une conséquence immédiate du théorème . ∎

(*)On peut avoir la même conclusion si on prend la topologie de la convergence sur tout compact.

§14. THÉORIE SPECTRALE ÉLÉMENTAIRE

Espaces hilbertiens.

DÉFINITION 2.14.1. *Soient E et F deux espaces vectoriels sur le corps $K = \mathbf{R}$ ou $K = \mathbf{C}$. On appelle application* **semi-linéaire** *f de E dans F une application vérifiant:*

$$(2.14.1)\qquad \begin{cases} f(u+v) = f(u) + f(v) & \text{pour} \quad (u,v) \in E \times E \\ f(\lambda u) = \overline{\lambda} f(u) & \text{pour} \quad u \in E\ ,\ \lambda \in K \end{cases}$$

Lorsque $K = \mathbf{R}$, semi-linéaire coïncide avec linéaire. Si $F = K$, f est une forme semi-linéaire.

On appelle **forme sesquilinéaire***(*) sur $E \times E$ une fonction*

$$(u,v) \mapsto B(u,v) \in K\ ,$$

linéaire en u pour v fixé, semi-linéaire en v pour u fixé. Autrement dit :

$$(2.14.2)\qquad \begin{cases} B(u+v,w) = B(u,w) + B(v,w) \\ B(u,v+w) = B(u,v) + b(u,w) \\ B(\lambda u,v) = \lambda B(u,v) \quad ,\ \lambda \in K \\ B(u,\lambda v) = \overline{\lambda} B(u,v)\ \lambda \in K \end{cases}$$

Lorsque $K = \mathbf{R}$, cela veut dire que B est bilinéaire.

On dit qu'une forme sesquilinéaire

$$(u,v) \mapsto B(u,v)$$

est **hermitienne** *si on a :*

$$(2.14.3)\qquad \forall (u,v) \in E \times E \quad ,\quad B(u,v) = \overline{B(v,u)}$$

Lorsque $K = \mathbf{R}$, cela revient à dire que B est symétrique.

Si B est hermitienne, le développement de $B(u+v,u+v)$ prend la forme particulière:

$$(2.14.4)\qquad B(u+v,u+v) = B(u,u) + B(v,v) + 2\,\Re e\, B(u,v)$$

Par ailleurs

$$(2.14.5)\qquad B(u-v,u-v) = B(u,u) + B(v,v) - 2\,\Re e\, B(u,v)$$

(*)Sesqui= une fois et demi; sesquilinéaire = linéaire + semi-linéaire.

En additionnant et soustrayant, on obtient

$$\left\{\begin{array}{l} B(u+v,u+v)+B(u-v,u-v)=2\,(B(u,u)+B(v,v)) \\ B(u+v,u+v)-B(u-v,u-v)=4\,\Re e\;B(u,v) \end{array}\right. \tag{2.14.6}$$

THÉORÈME 2.14.2. *Soit B une forme sesquilinéaire sur un espace vectoriel E sur le corps $\mathbf{C}$. Pour qu'elle soit hermitienne, il faut et il suffit que, pour tout $u \in E$, $B(u,u)$ soit réel.*

DÉMONSTRATION: - Si B est hermitienne, $B(u,u)$ est son propre complexe conjugué,donc est réel. Inversement, s'il en est ainsi, $B(u+v,u+v)$, $B(u,u)$, et $B(v,v)$ sont réels, et alors

$$B(u+v,u+v)=B(u,u)+B(u,v)+B(v,u)+B(v,v) \tag{2.14.7}$$

montre que

$$B(u,v)+B(v,u)=\alpha \quad \text{réel ;} \tag{2.14.8}$$

et en changeant u en iu, on voit que

$$i(B(u,v)-B(v,u))=\beta \quad \text{réel ;} \tag{2.14.9}$$

donc

$$B(u,v)=\frac{\alpha-i\,\beta}{2} \quad , \quad B(v,u)=\frac{\alpha+i\,\beta}{2} \tag{2.14.10}$$

sont complexes conjugués, et B est hermitienne. ∎

THÉORÈME 2.14.3. *Si K=$\mathbf{C}$, une forme sesquilinéaire B sur $E\times E$ est entièrement déterminée par ses valeurs sur la diagonale de $E\times E$, autrement dit par la connaissance de la fonction*

$$\forall u\in E, \quad u\mapsto B(u,u)\,. \tag{2.14.11}$$

Ce résultat ne subsiste pas si $K=\mathbf{R}$, mais reste vrai si B est supposée symétrique.

DÉMONSTRATION: Un développement direct donne, pour $K=\mathbf{C}$:

$$\left\{\begin{array}{l} 4B(u,v)=B(u+v,u+v)-B(u-v,u-v)+ \\ i\,B(u+i\,v,u+i\,v)-i\,B(u-i\,v,u-i\,v) \end{array}\right. \tag{2.14.12}$$

d'où le résultat.

Rien de tel ne subsiste si $K = \mathbf{R}$. Par exemple, si $E = \mathbf{R}^2$, la forme bilinéaire :

$$((u_1, v_1), (u_2, v_2)) \mapsto u_1 v_2 - u_2 v_1$$

est nulle sur la diagonale, mais non identiquement nulle (Pour $K = \mathbf{R}$, une forme bilinéaire B nulle sur la diagonale s'appelle **alternée**, et on montre aisément que B est alternée si et seulement si elle est antisymétrique,

$$B(u, v) = -B(v, u).$$

Mais supposons B symétrique connue sur la diagonale, alors (2.14.6) donne

$$2\,B(u, v) = B(u + v, u + v) - B(u, u) - B(v, v) \tag{2.14.13}$$

ce qui détermine B. ∎

DÉFINITION 2.14.4. *Une forme sesquilinéaire hermitienne B est* **positive** *(≥ 0), si $B(u, u) \geq 0$ pour tout $u \in E$.*

La forme sesquilinéaire hermitienne B est dite **définie positive** *si $B(u, u) > 0$ pour $u \neq 0$.*

Remarque 1 - Pour $K = \mathbf{C}$, si B est sesquilinéaire et si $B(u, u) \geq 0$ pour tout $u \in E$ alors B est hermitienne d'après le théorème 2.14.2, et il est donc inutile de mettre cette hermiticité dans les hypothèses; mais il n'en est pas de même pour $K = \mathbf{R}$. (Observons aussi que $B(\lambda\, u, \lambda\, u) = \lambda\, \overline{\lambda}\, B(u, u)$; $\lambda\overline{\lambda} \geq 0$; c'est ce qui permet de faire cette hypothèse de positivité, qu'on ne pourrait pas faire pour une forme bilinéaire lorsque $K = \mathbf{C}$ car alors $B(\lambda\, u, \lambda u) = \lambda^2 B(u, u)$ ne resterait pas même pas toujours réel).

THÉORÈME 2.14.5. *Si B une forme sesquilinéaire hermitienne ≥ 0 sur $E \times E$, on a l'inégalité de Cauchy-Schwarz :*

$$|B(u, v)| \leq \sqrt{B(u, u)}\sqrt{B(v, v)} \tag{2.14.14}$$

On a même l'inégalité stricte $<$, si B est définie positive, à moins que u et v ne soient linéairement dépendants.

DÉMONSTRATION: Supposons d'abord $B \geq 0$. On a pour tout λ complexe :

$$\begin{aligned} B(u + \lambda\, v, u + \lambda\, v) &= B(u, u) + \lambda B(v, u) + \overline{\lambda} B(u, v) + \lambda\, \overline{\lambda}\, B(v, v) \\ &= B(u, u) + 2\, \Re e\, \left(\overline{\lambda} B(u, v)\right) + |\lambda|^2 B(v, v) \geq 0 \end{aligned} \tag{2.14.15}$$

Soit alors

$$B(u, v) = \rho\, e^{i\theta} \quad , \quad \rho = |B(u, v)|$$

Posons $\lambda = t\, e^{i\theta}$, t réel (non nécessairement ≥ 0). il résulte de (2.14.15) que pour tout t réel, on a :

$$f(t) = B(u,u) + 2t|B(u,v)| + t^2 B(v,v) = a + 2bt + ct^2 \geq 0 \tag{2.14.16}$$

Nous avons donc un trinôme du deuxième degré à coefficients réels qui est toujours ≥ 0; donc il n'a certainement pas deux racines réelles; donc $ac - b^2 \geq 0$, ce qui est exactement (2.14.14). Si u et v sont dépendants, ou bien $v = 0$, ou bien $u = k\, v$; les deux membres de (2.14.14) sont alors égaux. Nous allons montrer que c'est le seul cas si B est définie positive. Supposons donc $v \neq 0$, et en outre que $u + \lambda\, v \neq 0$ pour tout λ complexe. Alors le premier membre de (2.14.15) n'est jamais nul, $f(t)$ ne s'annule jamais pour t réel, donc $ac - b^2 > 0$. ∎

DÉFINITION 2.14.6. *On appelle* **espace préhilbertien** *un espace vectoriel muni d'une forme sesquilinéaire hermitienne* ≥ 0.

En général cette forme se note

$$(u,v) \mapsto (u|v) \ , \quad \text{ou} \quad (u|v)_E \tag{2.14.17}$$

dans le cas où il est utile de spécifier l'espace E.

THÉORÈME 2.14.7. *On a l'inégalité de Minkowski*

$$\sqrt{(u+v|u+v)} \leq \sqrt{(u|v)} + \sqrt{(u|v)} \tag{2.14.18}$$

Autrement dit, $u \mapsto \sqrt{(u|u)}$ *est une semi-norme.*

En outre, si la forme hermitienne est définie positive, on a toujours l'inégalité stricte $<$ *à moins que l'un des vecteurs* u, v *ne soit produit de l'autre par un scalaire* ≥ 0.

DÉMONSTRATION: Elevons au carré; nous avons à démontrer que

$$(u+v|u+v) \leq (u|u) + (v|v) + 2\sqrt{(u|u)}\sqrt{(u|v)} \tag{2.14.19}$$

Mais le premier membre se calcule par (2.14.4), avec

$$(u|v) + (v|u) = 2\, \Re e\ (u|v)$$

ce qui équivaut donc à montrer que

$$\Re e\ (u|v) \leq \sqrt{(u|u)}\sqrt{(u|v)}\ . \tag{2.14.20}$$

C'est donc une conséquence de l'inégalité de Cauchy-Schwarz. En outre, on a nécessairement $<$ lorsque la forme est définie positive, sauf, si, d'une part on a l'égalité de Cauchy-Schwarz, c'est-à-dire si u et v sont dépendants, et si $|(u|v)| = \Re e\ (u|v)$, c'est-à-dire si $(u|v)$ est réel ≥ 0 ; c'est-à-dire si $v = 0$ ou $u = k\, v$, k réel ≥ 0. ∎

Remarque 2 - Ainsi un espace hilbertien E est semi-normé; nous écrirons $\sqrt{(u|u)} = ||u||$.

E est normé si et seulement s'il est séparé; cela se produit si et seulement si $(u|u) > 0$ pour $u \neq 0$, c'est-à-dire si la forme hermitienne est définie positive. L'inégalité de Cauchy-Schwarz s'écrit donc :

$$|(u|v)| \leq ||u||\,||v|| \tag{2.14.21}$$

Remarque 3 - Soit E un espace vectoriel muni d'une semi-norme notée $||\ \ ||$. Alors on peut reconnaitre si cette semi-norme provient ou non d'une forme sesquilinéaire hermitienne, et celle-ci est alors positive et unique. En effet, pour cela, il faut et il suffit, d'après (2.14.12), que la fonction sur $E \times E$:

$$(u,v) \mapsto \frac{1}{4}\left(||u+v||^2 - ||u-v||^2 + i\,||u+i\,v||^2 - i\,||u-i\,v||^2\right) \tag{2.14.22}$$

pour $K = \mathbf{C}$, ou d'après (2.14.13), que la fonction sur $E \times E$:

$$(u,v) \mapsto \frac{1}{2}\left(||u+v||^2 - ||u||^2 - ||v||^2\right) \tag{2.14.23}$$

pour $K = \mathbf{R}$, soit une forme sesquilinéaire hermitienne, et c'est alors la forme cherchée. Autrement dit, on peut changer nos définitions comme suit: un espace vectoriel muni d'une semi-norme est dit préhilbertien si cette semi-norme provient d'une forme sesquilinéaire hermitienne, qui est alors nécessairement ≥ 0 et unique.

DÉFINITION 2.14.8. *L'expression* $(u|v)$ *s'appelle* **produit scalaire** *de* u *et de* v.

On dit que v *est* **orthogonal** *à* u *si* $(u|v) = 0$*; à cause de l'hermiticité,* u *est alors orthogonal à* v*, et on dit aussi que* u *et* v *sont orthogonaux.*

COROLLAIRE 2.14.9. *Le produit scalaire*

$$(u,v) \mapsto (u|v)$$

est une forme sesquilinéaire continue; sa norme est 1 pour E *séparé non réduit à son origine*

DÉMONSTRATION: D'après l'inégalité de Cauchy-Schwarz, on a

$$|(u|v)| \leq ||u||\,||v||,$$

donc la forme sesquilinéaire est continue d'après le théorème 2.11.18, démontré pour les formes bilinéaires et manifestement vrai aussi pour des formes sesquilinéaires. Si E est séparé, $||\ \ ||$ est une norme, et la même inégalité montre que la norme de cette forme sesquilinéaire est ≤ 1 ; si E n'est réduit à son origine, il existe $a \neq 0$, et alors $(a|a) = ||a||^2$ montre que la norme est exactement 1. ∎

Remarque 4 - Soient $u_1, u_2, \ldots, u_n$ des éléments de E. On a

$$\|u_1 + u_2 + \ldots + u_n\|^2 = \|u_1\|^2 + \|u_2\|^2 + \ldots + \|u_n\|^2 + \sum_{i \neq j} (u_i|u_j) \tag{2.14.24}$$

Alors si les u_i sont deux à deux orthogonaux :

$$\|u_1 + u_2 + \ldots + u_n\|^2 = \|u_1\|^2 + \|u_2\|^2 + \ldots + \|u_n\|^2 , \tag{2.14.25}$$

et ceci est connu sous le nom de Théorème de Pythagore.

DÉFINITION 2.14.10. *On appelle* **espace hilbertien ou espace de Hilbert,** *un espace préhilbertien E séparé et complet pour la métrique définie par la semi-norme*

$$u \mapsto \|u\| = \sqrt{(u|u)} .$$

Un espace de Hilbert est donc encore un espace de Banach dont la norme provient d'une forme sesquilinéaire hermitienne, nécessairement définie positive unique.

Le théorème de projection dans un espace de Hilbert.

Nous avons défini à la proposition 2.3.3, dans un espace métrique E, la distance d'un point x à une partie A par

$$d(x, A) = \inf_{y \in A} d(x, y) . \tag{2.14.26}$$

DÉFINITION 2.14.11. *Soit F une partie de E et $a \in E$. Une* **projection** *de a sur F est un point $\alpha \in F$ tel que*

$$d(a, F) = d(a, \alpha) . \tag{2.14.27}$$

Remarque 5 - En général un point n'a pas nécessairement de projection sur un ensemble, ou peut en avoir plusieurs. Le théorème 2.7.6 nous donnait dansle cas où F était fermée et si dans E, toutes les boules fermées étaient compactes, une réponse positive quant à l'existence mais rien sur l'unicité (par exemple si a est le centre d'un cercle et F le cercle lui-même). Dans un espace de Hilbert de dimension infinie, les boules fermées ne sont sûrement pas compactes donc le théorème 2.7.6 ne s'applique pas; il existe toutefois un autre théorème, basé sur la notion de **convexité:**

THÉORÈME 2.14.12. *Soient E un espace de Hilbert et F une partie* **fermée, convexe, non vide** *de E. Alors chaque point a de E a une projection et une seule sur F*

DÉMONSTRATION: Nous nous appuierons sur un lemme :

LEMME 2.14.13. *(lemme de la médiane) Soient a, b, c, trois points d'un espace de Hilbert. On a, si m est le milieu de $[b,c]$:*

$$d^2(a,b) + d^2(a,c) = 2\, d^2(a,m) + \frac{1}{2}\, d^2(b,c)\,. \tag{2.14.28}$$

La démonstration du lemme est évidente; en effet il suffit de poser

$$x = m - a \quad , \quad y = \frac{c-b}{2}\,,$$

pour retomber sur une des relations (2.14.16). ∎

Montrons le théorème. Soit $d = d(a,F)$. Soit $x_0, x_1, \ldots, x_n, \ldots$, une suite minimisante, c'est-à-dire que $d(a,x_n)$ tend vers d pour n infini. Appliquonsle lemme de la médiane aux trois points a, x_m, x_n; on a :

$$\frac{1}{2}\, d^2(x_m,x_n) = d^2(a,x_m) + d^2(a,x_n) - 2\, d^2\Big(a, \frac{x_n+x_m}{2}\Big)\,. \tag{2.14.29}$$

Les deux premiers termes du deuxième membre tendent vers d^2 pour m , n infinis; mais F est convexe, donc $\frac{x_n+x_m}{2}$ est dans F, et par suite

$$d\Big(a, \frac{x_m+x_n}{2}\Big) \geq d\,;$$

donc le second membre a sûrement une limite supérieure ≤ 0, et, comme il est ≥ 0, il tend vers 0 pour m et n infinis. Ainsi toute suite minimisante est une suite de Cauchy. Comme E est supposé complet, elle est convergente; comme F est fermé, sa limite α est dans F; comme la distance est une fonction continue, $d(a,\alpha) = d$, α est une projection de a sur F. Il ne peut exister qu'une projection; car si α et β sont deux projections, la suite α, β, α, β, ..., est minimisante, donc convergente, et $\alpha = \beta$. ∎

Remarque 6 - Si F n'est pas fermée ou n'est pas convexe, ou si E n'est pas complet, la conclusion ne subsiste pas en général. Toutefois elle subsiste manifestement si E n'est pas nécessairement complet mais F est convexe et complet.

THÉORÈME 2.14.14. *Soit F une partie fermée convexe non vide d'un espace de Hilbert E. Alors si α est la projection de a sur F on a pour tout x de F:*

$$\Re a\ (a-\alpha|x-\alpha) \leq 0 \ ; \tag{2.14.30}$$

et ceci est caractéristique de la projection.

DÉMONSTRATION: Par translation, on peut supposer $\alpha = 0$; la relation s'écrit alors $\Re e\ (a|x) \leq 0$. Si $\Re e\ (a|x) \leq 0$ pour tout $x \in F$, on aura

$$||a-x||^2 = ||a||^2 - 2\,\Re e\ (a|x) + ||x||^2 > ||a||^2$$

pour tout $||x|| \neq 0$ de F et $\alpha = 0$ est bien la projection de a sur F.

Inversement, si $\alpha = 0$ est la projection de a sur F, on doit avoir, puisque F est convexe et que par conséquent $t\ x$, $0 \leq t \leq 1$ est dans F dés que x est dans F :

$$||a-tx||^2 \geq ||a||^2$$

pour tout x de F et tout $t \in [0,1]$; donc $-2t\ \Re e\ (a|x) + t^2||x||^2 \geq 0$ pour $x \in F$ et $t \in [0,1]$. Fixons x. Si $\Re e\ (x|a) > 0$, cette quantité serait sûrement < 0 pour t suffisamment petit; donc $\Re e\ (a|x)$ est bien ≤ 0, et la démonstration du théorème est achevée. ■

THÉORÈME 2.14.15. *Soient E un espace hilbertien, F une partie fermée convexe non vide de E. L'application qui, à chaque point $a \in E$, fait corrrespondre sa projection sur F est continue de E sur F.*

DÉMONSTRATION: Soient $a, b \in E$ et α, β leurs projections sur F. On a, en appliqant le lemme de la médiane au triangle b, α, β, et en se rappelant que, par suite de la convexité de F, $\dfrac{\alpha+\beta}{2} \in F$ donc $d\left(b, \dfrac{\alpha+\beta}{2}\right) \geq d(b,F)$:

$$\begin{aligned}\frac{1}{2}\ d^2(\alpha,\beta) &= d^2(b,\alpha) + d^2(b,\beta) - 2\ d^2(b, \frac{\alpha+\beta}{2})\\ &\leq d^2(b,\alpha) - d^2(b,F) \leq d(b,a) + d^2(a,F) - d^2(b,F)\end{aligned}$$

Mais d'après l'inégalité (2.3.6), $d(b,F) \geq d(a,F) - d(a,b)$. Si $d(a,F) \leq d(a,b)$, on aura

$$\frac{1}{2}\ d^2(\alpha,\beta) \leq (d(b,a) + d(a,F))^2 \leq 4\ d^2(a,b)$$

Si $d(a,F) \geq d(a,b)$, on aura :

$$\frac{1}{2}\ d^2(\alpha,\beta) \leq (d(a,F) + d(a,b))^2 - (d(a,F) - d(a,b))^2 = 4\ d(a,F)d(a,b)\,;$$

dans tous les cas, $d(\alpha,\beta)$ tend vers 0, pour a fixé, lorsque b tend vers a. ■

THÉORÈME 2.14.16. *Soit F un sous-espace vectoriel fermé d'un espace de Hilbert E. Pour tout a de E, si α est sa projection sur F, $[a, \alpha]$ la droite passant par a et α est l'unique perpendiculaire abaissée de a sur F.*

DÉMONSTRATION: Un sous-espace vectoriel fermé est fermé convexe, on peut donc appliquer les théorèmes précédents. Pour que α soit la projection de a sur F, il faut et il suffit que, pour tout x de F, on ait

$$\Re e\ (a - \alpha | x - \alpha) \leq 0 \qquad (2.14.30)$$

Mais, puisque F est un sous-espace vectoriel, si x varie dans F, $x - a$ prend comme valeurs tous les éléments de F; cette condition est donc équivalente à $\Re e\ (a - \alpha | x) \leq 0$ pour tout x de F. Mais, si x est dans F, $-x$ y est aussi; les quantités précédentes ne peuvent toutes être ≥ 0 sans être nulles; enfin x ne peut être dans F sans que ix y soit aussi, de sorte que cela équivaut finalement à : $(a - \alpha | x) = 0$ pour tout x de F. Donc α est la projection, si et seulement si $a - \alpha$ est orthogonal à tous les vecteurs de F, ou, comme on dit plus simplement, orthogonal à F. ∎

COROLLAIRE 2.14.17. *Soient E un espace de Hilbert, F un sous-espace vectoriel de E. Pour que F soit dense dans E, il faut et il suffit qu'il n'existe pas de vecteur non nul orthogonal à F.*

DÉMONSTRATION: Si F est dense, un vecteur orthogonal à F est orthogonal à l'espace tout entier, donc à lui même, donc nul. Si F n'est pas dense, $\overline{F}$ est fermé $\neq E$; si $a \notin \overline{F}$, et si α est sa projection sur $\overline{F}$, $a - \alpha$ est un vecteur non nul orthogonal à F.

DÉFINITION 2.14.18. *On dit qu'un vecteur u est orthogonal à une partie F de E s'il est orthogonal à tous ses éléments. On dit que deux parties F_1 , F_2, sont orthogonales si tout élément de l'une est orthogonal à l'autre. On appelle* **orthogonal** *d'une partie F, et on note $F^{\perp}$, l'ensemble des éléments orthogonaux à F.*

Remarque 7 - L'orthogonal d'un élément a de E est le noyau de la forme linéaire $u \mapsto (u|a)$; c'est donc, d'après le théorème 2.11.6, un hyperplan fermé, sauf si cette forme linéaire est identiquement nulle, ce qui ne peut se produire que si $a = 0$ (puisque $(a|a) = 0$ entraîne $a = 0$). L'orthogonal $F^{\perp}$ d'une partie F est donc toujours une intersection d'hyperplans fermés, donc est un sous-espace vectoriel fermé de E.

Remarque 8 - Par ailleurs un vecteur orthogonal à des éléments est orthogonal à leurs combinaisons linéaires, donc tout vecteur orthogonal à F est orthogonal au sous-espace vectoriel $[F]$ engendré par F; mais aussi à son adhérence, par passage à la limite. Finalement l'orthogonal $F^{\perp}$ de F coïncide avec l'orthogonal $\overline{[F]}^{\perp}$ de l'adhérence $\overline{[F]}$, adhérence du sous-espace vectoriel $[F]$ engendré par F :

(2.14.31) $$F^{\perp} = [F]^{\perp} = \overline{[F]}^{\perp}.$$

THÉORÈME 2.14.19. *Soit F un sous-espace vectoriel fermé d'un espace hilbertien E. Alors F et son orthogonal $F^{\perp}$ sont supplémentaires et la projection de E sur F parallèlement à $F^{\perp}$ est continue.*

Le projecteur sur F parallélement à $F^{\perp}$ est l'application qui, à tout x de E, fait correspondre sa projection sur F. Ce projecteur est appelé le **projecteur orthogonal** *de E sur F. Sa norme est 1 si F n'est pas réduit à $\{ 0 \}$.*

DÉMONSTRATION: -L'intersection de F et $F^{\perp}$ est réduite à $\{ 0 \}$, car tout vecteur de cette intersection est orthogonal à lui-même. Ensuite, si $u \in E$ et ξ est sa projection sur F (théorème 2.14.15), $u - \xi$ est orthogonal à F, donc dans $F^{\perp}$, et la décomposition $u = \xi + (u - \xi)$ montre que F et $F^{\perp}$ engendrent E; donc ils ont algébriquement supplémentaires. Montrons que le projecteur de E sur F parallèlement à $F^{\perp}$ est continu. Or c'est le théorème 2.14.14 ; ou encore d'après le théorème de Pythagore $||u||^2 = ||\xi||^2 + ||\xi - u||^2$ d'où $||\xi|| \leq ||u||$, donc ce projecteur est continu et de norme ≤ 1. Il est en fait de norme 1, sauf s'il est réduit à $\{0 \}$, car, pour $u \in F$, on a $\xi = u$. ■

COROLLAIRE 2.14.21. *Si F est une partie quelconque de E, l'orthogonal $F^{\perp\perp}$ de son orthogonal $F^{\perp}$ est l'adhérence $\overline{[F]}$ du sous-espace vectoriel $[F]$ engendré par F :*

(2.14.32) $$\overline{[F]} = F^{\perp\perp}.$$

C'est donc l'adhérence de F si F est un sous-espace vectoriel et F lui même si F est un sous-espace vectoriel fermé.

DÉMONSTRATION: Puisque $F^{\perp} = \overline{[F]}^{\perp}$, on a $F^{\perp\perp} = \overline{[F]}^{\perp\perp}$ et nous avons simplement à montrer que si F est un sous-espace vectoriel fermé, on a $F^{\perp\perp} = F$. Or bien évidemment $F^{\perp\perp}$ contient F, d'autre part tous deux sont supplémentaires de $F^{\perp}$ donc ils coïncident. ■

Le théorème de Riesz.

THÉORÈME 2.14.22. *(Riesz) Toute forme linéaire continue φ sur un espace de Hilbert E s'écrit d'une manière et d'une seule sous la forme du produit scalaire avec un élément fixe :*

(2.14.33) $$u \mapsto \varphi(u) = (u|v) \quad ; \quad ||\varphi|| = ||y||$$

DÉMONSTRATION: - On suppose que φ non identiquement nulle sinon le théorème est trivial. Alors le noyau de φ est un hyperplan fermé F. Puisque E est un espace de Hilbert, il existe un vecteur non nul w orthogonal à F (corollaire 2.14.5); alors la forme linéaire continue sur E : $u \mapsto (u|w)$ a aussi le noyau F, donc elle est proportionnelle à φ, soit $\varphi(u) = k\,(u|w)$. Alors en prenant $v = \bar{k}\ w$, on bien l'egalité :

$$\varphi(u) = (u|v)$$

En outre

$$\|\varphi\| = \sup_{\|u\|\leq 1} |\varphi(u)| = \sup_{\|u\|\leq 1} |(u|v)| = \|v\|,$$

et ainsi s'achève la démonstration de ce théorème. ■

Adjoint d'un opérateur.

THÉORÈME 2.14.23. *Soient E et F deux espaces hilbertiens, A une application linéaire continue de E dans F. Il existe une application linéaire continue unique A^* de F dans E, telle que l'on ait, pour tous $u \in E$, $v \in F$:*

(2.14.34)
$$(Au|v) = (u|A^*v)$$

Cette application est linéaire et continue, et

(2.14.35)
$$\|A^*\| = \|A\|.$$

En outre $A \mapsto A^*$ est une bijection anti-linéaire continue isométrique de $\mathcal{L}(E;F)$ sur $\mathcal{L}(F;E)$. On a:

(2.14.36)
$$A^{**} = A \quad , \quad (B\,A)^* = A^*\,B^*$$

si B est une application linéaire continue de F dans un espace hilbertien G.

A^* est appelée l'application **adjointe** *de l'application linéaire A.*

DÉMONSTRATION: Soit $v \in F$. Alors $u \mapsto (Au|v)_F$ est une forme linéaire continue sur E, de norme $\leq \|A\|\ \|v\|$. Il existe donc un élément unique $V \in E$ tel que $(Au|v)_F = (u|V)_E$ pour tout u; appelons le A^*v. Alors on a bien (2.14.34). Cela montre aussitôt, en fixant u, que $v \mapsto A^*v$ est linéaire. En outre $\|A^*v\| \leq \|A\|\|v\|$, donc $\|A^*\| \leq \|A\|$. Mais en fait

$$\begin{aligned}\|A^*\| &= \sup_{\|v\|\leq 1} \|A^*v\| = \sup_{\|u\|\leq 1, \|v\|\leq 1} |(u|A^*v)| \\ &= \sup_{\|u\|\leq 1, \|v\|\leq 1} |(Au|v)| = \sup_{\|u\|\leq 1} \|Au\| = \|A\|\end{aligned}$$

donc $\|A^*\| = \|A\|$. Ensuite (2.14.34) montre bien que $A \mapsto A^*$ est antilinéaire de de $\mathcal{L}(E;F)$ sur $\mathcal{L}(F;E)$:

(2.14.37)
$$(A+B)^* = A^* + B^* \quad , \quad (\lambda\,A)^* = \overline{\lambda} A^*$$

Montrons en détail cette dernière égalité:

$$\begin{aligned}(u|(\lambda A)^* v) &= ((\lambda A)u|v)\\ &= (\lambda (Au)|v) = \lambda (Au|v) = (Au|\overline{\lambda} v)\\ &= (u|A^*(\overline{\lambda} v)) = (u|\overline{\lambda}\, A^*(v))) = (u|(\overline{\lambda}\, A^*)(v)) \ .\end{aligned}$$

Il résulte de la conservation des normes que $A \mapsto A^*$ est injective. Pour voir qu'elle est surjective, il suffit de montrer que $A^{**} = A$ car alors toute application linéaire continue B de F dans E sera l'adjointe A^* de $A = B^*$. Or :

$$(A^{**}u|v)_F = (u|A^* v)_E = (Au|v)_F$$

donc $A^{**} = A$. Enfin la formule $(B\,A)^* = A^*\,B^*$ est évidente :

$$(BAu|v)_G = (Au|B^* v)_F = (u|A^* B^* v)_E = (u|(BA)^* v)_E$$

Ainsi s'achève la démonstration du théorème. ■

Remarque 9 - Si $F = E$, l'adjoint de l'identité est l'identité, l'adjoint de la multiplication par $\lambda \in K$ est la multiplication par $\overline{\lambda}$.

COROLLAIRE 2.14.24. *Si A est inversible, A^* l'est aussi, et* $(u^*)^{-1} = (u^{-1})^*$.

DÉMONSTRATION: En effet

$$u^*(u^{-1})^* = (u^{-1}u)^* = (I_E)^* = I_E$$

et de même

$$(u^{-1})^* u^* = (uu^{-1})^* = (I_E)^* = I_E$$

d'où le résultat. ■

DÉFINITION 2.14.25. *Soient E un espace hilbertien, A un opérateur borné dans E (c'est-à-dire une application linéaire continue de E dans E), A^* l'opérateur adjoint. On dit que A est un opérateur* **normal** *s'il commute avec son adjoint,* **hermitien** *s'il est égal à son adjoint,* **anti-hermitien** *s'il est égal à l'opposé de son adjoint,* **unitaire** *s'il est inversible et si son inverse est égal à son adjoint:*

$$(2.14.38) \qquad \begin{cases} A \text{ est normal} \iff AA^* = A^*A \\ A \text{ hermitien} \iff A = A^* \\ A \text{ anti-hermitien} \iff A = -A^* \\ A \text{ unitaire} \iff AA^* = A^*A = I_E \end{cases}$$

Remarque 10 - Il est clair que les opérateurs hermitiens , antihermitiens, unitaires sont tous des opérateurs normaux. Si A est une application linéaire continue de E dans F où E et F sont des espaces hilbertiens, alors A^*A (resp. AA^*) est un opérateur hermitien de E (resp. F). Cet opérateur est en outre ≥ 0 au sens que pour tout $u \in E$, on a $(AA^*u|u) \geq 0$ pour tout $u \in E$. En effet , on a

(2.14.39)

$$(AA^*u|u) = (A^*u|A^*u) = ||A^*u||^2 \geq 0 \ , \ (A^*Au|u) = (Au|Au) = ||Au||^2 \geq 0$$

On a en outre la propriété remarquable :

THÉORÈME 2.14.26. *Soient E, F des espaces hilbertiens, $A \in \mathcal{L}(E;F)$. Alors A^*A est un opérateur hermitien ≥ 0 de E, et en outre, on a:*

(2.14.40) $$||A^*A|| = ||A||^2 .$$

DÉMONSTRATION: Tout est trivial sauf l'égalité des normes. On a

$$||A^*A|| \leq ||A^*||\,||A|| = ||A||^2 .$$

Réciproquement, on a:

$$\begin{aligned} ||A||^2 &= \sup_{||u||\leq 1} ||Au||^2 = \sup_{||u||\leq 1} (Au|Au)_F \\ &= \sup_{||u||\leq 1} (A^*Au|u)_E \leq ||A^*A|| , \end{aligned}$$

ce qui nous donne bien l'égalité voulue. ∎

Spectre (rêsp. Résolvante) d'un élément d'une algèbre de Banach.

DÉFINITION 2.14.27. - *Soit $\mathcal{A}$ une algèbre de Banach, d'élément unité e, u un élément de $\mathcal{A}$. On appelle* **spectre** *de u l'ensemble des nombres complexes - noté $\sigma(u)$ - défini par*

(2.14.41) $$\sigma(u) = \{ \quad \lambda \in \mathbf{C} \quad : \quad (u - \lambda\, e) \text{ n'est pas inversible dans } \mathcal{A} \quad \}$$

On appelle **rayon spectral** *le nombre réel positif ou $+\infty$ - noté $r(u)$- défini par :*

(2.14.42) $$r(u) = \sup_{\lambda \in \sigma(u)} |\lambda|$$

Le complémentaire de $\sigma(u)$ dans le plan complexe $\mathbf{C}$ - noté $\rho(u)$ - est appelé **ensemble résolvant** *de u. L'application définie dans $\rho(u)$ à valeurs dans $\mathcal{A}$*

(2.14.43) $$\lambda \mapsto (u - \lambda\, e)^{-1}$$

est appelée **application résolvante** *et on note $R(\lambda, u) = (u - \lambda\, e)^{-1}$.*

THÉORÈME 2.14.28. - *Soient $\mathcal{A}$ une algèbre de Banach d'élément unité e, et $u \in \mathcal{A}$.*

1) L'ensemble résolvant $\rho(u)$ est un ensemble ouvert contenant l'extérieur du disque fermé de centre 0 et de rayon $||u||$.

(2.14.44) $$(i) \quad \rho(u) \supset \{\lambda \in \mathbf{C} : \quad |\lambda| > ||u|| \quad \} \quad , \quad (ii) \quad r(u) \leq ||u||$$

2) L'application résolvante $R(\lambda, u)$ est continue dans $\rho(u)$ et pour tout $(\lambda, \mu) \in \rho(u) \times \rho(u)$, on a

(2.14.45) $$R(\mu, u) - R(\lambda, u) = (\mu - \lambda) R(\mu, u)\, R(\lambda, u)$$

En particulier, $R(\lambda, u)$ et $R(\mu, u)$ commutent.

3) La résolvante $R(\lambda, u)$ est une fonction holomorphe(*) dans $\rho(u)$ qui tend vers 0 lorsque $|\lambda|$ tend vers $+\infty$. On a la relation :

$$\frac{d^n}{(d\lambda)^n} R(\lambda, u) = n!\ R(\lambda, u)^{n+1} \tag{2.14.46}$$

4) Le spectre de u est un **compact non vide** *de* **C**, *et le rayon spectral $r(u)$ est donné par*

$$r(u) = \lim_{n\to\infty} ||u^n||^{\frac{1}{n}} \leq ||u|| \tag{2.14.47}$$

DÉMONSTRATION: - Soit $\lambda_0 \in \mathbf{C}$ tel que $(u - \lambda_0\, e)^{-1}$ existe. Nous allons nous appuyer sur le théorème 2.12.16, u est remplacé par $u - \lambda_0\, e$ et v par $(\lambda_0 - \lambda)\, e$ et alors $u + v$ correspond a $u - \lambda_0\, e + (\lambda_0 - \lambda)e = u - \lambda\, e$. Ce théorème dit que si

$$|\lambda - \lambda_0| < ||(u - \lambda_0\, e)^{-1}||^{-1}$$

alors $u - \lambda\, e$ est inversible, ce qui montre bien que l'ensemble résolvant est un ouvert. D'autre part, l'inégalité (2.12.31)

$$||(u + v)^{-1} - u^{-1}|| \leq \frac{||u^{-1}||^2||v||}{1 - ||u^{-1}v||}$$

devient ici

$$||R(\lambda, u) - R(\lambda_0, u)|| \leq ||R(\lambda_0, u)||\, \frac{||w||}{1 - ||w||}$$

où nous avons posé $||w|| = |\lambda - \lambda_0|\ ||(u - \lambda_0\, e)^{-1}||$ qui est une quantité tendant vers 0 lorsque λ tend vers λ_0, ce qui montre la continuité de l'application résolvante.

Observons que, pour tout λ tel que $|\lambda| > ||u||$, on a $||\frac{u}{\lambda}|| < 1$ et par conséquent $(u - \lambda\, e) = -\lambda(e - \frac{u}{\lambda})$ est inversible avec

$$(u - \lambda\, e)^{-1} = -\frac{1}{\lambda}\sum_{n=0}^{\infty}(\frac{u}{\lambda})^n = -\sum_{n=0}^{\infty}\frac{u^n}{\lambda^{n+1}} \tag{2.14.48}$$

(*)Une fonction définie dans un ouvert Ω du plan complexe à valeurs dans un espace vectoriel normé sur **C** est dite holomorphe dans Ω si elle est **C**-dérivable en tout point de Ω, c'est-à-dire si pour tout $z_0 \in \Omega$ la quantité $\dfrac{f(z) - f(z_0)}{z - z_0}$, définie pour $z \neq z_0$, a une limite lorsque z tend vers z_0.

On voit donc que l'ensemble résolvant satisfait bien à (2.14.44). Pour démontrer (2.14.45), écrivons $u - \mu\, e = (u - \lambda\, e) + (\lambda - \mu)e$ et multiplions les deux membres par $R(\mu, u)$. On obtient alors la relation

$$e = R(\mu, u)(u - \lambda\, e) + (\lambda - \mu)R(\mu, u) \tag{2.14.49}$$

Il suffit alors de multiplier les deux membres de la relation (2.14.49) par $R(\lambda, u)$, à droite, pour obtenir (2.14.45). On tire de cette relation l'égalité

$$\frac{R(\lambda, u) - R(\mu, u)}{\lambda - \mu} = R(\lambda, u)R(\mu, u) \tag{2.14.50}$$

pour tout couple $(\lambda, \mu) \in \rho(u) \times \rho(u)$, $\mu \neq \lambda$. On voit que le membre de gauche ne change pas lorsqu'on échange λ et μ ce qui prouve bien que $R(\lambda, u)$ et $R(\mu, u)$ commutent. Mais d'autre part fixons λ et faisons tendre μ vers λ. Nous venons de voir que la résolvante est continue de la variable λ, donc $R(\mu, u)$ tend vers $R(\lambda, u)$, ce qui prouve que le membre de gauche de (2.14.50) a une limite lorsque μ tend vers λ. Ainsi la résolvante est une fonction holomorphe. En outre, on a

$$\frac{d}{d\lambda} R(\lambda, u) = R(\lambda, u)^2\ . \tag{2.14.51}$$

La formule (2.14.46) est donc prouvée à l'ordre 1. Supposons la vraie à l'ordre n :

$$\frac{d^n}{(d\lambda)^n} R(\lambda, u) = n!\ R(\lambda, u)^{n+1} \tag{2.14.45}$$

Alors

$$\frac{R^{(n)}(\lambda, u) - R^{(n)}(\mu, u)}{\lambda - \mu} = n!\ \frac{R(\lambda, u)^{n+1} - R(\mu, u)^{n+1}}{\lambda - \mu}$$
$$= n!\ \frac{R(\lambda, u) - R(\mu, u)}{\lambda - \mu} \left(R(\lambda, u)^n + R(\lambda, u)^{n-1}\ R(\mu, u) + \ldots\ R(\mu, u)^n\right)$$

Faisons tendre μ vers λ et utilisons la continuité de la résolvante. On obtient que le membre de droite de la relation ci-dessus tend vers

$$n!\ R(\lambda, u)^2\ \left((n+1)R(\lambda, u)^n\right) = (n+1)!\ R(\lambda, u)^{n+2} \tag{2.14.52}$$

et ainsi la formule (2.14.45) reste encore vraie à l'ordre $n+1$. Pour tout $\lambda \in \rho(u)$, $\lambda \neq 0$, on peut écrire :

$$R(\lambda, u) = (u - \lambda\, e)^{-1} = -\frac{1}{\lambda}(e - \frac{u}{\lambda})^{-1}\ . \tag{2.14.54}$$

Si $|\lambda| > ||u||$, $(e - \frac{u}{\lambda})^{-1}$ existe et tend vers e lorsque $|\lambda|$ tend vers $+\infty$ et par suite le second membre de la relation (2.14.28) tend vers 0 lorsque $|\lambda|$ tend vers $+\infty$. Le troisième point de notre théorème est ainsi prouvé. Passons à lapr euve du dernier point.

La série entière donnée par (2.14.48) a un rayon de convergence R d'après la formule d'Hadamard

$$\frac{1}{R} = \overline{\lim_{n\to\infty}} \|u^n\|^{\frac{1}{n}}$$

Donc pour tout λ tel que $\frac{1}{|\lambda|} < R$ ou encore

$$|\lambda| > \frac{1}{R} = \overline{\lim_{n\to\infty}} \|u^n\|^{\frac{1}{n}}$$

cette série est convergente et pour tout λ tel que

$$|\lambda| < \frac{1}{R} = \overline{\lim_{n\to\infty}} \|u^n\|^{\frac{1}{n}}$$

cette série est divergente. Par définition du rayon spectral $r(u)$, $R(\lambda, u)$ est holomorphe dans le complémentaire du disque de rayon $r(u)$. Par suite, d'après l'unicité du développement en série de Laurent , on a

$$r(u) \geq \overline{\lim_{n\to\infty}} \|u^n\|^{\frac{1}{n}}$$

Mais d'autre part, si $\lambda \in \sigma(u)$, alors $\lambda^n \in \sigma(u^n)$. En effet, si $u^n - \lambda^n\, e$ est inversible, $(u - \lambda\, e)$ l'est aussi avec

$$(u - \lambda\, e)^{-1} = (u^n - \lambda^n\, e)^{-1}(u^{n-1} + \lambda\, u^{n-2} + \lambda^{n-1} e)$$

donc si $u - \lambda\, e$ n'est pas inversible, $u^n - \lambda^n\, e$ ne l'est pas non plus. Par suite $|\lambda|^n \leq \|u^n\|$ ou encore

$$|\lambda| \leq \|u^n\|^{\frac{1}{n}}$$

ce qui donne l'inégalité

$$|\lambda| \leq \underline{\lim_{n\to\infty}} \|u^n\|^{\frac{1}{n}}$$

En regroupant les diverses inégalités obtenues, on a

$$r(u) \leq \underline{\lim_{n\to\infty}} \|u^n\|^{\frac{1}{n}} \leq \overline{\lim_{n\to\infty}} \|u^n\|^{\frac{1}{n}} \leq r(u), \tag{2.14.55}$$

ce qui prouve bien d'une part que la limite de la suite $||u^n||^{\frac{1}{n}}$ existe et qu'elle est égale à $r(u)$. La formule (2.14.47) est ainsi prouvée. Le spectre de u est fermé puisque son complémentaire $\rho(u)$ est ouvert. D'autre part il est borné puisqu'il est contenu dans le disque de rayon $||u||$. Le spectre de u est bien une partie compacte de $\mathbf{C}$. On achève la démonstration du théorème en prouvant que le spectre de u est non vide . Raisonnons par l'absurde et supposons que le spectre est l'ensemble vide. Alors la résolvante $R(\lambda, u)$ est une fonction holomorphe dans tout le plan complexe. Nous avons vu qu'elle tend vers 0 lorsque $|\lambda|$ tend vers $+\infty$. Le théorème de Liouville dit qu'une fonction holomorphe dans le plan complexe $\mathbf{C}$ et bornée est nécessairement constante donc $R(\lambda, u)$ serait identiquement nulle.

$$(u - \lambda\, e)^{-1} = 0\ ,$$

ce qui est absurde. Cela prouve bien que $\sigma(u) \neq \emptyset$ et ainsi s'achève la démonstration du théorème. ■

COROLLAIRE 2.14.29. *(Gelfand-Mazur) - Soit $\mathcal{A}$ une algèbre de Banach sur* $\mathbf{C}$ *d'unité e. Si en outre $\mathcal{A}$ est* **un corps** *l'application $\lambda \mapsto \lambda\, e$ est un isomorphisme de* $\mathbf{C}$ *sur $\mathcal{A}$.*

DÉMONSTRATION: En effet cette application est bien un morphisme d'algèbre et elle est injective. Il suffit de montrer qu'elle est surjective. Soit $x \in \mathcal{A}$ et $\sigma(x)$ son spectre. D'après le théorème 2.14.28 ce spectre est non vide. Il existe donc λ tel que $x - \lambda\, e$ n'est pas inversible. Mais si $\mathcal{A}$ est un corps, le seul élément non inversible est 0 donc $x - \lambda\, e = 0$ ou encore $x = \lambda\, e$. Cette application est donc bien un isomorphisme de corps. ■

Caractères d'une algèbre de Banach.

DÉFINITION 2.14.30. *- Soit $\mathcal{A}$ une algèbre de Banach sur le corps des nombres complexes, d'unité e. On appelle* **caractère** *de $\mathcal{A}$ tout homomorphisme de $\mathcal{A}$ dans* $\mathbf{C}$ *prenant la valeur 1 sur e.*

En d'autres termes χ est un caractère sur $\mathcal{A}$ si c'est une application de $\mathcal{A}$ dans $\mathbf{C}$ *possédant les propriétés suivantes:*

$$\begin{cases} \forall (u,v) \in \mathcal{A} \times \mathcal{A} \quad , \quad \chi(u+v) = \chi(u) + \chi(v) \\ \forall (\lambda, u) \in \mathbf{C} \times \mathcal{A} \quad , \quad \chi(\lambda\, u) = \lambda\, \chi(u) \\ \forall (u,v) \in \mathcal{A} \times \mathcal{A} \quad , \quad \chi(u\, v) = \chi(u)\, \chi(v) \\ \chi(e) = 1 \end{cases} \tag{2.14.56}$$

On note par $\widehat{\mathcal{A}}$ l'ensemble des caractères de l'algèbre $\mathcal{A}$.

THÉORÈME 2.14.31. *- Soit $\mathcal{A}$ une algèbre de Banach commutative. On a les propriétés suivantes :*

1) Tout caractère χ sur $\mathcal{A}$ est continu, de norme ≤ 1

(2.14.57) $$\forall \chi \in \widehat{\mathcal{A}} \quad , \quad \|\chi\| \leq 1$$

2) Pour tout $u \in \mathcal{A}$, on a :

(2.14.58) $$\sigma(u) = \{\chi(u) \quad : \quad \chi \in \widehat{\mathcal{A}} \quad \}$$

3) L'ensemble des caractères de $\mathcal{A}$, muni de la topologie de la convergence simple, est un espace compact.

DÉMONSTRATION: -Soit $u \in \mathcal{A}$. Alors si χ est un caractère, $\chi(u) \in \sigma(u)$. En effet, on a

$$\chi(u - \chi(u)\,e) = \chi(u) - \chi(u)\chi(e) = \chi(u) - \chi(u) = 0.$$

Par suite, $u - \chi(u)\ e$ ne peut être inversible sans quoi il existerait v tel que $(u - \chi(u)\ e)\ v = e$ donc $\chi(u - \chi(u)\,e)\ \ \chi(v) = 1$ donc $\chi(u - \chi(u)\,e) \neq 0$. Nous savons que $r(u) \leq \|u\|$ et par définition de $r(u)$, $|\chi(u)| \leq r(u)$, donc on a bien

$$|\chi(u)| \leq \|u\|$$

ce qui prouve (2.14.57).

Nous avons déjà prouvé que pour tout caractère χ, $\chi(u) \in \sigma(u)$. Il reste donc à prouver que tout élément $\lambda \in \sigma(u)$ peut s'écrire $\chi(u)$ pour un caractère χ convenable. Par définition, $u - \lambda\ e$ n'est pas inversible dans $\mathcal{A}$. Il existe donc un idéal propre de $\mathcal{A}$ qui contient $u-\lambda\ e$, à savoir l'ensemble $\mathcal{J}$ de ses multiples, qui ne contient pas e (sinon $u - \lambda\,e$ serait inversible). L'ensemble des idéaux propres de $\mathcal{A}$ qui contiennent $\mathcal{J}$ est un ensemble non vide; ordonné par la relation d'inclusion, il est inductif, car si $\mathcal{K}_i$ est une chaîne de cet ensemble d'idéaux propres, la réunion des $\mathcal{K}_i$ est un idéal (grâce à un raisonnement que nous avons maintes vu); cet idéal contient bien entendu $\mathcal{J}$ et il est propre car si e était un de ses éléments, cela signifierait que l'un des $\mathcal{K}_i$ n'était pas un idéal propre. Par conséquent, d'après le lemme de Zorn, cet ensemble possède au moins un élément maximal ou encore il existe un idéal maximal $\mathcal{M}$ contenant $u - \lambda\ e$. $\mathcal{M}$ est fermé. En effet, la boule ouverte de centre e et de rayon 1, a tous ses éléments inversibles, et par conséquent ne peut rencontrer $\mathcal{M}$. Il en sera de même de l'adhérence $\overline{\mathcal{M}}$. Donc cette adhérence, étant toujours un idéal contenant $\mathcal{M}$, est propre, donc $\mathcal{M}$ étant maximal est égal à cette adhérence, donc il est fermé. Puisque $\mathcal{M}$ est un idéal maximal le quotient $\mathcal{A}/\mathcal{M}$ est un corps et puisque $\mathcal{M}$ est fermé, ce quotient est un espace de Banach (Théorème 2.10.18). Alors le corollaire de Gelfand-Mazur nous assure qu'il existe un isomorphisme de ce quotient sur le corps **C**. En composant par la surjection canonique, on trouve donc un homomorphisme φ de $\mathcal{A}$ dans **C** dont le noyau contient $\mathcal{M}$ en particulier $u - \lambda\ e$. φ n'est certainement pas identiquement nul puisque son image est tout **C** et il est facile de voir que $\varphi(e) = 1$ Comme $\varphi(u - \lambda\ e) = 0$, on voit bien que $\varphi(u) = \lambda$, ce que nous voulions démontrer, et ceci prouve (2.14.58).

Passons à la démonstration du point 3). Puisque tout caractère est continu et a une norme ≤ 1, l'ensemble, $\widehat{\mathcal{A}}$, des caractères de $\mathcal{A}$, est contenu dans la boule unité du dual de $\mathcal{A}$. Nous savons que cette boule est $*$-faiblement compacte (Théorème 2.13.33). Il suffit de montrer que $\widehat{\mathcal{A}}$ est ($*$-faiblement) fermé dans cette boule. Soit $(a, b, \alpha) \in \mathcal{A} \times \mathcal{A} \times \mathbf{C}$. Les application définies sur le dual de $\mathcal{A}$:

$$(2.14.60) \qquad \begin{cases} \chi \mapsto f_{a+b}(\chi) = \chi(a+b) - \chi(a) - \chi(b) \\ \chi \mapsto f_{\alpha\, a}(\chi) = \chi(\alpha\, a) - \alpha\, \chi(a) \\ \chi \mapsto f_{ab}(\chi) = \chi(a\, b) - \chi(a)\, \chi(b) \\ \chi \mapsto f_e(\chi) = \chi(e) - 1 \end{cases}$$

sont toutes ($*$-faiblement) continues par définition de la topologie de la convergence simple. Par conséquent l'image réciproque du fermé $\{0\}$ de $\mathbf{C}$ par chacune de ces applications est fermé et il en est de même de l'intersection $F_{a,b,\alpha}$ de ces 4 images réciproques. Or $\widehat{\mathcal{A}}$ n'est rien d'autre que l'intersection de tous ces $F_{a,b,\alpha}$ lorsque (a, b, α) parcourt $\mathcal{A} \times \mathcal{A} \times \mathbf{C}$, et cette intersection est bien fermée, ce qui prouve définitivement que $\widehat{\mathcal{A}}$ est $*$-faiblement compact. La démonstration du théorème est bien achevée. ∎

Algèbre involutive - C*-algèbre.

DÉFINITION 2.14.32. *Soit $\mathcal{A}$ une algèbre de Banach(*) sur le corps des nombres complexes. On dit que $\mathcal{A}$ est une algèbre de Banach* **involutive** *si on s'est donné une application de $\mathcal{A}$ dans $\mathcal{A}$: $u \mapsto u^*$ possédant les propriétés suivantes :*

$$(2.14.61) \qquad \begin{cases} (i) \quad (u^*)^* = u \qquad (\text{ involution}) \\ (ii) \quad (u+v)^* = u^* + v^* \qquad\qquad (iii) \quad (\lambda u)^* = \bar{\lambda}\, u^* \\ (iv) \quad (u\, v)^* = v^*\, u^* \qquad\qquad (v) \quad ||u^*|| = ||u||^2 \end{cases}$$

Si en outre, on a :

$$(2.14.62) \qquad ||u^*\, u|| = ||u\, u^*|| = ||u||$$

on dit que $\mathcal{A}$ est une C*-*algèbre de Banach.*

Remarque 1 - La relation (2.14.61 (v)) découle immédiatement de (2.14.62). En effet, on a

$$||u||^2 = ||u^* u|| = ||u^* u^{**}|| = ||u^*||^2$$

d'où (2.14.61)(v).

(*)Toutes les algèbres sont supposées, dans ce §, être unitaires (Définition 2.11.25) d'élément unité $e \neq 0$.

Remarque 2 - *Dans une algèbre de Banach involutive on a toujours*

(2.14.63) $$(i) \quad e^* = e$$

En effet soit e l'unité de $\mathcal{A}$. On a $e^* = e^*\, e = e^*(e^*)^* = (e^*\, e)^* = (e^*)^* = e$, ce qui établit (2.14.63).

Remarque 3 - *Dans une* $\mathbf{C}^*$*- algèbre de Banach commutative, on a*

(2.14.64) $$||u^2|| = ||u||^2$$

En effet

$$||uu^*\,(uu^*)^*|| = ||uu^*||^2 = ||u||^4,$$

et comme $\mathcal{A}$ est commutative, cette égalité devient

$$||u^2\,(u^2)^*|| = ||u^2||^2 = ||u||^4$$

ce qui prouve (2.14.64).

PROPOSITION 2.14.33. - *Soit $\mathcal{A}$ une* $\mathbf{C}^*$*-algèbre commutative.*

Pour tout $u \in \mathcal{A}$ le rayon spectral de u est égal à $||u||$.

(2.14.65) $$r(u) = \lim_{n\to\infty} ||u^n||^{\frac{1}{n}} = ||u||$$

Pour tout $\chi \in \widehat{\mathcal{A}}$, on a

(2.14.66) $$\chi(u^*) = \overline{\chi(u)}$$

DÉMONSTRATION: - D'après la relation (2.14.64) on a $||u^2|| = ||u||^2$. On déduit immédiatement de cette relation par récurrence sur n que:

(2.14.66) $$||u^{2^n}|| = ||u||^{2^n}$$

On peut alors calculer $r(u)$ à l'aide de la formule (2.14.47) en prenant la sous-suite $||u^{2^n}||^{\frac{1}{2^n}}$, ce qui donne

(2.14.67) $$r(u) = \lim_{n\to\infty} ||u^{2^n}||^{\frac{1}{2^n}} = ||u||$$

Pour prouver (2.14.46), il suffit de montrer que si $u = u^*$, alors $\chi(u)$ est réel. En effet, supposons ce résultat acquis, et posons

(2.14.66) $$v = \frac{u+u^*}{2} \quad , \quad w = \frac{u-u^*}{2\,i}$$

alors $v^* = v$, $w^* = w$, $u = v+iv$, et $u^* = v-iw$. Par conséquent $\chi(u) = \chi(v)+\chi(w)$ et $\chi(u^*) = \chi(v) - i\chi(w)$, et comme $\chi(v)$ et $\chi(w)$ sont réels, on obtient bien (2.14.66). Les séries de terme général $\frac{(i\,u)^n}{n!}$ et $\frac{(-i\,u)^n}{n!}$ respectivement convergent normalement dans l'algèbre de Banach $\mathcal{A}$, ces séries permettent donc de définir

$$exp\,(iu) = \sum_{n=0}^{\infty} \frac{(i\,u)^n}{n!} \quad , \quad exp\,(-iu) = \sum_{n=0}^{\infty} \frac{(-i\,u)^n}{n!} \tag{2.14.69}$$

On vérifie facilement que l'adjoint de $exp\,(iu)$ est $exp\,(-iu^*)$ et que pàr conséquent si $u = u^*$, $exp\,(iu)$ et $exp\,(-iu)$ sont adjoints l'un de l'autre. Or $exp\,(iu)\; exp\,(-iu) = e$, donc $1 = ||e|| = ||exp\,(iu)(exp\,(iu))^*|| = ||exp\,(iu)||^2$, ce qui montre que

$$||exp\,(iu)|| = ||exp\,(-iu)|| = 1$$

Tout caractère étant de norme 1, on a

$$1 = |\chi(e)| = |\chi(exp\,(iu)\;\chi(exp(-iu))| = |\chi(exp\,(iu)|\;|\chi(exp(-iu))| \leq 1$$

donc nécessairement $|\chi(exp\,(iu))| = 1$, or $\chi(exp\,(iu)) = e^{i\,\chi(u)}$ donc $|e^{i\,\chi(u)}| = 1$ et $\chi(u)$ est nécessairement réel, et ainsi s'achève la preuve de la proposition.∎

Exemple 1 - Soit $\mathcal{H}$ un espace hilbertien, $\mathcal{L}(\mathcal{H})$ l'algèbre formée par l'ensemble des opérateurs continus de $\mathcal{H}$ dans $\mathcal{H}$. C'est une algèbre de Banach non commutative (sauf si elle èst de dimension 1). Cette algèbre possède une involution à savoir celle qui fait correspondre à tout opérateur continu son adjoint. Nous avons prouvé au théorème 2.14.26 que $||u\;u^*|| = ||u||^2$.

Soit u un opérateur borné normal, u^* son adjoint, et I l'application identique de $\mathcal{H}$. Soit $\mathcal{U}$ la sous-algèbre de $\mathcal{A}$ définie par

$$\mathcal{U} = \{P(u, u^*) : \quad P \in \mathbf{C}[X, Y] \quad \} \tag{2.14.70}$$

où $\mathbf{C}[X, Y]$ désigne l'algèbre des polynômes à deux indéterminées X, Y à coefficients complexes. Désignons par $\mathcal{B}$ l'adhérence de $\mathcal{U}$ dans $\mathcal{L}(\mathcal{H})$. Il n'est pas très difficile de voir que $\mathcal{B}$ est une sous-$\mathbf{C}^*$-algèbre de Banach unitaire de $\mathcal{L}(\mathcal{H})$ mais qu'en outre elle est commutative grâce au fait que u et u^* commutent puisque u est normal. $\mathcal{B}$ est égale à l'intersection des sous-algèbres commutatives fermées de $\mathcal{L}(\mathcal{H})$ qui contiennent u, u^* et I l'application identique de $\mathcal{H}$.

Exemple 2 - Soit Λ un espace compact, $\mathcal{A} = C(\Lambda)$ l'ensemble des fonctions définies sur Λ à valeurs complexes, continues dans Λ. L'addition et la multiplication ordinaire des fonctions en font une algèbre commutative et unitaire. Munie de la norme de la convergence uniforme, cette algèbre est une algèbre de Banach. On peut définir une involution grâce â la conjugaison, en posant

$$f^*(\lambda) = \overline{f(\lambda)} \tag{2.14.71}$$

$\mathcal{A}$ est alors une $\mathbf{C}^*$-algèbre de Banach commutative.

Exemple 4 - Un important exemple d'algèbre involutive sera donné dans le calcul intégral après l'étude de la convolution.

Le but de ce paragraphe est de montrer que toute **C*-algèbre de Banach commutative est isomorphe à une C*-algèbre $C(\Lambda)$**. L'application de ce théorème permettra d'obtenir la **résolution spectrale des opérateurs normaux.**

Le théorème de Gelfand-Naimark.

Soient $\mathcal{A}$ une algèbre de Banach, et $u \in \mathcal{A}$. Pour tout $\chi \in \widehat{\mathcal{A}}$, $\chi(u)$ est un nombre complexe bien défini. On voit ainsi qu'on peut définir une application $\hat{u} : \chi \mapsto \chi(u)$; cette application est en outre continue dans $\widehat{\mathcal{A}}$ si celui-ci est muni de la topologie de la convergence simple. En effet, soit $\chi_0 \in \widehat{\mathcal{A}}$ et $\epsilon > 0$. Posons

$$V(\chi_0) = \{\chi \in \widehat{\mathcal{A}} : |\chi(u) - \chi_0(u)| \leq \epsilon\}. \tag{2.14.72}$$

Puisque $\widehat{\mathcal{A}}$ est muni de la topologie de la convergence simple, $V(\chi_0)$ est un voisinage de χ_0. Alors il est évident que pour tout $\chi \in V(\chi_0)$, on a

$$|\hat{u}(\chi) - \hat{u}(\chi_0)| = |\chi(u) - \chi_0(u)| \leq \epsilon \tag{2.14.73}$$

ce qui prouve la continuité de $\hat{u}$.

A tout élément $u \in \mathcal{A}$, on a pu associer un élément $\hat{u}$ de $C(\widehat{\mathcal{A}})$ l'espace des fonctions continues sur $\widehat{\mathcal{A}}$. Introduisons la définition suivante:

DÉFINITION 2.14.34. -*Soient $\mathcal{A}$ une algèbre de Banach, $\widehat{\mathcal{A}}$ l'ensemble des caractères sur $\mathcal{A}$, muni de la topologie de la convergence simple, on appelle* **transformation de Gelfand** *l'application de $\mathcal{A}$ dans $C(\widehat{\mathcal{A}})$:*

$$u \mapsto \hat{u} \quad , \quad \forall \chi \in \widehat{\mathcal{A}}, \quad \hat{u}(\chi) = \chi(u) \tag{2.14.75}$$

THÉORÈME 2.14.35. *(Gelfand-Naimark) - Soient $\mathcal{A}$ une* **C***-*algèbre de Banach commutative, $\widehat{\mathcal{A}}$ l'ensemble des caractères de $\mathcal{A}$, muni de la topologie de la convergence simple, $C(\widehat{\mathcal{A}})$ la* **C***-*algèbre de Banach formée par l'ensemble des fonctions définies et continues sur $\widehat{\mathcal{A}}$ à valeurs complexes.*

La transformation de Gelfand est un isomorphisme isométrique de $\mathcal{A}$ sur $C(\widehat{\mathcal{A}})$

DÉMONSTRATION: - Désignons par G la transformation de Gelfand. Il faut montrer que G un isomorphisme isométrique. Que ce soit un morphisme de **C***-algèbre se voit rapidement. En effet, on a

$$\widehat{\alpha u + \beta v}(\chi) = \chi(\alpha\, u + \beta\, v) = \alpha\, \chi(u) + \beta\, \chi(v) = \alpha\, \hat{u}(\chi) + \beta\, \hat{v}(\chi) = \alpha\, \hat{u} + \beta\, \hat{v}(\chi)$$

ce qui montre que $G(\alpha u + \beta v) = \alpha G(u) + \beta G(v)$. On a encore

$$\widehat{uv}(\chi) = \chi(u\ v) = \chi(u)\ \chi(v) = \hat{u}(\chi)\ \hat{u}(\chi)$$

donc $G(u\ v) = G(u)G(v)$. Ces deux propriétés résultent immédiatement de la définition même d'un caractère de même d'ailleurs que $G(e)$ est la fonction constante égale à 1 puisque $\chi(e) = 1$ pour tout caractère χ. Il faut enfin montrer que $G(u^*) = G(u)^*$. Or

$$\widehat{u^*}(\chi) = \chi(u^*) = \overline{\chi(u)} = \overline{\hat{u}(\chi)} = \hat{u}^*(\chi)$$

grâce à la relation (2.14.66). G est donc morphisme de $\mathbf{C}^*$-algèbre. C'est aussi une isométrie : en effet, on a

$$||\hat{u}|| = \sup_{\chi \in \widehat{\mathcal{A}}} |\hat{u}(\chi)| = \sup_{\chi \in \widehat{\mathcal{A}}} |\chi(u)| = r(u) = ||u||$$

d'après la proposition 2.14.32. L'application G est par suite injective et d'image fermée. Pour ce dernier point, si une suite (u_n) d'éléments de $\mathcal{A}$ est telle que la suite des $\hat{u}_n$ converge dans $\mathcal{C}(\widehat{\mathcal{A}})$ vers une fonction f , c'est nécessairement une suite de Cauchy dans $\mathcal{A}$ puisque $||u_n - u_m|| = ||\hat{u}_n - \hat{u}_m||$. Cette suite converge donc dans $\mathcal{A}$ vers un élément u et

$$Gu = \lim_{n \to \infty} G(u_n) = f$$

ce qui prouve que l'image de G est fermée. D'autre part cette image possède les propriétés suivantes:

1) C'est une sous-algèbre de $\mathcal{C}(\widehat{\mathcal{A}})$. En outre la conjuguée de toute fonction appartenant à cette sous-algèbre est aussi dans cette sous-algèbre.

2) Cette image contient les fonctions constantes : en effet les fonctions constantes sont les images par G de toutes les homothéties de $\mathcal{A}$.

3) Cette image sépare les points de $\widehat{\mathcal{A}}$: si χ_1 et χ_2 sont deux caractères de $\mathcal{A}$ qui sont distincts, cela veut dire qu'il existe au moins un élément de $\mathcal{A}$, u, sur lequel ils prennent des valeurs différentes. Or

$$\chi_1(u) \neq \chi_2(u) \iff \hat{u}(\chi_1) \neq \hat{u}(\chi_2) .$$

Toutes ces conditions sont les conditions suffisantes du théorème de Stone-Weierstrass (Théorème 2.13.24) qui permet d'affirmer que cette image est dense dans $\mathcal{C}(\widehat{\mathcal{A}})$. Comme cette image est fermée, elle est donc égale à $\mathcal{C}(\widehat{\mathcal{A}})$ et la démonstration du théorème s'achève ainsi. ■

THÉORÈME 2.14.36. - *Soient $\mathcal{H}$ un espace de Hilbert, $\mathcal{L}(\mathcal{H})$, la* $\mathbf{C}^*$*-algèbre des opérateurs bornés de $\mathcal{H}$, et u un opérateur borné* **normal** *de $\mathcal{H}$. Soit $\mathcal{A}$ la* $\mathbf{C}^*$*-algèbre commutative engendrée par u et u^*.*

Alors

1) Le spectre de u dans l'algèbre $\mathcal{L}(\mathcal{H})$ est égal au spectre de u dans $\mathcal{A}$.

2) Le spectre de u, muni de la topologie induite par $\mathbf{C}$*, et $\widehat{\mathcal{A}}$ l'ensemble des caractères sur $\mathcal{A}$, muni de la topologie de la convergence simple sur $\mathcal{A}$, sont des espaces topologiques homéomorphes.*

DÉMONSTRATION: - Notons par $\sigma_A(u)$ le spectre de u dans $\mathcal{A}$, et par $\sigma(u)$ le spectre de u dans $\mathcal{L}(\mathcal{H})$. Si $\lambda \in \sigma_A(u)$, cela signifie que $(u - \lambda\ I)$ n'est pas inversible dans $\mathcal{A}$ mais il peut l'être dans $\mathcal{L}(\mathcal{H})$. Par contre si $\lambda \in \sigma(u)$, $(u - \lambda\ I)$ n'est pas inversible dans $\mathcal{L}(H)$, a fortiori, il ne l'est pas non plus dans $\mathcal{A}$. Donc

$$\sigma(u) \subset \sigma_A(u) \tag{2.14.76}$$

et il suffit de prouver l'inclusion réciproque.

Soient λ un nombre complexe et $v = (u - \lambda\ I)$. Supposons v inversible dans $\mathcal{L}(H)$. Notons par w l'opérateur $v^*\ v$. Il est clair que v est inversible si et seulement si w est inversible (Corollaire 2.14.24), donc w est inversible dans $\mathcal{L}(H)$. Pour tout caractère χ de $\mathcal{A}$, on a

$$\chi(w) = \chi(v^*\ v) = \chi(v^*)\chi(v) = |\chi(v)|^2 \geq 0 \tag{2.14.77}$$

D'après la relation 2.14.70, le spectre de w est contenu dans l'intervalle $[0, +\infty[$. Alors pour tout $\epsilon > 0$, $w + \epsilon\, I$ est inversible dans $\mathcal{A}$ et a fortiori dans $\mathcal{L}(H)$. Mais $(w + \epsilon\, I)^{-1}$ tend vers w^{-1} dans $\mathcal{L}(H)$ (formule 2.12.31) donc w^{-1} est un point adhérent à $\mathcal{A}$, et comme $\mathcal{A}$ est fermé, w^{-1} est dans $\mathcal{A}$, ce qui démontre l'inclusion inverse de (2.14.76) et ainsi on a prouvé le premier point du théorème. Nous savons d'une part que $\sigma(u)$ est une partie compacte du plan complexe d'après le théorème 2.14.31 et d'autre part que $\widehat{\mathcal{A}}$, muni de la topologie de la convergence simple sur $\mathcal{A}$, est un espace compact d'après le théorème 2.14.31. Considérons l'application de $\widehat{\mathcal{A}}$ dans $\sigma(u)$

$$\chi \mapsto \chi(u)$$

D'après le théorème 2.14.31, cette application est surjective. Montrons qu'elle est injective. Supposons que $\chi(u) = \chi'(u)$, alors $\chi(u^*) = \overline{\chi(u)} = \overline{\chi'(u)} = \chi'(u^*)$. Par suite si $P(X, Y)$ est un polynôme à deux indéterminées à coefficients complexes, on a :

$$\chi(P(u, u^*)) = \chi'(P(u, u^*)).$$

D'après la construction de la sous-algèbre $\mathcal{A}$, pour tout $v \in \mathcal{A}$, il existe une suite de polynômes P_n à deux indéterminées à coefficients complexes telle que $P_n(u, u^*)$ converge vers v dans $\mathcal{L}(\mathcal{H})$. Comme χ et χ' sont continus, on a donc

$$\chi(v) = \lim_{n \to \infty} \chi(P_n(u, u^*)) = \lim_{n \to \infty} \chi'(P_n(u, u^*)) = \chi'(v).$$

Ceci prouve que $\chi = \chi'$ donc l'application considérée est bien injective. Or cette application est continue, par définition de la topologie de la convergence simple. Comme les deux espaces $\widehat{\mathcal{A}}$ et $\sigma(u)$ sont compacts, cette bijection est un homéomorphisme. Ainsi s'achève la démonstration du théorème. ∎

THÉORÈME 2.14.37. *Soient u un opérateur borné normal d'un espace de Hilbert $\mathcal{H}$, Λ le spectre de u, $\mathcal{C}(\Lambda)$ la $\mathbf{C}^*$-algèbre de Banach commutative formée par l'ensemble des fonctions définies et continues sur Λ à valeurs complexes, $\mathcal{A}$ la $\mathbf{C}^*$-algèbre de Banach engendrée par u, et u^*.*

Il existe un isomorphisme isométrique unique G de $\mathcal{A}$ sur $\mathcal{C}(\Lambda)$ tel que si f_0 est la fonction définie par $f_0(\lambda) = \lambda$ on ait :

$$G(u) = f_0 \tag{2.14.78}$$

DÉMONSTRATION: - Prouvons d'abord l'unicité. Soit G_1 et G_2 deux tels isomorphismes isométriques. On a donc $G_1(u^*) = f_0^* = G_2(u^*)$, et par conséquent, si P est un polynôme à coefficients complexes à deux indéterminées, on aura $G_1(P(u, u^*)) = G_2(P(u, u^*))$. Si maintenant v est un élément quelconque de $\mathcal{A}$, on peut trouver une suite de polynômes P_n à deux indéterminées à coefficients complexes telle que $P_n(u, u^*)$ converge vers v dans $\mathcal{A}$. Comme G_1 et G_2 sont des isométries , on a

$$G_1(v) = \lim_{n \to \infty} G_1(P_n(u, u^*)) = \lim_{n \to \infty} G_2(P_n(u, u^*)) = G_2(v).$$

Le théorème de Gelfand-Naimark montre que la transformation de Gelfand est bien un isomorphisme isométrique G_1 de $\mathcal{A}$ sur $\mathcal{C}(\widehat{\mathcal{A}})$. Nous avons montré dans le théorème 2.14.35 que l'application $\chi \mapsto \chi(u)$ est un homéomorphisme de $\widehat{\mathcal{A}}$ sur le spectre Λ de u. Appelons φ l'homéomorphisme réciproque et définissons l'application φ^* de $\mathcal{C}(\widehat{\mathcal{A}})$ dans $\mathcal{C}(\Lambda)$ par $\varphi^*(f) = f \circ \varphi$. Le lecteur peut vérifier facilement que φ^* est un isomorphisme isométrique de $\mathcal{C}(\widehat{\mathcal{A}})$ sur $\mathcal{C}(\Lambda)$. Alors l'isomorphisme isométrique cherché est donné par $G = \varphi^* \circ G_1$. Montrons qu'on a bien $G(u) = f_0$. Soit $\lambda \in \Lambda$, χ l'unique caractère tel que $\lambda = \chi(u)$. Par définition de φ, on a $\varphi(\lambda) = \chi$ ou encore $\varphi^{-1}(\chi) = \lambda$. Alors

$$G(u)(\lambda) = \varphi^*(G_1(u))(\lambda) = (\hat{u})(\varphi(\lambda)) = (\hat{u})(\chi) = \chi(u) = \lambda$$

ce qu'il fallait démontrer. ∎

Remarque 11 - Soit E l'isomorphisme réciproque de l'isomorphisme G. E est, en particulier, une application linéaire continue de $\mathcal{C}(\Lambda)$ dans l'espace vectoriel normé $\mathcal{A}$. Conformément à la définition que nous donnerons au chapitre 4, E est appelé une mesure de Radon sur le compact Λ et traditionnellement, $E(f)$ est noté $\int_\Lambda f(\lambda)\, dE(\lambda)$ de sorte que la relation 2.14.78 devient :

$$u = \int_{\sigma(u)} \lambda \, dE(\lambda) \tag{2.14.79}$$

formule qui est appelée la **décomposition spectrale** de l'opérateur borné normal u.

Le théorème de Bochner-Raikov.

DÉFINITION 2.14.38. - *Soit $\mathcal{A}$ une algèbre de Banach commutative et involutive. Soit f une forme linéaire sur $\mathcal{A}$. On dit que f est une forme linéaire positive si pour tout $x \in \mathcal{A}$, on a $f(xx^*) \geq 0$(*).*

PROPOSITION 2.14.38. - *Soient $\mathcal{A}$ une algèbre de Banach commutative et involutive, f une forme linéaire positive sur $\mathcal{A}$. On a les propriétés suivantes*

$$\begin{cases} \forall x \in \mathcal{A}\ , \ f(x^*) = \overline{f(x)} \\ \forall (x,y) \in \mathcal{A} \times \mathcal{A} \quad , \quad |f(xy^*)|^2 \leq f(xx^*)\, f(yy^*) \end{cases} \tag{2.14.80}$$

$$f \text{ est continue}: \quad \forall x \in \mathcal{A} \quad , \quad |f(x)| \leq f(e)\, ||x|| \tag{2.14.81}$$

$$\forall x \in \mathcal{A} \quad , \quad |f(x)| \leq f(e)\, (r(xx^*))^{\frac{1}{2}} \tag{2.14.82 }$$

DÉMONSTRATION: - Pour tout $(x,y) \in \mathcal{A} \times \mathcal{A}$, posons $B(x,y) = f(xy^*)$. Il est clair que B est une forme sesquilinéaire sur $\mathcal{A}$ dès lors que f est une forme linéaire. Comme en outre f est positive, alors B est hermitienne (Théorème 2.14.2), donc $f(yx^*) = \overline{f(xy^*)}$. En prenant $y = e$, on obtient la première relation $f(x^*) = \overline{f(x)}$. En fait B est une forme hermitienne ≥ 0 donc l'inégalité (2.14.81) n'est rien d'autre que l'inégalité de Cauchy-Schwarz. Les relations (2.14.80) sont ainsi prouvées.

Soit $x \in \mathcal{A}$ tel que $x = x^*$ et $||x|| \leq 1$. La série

$$e + \sum_{n=1}^{\infty} \frac{1}{2}(\frac{1}{2} - 1)\ldots(\frac{1}{2} - n)\frac{x^n}{n!} \tag{2.14.82}$$

est normalement convergente donc convergente dans $\mathcal{A}$ (théorème 2.12.3). Si nous appelons y la somme de cette série, il est facile de vérifier que $y^2 = e - x$. Comme

(*)On peut aussi dire si pour tout $x \in \mathcal{A}$, on a $f(x^*x) \geq 0$.

$x = x^*$ et $e = e^*$, on a $y = y^*$ donc $y^2 = yy^*$ et par suite $f(e - x) \geq 0$, ce qui revient à dire que $f(x) \leq f(e)$. On peut en dire autant pour $-x$, donc $-f(x) = f(-x) \leq f(e)$ et par conséquent $|f(x)| \leq f(e)$. Si on enlève la condition $||x|| \leq 1$ on obtient l'inégalité $|f(x)| \leq f(e)||x||$ pour tout $x \in \mathcal{A}$ tel que $x = x^*$. Passons au cas général. A l'aide de l'inégalité de Cauchy-Schwarz d'une part, et du résultat qui précède lorsque x est rmplacé par xx^*

$$|f(x)|^2 = |f(xe^*)|^2 \leq f(e)\, f(xx^*) \leq f(e)^2||xx^*|| \leq f(e)\, ||x||^2$$

et (2.14.81) est ainsi démontrée.

On applique d'abord un certain nombre de fois l'inégalité de Cauchy-Schwarz pour obtenir :

$$f(xx^*) \leq f(e)^{\frac{1}{2}} f((xx^*)^2)^{\frac{1}{2}} \leq f(e)^{\frac{1}{2}+\frac{1}{4}} f((xx^*)^4)^{\frac{1}{4}}$$

$$\leq f(e)^{\frac{1}{2}+\frac{1}{4}+\cdots\frac{1}{2^n}} f((xx^*)^{2^n})^{\frac{1}{2^n}} \leq f(e)^{\frac{1}{2}+\frac{1}{4}+\cdots\frac{1}{2^n}}\; f(e)^{\frac{1}{2^n}}\; ||(xx^*)^{2^n}||^{\frac{1}{2^n}}$$

En passant à la limite et en tenant compte de la relation (2.14.32), on obtient l'inégalité :

(2.14.83) $$f(xx^*) \leq f(e) \colon r(xx^*)$$

et alors, on en déduit

(2.14.84) $$|f(x)| \leq f(e)^{\frac{1}{2}}\; f(xx^*)^{\frac{1}{2}} \leq f(e)\, (r(xx^*))^{\frac{1}{2}}$$

qui est la relation cherchée.

THÉORÈME 2.14.39. *(Bochner-Raikov) - Soient $\mathcal{A}$ une algèbre de Banach commutative involutive, f une forme linéaire positive sur $\mathcal{A}$. On suppose que*

(2.14.85) $$\forall x \in \mathcal{A}\ ,\ \forall \chi \in \widehat{\mathcal{A}}\ ,\quad \chi(x^*) = \overline{\chi(x)}$$

Alors l'application

(2.14.86) $$\hat{x} \longmapsto \mu(\hat{x}) = f(x)$$

est bien définie et se prolonge de façon unique en une forme linéaire positive sur l'espace $C(\widehat{\mathcal{A}})$ des fonctions définies sur $\widehat{\mathcal{A}}$ à valeurs complexes, continues(*) .

(*)Autrement dit μ est une mesure positive (Chapitre V, Calcul intégral). Conformément aux notations du calcul intégral, on peut exprimer ce résultat par la formule

(2.14.87) $$f(x) = \int_{\widehat{\mathcal{A}}} \hat{x}(\chi)\; d\mu(\chi)$$

DÉMONSTRATION: - Avec la condition 2.14.85 , on déduit de la relation 2.14.84, pour tout $x \in \mathcal{A}$,

$$(2.14.88) \qquad |f(x)| \leq f(e)r(xx^*)^{\frac{1}{2}} = f(e) \sup_{\chi \in \widehat{\mathcal{A}}} \chi(xx^*) = f(e) \sup_{\chi \in \widehat{\mathcal{A}}} |\hat{x}(\chi)|$$

L'application $\hat{x} \mapsto f(x)$ est bien définie si et seulement si $\hat{x} = \hat{y}$ implique $f(x) = f(y)$. Or dans ces conditions, si on pose $x - y = z$, alors pour tout $\chi \in \mathcal{A}$, on a $\chi(z) = \chi(x) - \chi(y) = \hat{x}(\chi) - \hat{y}(\chi) = 0 = \hat{z}(\chi)$ donc $f(z) = 0$ d'après (2.14.88) donc $f(x - y) = 0$ ou encore $f(x) = f(y)$. Montrons que l'application $\hat{x} \mapsto \mu(\hat{x})$ est une forme linéaire ≥ 0. Tout d'abord supposons que $\hat{x}$ est réelle et montrons que $f(x) = \mu(\hat{x})$ est un nombre réel. On a

$$\hat{x}(\chi) = \overline{\hat{x}(\chi)} \iff \chi(x) = \chi(x^*) \iff \chi(x - x^*) = 0$$

Mais alors $f(x - x^*) = 0 \iff f(x) = f(x^*) = \overline{f(x)}$ d'après (2.14.80) et $f(x)$ est bien réel. Supposons $\hat{x} \geq 0$. Soit M la borne supérieure des valeurs de $\hat{x}$. On a pour tout $\chi \in \widehat{\mathcal{A}}$

$$0 \leq M - \hat{x}(\chi) = \chi(Me - x) \leq M$$

D'où $f(x)$ étant réel, on a $f(Me - x) \leq f(e)M$ ou encore $Mf(e) - f(x) \leq f(e)M$ ou encore $f(x) \geq 0$.

L'hypothèse 2.14.85 implique Le théorème de Weierstrass permet d'affirmer que l'ensemble des $\hat{x}$ lorsque x parcourt $\mathcal{A}$ est dense car l'une des conditions de ce théorème est satisfaite grâce à (2.14.85) et les autres conditions du théorème sont remplies comme on l'a démontré dans le théorème de Gelfand-Naimark. La relation (2.14.88) permet un prolongement continu de μ à tout $\mathcal{C}(\widehat{\mathcal{A}})$ et ce prolongement est nécessairement unique et ≥ 0. La démonstration du théorème est bien achevée. ∎

§15. PRODUITS INFINIS DE NOMBRES OU DE FONCTIONS REELS OU COMPLEXES

Produit infini convergent et critère de Cauchy.

DÉFINITION 2.15.1. *Soit $u_0, u_1, u_2, \ldots, u_n$ une suite de nombres réels ou complexes. On dit que le produit infini*

$$\prod_{n=0}^{\infty} u_n \tag{2.15.1}$$

est convergent, si la suite des produits partiels

$$\Pi_n = \prod_{i=0}^{n} u_i \tag{2.15.2}$$

converge, pour n tendant vers $+\infty$, vers un nombre **fini non nul**. *Dans tous les autres cas, le produit est dit divergent*

Remarque 1 - Il peut paraître paradoxal de considérer comme divergent un produit dans lequel les produits partiels Π_n convergent vers 0; nous en verrons dans la suite de nombreuses raisons. Si un des u_n est nul, le produit est donc sûrement divergent. Si tous les u_n sont réels et ≥ 1, les Π_n forment une suite croissante, donc ont une limite finie ou égale à $+\infty$; dans ce cas si le produit est divergent, on écrit

$$\prod_{n=0}^{\infty} u_n = +\infty \tag{2.15.3}$$

De même, toutes les fois que les Π_n convergent vers 0, quoique le produit soit divergent, on écrit

$$\prod_{n=0}^{\infty} u_n = 0 \tag{2.15.4}$$

THÓRÈME 2.15.2. *Pour qu'un produit infini $\prod_{n=0}^{\infty} u_n$ soit convergent il est nécessaire que son terme général u_n tende vers 1 lorsque n tend vers $+\infty$.*

DÉMONSTRATION: En effet, si le produit est convergent, et si sa valeur est $\Pi \neq 0$, alors Π_n et Π_{n-1} convergent tous deux vers Π, ce qui prouve bien que leur quotient u_n tend vers $\frac{\Pi}{\Pi} = 1$ pour n tendant vers $+\infty$. ∎

Remarque 2 - Le résultat ne subsiste pas pour un produit infini, dont les produits partiels Π_n convergent vers 0; par exemple, si nous considérons le produit infini

$$(1)(\frac{1}{2})(\frac{1}{3})\dots(\frac{1}{n})\dots$$

bien évidemment les produits partiels convergent vers 0, et le terme général $\frac{1}{n}$ ne converge pas vers 1.

Remarque 3 - Si un produit infini est convergent, on appellera reste R_m le produit

$$\prod_{n=m}^{\infty} u_n$$

R_m tend vers 1 pour m tendant $+\infty$.

THÉORÈME 2.15.3. *Soit $u_0, u_1, u_2, \dots, u_n$ une suite de nombres réels ou complexes, tous non nuls. Pour que le produit infini (2.15.1) soit convergent, il faut et il suffit qu'il vérifie le critère de Cauchy*

$$\frac{\Pi_n}{\Pi_m} \text{ doit tendre vers 1 lorsque } m \text{ et } n \text{ tendent vers } +\infty \tag{2.15.5}$$

DÉMONSTRATION: Il est d'abord évident qu'un produit convergent satisfait à ce critère. Réciproquement, supposons qu'un produit infini satisfait le critère de Cauchy. Il existe donc un entier p tel que $n \geq p$ entraîne

$$|\Pi_p - \Pi_n| \leq |\Pi_p|$$

Donc tous les $|\Pi_n|$ sont bornés. Soit M leur borne supérieure. Pour ϵ donné tel que $0 \leq \epsilon \leq \frac{M}{2}$, on peut alors déterminer q tel que

$$m \geq q \quad , \quad n \geq q \quad \Longrightarrow |\Pi_m - \Pi_n| \leq \frac{\epsilon}{M}\ |\Pi_m| \leq \epsilon \tag{2.15.6}$$

donc les Π_n forment une suite de Cauchy dans le corps complexe $\mathbf{C}$; comme celui-ci est complet, les Π_n ont une limite Π. Alors on a, en faisant tendre n vers $+\infty$ dans (2.15.6),

$$|\Pi_m - \Pi| \leq \frac{\epsilon}{M}\ |\Pi_m| \leq \frac{1}{2}\ |\Pi_m| \tag{2.15.7}$$

donc $\Pi \neq 0$, et le produit infini est convergent. ∎

Produit infini et séries de logarithmes.

Remarque 4 - Il est évidemment tentant, pour étudier la convergence ou la divergence d'un produit infini, de prendre les logarithmes des termes, ce qui remplace le produit infini par une série. Si les termes sont réels, on peut prendre le logarithme dés que $u_n > 0$.

Or, s'il n'en est pas ainsi à partir d'une certaine valeur de n, cela signifie que le terme général u_n ne tend pas vers 1, pour n tendant vers $+\infty$, alors on sait tout de suite que le produit est divergent et l'étude est terminée.

Si au contraire u_n tend vers 1 pour n tendant vers $+\infty$, alors à partir d'un certain terme, tous les u_n sont strictement positifs, et il est posssible de prendre leur logarithme.

Supposons maintenant que les u_n soient complexes. On sait qu'il est assez délicat de prendre le logarithme d'un nombre complexe, car tout nombre complexe a une infinité de logarithmes. Si l'on pose
$z = re^{i\theta}$, on a la formule générale $log\ z = log\ r + i\ \theta$, θ n'est défini qu'à un multiple près de $2\ \pi$. Cependant, supposons que z varie dans le demi plan $x = \Re e\ z > 0$. Alors il est possible de choisir son argument entre $-\frac{\pi}{2}$ et $\frac{\pi}{2}$, et de définir son logarithme par la formule correspondante; le logarithme ainsi défini est une fonction continue. On dira que c'est la détermination principale du logarithme et on le notera $\mathcal{L}$og(*). En particulier si v est un nombre tel que $|v| < 1$, alors $1 + v$ est dans le demi-plan précédent, et le logarithme précédemment défini peut se représenter par le développement de Taylor :

$$\mathcal{L}og(1 + v) = \frac{v}{1} - \frac{v^2}{2} + \ldots + (-1)^{n+1}\,\frac{v^n}{n} + \ldots \qquad (2.15.8)$$

Soit alors $\prod_{n=0}^{\infty}$ un produit infini de nombres complexes. Si u_n ne tend pas vers 1 pour n tendant vers $+\infty$, le produit est divergent et l'étude est terminée.

Si u_n tend vers 1 pour n tendant vers $+\infty$, alors, à partir d'une certaine valeur de n, u_n se trouve dans le demi-plan $\Re e\ u_n > 0$, et il est possible, après suppression d'un nombre fini de termes, d'utiliser les logarithmes. On voit alors immédiatement :

(*)On peut même définir une détermination principale du logarithme dans le complémentaire, dans le plan complexe, de la demi-droite réelle ≤ 0. Alors $-\pi < \mathcal{A}rg\ z < +\pi$, et $-\pi < \Im m\ (\mathcal{L}og\ z) < \pi$.

THÉORÈME 2.15.4. *Pour que le produit infini* $\prod_{n=0}^{\infty} u_n$, *dont tous les termes vérifient* $\Re e\ u_n > 0$, *soit convergent, il faut et il suffit que la série*

$$\sum_{n=0}^{\infty} \mathcal{L}og\ u_n$$

soit convergente.

DÉMONSTRATION: Supposons d'abord le produit infini convergent. Appelons Π_n les produits partiels et S_n les sommes partielles de la série des logarithmes. On n'a pas nécessairement $\mathcal{L}\text{og}\ \Pi_n = S_n$, d'ailleurs on ne peut même pas affirmer que $\Re e\ \ \Pi_n > 0$. Mais d'après le critère de Cauchy, il existe un entier p tel que $n \geq p$ entraîne

$$\left|\frac{\Pi_n}{\Pi_p} - 1\right| < 1 \quad , \quad \text{donc} \quad \Re e\ \frac{\Pi_n}{\Pi_p} > 0 \quad , \quad \text{et aussi} \quad \Re e\ \frac{\Pi}{\Pi_p} > 0$$

Supposons un tel entier p choisi une fois pour toutes.Alors

$$\mathcal{L}og\ \frac{\Pi_n}{\Pi_p} = S_n - S_p + 2k_n i\pi$$

Comme

$$\frac{\Pi_n}{\Pi_p} \quad \text{converge vers} \quad \frac{\Pi}{\Pi_p}$$

la continuité de la détermination principale du logarithme montre que $S_n - S_p + 2k_n i\pi$ a une limite pour n infini, donc la série de terme général $\mathcal{L}og\ u_n + 2(k_n - k_{n-1})i\pi$ est convergente; alors son terme général tend vers 0, mais comme u_n tend vers 1 à cause de la convergence du produit infini, $\mathcal{L}og\ u_n$ tend aussi vers 0; donc $k_{n-1} = k_n$ à partir d'une certaine valeur de n, mais alors la série de terme général $\mathcal{L}og\ u_n$ est aussi convergente.

Inversement, si la série est convergente, les S_n convergent vers une limite S; en vertu de la continuité de l'exponentielle, on en déduit bien que les $\Pi_n = e^{S_n}$ converge vers $\Pi = e^S \neq 0$. On voit pourquoi dans la démonstration, il est essentiel de supposer la valeur $\Pi \neq 0$. D'ailleurs, si les u_n sont réels > 0 et si les Π_n tendent vers 0, $\mathcal{L}og\ u_n$ est le terme général d'une série divergente, de somme - ∞. ∎

DÉFINITION 2.15.5. *On dit qu'un produit infini, déjà supposé convergent, est absolument convergent (resp. semi-convergent) si la série des logarithmes (qui sont définis à partir d'un certain rang) est absolument convergente (resp. semi-convergente)*

Remarque 5 - Naturellement, il s'agit là d'une locution dont le sens pourrait être très ambigu; dire que le produit est absolument convergent, **ne signifie absolument pas que le produit $\prod_{n=0}^{\infty} |u_n|$ soit convergent**. Celui-ci l'est toujours si le produit est convergent et

$$\prod_{n=0}^{\infty} |u_n| = |\prod_{n=0}^{\infty} u_n|$$

Si tous les u_n sont réels ≥ 1, ou tous compris entre 0 et 1, convergence est synonyme de convergence absolue.

THÉORÈME 2.15.6. *Pour que le produit infini $\prod_{n=0}^{\infty}(1+v_n)$, $v_n \neq -1$(*) soit absolument convergent, il faut et il suffit que la série*

$$\sum_{n=0}^{\infty} |v_n| \tag{2.15.9}$$

soit convergente.

DÉMONSTRATION: - Si le produit est absolument convergent, il est d'abord convergent, donc $1 + v_n$ tend vers 1 et on peut prendre les logarithmes, pour $n \geq p$ assez grand. Ensuite la série

$$\sum_{n \geq p} |\mathcal{L}og(1 + v_n)| \tag{2.15.10}$$

est supposé convergente; or pour la convergence des séries de nombres positifs, on a le droit de remplacer le terme général par un infiniment petit équivalent; pour n tendant vers $+\infty$, v_n tend vers 0, alors $\mathcal{L}og(1 + v_n) \sim v_n$ et par suite la série

$$\sum_{n \geq p} |v_n|$$

est aussi convergente et aussi la série (2.15.9).

Réciproquement, supposons la série (2.15.9) convergente. Alors v_n tend vers 0, donc pour $n \geq p$ assez grand, $\Re e\ (1+v_n) > 0$, et on peut prendre les logarithmes.

(*)Si on ne fait pas cette restriction $v_n \neq -1$, il pourra arriver que $\sum |v_n| < +\infty$, et que le produit infini ait un terme nul, donc ne soit pas convergent !

Alors pour n tendant vers $+\infty$, $|\mathcal{L}og\,(1+v_n)| \sim |v_n|$ donc la série (2.15.10) est convergente; donc la série

$$\sum_{n\geq p} \mathcal{L}og\,(1+v_n)$$

est convergente, et par suite le produit

$$\prod_{n\geq p}(1+v_n)$$

est convergent, d'après le théorème 2.15.4 et comme tous les v_n sont différents de -1, le produit

$$\prod_{n=0}^{\infty}(1+v_n) \tag{2.15.11}$$

n'a aucun terme nul et est aussi convergent; alors le produit (2.15.11) est convergent et la série (2.15.10) est convergent, donc le produit est absolument convergent.

Exemple 1 - Le produit infini

$$\prod_{n=1}^{\infty}(1+\frac{1}{n^{\alpha}}) \quad \text{ou} \quad \prod_{n=2}^{\infty}(1-\frac{1}{n^{\alpha}}) \tag{2.15.12}$$

est convergent si $\alpha > 1$ et divergent si $\alpha \leq 1$. Il est en particulier divergent pour $\alpha = 1$. Remarquons que ce dernier cas se voit de façon immédiate, car on connait les produits partiels:

$$(1+\frac{1}{1})(1+\frac{1}{2})(1+\frac{1}{3})\ldots(1+\frac{1}{n}) = n+1$$
$$(1-\frac{1}{2})(1-\frac{1}{3})(1-\frac{1}{4})\ldots(1-\frac{1}{n}) = \frac{1}{n}$$

On peut même dire que la divergence du produit

$$\prod_{n=1}^{\infty}(1+\frac{1}{n}) \quad \text{ou} \quad \prod_{n=2}^{\infty}(1-\frac{1}{n})$$

est plus immédiate que la divergence de la série harmonique

$$\sum_{n=1}^{\infty}\frac{1}{n}$$

et peut servir à la démontrer en vertu du théorème 2.15.6.

Produits infinis de fonctions réelles ou complexes.

DÉFINITION 2.15.7. *Soit $u_0, u_1, u_2, \dots, u_n, \dots$ une suite de fonctions définies sur un ensemble E, à valeurs réelles ou complexes. Le produit infini*

$$\prod_{n=0}^{\infty} u_n \tag{2.15.13}$$

sera dit simplement convergent, si pour tout x de E, le produit infini

$$\prod_{n=0}^{\infty} u_n(x) \tag{2.15.14}$$

de nombres réels ou complexes est convergent. Cela signifie aussi que la suite de fonctions

$$\Pi_n = \prod_{m=0}^{n} u_m$$

est simplement convergente vers une fonction limite **qui ne s'annule jamais**.

Le produit est simplement absolument convergent si, pour tout x de E, le produit (2.15.14) est absolument convergent.

Remarque 6 - L'expression **convergence uniforme**, pour un produit infini de fonctions, n'est pas claire. Dire que le produit de fonctions complexes (2.15.13) sur E converge uniformément vers Π peut signifier que les fonctions Π_n et Π ne s'annulent jamais et que les Π_n convergent uniformément vers Π ; ou que les $\frac{\Pi_n}{\Pi}$ convergent uniformément vers 1. Ces deux notions comme on le voit facilement, ne coïncident pas nécessairement. Toutefois elles coïncident si la limite Π admet, sur E, une majoration et une minoration uniforme du type

$$0 < a \leq \Pi(x) \leq b < +\infty \tag{2.15.15}$$

En effet dans ce cas, on a :

$$|\Pi_n - \Pi| \leq \epsilon \Longrightarrow \left|\frac{\Pi_n}{\Pi} - 1\right| \leq \frac{\epsilon}{a}$$

et

$$\left|\frac{\Pi_n}{\Pi} - 1\right| \leq \epsilon \quad \Longrightarrow \quad |\Pi_n - \Pi| \leq \epsilon\, b$$

C'est seulement dans ce cas que nous nous permettrons de parler de convergence uniforme d'un produit infini de fonctions. Cependant, on a

DÉFINITION 2.15.8. *Soit $u_0, u_1, u_2, \ldots, u_n, \ldots$ une suite de fonctions continues sur un espace topologique E, à valeurs réelles ou complexes. On dit que le produit infini (2.15.13) converge localement uniformément vers Π (et la limite Π est alors continue) si les Π_n convergent localement uniformément vers Π.*

THÉORÈME 2.15.9. *Soit $u_0, u_1, u_2, \ldots, u_n, \ldots$ une suite de fonctions continues sur un espace topologique E, à valeurs réelles ou complexes. Le produit infini (2.15.13) converge* **localement uniformément** *vers Π c'est-à-dire que les Π_n convergent localement unformément vers Π si et seulement si les*

$$\frac{\Pi_n}{\Pi}$$

converge localement uniformément vers 1

DÉMONSTRATION: Si en effet les Π_n convergent localement unformément vers Π, Π est continue d'après le théorème 2.14.12, comme elle est partout différente de 0, tout point a a un voisinage W_a dans lequel $|\Pi|$ est bornée supérieurement et inférieurement par des nombres > 0 fixes; alors si $V_a \subset W_a$ est un voisinage sur lequel les Π_n convergent uniformément vers Π, les $\frac{\Pi_n}{\Pi}$ convergent uniformément vers 1 dans V_a. Inversement, supposons que les $\frac{\Pi_n}{\Pi}$ convergent localement uniformément vers 1. Pour tout a de E, il existe un voisinage de a W_a et un entier n tel que

$$\left|\frac{\Pi_n(x)}{\Pi(x)} - 1\right| \leq \frac{1}{2} \quad \text{pour} \quad x \in W_a$$

Cela entraine

$$\frac{1}{2} \leq \left|\frac{\Pi_n(x)}{\Pi(x)}\right| \leq \frac{3}{2}$$

donc

$$\frac{2}{3}|\Pi_n(x)| \leq |\Pi(x)| \leq 2|\Pi_n(x)|$$

Comme Π_n est continue et que $\Pi_n(a) \neq 0$, il existe un voisinage $U_a \subset W_a$ de a sur lequel $|\Pi_n|$ est borné supérieurement et inférieurement par des constantes > 0, donc aussi $|\Pi|$; si alors $V_a \subset U_a$ est un voisinage de a sur lequel les $\frac{\Pi_n}{\Pi}$ convergent uniformément vers 1, les Π_n convergent uniformément vers Π . ∎

Applications à la fonction ζ de Riemann.

DÉFINITION 2.15.10. *On appelle fonction ζ de Riemann la fonction définie par la formule:*

$$\zeta(s) = \sum_{n=1}^{\infty} \frac{1}{n^s} \tag{2.15.16}$$

THÉORÈME 2.15.11.

1 - La série (2.15.16) converge normalement dans le demi plan complexe $\Re e\ s > 1 + \delta$ pour tout $\delta > 0$. Par suite la fonction ζ est une fonction continue dans le demi plan complexe $\Re e\ s > 1$.

2 - Le produit infini

$$G(s) = \prod_p \left(\frac{1}{1 - \frac{1}{p^s}} \right) \tag{2.15.17}$$

où p parcourt l'ensemble des nombres premiers, est absolument convergent pour s tel que $\Re e\ s > 1$

DÉMONSTRATION: Si nous posons $s = \sigma + i\ \tau$, et $\delta > 0$, on voit que, considérée comme une série de fonctions dans la région $\sigma \geq 1 + \delta$ du plan complexe, cette série est normalement convergente. On a en effet

$$\left| \frac{1}{n^{\sigma + i\ \tau}} \right| = \frac{1}{n^\sigma} \leq \frac{1}{n^{1+\delta}} \tag{2.15.18}$$

Comme pour tout n, la fonction

$$s \mapsto \frac{1}{n^s}$$

est continue dans le demi plan $\sigma \geq 1 + \delta$, on voit que la somme, c'est-à-dire la fonction ζ est continue dans ce même demi-plan et comme ceci est vraie pour tout $\delta > 0$, la fonctions ζ est continue dans tout le demi plan $\sigma > 1$, ce qui démontre le premier point.

Un terme quelconque du produit infini (2.15.17) est toujours $\neq 0$. Par ailleurs, le dénominateur $1 - \frac{1}{p^s}$ est toujours $\neq 0$ pour $\Re e\ s > 0$. En outre dans ce cas le module de $\frac{1}{p^s}$ est $\frac{1}{p^\sigma} < 1$ pour $\sigma > 0$, et par conséquent le théorème 2.15.6 est applicable.

Le produit infini est absolument convergent si et seulement si son inverse l'est c'est-à-dire si et seulement si la série

$$\sum_p \frac{1}{p^\sigma}$$

est convergente. Cela se produit donc certainement pour $\sigma > 1$ puisque cette série a une somme majorée par celle de la série (2.15.16), qui est elle-même convergente.

Nous nous bornerons à considérer toujours $\sigma > 1$

THÉORÈME 2.15.12. *Pour $\Re e\ s > 1$, on a*

$$\zeta(s) = \sum_{n=1}^{\infty} \frac{1}{n^s} = \prod_p \left(\frac{1}{1 - \frac{1}{p^s}} \right) \tag{2.15.19}$$

où p parcourt l'ensemble des nombres premiers

DÉMONSTRATION: Pour démontrer ce théorème, il est naturellement possible de supposer s fixé une fois pour toutes. Alors, si $\epsilon > 0$ est donné, on peut, puisque la série (2.15.16) et le produit infini (2.15.17) sont convergents, trouver un entier m ayant les propriétés suivantes :

a) le reste $\displaystyle\sum_{n>m} \frac{1}{n^\sigma} \leq \frac{\epsilon}{2}$;

b) si nous appelons $G_m(s)$ le produit partiel formé par les m premiers facteurs du produit infini, on a

$$|G_m(s) - G(s)| \leq \frac{\epsilon}{2}$$

On a alors pour tout nombre premier p, le developpement en série géométrique absolument convergente:

$$\frac{1}{1 - \frac{1}{p^s}} = 1 + \frac{1}{p^s} + \frac{1}{p^{2s}} + \frac{1}{p^{3s}} + \ldots = \sum_{k=0}^{\infty} \frac{1}{p^{ks}} \tag{2.15.20}$$

En vertu de la règle relative au produit de plusieurs séries absolument convergentes (Théorème 2.12.14), on peut écrire

$$G_m(s) = \sum_{k_1, k_2, \ldots, k_m} \left(\frac{1}{p_1} \right)^{k_1 s} \cdots \left(\frac{1}{p_m} \right)^{k_m s} \tag{2.15.21}$$

où $p_1 = 2$, $p_2 = 3$, $p_3 = 5$, p_m sont les m premiers nombres premiers, et $k_1, k_2, \ldots, k_m$ sont des entiers positifs; ce qui prouve que l'on a:

$$G_m(s) = \sum_\nu \frac{1}{\nu^s}$$

où l'entier ν parcourt la suite de tous les entiers qui, dans leur décomposition en facteurs premiers, ne contiennent que les m premiers nombres premiers $p_1, p_2, \ldots,$

p_m. Si alors nous considérons la différence $|G_m(s) - \zeta(s)|$, elle se compose d'une partie des termes de la série $\sum \frac{1}{n^s}$, qui tous correspondent à des indices $n > m$; on a donc les inégalités

(2.15.22) $$|G_m(s) - \zeta(s)| \leq \sum_{n>m} \frac{1}{n^s} \leq \frac{\epsilon}{2}$$

d'où l'on déduit l'inégalité

(2.15.23) $$|G(s) - \zeta(s)| \leq |G(s) - G_m(s)| + |G_m(s) - \zeta(s)| \leq \epsilon$$

Comme ϵ est arbitraire, on en déduit bien l'égalité (2.15.19). ∎

COROLLAIRE 2.15.13. *La fonction ζ ne s'annule jamais pour $\Re e\ s > 1$*

DÉMONSTRATION: Elle est en effet égale à la valeur d'un produit infini convergent. ∎

Remarque 7 - Les résultats précédents ne sont évidemment plus valablesp our $\Re e\ s = 1$. En particulier, on sait que la série harmonique est divergente. Nous allons de même démontrer :

THÉORÈME 2.15.14. *Le produit infini*

(2.15.24) $$\prod_p \left(\frac{1}{1 - \frac{1}{p}} \right)$$

est divergent.

DÉMONSTRATION: Pour cela remarquons que si $A > 0$ est un nombre quelconque, on peut trouver un entier m, tel que

(2.15.25) $$1 + \frac{1}{2} + \frac{1}{3} + \ldots + \frac{1}{m} \geq A$$

Si nous considérons le produit partiel $G_m(1)$, les développements en série géométrique utilisés précedemment sont encore valables, et par conséquent G_m est une somme $\sum \frac{1}{\nu}$, dans laquelle ν parcourt tous les entiers dont les seuls facteurs premiers sont $p_1, p_2, \ldots, p_m$. Il en résulte que l'on a l'inégalité

(2.15.25) $$G_m(1) \geq \sum \frac{1}{\nu} \geq 1 + \frac{1}{2} + \ldots + \frac{1}{m} \geq A$$

Comme A est arbitraire, cela prouve bien que le produit infini (dont tous les facteurs sont > 1) est divergent: $G(1) = +\infty$. ∎

Corollaire 2.15.15. *Il existe une infinité de nombres premiers, et même la série*

(2.15.26) $$\sum_p \frac{1}{p}$$

où p parcourt l'ensemble des nombres premiers est divergente

Démonstration: En effet la divergence de cette série est exactement équivalente à celle du produit infini

$$\prod (1 - \frac{1}{p}) = \frac{1}{G(1)}$$

Remarque : Considérons maintenant la série alternée

(2.15.27) $$\zeta_a(s) = \frac{1}{1^s} - \frac{1}{2^s} + \frac{1}{3^s} - \ldots + (-1)^{n-1}\frac{1}{n^s} + \ldots$$

Cette série est convergente, comme nous allons le voir pour $\Re e\ s > 0$. Nous allons même montrer qu'elle est uniformément convergente sur tout compact du demi-plan ouvert $\Re e\ s > 0$ du plan complexe. Soit donc K un tel compact. Nous remarquons d'abord que, sur K, $|s|$ est borné supérieurement par un nombre S, puisque c'est une fonction continue. De la même manière $\Re e\ s = \sigma$ est bornée inférieurement par un nombre $\delta > 0$, puisque c'est une fonction continue partout > 0 sur K.

Appliquons le théorème d'Abel (Théorème 2.12.18). On a

(2.15.27) $$\frac{(-1)^{n-1}}{n^s} = u_n v_n, \quad \text{où} \quad u_n = \frac{1}{n^s} \quad , \quad v_n = (-1)^{n-1}$$

Les $|\sigma_{m,n}|$ sont majorés par 1. Montrons que la suite des u_n est à variation bornée. On a(*):

(2.15.28) $$\frac{1}{n^s} - \frac{1}{(n+1)^s} = s\int_n^{n+1} \frac{dx}{x^{s+1}}$$

d'où

$$\left|\frac{1}{n^s} - \frac{1}{(n+1)^s}\right| \leq |s| \int_n^{n+1} \frac{dx}{x^{\sigma+1}}$$

$$\left|\frac{1}{n^s} - \frac{1}{(n+1)^s}\right| + \left|\frac{1}{n+1^s} - \frac{1}{(n+2)^s}\right| + \ldots \leq |s| \int_n^{\infty} \frac{dx}{x^{s+1}} = \frac{|s|}{\sigma n^\sigma}$$

(*)C'est un procédé général pour majorer une différence; on écrit:

$$f(n+1) - f(n) = \int_n^{n+1} f'(t)\, dt$$

La série est donc bien convergente et la formule (2.13.36) donne, pour le reste, la majoration

(2.15.29) $$\sum_{n\geq m+1} \frac{(-1)^{n-1}}{n^s} \leq \frac{|s|}{\sigma(m+1)^\sigma}$$

La convergence est uniforme dans K, puisqu'alors

$$|R_m| \leq \frac{S}{\delta(m+1)^\delta}$$

qui ne dépend pas de s et tend vers 0 pour m tendant vers $+\infty$.

Si on suppose $\sigma > 1$, il existe une relation très simple entre ζ et ζ_a. On a en effet la formule :

$$\zeta_a(s) = \zeta(s) - 2\sum_{n=1}^{\infty}(\frac{1}{2n})^s$$

D'où l'on déduit :

(2.15.30) $$\zeta_a(s) = \zeta(s)(1 - \frac{1}{2^{s-1}}) \quad \text{ou} \quad \zeta(s) = \frac{\zeta_a(s)}{1 - \frac{1}{2^{s-1}}}$$

La propriété de convergence uniforme démontrée pour ζ_a montre que cette fonction est continue sur tout compact du demi-plan ouvert $\Re e\ s > 0$. Elle est donc partout continue dans ce demi plan; en particulier, lorsque s tend vers 1, $\zeta_a(s)$ tend vers $\zeta_a(1) = Log\ 2$. Alors la formule (2.15.30) montre que, lorsque s tend vers 1,

(2.15.31) $$\zeta(s) \sim \frac{Log\ 2}{1 - e^{(1-s)Log\ 2}} \sim \frac{Log\ 2}{(s-1)Log\ 2} = \frac{1}{s-1}$$

En fait la formule (2.15.30) permet de prolonger la fonction ζ dans le demi-plan $\Re e\ s > 0$ privé du point 1.

D'autres méthodes de prolongement permettent plus généralement de définir la fonction ζ dans tout le plan complexe, et de montrer que c'est une fonction **holomorphe** de la variable complexe s, c'est-à-dire une fonction continue et à dérivée première continue par rapport à cette variable complexe, dans le complémentaire du point $s = 1$ du plan complexe. Ce point $s = 1$ est un pôle, $\zeta(1) = \infty$. Cette fonction prolongée s'annule aux points s = -2, -4, -6, ... L'étude de cette fonction donne des renseignements sur la répartition des nombres premiers, comme nous avons déjà pu le voir sur un exemple simple; Riemann a émis l'hypothèse, qui jusqu'à présent n'a encore jamais démontrée, que la fonction ζ prolongée a tous ses **zéros** en dehors des précédents, sur la **droite verticale** $\Re e\ s = \frac{1}{2}$.

La démonstration de cette **hypothèse** (de **Riemann**) donnerait des renseignements extrêmement précis sur la répartition de la suite des nombres premiers.

De toute façon, les propriétés déjà actuellement connues de la fonction ζ permettent de montrer que le $n^{\text{ième}}$ nombre premier est équivalent, pour n tendant vers l'infini, à $nLog\ n$, ou encore que le nombre des nombres premiers compris entre 1 et N est équivalent, pour N tendant vers $+\infty$ à $\frac{N}{LogN}$.

La théorie des nombres premiers est une des théories les plus intéressantes, et les plus difficiles des mathématiques.

Bibliographie

[1] D.Andler, *Logique et théories axiomatiques*, Publications de l'Université Paris-Nord, Paris,1975

[2] S.Banach, *Théorie des opérations linéaires*, Chelsea Publishing company, 2ème ed. New York, 1964.

[3] N.Bourbaki, *Eléments de Mathématique, Livre III, Topologie générale* Actual.Scient. Ind, Chap. I,II, Chap X. Hermann, Paris, 1958-1961.

[4] L.Caroll, *Logique sans peine*, Hermann, Paris, 1966.

[5] G. Cantor, *Contributions to the founding of the theory of tranfinite numbers*, Dover publications, New York, 1955.

[6] G.Choquet, *Cours d'analyse, Tome II, Topologie*, Masson et Cie, Paris, 1964.

[7] P.J Cohen, *The independence of the continuum hypothesis*, Proc. of the Nat.Ac.of Sciences, Vol. 50 p. 1143-1148, 1963; Vol. 51 p.105-110 1964.

[8] P.J Cohen, *Set theory and the continuum hypothesis*, New York et Amsterdam - W.A Benjamin, Inc., 1966.

[9] J.Dieudonné, *Fondements de l'analyse moderne*, Gauthier-Villars, Paris, 1965.

[10] N.Dunford and J. Schwartz, *Linear Operators:General Theory*, Interscience, New York, 1958.

[11] A.A. Fraenkel, Y. Bar-Hillel et A. Levy, *Fundations of set theory*, North Holland, Amsterdam, 1973.

[12] A. Fuchs et G. Reeb, *Logique*, Publications de l'I.R.M.A de Strasbourg, Strasbourg, 1970.

[13] I. Gelfand Raikov and G. Shilov, *Commutative normed rings*, Chelsea, Bronx, New York, 1964.

[14] K. Gödel, *Des propositions formellement indécidables dans Principia Mathematica et les systèmes apparentés*, Monatscheft für Math. u. Physik 38 p. 173-198.

[15] K. Gödel, *The consistency of the axiom of choice and of the generalized continuum hypothesis*, Ann.of Math.Studies, No 3, Princeton University Press, 1940.

[16] **P.R Halmos,** *Introduction à la théorie des ensembles*, **Gauthier-Villars, Paris, 1965.**

[17] **J.Van Heijenoort,** *Gödel, Some metamath. results on completness and consitency; on formally indecidable propositions of principia mathematice*, **Cambridge Mass.Harvard Univ.press, 1970.**

[18] **E. Hewitt and K.Stromberg,** *Real and Abstract Analysis*, **Springer-Verlag, Berlin - Heidelberg, 1965.**

[19] **D.Hilbert,** *Les fondements de la géométrie* **Dunod, Paris, 1971.**

[20] **T. Jech,** *Set Theory*, **Academic press, New-York, Londres, 1978.**

[21] **J.Kelley,** *General Topology*, **D.Van Nostrand, New York, 1955.**

[22] **J.L. Krivine,** *Logique et theories axiomatiques*, **Publications de l'Université Paris VII, Paris, 1970.**

[23] **J.L. Krivine,** *Théorie axiomatique des ensembles*, **P.U.F, Paris, 1969.**

[24] **G.Kreisel et J.L. Krivine,** *Eléments de logique mathématique, théorie des modèles*, **Dunod, Paris, 1967.**

[25] **A. Levy,** *Basic Set Theory*, **Springer-Verlag, Berlin - Heidelberg, 1979.**

[26] **L.Loomis,** *An introduction to Abstract harmonic analysis*, **Van Nostrand,Princeton, New-Jersey, 1953.**

[27] **N. Naimark,** *Normed rings*, **P.Nordhoff, Groningen, 1959.**

[28] **W.Rudin,** *Functional analysis*, **Tata McGraw-Hill, New Delhi, 1973.**

[29] **B. Russell,** *The principes of Mathematics 1*, **Londres 2eme éd (1937-38), (réimprimé 1950).**

[30] **B.Russell et A.N Whitehead,** *Principia Mathematica*, **Vol 1, 1910, Vol 2, 1912, Vol 3, 1913, Cambridge, Eng. Cambridge Univ. press 2ème éd. 1925-1927.**

[31] **L.Schwartz,** *Analyse hilbertienne*, **Hermann, Paris, 1955.**

[32] **L.Schwartz,** *Analyse. Topologie générale et analyse fonctionnelle*, **Hermann, Paris, 1955**

[33] **R.M. Smullyan,** *Quel est le titre de ce livre ?*, **Dunod, Paris, 1981.**

[34] **P. Suppes,** *Axiomatic Set Theory*, **Dover, New York, 1972.**

Imprimé en France par
LIGHTNING SOURCE
www.lightningsource.fr

Printed in Dunstable, United Kingdom

91343898R10232